食品原料学

（简明教程）

王忙生　主编

中国农业出版社
北　京

前言

食物是人类赖以进化、生存、发展的基石，故有“民以食为天”的古训。所以，食品原料学的研究范围必然会涉及食物的来源、选择以及食品资源的安全性、可食性、加工性等问题。尽管这些问题在食品学的其他课程中多少会有所阐述，或者作为专题有所研究，但往往又是分散的、孤立的，缺乏一些整体性的论述与比较。食品原料学就是这样一个以研究各类食品原料的生产供给、营养特点、资源特性、商品标准以及加工的基本途径等为核心内容的基础性学科。

在总结多年的食品类课程教学实践的同时，基于“需用为准、够用为度、实用为先”的原则，在商洛学院“校级规划教材”项目资助下，本书编写组组织编写了本教材，力争在史料的可靠性、描述的简洁性、数据的即时性上便于学生参阅。编写时也在各章节的开始设列了“学习重点”项目，章节后还列有“思考题”等，以便学生学习。

本教材编写任务与分工：王忙生为主编（第 1 章、第 4 章、第 8 章、第 9 章），郭耀东为副主编（第 3 章），彭晓邦为副主编（第 10 章）；范娜负责第 6 章、第 7 章；张薇负责第 2 章、第 5 章，由王忙生负责统稿。

本教材在编写过程中参阅了国内同行老师的有关教材和资料，在此谨向各位教材编辑老师表示由衷的感谢，同时向商洛学院有关老师以及出版社的编辑老师表示衷心的感谢。

限于编者的水平，本教材难免存在一些不足，敬请广大读者批评指正。

王忙生

2019 年 8 月于商洛学院

前言

第一章

绪　　论

学习重点：

明确食品原料学的概念与研究意义；熟悉该课程的学科、专业地位；熟悉人类赖以生存的食品资源的相对短缺性、供给不平衡性、生产加工的安全性等方面存在的问题；了解未来食品资源开发利用的途径和方法。

第一节　食品原料学概述

一、食品原料学的概念、研究的内容与意义

（一）食品原料学的概念

食品是人类赖以生存的物质基础，是其他物质无法替代的，所谓“民以食为天”就是这个道理。那么，人类每日三餐的食物基础是什么？这些食物是怎么来的？又是从哪里来的？这些食物是怎么加工的？给人类提供了哪些营养？食品资源的数量、质量有保障吗？这些看似简单的问题往往会被忽视。食品原料学将从不同角度回答这些基础性、综合性、实践性问题。食品原料学也被称作食品资源学、食品资源利用学等。基于上述分析，食品原料学的概念为：以研究食品原料的种类与来源、生产与供给、营养与加工、储存与开发等为核心内容的知识体系，是食品学的一门基础性学科。

（二）食品原料学研究的内容

食品原料学研究的内容可以概括为下列几个方面。

1. 食品原料来源、生产、供给研究

阐述有关食品原料的驯化历史、栽培特点、生产水平以及该原料的市场供给问题，由此领会食品原料在数量方面的流通与保障。

2. 食品原料性质、成分与营养价值研究

研究了解每种食品的成分和营养价值，不同食品原料在营养方面的配制与

互补价值，最重要的是研究如何保证食品的质量与安全性。

3. 食品生产规格、流通、储运研究

食品原料是人类第一物质需要，也是重要的商品资源。因此，不同国家对不同食品原料都有其对应的生产规格标准，以便于论质定价、规范储运和流通。

4. 食品原料资源特性与加工要求研究

有些食品原料具有自然资源的一些特点，不能直接拿来食用，研究这些食品原料的自然属性，结合食品加工技术的应用，便于有效加工、有效利用、有效贮藏。

（三）食品原料学研究的意义

对食品原料基本背景、理化性质、营养特征、贮藏要求、加工利用等内容的学习，促使食品的保藏、流通、烹调、加工、利用等更加科学合理，最大限度地利用食物资源，满足人们对饮食生活的需求。食品原料学研究的意义主要表现在以下几方面。

1. 回顾人类与食品资源的关系，明确资源的决定性作用

人类进化的历史也是不断探索、选择和驯化适合自己生存需要食品资源的历史。现实的食品资源来自人类对自然环境的选择和适应性的改进，这是人类的共同智慧，更是大自然的无私馈赠。在科技高度发达的今天，我们更应敬畏自然、善待环境，充分认识人类与食品资源同步进化的关系，维护人类共同的家园。

2. 对接食品资源特点与食品加工的关系，明确食品原料加工的限制性

不同食品原料特性不同，加工要求也不同，应根据食品原料的基本特性和要求进行食品深加工、贮藏。例如一些植物、动物原料中存在天然的毒性物质，加工时应引起重视。

3. 权衡食品原料与食品安全的关系，明确食品原料安全才是第一位

食品原料的生产属于第一性生产，如果食品原料的安全没有保障，食品安全就无法保障。通过食品原料学的研究，应当建立全产业链的食品安全意识。

4. 了解食品原料的生产供给与人们食品消费需求的关系，明确食品原料生产供给是一个国家最基础、最关键的经济问题

食品原料的有效供给直接影响着人们的生存与生活质量。提供全国人民需要的基本食品资源，促使人们获得有效的营养物质，不仅是国家的基本任务，更是提升民族身体素质、提高国家竞争力的基本保障。

因此，食品原料学不仅是食品学的基础课程，它也广泛涉及农业、食品、营养乃至经济等重要学科。

二、食品原料的分类

为了更好地研究食品原料及其特性，需要对种类庞杂的食品进行科学分类。这样，不仅便于比较、查阅同类食品原料的营养特点，更有利于进行同类原料市场供给、流通、贮藏等方面的管理。

（一）按照食品原料的生物学属性分类

根据食品材料的来源可分为植物类原料、动物类原料、微生物类原料。

1. 植物类原料

包括农产品、林产品以及园艺产品等，还包括野生的植物类原料。

2. 动物类原料

包括人工养殖的畜禽产品、野生动物的养殖与杂交利用产品。

3. 微生物类原料

包括各种已经驯化栽培的食用菌、野生真菌等。

需要说明的是，丰富的水产品（包括海洋产品与人工养殖水产品），根据其生物属性应分别属于植物类（海带、紫菜等藻类）原料、动物类原料等。

（二）按照生产方式分类

1. 农产品（agricultural product）

指在土地上对农作物进行栽培、收获而得到的食品原料，也包括设施农业、无土栽培等方式得到的产品。如粮谷类、薯类、果蔬类、食用菌等。

2. 畜产品（livestock product）

指在陆地上人工驯化、养殖、放养各种动物所得到的食品原料，包括畜禽肉类、乳类、蛋类和蜂蜜类产品等。

3. 水产品（marine product）

指在江、河、湖、海中捕捞的食物资源和在水体中人工养殖得到的食物资源，包括鱼、蟹、贝、海菜类等。

4. 林产品（forest product）

林产品主要指取自林木的产品，但林业有行业和区域的划分，一般把坚果类和林区生产的食用菌、山野菜也算作林产品，而水果类却归入园艺产品或农产品。食用菌和山野菜在我国已经普遍可以人工栽培，所以也可算作农产食品中的蔬菜类。

5. 其他食品原料

其他食品原料包括水、调味料、香辛料、油脂、嗜好饮料、食品添加剂等。水和食品添加剂暂不作本书叙述内容。

（三）按照食品原料的营养特点进行分类

这种分类是基于食品为人类提供的营养，便于人们根据营养需求进行食品选择。同时参照当地人的饮食习惯，把食品按其营养、形态特征分成若干食品群或原料群。这些分类方法也有利于进行区域膳食结构调整和指导。包括下列几种分类方法。

1. 三群分类法

这种分类方法是把所有食品大体分为三大群，以这三群食品的颜色印象称呼，因此也称为三色食品，是日本的食品分类方法之一。它主要针对儿童，通过容易理解的颜色标记，使儿童注意营养的全面摄取。其分类如下。

（1）热能源：指可提供热能的食品材料，也称为黄色食品。包括粮谷类、坚果类、薯类、脂肪和砂糖等。

（2）成长源：即提供身体（血、肉、骨）成长所需要营养的食物，亦称红色食品，包括动物性食品、植物蛋白等。

（3）健康维持源：即维持身体健康、增进免疫、预防疾病的食物，亦称绿色食品，包括水果、蔬菜、海藻类等。

2. 六群分类法

六群分类法原是美国按人的营养需要，为指导人们食品摄取而采用的一种分类方法。后来日本厚生省（卫生部）又按东方人的饮食习惯对此做了改进，其分类方法如下。

第一类：鱼、肉、卵、大豆等。主要提供蛋白质、维生素等。

第二类：牛奶、乳制品、鱼、虾、海藻等。主要提供钙、维生素等。

第三类：黄绿色食品。主要提供维生素、矿物质等。

第四类：其他水果蔬菜。主要提供维生素 C 和其他维生素等。

第五类：粮食、薯、主食类。主要提供能量、维生素等。

第六类：油脂类。主要提供脂肪性人热源。

3. 四大群分类法

美国农业部为了使膳食指导明确、简化，并进一步修改，提出了四大群（六小类）分类法。

第一群：以粮谷类为主的主食。

第二群：果品类；蔬菜类。

第三群：动物性食品类；坚果、豆类、花生类。

第四群：油脂和糖类。

以此可以组成一个膳食金字塔。即第一群为塔底，以第四群油脂与糖为塔顶。可以形象地反映摄取的数量建议。

我国古代《黄帝内经》中主张的“五谷为养、五果为助、五畜为益、五菜为充”，强调了膳食结构中要以谷类食物为主，多食果蔬，以动物性食品为辅，少食油脂和糖的原则。古人的智慧建议与我们现在的营养膳食结构十分契合。

三、食品原料学的学科地位

（一）食品原料学的学科体系

食品原料学具有较丰富的学科内涵。

食品原料学不仅可为食品加工学科提供各种原料的物理、化学、生物特性等基础知识，它还从营养学、医学角度，为人们提供在膳食中正确选用食品材料，合理利用食品的营养，保持健康的饮食生活等方面的知识。

食品原料学为食品产业、食品流通和饮食业等提供食品原料生产、流通、消费的宏观信息，包括质量标准、流通体系等。它还从人们的膳食营养需要和食品的加工要求方面，对原料的生产、贮存、流通提出要求。

食品原料学对农、林、牧、渔业的种植、养殖、育种、栽培、管理等提出要求。

（二）食品原料学的学科关系

食品原料学的基础学科与课程：植物学、动物学、农作物栽培学、畜牧学、水产养殖学、生态学、食品微生物学、市场经济学等。

食品原料学的骨干学科与课程：食品化学、营养学、人体生理学、食品生物化学、食品工艺学、食品安全学、食品贮运学等。

食品原料学的外延学科与课程：功能食品学、食品资源保护与开发、市场营销学、食品检验分析、膳食营养学等。

（三）食品原料学的行业地位

行业（专业）是一个社会学名词，它是一定历史背景下、一定生产力水平下，人类社会经济发展所形成的以提供物质生产或其他社会需求为目的的从业形态。如种植业、餐饮业、旅游业等。食品原料学以其丰富的研究内容和关联复杂的学科关系，成为一些行业或专业的重要知识选择和储备。目前，与食品原料学结合密切的行业有如下四个。

第一是食品营养与加工行业：不了解食品原料来源与性质，食品营养学就是无本之木，因为食品原料是一切营养物质的载体。不了解食品原料的资源特点，食品加工就找不到“恰当的对象”“恰当的方法”，因为只有选材合适，才能加工到位。

第二是食品监督与检验行业：国家关于各种食品原料都有一系列的规则和标准，所以食品监督与检验是社会管理的重要环节，不仅检验食品而且也检验食品原料。现在社会力量投入的第三方监督与检验已经成为一个主要的行业。

第三是营养配餐与餐饮行业：营养配餐必然依赖于营养学，当然也就必然依赖于食品原料学。同样，餐饮业的最高境界是对食材精华的再现或升华，没有食品原料学知识，餐饮业只是简单的食品形态转化而已。

第四是生态种植与绿色养殖业：现在人们要求的食品品质与安全标准越来越高。各地开展的特色生态种植、绿色养殖等，不仅需要对食品原料学进行深入研究，而且还需要进行产业链整合，这些都离不开食品原料学的基础知识。

第二节　食品原料学发展历史与展望

一、食品原料的形成与完善

人类的食物来源于人类自己的进化选择。“从古灵长类进化而来的人类四处流动以获取他们的食物。在旧石器时代的大多数时间里，人类活动的遗迹中主要是较大型动物的骨骼。大约从 50 000 年前开始，大型动物数量减少，鸟、鱼和其他小型动物的数量增加。近东地区遗址发现证明，最晚在 23 000 年前，人类开始采集多种植物，包括后来人工栽培成功的野生谷物”（马克·B. 陶格）。其实在茹毛饮血的时代，人类对自然食物的选择大多数情况下是被动的、无奈的。但也正因如此，形成了人类与其所选食物资源的共同进化。人类选择了适合自己需要的各类食物，也驯化培育了大量的植物与动物；同样，这些作为人类营养来源的动植物也养育了人类，造就了人类文明。

仰韶文化和河姆渡文化的发现表明，当时已有了原始的畜牧业和原始的农业，人类已经开始有意识地、主动地生产食品原料，食品的专业生产也就逐渐地发展起来。

我国出土的甲骨文记述了许多食品原料的名称，如动物原料中的猎犬，植物原料中的禾、黍。之后的《食经》等著作记述的食品原料内容更加丰富多彩。有关动物性原料方面，牛、马、羊、豚、犬是经常性狩猎对象，甚至野牛、鹿也被当成经常性狩猎对象，狩猎鱼类、鸟类也有记载，鳖是当时的珍膳。谷类、果实、蔬菜都已开始种植，此时，调味料已由简单的盐发展到酱、醯（醋）、蜜等多种。例如《吕氏春秋·本味篇》列举了 40 多种被视为美味的食品原料，并把这些原料做了分类。秦汉时期由于农、牧、渔和食品加工业有了很大发展，用于食品加工的原料日见丰富，水果、蔬菜大面积栽培；牛、羊、猪的养殖规模扩大；鱼塘内大面积养殖水产品，酒、醋、酱大量生产。此外，随着不同地区间的贸易交流，西域等地的胡瓜、胡豆、胡葱、胡椒等多种果蔬、调料的引进，也给食品加工提供了新的原料。魏晋南北朝时期，社会生产力得到了极大的发展，物质财富更加丰富，为食品原科的发展提供了条件。北魏贾思勰所著的《齐民要术》就记载了家禽、家畜、鱼的饲养和五谷、果树、蔬菜的栽培，尤其对食品加工的调料制作方法做了记载，反映了这个时期的食品原料特点。

唐代陆羽的《茶经》、元代忽思慧的《饮膳正要》、明代李时珍的《本草纲目》等都对食品原料的精细制作、饮食的调配以及食品与健康的关系问题做了大量论述。

应该说，在我国五千多年文明史中，食品资源的开发、利用，饮食制作、药食同源应用等给人类做出了极大贡献。除我国外，世界上许多国家也都有着与这方面类似的文化记载。但到文艺复兴后，以科学实验为基础的化学等相关学科发展起来，人们才开始对食品原料的成分、特性等有了真正科学意义上的认识。食品原料学进入到一个新阶段。

二、食品原料学的形成与发展

随着现代科学体系的建立和不断完善，食品原料学也逐步进入形成、发展和提高阶段。

19 世纪初，化学揭示了有机物与无机物两大物质形态的特征，使人们逐渐认识了构成食品的碳水化合物、蛋白质、脂质等主要成分。

19 世纪中后期，随着达尔文进化论的传播，人们不仅挣脱了神创论的束缚，更为重要的是认识到了人类进化与其他生物进化的关系，也更加明确了动植物的分类、繁衍、推广的意义，使得对食品营养本质的研究更加科学。

进入 20 世纪，1906 年美国国会制定了《卫生食品药品法》（Pure Food and Drug Act），并制定了与之有关的《食品成分分析法》，随之，生物化学也得到迅速发展，主要是通过对动植物代谢的研究，进一步推动了食品化学的发展。

21 世纪以来，随着科学技术不断应用于食品加工，食品工业飞速发展。然而，保证食品商品化生产的基础是卫生标准。为此联合国成立了联合国粮食及农业组织（Food and Agricultural Organization of the United Nations，FAO）、世界卫生组织（World Health Organization，WHO）等机构，负责制定食品国际标准（International Standard of Food）。而这些标准的确立就需要食品分析法的确立和对食品成分的深入研究。正因如此，关于食品的营养成分、消化代谢、营养作用、安全性等方面的研究就成了一个时期的主要热门研究领域。

食品化学、营养学、消化生理学、生物化学、预防医学、生物遗传学等学科的发展和完善，奠定了食品原料学的科学基础、研究范式、评价标准等。但随着人们对食品质量和安全的要求越来越高，对食品加工的水平和标准要求也越来越严，所以，食品原料学还需要更广泛的学科支撑，诸如食品加工工艺学、食品安全学、食品贮运学、功能食品学、食品营销管理学等。

世界一体、全球一家，人类是一个大家庭。在全球化的今天，食品资源的营养共通性、环境的共享性、发展的不平衡性等，说明食品原料在世界范围的生产与流通是必然的选择。但食品原料的不可替代性、食品资源的环境依赖性、国家间利益的竞争性等，说明必须高度重视我国食品资源生产与供给的安全问题。从这两个层面看，食品原料学将肩负十分重要的责任。这就要求我们在学习研究食品原料学时树立正确的理念：一是回顾历史，不忘人类的来路，利用好已有的资源；二是探索未来，树立人类的信心，开发好未来的资源；三是面对现实，解决好存在的问题。

思 考 题

1. 什么是食品原料学？
2. 食品原料学的基础性体现在哪几个方面？
3. 从哪些方面理解学习研究食品资源的重要意义？
4. 食品原料学的研究方向在哪里？

第二章

粮谷类食品原料

学习重点：

形成粮谷类食品原料是人类赖以生存的基础性原料的概念；熟悉粮谷类原料的主要种类及其营养特性；熟悉粮谷类食品原料的资源供给背景与需求趋势；了解主要粮谷类食品原料的加工方法以及对人类健康的意义。

第一节　概　　论

从人类进化的历程及对营养物质的探寻历史来看，粮谷类食品原料都是人类最主要的食物资源。人类从自然采摘到渔猎和狩猎；从完全被动地到处寻觅食物，到因种植作物和圈养驯化动物而定居，逐渐适应并体会到粮谷类食物的重要性和其不可替代性。因此，粮谷类食品原料又可称为世界各民族的生命之本。

其实，人类栽培作物和驯养动物的历史时间和地点均有所不同。考古证据表明，工业在近东地区起源的时间应早于其他地区，其发展也比较充分。据研究，人类在地中海东部内陆地区定居，包括土耳其南部、黎凡特地区（今以色列、黎巴嫩和叙利亚）以及两河流域上游的低矮山区。公元前 9000 年至公元前 8500 年，人工栽培和驯养的动植物有小麦、黑麦、绵羊、山羊和猪，牛的驯养范围比较有限。大约在公元前 8000 年，农业在地中海周围传播。在巴尔干半岛、希腊半岛、亚平宁半岛，农业村落从公元前 7500 年开始发展。中国的中原地区的考古遗址证明，最晚在公元前 12000 年，人类已经开始采集野生水稻和黍稷。

我国古代传说中的神农氏后稷教民稼穑，即说明大约在 5 000 年前，我国已把杂草驯化成作物，培养出不同于杂草的五谷，并掌握了一定的栽培技术。

但从解剖学观点分析，无论人的牙齿形状，还是消化器官结构，同时包括自然环境等，都说明人类不是肉食性动物，而是以果、菜、谷为主的杂食性动物。从猿进化到人，人类的主食始终都是以粮谷等植物性食品为主。

尽管各地各民族都驯化养殖了大量的畜禽，但人类大量摄取动物性食品已是近代的事。随着欧美等地区发达国家科技带动农业的发展，带动了畜牧业升级与发展，肉食在食物中逐渐占了较大的比例。动物性蛋白、油脂食品的过度摄取，在人类生活水平提高的情况下，也引起了诸如心脏病、高血脂、高血压、癌症等疾病的多发。这使得人们又重新认识膳食平衡和谷类食物的主食地位。

我国早在春秋战国时期已有“五谷为养”之说，五谷即稻、黍（糜子）、麦（麦类）、菽（豆类）、粟（谷子）。粮谷类食物包括谷类、豆类和薯类，或者是除了园艺作物外主要由农作物所提供的食物类。英语中谷类（cereal grain）一词，原由古罗马传说中掌管植物之女神（Ceres）而得名。广义的谷类不仅包括“五谷”，还包括其他粮食作物，因此本章统称为粮谷类原料。

一、粮谷类的生产、供给与消费需求

（一）粮谷类的生产与供给

粮谷类主要指：稻米、小麦、大麦、燕麦、黑麦、粟、黍、玉米、高粱、薏苡等单子叶植物纲禾本科植物的种子，其中粟、黍、薏苡等也被称为杂谷（millet）。习惯上将双子叶植物纲的豆类和荞麦也算作谷类。双子叶植物中种子含有大量淀粉，可被用来加工食品的称为准谷类，如荞麦、籽粒苋等都属于此类。

2010 年全世界大约生产粮食 22.8 亿吨，表 2-1 展示了世界主要粮食生产国的粮食产量情况。可以看出，中国用占世界 8%的耕地面积生产了 5 亿吨粮食，为世界做出了较大贡献。

表 2-1　2010 年全球粮食产量

国家	耕地面积（亿公顷）	占世界耕地面积的份额（%）	粮食产量（亿吨）
中国	1.21	8.06	5.01
美国	1.97	13.15	3.63
印度	1.70	11.32	2.16
巴西	0.86	5.76	1.33
阿根廷	0.27	1.80	0.85
俄罗斯	1.26	8.39	0.81
法国	0.18	1.22	0.59

（续）

国家	耕地面积（亿公顷）	占世界耕地面积的份额（%）	粮食产量（亿吨）
加拿大	0.68	4.52	0.51
越南	0.10	0.66	0.40
德国	0.12	0.80	0.40
澳大利亚	0.51	3.45	0.31
乌克兰	0.33	2.20	0.29
波兰	0.14	0.96	0.26
哈萨克斯坦	0.35	2.33	0.20
泰国	0.20	1.32	0.18

据国家统计局数据，我国 2011 年粮食产量是 5.71 亿吨，2012 年是 5.90 亿吨，2013 年是 6.02 亿吨，2014 年是 6.07 亿吨，2015 年是 6.21 亿吨，2016 年是 6.16 亿吨，连续多年保持高产量和增长态势。2017 年粮食产量为 6.18 亿吨（夏粮产量 14 031 万吨，早稻产量为 3 174 万吨，秋粮产量为 44 585 万吨）。

据联合国粮食及农业组织公开的数据，2017 年全球粮食产量约为 26.27 亿吨。2017 年我国粮食产量为全球粮食总产量的 23.5%；美国为全球粮食的第二大生产国，2017 年的粮食总产量接近 5 亿吨，是全球最大的农产品出口国。

（二）消费需求

虽然世界各国饮食习惯差异较大，但绝大多数地区人们的主食还是以粮谷类为主，如小麦、大米、玉米、大豆等，只是比例和结构有差异而已。所以，保障人民的粮食生产和安全供给是政府的第一战略职责。我国地域辽阔，南方基本以稻米为主食，北方则多以小麦为主食，玉米主要用作饲料或其他用途，大豆主要用来榨油或作为饲料原料。

就全球而言，人口密度较大、耕地资源相对短缺的日本、韩国、朝鲜等国家是粮食的进口国。美国、加拿大、俄罗斯、哈萨克斯坦、澳大利亚等国是谷类的主要出口国。我国近几年经济发展迅速，加上人口基数大，对粮食尤其是大豆、玉米等需求量较大。现在，我国除了大量进口大豆、玉米外，小麦、水稻、油菜等也有部分进口。我国粮食总体安全可控，主粮基本实现自给。另据中国食品安全网报道，2017 年我国人均粮食占有量达到 889 斤①，超过世界平均水平。但我国每年还要进口超过 1 亿吨的粮食，大豆对外依存度更是超过 80%。党的十八大以来，我国坚持“以我为主、立足国内、确保产能、适度进

① “斤”为非法定计量单位，1 斤=0.5 千克。——编者注

口、科技支撑”的国家粮食安全战略。

二、粮谷类食品原料的分类

粮谷类食品原料种类繁杂、品系众多，为了便于归纳整理，人们常常对粮谷类食品原料进行分类。根据不同分类标准，粮谷类食品原料可以分为不同的类型。目前最常用的分类方法有两种，一是根据其植物学特征采用自然分类法分类，二是根据其化学成分与用途的不同进行分类。需要说明的是，油料作物一般不列入粮谷类食品原料，此处为了全面介绍各分类方法，暂且将油料作物列入一并讨论。

（一）根据植物学特征进行分类

国际上常采用界、门、纲、目、科、属、种的分类方法对自然界中的生物加以区分并层层细化。在植物界中，根据种子是否含有种皮，可将其分为裸子植物门和被子植物门。前者以银杏科、杉科、松科、柏科为代表，而后者根据子叶数目又可分为单子叶植物纲（禾本科、棕榈科、百合科、芭蕉科等）及双子叶植物纲（豆科、蓼科、桑科、榆科、蔷薇科等）。粮油食品原料隶属于被子植物门，根据其各自特征逐层分为各纲、目、科、属、种（表 2-2）。

表 2-2　主要粮谷类作物在植物分类中的隶属关系

纲	目	科	属	种
单子叶植物	禾本目	禾本科	玉米属	玉米
			稻属	水稻
			小麦属	小麦
			大麦属	大麦
			狗尾草属	粟
			高粱属	高粱
双子叶植物	蔷薇目	豆科	大豆属	大豆
			豌豆属	豌豆
			落花生属	花生
	罂粟目	十字花科	芸薹属	油菜
	桔梗目	菊科	向日葵属	向日葵
	锦葵目	锦葵科	棉属	棉籽
	管状花目	茄科	茄属	马铃薯
	百花目	薯蓣科	薯蓣属	甘薯
	管状花目	胡麻科	胡麻属	芝麻
	蓼目	蓼科	荞麦属	荞麦

（二）根据化学成分与用途进行分类

我国通常根据化学成分与用途，将粮油食品原料分为禾谷类、豆类、油料及薯类。

1. 禾谷类作物

禾谷类作物绝大多数属于单子叶的禾本科植物（荞麦为双子叶植物），其特点是种子含有发达的胚乳，主要由淀粉（70%～80%）、蛋白质（10%～16%）和脂肪（2%～5%）构成。例如小麦、大麦、黑麦、燕麦、水稻、玉米、高粱、粟等。

2. 豆类作物

豆类作物包括一些双子叶的豆科植物，其特点是种子有两片发达的子叶，子叶中含有丰富的蛋白质（20%～40%）和脂肪，例如花生、大豆等。有的含脂肪不多，却含有较多的淀粉，例如豌豆、蚕豆、绿豆和赤豆等。

3. 油料作物

油料作物包括多种不同科属的植物，例如十字花科的油菜、胡麻科的芝麻、菊科的向日葵以及豆科的大豆与花生等。其特点是种子的胚部与子叶中含有丰富的脂肪（25%～50%）和蛋白质（20%～40%）。可以作为生产食用植物油的原料，提取后的油饼中含有较多的蛋白质，可作为饲料或经过加工制成蛋白质食品。

4. 薯类作物

薯类作物也称根茎作物，由属于不同科属的双子叶植物组成，其特点是块根或块茎中含有大量淀粉，例如甘薯、木薯、马铃薯等。

三、粮谷食品原料的籽粒结构

粮谷的籽粒指粮谷作物的果实与种子。其中含有大量的营养物质（淀粉、蛋白质和脂肪）。其中，果实由花中雌蕊的子房发育而成，种子由子房内的胚珠发育而成，包藏在由子房壁变成的种皮之中。粮谷食品原料的籽粒结构一般由皮层、胚、胚乳三部分构成。下面以小麦籽粒为例说明其基本结构（图2-1）。

（一）皮层

皮层包括果皮和种皮，包围在胚和胚乳的外部，对籽粒起保护作用。果实去掉果皮即为种子，果皮由子房壁发育而成。果皮一般分三层，外果皮、中果皮和内果皮。种皮包括内种皮和外种皮。

（二）胚

胚由受精卵发育而成，是种子最重要的组成部分，种子中胚是唯一有生命的部分，也是生命活动最强的部分。胚由胚芽、胚根、胚轴和子叶四部分构成。子叶提供营养物质；胚芽将来生长为茎和叶；胚根即为“根”；胚轴为连接胚芽和胚根的地方。

（三）胚乳

胚乳是禾谷类籽粒的主要组成部分，也是人类食用的主要部分，是种子贮藏营养物质的部分，供种子萌发时胚的生长之用。在胚乳的最外层贴近种皮的部分称糊粉层，含有较多的蛋白质，也称蛋白质层。

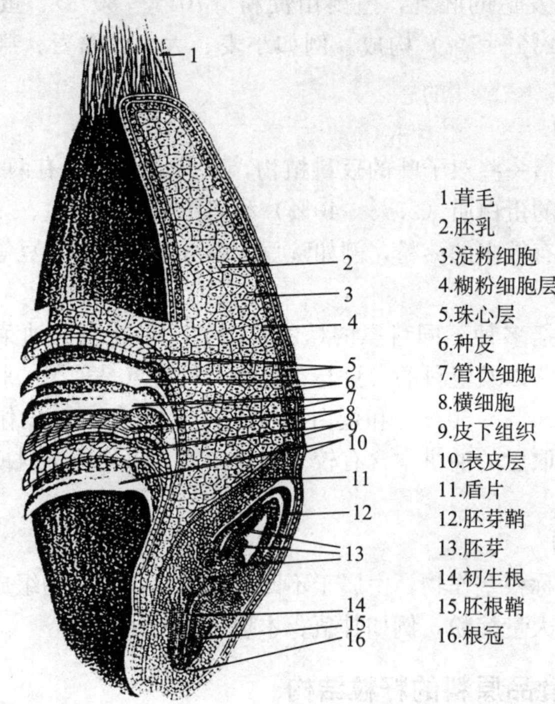

图 2-1　小麦籽粒的结构示意

第二节　粮谷类食品的资源特征

一、粮谷类食品资源的总特征

粮谷类食品资源在人类食物资源的选择和培育历史中占据最重要、最基础的地位，这类资源也具有其他食物资源不可替代的基本特征。

（一）营养丰富，满足人们最基本的营养需要

粮谷类食物是人体热能的主要来源。人体热能大部分来自碳水化合物，而粮谷类的主要营养特点是碳水化合物含量相对较高。粮谷类也是蛋白质的重要供给源，因为其含有一定量的蛋白质，尤其是大豆，不仅含有丰富的植物蛋白，还含有较多的植物油脂。除此之外，粮谷类还含有许多维生素、矿物质和

功能性生物活性物质成分。例如，有些杂谷所含的蛋白质有降低血脂、防止动脉硬化等功能；有的糖质中淀粉含量虽然不高，却含有丰富的膳食纤维，有利于消化代谢。

（二）常食不厌，符合人类的消化特征

不同地区居民的膳食结构各不相同，但从人体消化系统的结构以及进化适应性来看，粮谷类食品无论从食物味道、食用形态，还是从营养成分来看，都是首选的主食，而且百食不厌。从小麦、玉米、水稻、大豆等的发现、驯化与培育历史看，这既是自然的恩赐，更是人类对自然资源的一种必然选择。

（三）供应充足，栽培生长的地域辽阔

人类主要的粮谷作物在大部分地区都可以种植生产。同时，它们的种类众多、生产效率较高，能够充分满足人类生存和发展的需要。值得一提的是，大豆在我国有着丰富的食用形态，而在欧美地区，大豆是一种油料作物。

（四）成本较低，便于流通和供给

就食物的基本形态特征来看，无论从贮藏、包装，还是从运输、贸易上讲，粮谷类食物和其他食物相比有着随意、方便的优势。由于运输成本较低，它能以较低的价格向不同地区、不同人群提供必要的食品原料。

（五）全身是宝、可以转化为动物性食品

粮谷类作物的籽实是优质配合饲料的重要组成部分，而且粮谷类作物的茎、叶、种皮等都是良好的畜禽饲料（包括水产饲料）资源。因此，可以充分利用这些人类不能直接利用的“废弃物”饲养畜禽，进而为人类提供肉、奶、蛋等动物性食品。

二、粮谷类食品原料的计量方法

（一）千粒重

千粒重是指 1 000 粒种子的重量，其大小可直接反映出粮谷类籽实的饱满程度和质量的优劣。千粒重与种子水分含量、大小、饱满程度以及胚乳结构等因素有关。不同粮谷类籽实的千粒重见表 2-3。

表 2-3　不同粮谷类籽实的千粒重

种类	千粒重（克）	种类	千粒重（克）
水稻	18～34	谷子	2.2～4.0
小麦	25～32	大麦	20～48
玉米	180～500	大豆	110～250
高粱	20～34	豌豆	110～400

（续）

种类	千粒重（克）	种类	千粒重（克）
蚕豆	500～900	油菜	1.4～5.74
绿豆	30～40	向日葵	40～200
花生	300～1 400	芝麻	2～4

（二）密度

密度是粮谷类籽实质量与其体积的比值，密度的大小与籽粒所含化学成分有关，一般密度大的籽实发育正常，成熟充分，粒大饱满。

（三）容重

容重是指单位体积内的粮谷类籽实的质量，是粮谷品质的综合指标，与品种类型、籽实成熟度、含水量及外界因素有关。饱满、整齐、表面光滑、粒型圆短的籽粒容重也较大。容重和千粒重结合起来能更好地反映粮谷的品质。

（四）腹白度和爆腰

籽粒上乳白色、不透明的部分称为心白，其大小程度称作腹白度。籽粒上有纵向或横向裂纹的现象称为爆腰。籽粒中的爆腰粒数占籽粒总数的百分比称为爆腰率。

三、粮谷类食品原料的化学组成概论

（一）粮谷类食品原料的化学成分含量及分布

粮谷类食品原料营养丰富，各化学成分含量随种类变化有较大差异，但其中化学成分的种类大致相同，可分为有机物和无机物，包括蛋白质、碳水化合物、脂肪、维生素、矿物质、水等（图 2-2）。

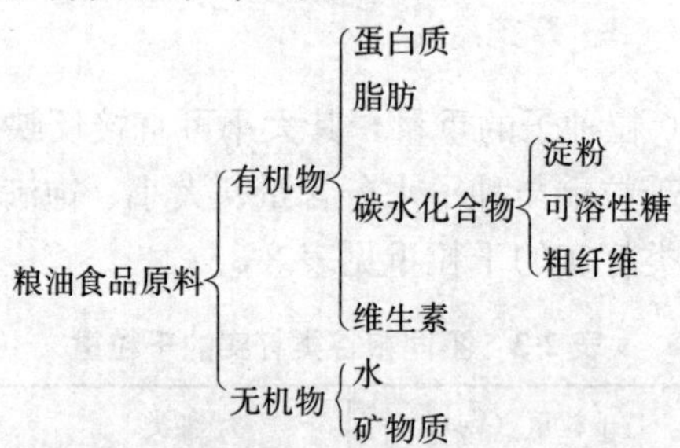

图 2-2　粮谷类食品原料的化学成分

1. 化学成分的含量与特点

粮谷类食品原料种类、品种不同，其化学成分存在着很大的差异（表 2-4）。原料不同，其化学成分含量不同。因此，化学成分是粮谷类原料分类的主要依据。例如谷类粮食籽粒的主要成分是淀粉，称淀粉质原料；豆类作物含有丰富的蛋白质，也称为植物蛋白原料。带壳的籽粒（稻谷、玉米、谷子、小麦等）或种皮较厚的籽粒（如扁豆、大豆等）通常都含有较多的粗纤维和矿物质。

含脂肪多的种类，蛋白质含量也较多，如花生种子与大豆种子等。

谷类作物：单子叶的禾本科植物。种子含有发达的胚乳，含淀粉70%～80%、蛋白质10%～16%、脂肪2%～5%。

豆类植物：双子叶的豆科植物。种子有两片发达的子叶，蛋白含量为20%～40%。

薯类作物：该类作物由不同科属的双子叶植物组成。块茎或块根中含有大量的淀粉。正因如此，薯类也被归入粮谷类食品原料之列。

油料作物：包括许多不同科属的植物。脂肪含量一般为25%～50%，蛋白质含量一般为20%～40%。

表 2-4　粮谷类食品原料的化学成分含量

单位：%

原料	水分	淀粉	纤维素	蛋白质	脂肪	矿物质
稻谷	13.0	68.2	6.7	8.0	1.4	2.7
小麦	13.8	68.7	4.4	9.4	1.5	2.1
黑麦	13.0	60.5	2.7	9.7	2.3	2.0
大麦	14.0	68.0	3.8	9.9	1.7	2.7
燕麦	15.0	61.6	4.4	13.0	7.0	2.0
黍	15.0	65.1	8.1	10.5	4.2	2.7
高粱	10.9	70.8	3.4	10.2	3.0	1.7
玉米	13.2	72.4	4.4	5.2	6.4	1.7
荞麦	13.1	71.9	3.2	6.5	2.3	3.9
大豆	10.0	26.0	4.5	36.3	17.5	5.5
花生仁	8.0	22.0	2.0	26.2	39.2	2.5
蚕豆	12.6	56.7	4.8	24.5	1.6	2.8
豌豆	11.8	54.7	2.0	22.8	1.4	7.4
油菜籽	5.8	17.6	4.6	26.3	40.4	5.4
棉籽	6.4	14.8	2.2	39.0	33.2	4.4
向日葵	7.8	9.6	4.6	23.1	51.7	3.8
芝麻	5.4	12.4	3.3	20.3	53.6	5.0
甘薯（干）	13.8	77.6	1.8	2.9	1.3	2.6

2. 化学成分的分布

粮谷类籽粒中各个部分的化学成分分布是不均匀的。以小麦籽粒为例，胚乳约占全粒质量的 82%，集中了全粒所有的淀粉；而脂肪、纤维素和矿物质含量很低。胚在全粒小麦中所占的比例最小（3%），却含有较高的蛋白质、脂肪，不含淀粉。胚中含有较多的维生素和矿物质，其中维生素 B_1 的含量较高，维生素 E 的含量也很丰富，是提取维生素 E 的良好原料。皮层和糊粉层中，纤维素的含量占全粒小麦纤维素总量的 90%，矿物质的含量也很高（表 2-5）。

表 2-5 小麦籽粒各部分化学成分（以干物质计）

单位：%

籽粒部分	部位重量比	蛋白质	淀粉	糖	纤维素	多缩戊糖	脂肪	矿物质
整粒	100	16.06	63.1	4.32	2.76	8.10	2.24	2.18
胚乳	81.6	12.91	78.8	3.54	0.15	2.72	0.68	0.45
胚	3.24	37.63	0	25.1	2.46	9.74	15.0	0.32
带糊粉层的皮层	15.16	28.75	0	4.18	16.20	35.65	7.78	10.5

粮谷类食品原料的品种不同，其化学成分存在着很大的差异，但每种原料都是由不同的化学物质按大致一定的比例组成的，且化学成分在籽粒中各部分的分布是不均匀的。因此，了解每种原料的化学成分的含量与分布，去掉原料中人体所不能利用的化学成分，保留人体所需要的营养成分，有利于对该原料的加工与利用。

（二）粮谷类食品原料的化学组成

1. 蛋白质

蛋白质由碳、氢、氧、氮、磷、硫等元素组成，基本的构成单位为氨基酸，粮谷类食品中的蛋白质被动物消化吸收后，存在于动物的皮肤、毛发、肌肉、蹄、角等部位中；此外鸡蛋、牛奶、大豆等食物中也存在大量蛋白质。

组成蛋白质的氨基酸中，有 8 种人体自身不能合成，必须从食物中摄取，称为必需氨基酸，即赖氨酸、色氨酸、异亮氨酸、亮氨酸、甲硫氨酸、苯丙氨酸、苏氨酸与缬氨酸。凡是含有这 8 种必需氨基酸，且数量充足、比例适当的蛋白质称为完全蛋白质。凡是缺乏一种或数种必需氨基酸的蛋白质称为不完全蛋白质。有些蛋白质中虽然含有各种必需氨基酸，但其含量比例不适当，营养价值低于完全蛋白质，这种蛋白质称为半完全蛋白质。

（1）蛋白质的种类。粮谷因种类不同，蛋白质的含量存在着很大的差异。一般谷类粮食含蛋白质不超过 15%（6%～14%），豆类和油料中蛋白质含量可高达 20%～40%。粮谷类食品原料中的蛋白质基本上是简单蛋白质，不含结合蛋白质。根据溶解度的不同，可将其分为清蛋白、球蛋白、胶蛋白、谷蛋白（表 2-6）。其中，清蛋白溶于纯水和中性盐稀溶液，加热凝固，含量很少，但所有粮油作物种子中都含有清蛋白；球蛋白不溶于纯水，溶于中性盐稀溶液，是豆类和油料种子蛋白质的主要成分；醇溶蛋白又称胶蛋白，不溶于纯水和中性盐稀溶液，而溶于 70%～80%的乙醇溶液，是禾谷类粮食种子中的贮藏性蛋白质；谷蛋白不溶于纯水和中性盐稀溶液，也不溶于乙醇溶液，是某些植物种子的贮藏性蛋白质。

表 2-6　粮谷类食品原料中蛋白质的种类

蛋白种类	纯水	中性盐稀溶液	70%～80%的乙醇溶液	烯酸或稀碱
清蛋白	溶解	溶解	不溶	不溶
球蛋白	不溶	溶解	不溶	不溶
胶蛋白	不溶	不溶	溶解	不溶
谷蛋白	不溶	不溶	不溶	溶解

（2）小麦面筋。将小麦粉加水和成面团放入流动的水中揉洗，面团中的淀粉粒和麸皮微粒都渐渐被水冲洗掉，可溶性物质也被水溶解，最后剩下一块柔软的有弹性的软胶物质就是面筋。国家标准以湿基为准，面筋的含量以面筋质量占试样质量的百分比表示。面筋中的蛋白质是小麦的贮藏性蛋白质，主要由麦胶蛋白（43.02%）和麦谷蛋白（39.10%）组成，还含有少量淀粉（6.45%）、脂肪（2.80%）、糖类（2.13%）、灰分（2.00%）及其他蛋白质（4.40%）和纤维素等。各类面筋蛋白模型结构见图 2-3。

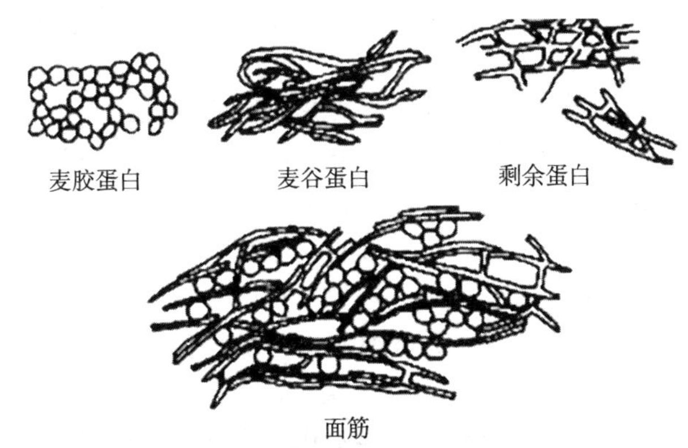

图 2-3　各类面筋蛋白模型结构

麦胶蛋白具有延伸性，但弹性小；麦谷蛋白具有弹性，但缺乏延伸性。这与蛋白质分子中二硫键的位置有关。麦胶蛋白中，分子中的二硫键都分布在分子内部，分子间没有这种连接，所以具有延伸性；麦谷蛋白中，除分子内有二硫键外，分子间还有二硫键。许多麦谷蛋白分子间的亚基通过二硫键彼此连接，使麦谷蛋白不易移动，故延伸性小。其中，弹性是指湿面筋在拉伸或者按压后恢复到原来状态的能力，分为强（按压后能恢复原状，不粘手）、中、弱（不能复原，粘手，易碎）。延伸性是指湿面筋在拉伸时所表现出的延伸性能，即指将湿面筋拉伸到接近断裂时的长度。

面筋蛋白不溶于水，却有极强的吸水性，吸水后体积膨胀。麦胶蛋白吸水后凝结力剧增，吸水能力达200%左右，面筋蛋白分子与水分子纵横交错地连接起来，形成面筋网络结构。蛋白质分子间在二硫键作用下迅速连接，加强和扩大网络组织结构。淀粉、矿物质等成分填充在该网络结构中，并表现出很强的弹性或者说韧性，是小麦加工特性的重要物质基础。蛋白质最重要的作用就是构成蒸制食品时保持二氧化碳的“骨架”，使食品变得多孔、疏松、体积增大，口感松软、香甜可口。

面筋性质受物理化学因素影响，一般规律为，凡能促进蛋白质解胶或溶化的因素都能使面筋弱化，如稀酸溶液、还原剂和蛋白酶。凡能促进蛋白质吸水膨胀的因素都能使面筋强化，如热处理、疏水性不饱和脂肪酸、亲水性比蛋白质更强的中性盐以及某些氧化剂。

（3）蛋白质的特性。粮谷类食品原料中的蛋白质在贮藏加工中极易发生变性。粮谷种子在长期贮藏过程中，种子中的蛋白质会慢慢地发生变性，亲水性变弱，种子生命力降低，导致发芽能力全部丧失。若粮谷种子在干燥时不注意温度与时间，则种子蛋白质便会发生热变性，影响其加工与食用品质。在等电点时，由于蛋白质分子中正、负电荷数量相等，互相吸引，使蛋白质分子紧缩，分子间也有聚集的趋向。这时蛋白质的溶解度最低，在实际生产中可利用这些性质分离和提纯蛋白质。

蛋白质在贮藏过程中的变化主要是水解或变性。发热霉变的粮谷，其蛋白质在蛋白酶的作用下逐渐水解成多肽、氨基酸，使得蛋白质溶解度增加，蛋白态氮减少。随着温度的进一步上升，蛋白质就会部分变性甚至完全变性，使得粮食的营养价值大大下降。如新鲜小麦粉应该是白中有微黄，而贮藏期长的则泛白，这是胡萝卜素氧化的特征，面筋含量也随之降低。只有白中有微黄的小麦粉营养组分才是完整的，这也是新鲜小麦粉的特征。

2. 碳水化合物

（1）分类。粮谷类食品原料中的碳水化合物根据聚合度可分为：单糖，如葡萄糖、果糖、半乳糖、木糖等；低聚糖，如蔗糖、麦芽糖、纤维二糖、棉籽糖、水苏糖等；多糖，主要为淀粉、纤维素、半纤维素等。

（2）纤维素和半纤维素。纤维素是植物组织中的一种结构性多糖，是组成植物细胞壁的主要成分，在细胞壁的机械物理性质方面起着重要的作用。

粮谷籽粒中纤维素的含量为2%～10%，皮壳中含量较多。纤维素机械性强，化学性质稳定，不溶于水和有机溶剂，也不溶于稀酸、稀碱溶液，含有羟基，亲水性强，容易吸水膨胀，高浓度酸作用下，水解产生β-D-葡萄糖。人体不能分泌纤维素酶，故不能消化纤维素。半纤维素也是植物细胞壁的主要成分，常与纤维素在一起。半纤维素不溶于水，但溶于4%的氢氧化钠溶液。

（3）淀粉。葡萄糖转移到胚乳细胞内通过缩合形成适于贮藏的淀粉粒。淀粉积蓄于植物的种子、茎、根等组织中。淀粉在禾谷类作物籽粒中含量特别多，占含糖总量的90%左右。淀粉在粮谷类作物籽粒中分布并不均匀，禾谷类作物籽粒的淀粉主要集中在胚乳的淀粉细胞中，豆类作物的淀粉集中在种子的子叶中，薯类作物则集中在块根和块茎里面。

淀粉在胚乳细胞中以独立的颗粒状态存在，故称为淀粉粒（starch granule）。淀粉在加工中，如磨粉、分离纯化及淀粉的化学修饰，淀粉粒都能保持完整，但在淀粉糊化时被破坏。不同来源的淀粉粒，其形状、大小和构造各不相同。淀粉粒的形状大致上可分为圆形、卵形和多角形三种，淀粉粒直径在几微米到几十微米之间，不同来源的淀粉粒在大小上差别很大。淀粉的基本组成单位为α-D-葡萄糖，是淀粉彻底水解的产物。淀粉分子只由一种葡萄糖分子组成，属于同聚糖或称均一多聚糖。淀粉有直链淀粉和支链淀粉两种不同的淀粉分子。直链淀粉中葡萄糖残基以α-D-（1，4）糖苷键的形式连接，故分子呈直链状，溶于水而不成糊状，遇碘变蓝。支链淀粉分子中有主链，各个葡萄糖残基之间均以α-D-（1，4）糖苷键连接，但在分支点上则有以α-D-（1，6）糖苷键连接的葡萄糖残基，在冷水中不溶，在热水中成糊状，遇碘呈紫或红紫色。不同类型粮谷食品原料中两种淀粉的比例不同，禾谷类原料中直链淀粉占20%～25%，豆类中占30%～35%。

淀粉是白色、无味的粉末状物质；不溶于冷水，在热水中产生糊化作用，即食物由生变熟。将其放入冷水中，经搅拌可形成悬浮液。如将淀粉乳浆加热到一定温度，则淀粉吸水膨胀，晶体结构消失，互相接触融为一体，悬浮液将变成黏稠的糊状液体，虽然停止搅拌，淀粉也不会沉淀，这种黏稠的糊状液体称为淀粉糊，把这种现象称为淀粉的糊化。未经糊化的淀粉分子，其结构呈微晶束定向排列，这种淀粉结构状态称为β型结构，通过蒸煮或挤压达到糊化温度时，淀粉充分吸水膨胀，以致微晶束解体，排列混乱，这种淀粉结构状态叫α型。淀粉结构由β型转化为α型的过程称α化，也称为糊化。

糊化的本质为水进入微晶束，折射淀粉分子间的缔合状态，使淀粉分子失去原有的取向排列，而变为混乱状态，即淀粉粒中有序及无序的分子间的氢键断开，分散在水中形成胶体溶液。

淀粉糊化过程可分为三个阶段。第一阶段为可逆吸水过程，水进入淀粉的非晶束部分，这个阶段水分子只是简单地进入淀粉的无定型部分，与游离的亲水基结合，吸入水量少产生有限膨胀，悬浮液的黏度变化不大，冷却干燥后，性质、外形与原来相似。第二阶段为不可逆吸水过程，水进入淀粉粒的微晶束间隙，吸水膨胀。它是在温度提高到淀粉开始糊化的温度时开始的。水分子进入淀粉粒内部，与一部分淀粉分子相结合，淀粉粒不可逆地迅速吸收大量水分，体积达到原来的50～100倍，很快失去双折射性，原来的悬浮液迅速变成黏性很强的淀粉糊，透明度增高。冷却干燥后，淀粉粒不能恢复原状，有一部分淀粉分子呈溶解状态。第三阶段为完全溶解状态，淀粉微晶束解体，失去原形。在高温状态下，淀粉粒继续膨胀成无定形的袋状，这时候更多的淀粉粒子溶于水中，最后只剩下最外面的一个环层。淀粉糊的黏度继续增加，冷却后有形成凝胶的倾向。温度再增高，则淀粉粒完全溶解。

淀粉溶液或淀粉糊，在低温静置条件下，有转为不溶性的倾向，混浊度和黏度都增加，最后形成硬性的凝胶块，在稀薄的淀粉溶液中则有晶体沉淀析出，这种现象称为淀粉糊的回生或老化。这种淀粉称为回生淀粉或老化淀粉。淀粉的凝沉作用在固体状态下也会发生，如冷却的陈馒头、陈面包或陈米饭，放置一段时间后，便失去了原来的柔软性，也是由于其中的淀粉发生了凝沉作用。

回生的本质是糊化的淀粉相邻分子间的氢键部分恢复，自动排列成序，形成一定晶体化的微晶束。回生后的淀粉糊和生淀粉一样都不容易消化，不易被淀粉酶水解。在温度逐渐降低的情况下，溶液中的淀粉分子运动减弱，分子键趋向于平行排列，相互靠拢，彼此以氢键的形式结合形成大于胶体的质点而沉淀。因淀粉分子有很多羟基，分子间结合得特别牢固，以致不再溶于水，也不易被淀粉酶水解。回生难易取决于淀粉的来源、直链淀粉的含量及链长度。一般直链淀粉容易回生，单纯支链淀粉则不易回生，但分支较长，尤其是在高浓度下容易回生。淀粉被水解成糊精以后，由于分支变短，不发生回生。糯米、糯玉米等淀粉中几乎不含直链淀粉，故不易发生回生。

3. 脂类

油脂是种子中提供呼吸和发芽时所需能量的贮藏物质。它不仅是很好的热量来源，而且含有人体不能合成而一定要从食物中摄取以维持健康的必需脂肪酸，如亚油酸、亚麻酸、花生四烯酸等。粮谷类原料中以大豆作物含量最多，其他谷类作物的油脂含量一般都不高，但它们加工的副产品，如米糠、玉米胚中油脂含量较高。

磷脂是磷酸和胆碱替代脂肪酸而形成的一种甘油酯，包括脑磷脂和卵磷脂两种。植酸盐是肌醇磷酸的钾镁或钙镁类脂物，阻碍钙盐的消化。植物固醇包括谷固醇、豆固醇、麦角固醇，能够竞争性地抑制胆固醇的吸收。

脂肪酶能分解脂肪酸与甘油结合的酯键，属于水解酶。大部分脂肪酶作用的适合 pH 在碱性范围内（8～9），但豆类的脂肪酶分解作用的最适 pH 为 6.3，未成熟豆类的适合 pH 为 8.5～10.5。脂肪酶的最适温度在 30～40℃，但一些酶在冷冻食品中（约－29℃）也可显示出活性。

粮谷与油料作物籽实在贮藏过程中，劣变速度最快的成分是油脂。

4. 维生素及矿物质

谷类所含矿物质中，磷、钾元素比较丰富，但含钙、铁较少。粮谷是人体维生素的主要来源。粮谷中的维生素，根据其溶解特性的不同分为脂溶性维生素和水溶性维生素两大类。主要的脂溶性维生素有维生素 A、维生素 D、维生素 E、维生素 K 四种，它们不溶于水，而溶于脂肪及溶脂的有机溶剂中；主要的水溶性维生素有维生素 B_1、维生素 B_2、维生素 B_6 及维生素 C 等数种。粮谷中不含维生素 A，但含有维生素 A 原——胡萝卜素。胡萝卜素在人体内能转变成维生素 A，但当胡萝卜素的摄入量超过人体的需要时，不再转化。

第三节　水　　稻

一、水稻的生物学特性与分布

水稻属于禾本科稻属，多是半水生的一年生草本植物。一般认为，水稻是在中国、印度和印度尼西亚分别独立驯化的，形成三个地理生态种：粳型、籼型和爪哇型，可通过水稻的农艺性状和生物特性（如颖毛、粒形、叶片等）区分。近年来不断有新的考古学证据表明水稻起源于我国。我国早在 7 000 年前就开始种植水稻，而在 2 300 年前传入日本，北美洲等地区的种植时间不超过 600 年。稻谷是世界上最重要的粮食作物之一，全世界约一半的人口以大米为主食。在我国，水稻也是第一大粮食作物，从东北到海南，从东部沿海到宁夏和新疆，全国水稻生产面积占粮食生产面积的 28%，产量占粮食总产量的 39%。

稻谷就是水稻的种子（籽粒）。水稻脱粒后得到的带有不可食颖壳的籽粒，通常被称作稻谷或毛稻（paddy 或 rough rice）。稻谷经砻谷处理，将颖壳去除，得到的籽粒称为糙米（brown rice）。糙米往往要经过碾磨加工，除去部分或全部皮层才能得到我们通常食用的大米，为区别于糙米，这样的大米称为白米或精白米（milled rice）。

水稻按稻谷类型分为籼稻、粳稻和糯稻。此外，还有其他分类方法，按是否无土栽培分为水田稻与浮水稻；按生存周期分为季节稻与“懒人稻”（越年再生稻）；按高矮分为普通水稻与 2 米左右的巨型稻；按耐盐碱性分为普通淡水稻与“海水稻”（其实它主要使用淡水，现在已经研究栽培真正的海水稻）。目前普遍栽培的水稻为亚洲栽培稻。此外，还有非洲栽培稻，它在西非等有限范围内栽培。

二、水稻的品种及其特点

（一）我国的水稻品种概况

据研究，我国共收集水稻品种资源 7 万份左右（包括野生稻种、地方稻种和引进稻种），其中大面积栽培的品种约有 400 个。我国主要种植早籼稻、单季籼稻或晚粳稻及北方粳稻。按稻谷生长期长短不同分早稻（90～120 天）、中稻（120～150 天）、晚稻（150～170 天）。一般早稻品质较差、米质疏松、耐压性差，加工时易产生碎米，出米率低。晚稻米质坚实，耐压性强，加工时碎米少，出米率高。水稻按米粒性质分粳稻、籼稻、糯稻。粳稻籽粒短，呈椭圆形或卵圆形；米粒强度大，耐压性能好，加工时不易产生碎米，出米率高，米饭胀性较小，黏性较大。早粳稻腹白较大，硬质较少；晚粳稻腹白较小，硬质较多。籼稻籽粒细长，呈长椭圆形或细长形；米粒强度小，耐压性能差，加工时易产生碎米，出米率低；米饭胀性较大，黏性较小。早籼稻腹白较大，硬质较少；晚籼稻腹白较小，硬质较多。糯稻按其粒形、粒质分为籼糯稻和粳糯稻。籼糯稻籽粒一般呈椭圆形或细长形；米粒呈现乳白色，不透明，也有呈半透明的，黏性大。粳糯稻籽粒一般呈椭圆形。米粒呈现白色，不透明，也有呈半透明的，黏性大。

一般情况下，晚稻加工工艺品质优于早稻，粳稻优于籼稻。

（二）世界水稻主要品种

目前，世界各国共收集了约 8 万份稻种资源，播种面积最大的是籼稻，大部分产稻国都有种植；其次是粳稻，主要在温带国家种植；而爪哇稻仅在印度尼西亚等少数国家种植。各国都选育了适合本国生产环境的优良品种并大面积推广。如日本的日本晴、越光和笹锦等占本国稻作总面积的 37.1%；美国的 Lemont、Newbonnent 和 Gulfmont 占本国稻米总产量的 70%。此外，世界上著名的品种还有巴基斯坦的优良香米品种 Basmati370，泰国的 KhaoDawk Mai 105（即泰国香米）等。陆稻种植占稻作面积的 12.7%，主要在南亚和东南亚。

三、大米的品质特点与要求

（一）水稻的加工过程

稻谷去壳后的果实称为颖果（糙米），去壳过程称为砻谷。糙米是由皮层、胚和胚乳三部分组成。糙米的主要部分是胚乳，其质量约占整个谷粒的70%，随稻谷品种和等级不同而变。胚则位于颖果腹部下端，与胚乳连接不是很紧密，碾米时容易脱落，其质量占整个谷粒的2%～3.5%。颖果的皮层由果皮、种皮、外胚乳和糊粉层等部分组成，总称为糠层。皮层的质量占整个谷粒的5.2%～7.5%。果皮和种皮叫外糠层，果皮可分为外果皮、中果皮和内果皮，果皮占整个谷粒质量的1.2%～1.5%。外胚乳和糊粉层称为内糠层。

一般食用大米就是糙米经过碾米加工，除去部分或全部皮层得到的。为了与糙米区别开，也称白米或精白米。碾米时，颖果皮层依大米精度而不同程度地被剥落成米糠。碾米是稻谷加工最重要的一道工序，而且是对米粒直接进行碾制，如操作不当，碾削过强时，会产生大量碎米，影响出米率和产量；碾削不足时，又会造成糙白不均的现象，影响成品质量，所以，碾米工序工艺效果的好坏，直接影响整个碾米厂的经济效益。

皮层的厚度随稻谷品种的不同而有较大的差异。质优的稻谷，皮层软而薄，质劣的则厚，碾除也较困难，出米率低。因此，皮层的厚度直接影响出米率。糙米表面光滑，有蜡状光泽，并且具有纵向沟纹五条，背上的一条称背沟，两侧各有两条。纵沟的深浅随稻谷的品种不同。沟纹对出米率有一定影响。目前鉴别大米的精度以米粒表面和背沟留皮的多少为依据，而纵沟内的皮层往往很难全部碾去。在其他条件相同的情况下，如果要达到同一精度，则纵沟越浅皮层越易碾去，胚乳的损失就越小，出米率就越高，反之，出米率就低。稻谷加工成大米的工艺过程如下：原料稻谷—检验—进厂—仓库—大米车间—清理—砻谷及砻下物的分离—碾米—白米整理—检验—成品大米。

（二）大米的加工品质

精度：用感官鉴定法观察米粒的色泽、留皮、留胚、留角的情况是否符合标准。

碾减率：糙米在碾米过程中，因皮层及胚的脱落，其体积、质量均有减少，而减少的百分数称为碾减率，又称脱糠率。米粒精度越高，其碾减率越大。一般质量减少5%～12%。

糙出白率：是指出机的白米数量占进机糙米数量的百分率，精度越大，出米率越低。因此在评定碾米机的出米率时，首先应要求精度评定一致，然后再评定出米率。

含碎率：指出机白米中，含碎米的百分数。

糙白不均度：指碾制的白米精度不一致的程度。

完整率：指出机白米中完整籽粒所占的百分率。

含糠率：指白米或成品米试样中，糠粉占试样质量的百分数。

我国大米质量国家标准中有关碎米的规定：留存在直径 2 毫米的圆孔筛上，不足正常整米 2/3 的米粒为大碎米；通过直径 2 毫米圆孔筛，留存在直径为 1 毫米圆孔筛上的碎粒为小碎米。各种等级的早籼米、籼糯米总含碎率不超过 35%，其中小碎米为 2.5%；各种等级的晚籼米、早粳米的总含碎率不超过 30%，其中小碎米为 2.5%；各种等级的晚粳米，粳糯米的总含碎率不能超过 15%，其中小碎米为 1.5%。世界各国都把大米含碎率作为区分大米等级的重要指标，美国一等米含碎率为 4%，而六等米含碎米为 50%；日本成品大米的含碎率分为 5%、10%、15%三个等级。

（三）稻谷及其加工产品的成分变化

精米的加工造成富含蛋白、脂肪的糠层部分被除去，因此淀粉比例增大，蛋白质、脂肪和其他微量成分减少。大米淀粉在谷物淀粉中粒度最小，直径为 7～39 微米，往往由 5～15 个淀粉单粒聚集为复合淀粉粒。这些复合淀粉粒再充填成淀粉细胞。充填度越好，米粒越透明，反之可能成为垩白米。大米淀粉由直链淀粉和支链淀粉组成，后者的分子质量是前者的 100 倍，前者碘实验呈蓝色，后者呈红色。

直链淀粉是影响大米蒸煮食用品质的最主要因素，含量越高，米饭的口感越硬，黏性越低；相反，用支链淀粉含量高的大米做出的米饭软黏可口。但这一影响只限于一定的范围，如直链淀粉含量相近的早籼米和晚籼米，米饭质地有明显差异。人们发现米饭的黏度与淀粉细胞的细胞壁强度有关。即蒸煮时，如果米粒外层淀粉细胞容易破裂，糊化淀粉就溢出较多，分布在米粒表面，增加了黏度。籼米细胞壁较厚，因此其米饭散而不黏，但蛋白质含量较高。

蛋白质在胚和糊粉层中的含量较多，越靠近谷粒中心越少；胚乳部分的蛋白质沿淀粉细胞的细胞壁分布，包裹淀粉。就是这些蛋白质和细胞壁影响了蒸煮后米饭的口感。大米蛋白质主要由谷蛋白、球蛋白、白蛋白和醇溶蛋白组成。谷蛋白是主要组分，占总蛋白质含量的 70%～80%。在谷类中大米蛋白组成比较合理，限制氨基酸只有赖氨酸，但精白米总蛋白质含量较少。蛋白质含量越高，米饭的硬度也越高，色泽越暗。

大米的脂类主要存在于糠层、胚芽和糊粉层中，精白米中脂类含量随加工精度的提高而降低，因此脂类含量被用来测定精米程度。白米中脂类成分的酸败是大米贮存中风味劣变的重要原因，测定游离脂肪酸可判断大米新陈程度。

稻米中不含维生素 A、维生素 D 和维生素 C。维生素 B_1 和维生素 B_2 主要在胚和糊粉层中，因此精米的维生素 B_1、维生素 B_2 含量只有糙米的 1/3 左右。维生素 E 主要存在于糠层中，其中 1/3 是 α-生育酚。

大米所含微量成分也集中在糙米的外层或米糠中。植酸盐主要是镁盐和钾盐。值得一提的是米中 Mg/K 比值大的品种，食味好。Mg/(K・N) 值与食味有更显著关系，是开发食味剂的重要参数。表 2-7 显示稻谷及其加工产品的主要营养成分变化。

表 2-7　稻谷籽粒各部分的化学成分

单位：%

名称	水分	粗蛋白	粗脂肪	粗纤维	灰分	无氮浸出物
稻谷	11.68	8.09	1.80	8.89	5.0	64.52
糙米	12.16	9.13	2.00	1.08	1.10	74.53
胚乳	12.40	7.60	0.30	0.40	0.50	78.80
胚	12.40	2.60	20.70	7.50	8.70	29.10
米糠	13.50	14.80	8.20	9.00	9.40	35.10
稻壳	8.49	3.56	0.93	39.05	18.59	29.38

注：①胚乳中的无氮抽出物主要是淀粉，胚和糠层中“完全”不含淀粉；②稻壳中的无氮抽出物主要是戊聚糖；③周世英，钟丽玉，1986. 粮食学与粮食化学［M］. 北京：中国商业出版社.

（四）大米的品质评价标准

2009 年 3 月 28 日国家质量监督检验检疫总局与国家标准化管理委员会联合发布了 GB 1350—2009《稻谷》强制性国家标准，用以取代 GB 1350—1999《稻谷》标准。该标准规定了稻谷的相关术语和定义、分类、质量要求和卫生要求、检验方法、检验规则、标签标识，以及包装、储存和运输要求，适用于收购、储存、运输、加工和销售的商品稻谷。但不适用于标准分类中规定的早籼稻谷、晚籼稻谷、籼糯稻谷、粳稻谷、粳糯稻谷以外的特殊品种稻谷。

表 2-8　早籼稻谷、晚籼稻谷、籼糯稻谷质量指标

单位：%

等级	出糙率	整精米率	杂质含量	水分含量	黄粒米含量	谷外糙米含量	互混率	色泽、气味
1	≥79.0	≥50.0	≤1.0	≤13.5	≤1.0	≤2.0	≤5.0	正常
2	≥77.0	≥47.0						
3	≥75.0	≥44.0						
4	≥73.0	≥41.0						
5	≥71.0	≥38.0						
等外	<71.0	—						

注：“—”为不要求。

表 2-9 粳稻谷、粳糯稻谷质量指标

单位：%

等级	出糙率	整精米率	杂质含量	水分含量	黄粒米含量	谷外糙米含量	互混率	色泽、气味
1	≥81.0	≥61.0	≤1.0	≤14.5	≤1.0	≤2.0	≤5.0	正常
2	≥79.0	≥58.0						
3	≥77.0	≥55.0						
4	≥75.0	≥52.0						
5	≥73.0	≥49.0						
等外	<73.0	—						

注："—"为不要求。

四、大米的利用

这里主要介绍大米作为食品的应用。

（一）做主食

籼米：口感较硬，米粒松散。

粳米：口感较软，米粒有黏性。

糯米：最柔软，宜做粥。

（二）做米粉

米粉通常是以大米为原料做成的面条状食品，别称有河粉、米线等，各地叫法不同。它在我国华南一带多作为主食，米粉的原料以籼米为好。

大米粉（汤圆）：像小麦粉那样的大米粉末制品，我国尚没有商品名称，其产品只有企业标准。现在执行的是商务部发布的 SB/T 10423—2017《速冻汤圆》标准。

（三）大米制品

米粒制品：粽子、八宝饭、八宝粥。

米粉制品：汤圆、米糕、年糕。

近年来，随着方便食品的兴起与快餐外卖行业的迅猛发展，出现了"方便米饭"。主要包括：灌装米饭（开罐即可食用）、速煮米饭（经过脱水干燥的米饭颗粒，在食用时加沸水浸泡数分钟即可食用的米饭）、保鲜米饭（半干米饭，微波加热即可食用的米饭）。

（四）其他制品

发酵制品：米酒、米醋。

其他制品：速食米饭、咖喱饭、米粥罐头、米糠油等。

应注意，米糠油虽然营养价值较高，但米糠中含有较强的脂氧化酶，碾米时产生的糠如果 24 小时内没有完成榨油处理，则会产生大量的游离脂肪酸，使米糠变得难以利用。

五、稻米的贮藏

稻米的贮藏应当考虑稻谷（毛稻）、糙米、精白米三种状态。稻谷是最容易、最简单的贮藏形式，只要注意水分不超过13%，即可较长期保存。因为精白米没有生命特质，难以贮藏，所以，一般讲稻米的贮藏重点是糙米的贮藏。

影响稻米品质的因素主要是微生物、虫害以及自身营养成分的变化。如胚芽劣变、出芽率降低、蛋白质降解、脂肪氧化等，都可能失去稻米原有的清香，而成为“陈米”——具有特殊陈臭气味的米。陈米做的饭硬、黏度低、煮时长、味寡淡。稻米贮藏应当注意如下条件。

（1）湿度。一般设定的相对湿度为75%。

（2）温度。低温可以抑制微生物以及害虫活动，抑制大米的生理活动，从而延长贮存时间。目前仓库采用熏蒸的方法，同时在15℃以下的低温条件下熏蒸是较为通用的方法。

（3）米粒的完整性。米粒越完整越不易劣变。注意参阅其他商业要求与标准。

（4）包装。用麻袋，可以散装；如果条件允许可以用真空袋包装，且以中小包装为宜。

第四节　小　　麦

一、小麦历史渊源与食品资源价值

小麦的栽培历史可追溯到1万年以前，在现在的土耳其、伊朗、巴勒斯坦一带，公元前7000年至公元前6000年已广泛栽培小麦。小麦从上述地带传入欧洲和非洲，并向印度、阿富汗、中国传播。根据殷墟出土的甲骨文——武丁卜辞的“告麦”记载，公元前1238年至公元前1180年，在河南省北部一带小麦已是主要栽培作物。15—17世纪，欧洲殖民者才将小麦传播至南美洲、北美洲；18世纪，小麦传播到大洋洲。

小麦属于禾本科，小麦族，小麦属，一年生或越年生草本植物。小麦适应性强，是世界上最重要的粮食作物，其分布范围、栽培面积及总贸易量等均居粮食作物第一位。全世界35%的人口以小麦为主要粮食。小麦籽粒营养丰富，其中碳水化合物含量为60%～80%，蛋白质含量高，一般为11%～14%，甚至可达18%～20%。小麦中的麦胶蛋白和谷蛋白能使面粉加工成各种食品，是食品工业的重要原料。小麦提供的蛋白质占人类消费蛋白质总量的20.3%，热量的18.6%，食物总量的11.1%，超过其他任何作物的贡献。

小麦在我国北方地区是主要栽培作物，目前，其种植面积和产量仅次于水稻，居第二位，以黄淮海平原及长江流域最多，分冬小麦和春小麦，以冬小麦为主，面积和产量均占80%以上。

二、小麦的品种与特性

（一）世界小麦分类与品质特性

1. 植物学分类

1913年，A. Schulz根据染色体数量将小麦属分为3个类群：一粒系小麦（染色体数14）、二粒系小麦（染色体数28）、普通系小麦（染色体数42）。1932年，又发现了提莫菲维小麦（染色体数28）。一粒系小麦由于产量少，目前极少栽培；二粒系小麦种群，除硬粒小麦（durum wheat）因生产意大利面条而广泛栽培外，其他品种少量栽培。作为粮食作物栽培的小麦几乎都是普通系小麦，约占小麦种植总面积的90%，而且大部分是面包小麦。软质小麦（club wheat）被认为是面包小麦突变的种群。

硬粒小麦约占小麦种植总面积的10%，其胚乳极硬，蛋白质含量一般高于普通小麦，但不适于做面包，原因是其中麦胶蛋白和麦谷蛋白的比例不适当，即麦谷蛋白含量较高，造成面团弹性、韧性太强，面团膨胀不起来，所以大量硬粒小麦被用来生产延伸性不需要太强的意大利系列面类（pasta alimentare）。硬粒小麦在全世界分布广，形态和生态类型也很多，主要有美国的“杜隆小麦”、阿尔及利亚小麦、印度小麦等。

2. 商品学分类

在小麦生产、流通和加工实践中，按生产加工特征将小麦进行分类（表2-10）。

表2-10 小麦的商品学分类

分类依据	种类名称
胚乳质地	角质（玻璃质）/粉质
麦粒硬度	硬质小麦/软质小麦
麦粒形状	圆形种/长形种
麦粒大小	大粒小麦/小粒小麦
麦粒颜色	白小麦/红小麦
麦粒容重	丰满小麦/脊细小麦
蛋白质含量	多筋小麦/少筋小麦
面筋性能	强力小麦/薄力小麦
有无穗芒	有芒小麦/无芒小麦
播种期	春小麦/冬小麦

（二）我国小麦的主要品种、等级及分布

我国现行的国家标准是根据冬小麦和春小麦的籽粒颜色和质地，将小麦分为6类：白色硬质小麦、白色软质小麦、红色硬质小麦、红色软质小麦、混合硬质小麦、混合软质小麦。

小麦在我国分布十分广泛。从低于海平面154米的新疆吐鲁番盆地，到海拔4 040米的西藏江孜地区，从黑龙江到海南几乎都种植小麦。可以说小麦是我国分布范围最广的一种作物。春小麦主要在黑龙江、新疆、甘肃、内蒙古等地种植。一般来说，北方冬小麦蛋白质含量较高，质量较好；其次是春小麦；南方冬小麦蛋白质和面筋含量均较低。

三、小麦制粉过程与质量要求

（一）小麦制粉过程

小麦制粉工艺一般都需要通过清理和制粉两大流程。在整个加工过程中，先经过麦路——将各种清理设备合理地组合在一起构成清理流程再经过粉路——清理后的小麦通过研磨、筛理、清粉、打麸等工序。小麦制粉工艺一般流程：选料搭配—清理—（打麦、刷麦）润麦—碾磨（皮磨、渣磨、清粉、心磨、尾磨）—筛分—面粉处理。

1. 选料搭配

将各种原料小麦按照一定的比例混合搭配。目的是保证原料工艺的稳定性；保证产品质量符合国家标准；合理使用原料，提高出粉率。选料原则是首先考虑面粉色泽和面筋质，其次是灰分、水分、杂质及其他指标。目前小麦面粉生产还是先混合再粉碎。

2. 清理

包括风选、筛选、密度分选、精选、磁选、光电分选等方法。目的是清除小麦表面黏附的灰尘及泥块、煤渣、病虫害等。

3. 打麦

打下黏附在麦粒表面的杂质，重打除去麦胚和果皮。

4. 刷麦

在打麦的基础上，将打松但仍附着在麦粒表皮及腹沟上的杂质刷掉。同时刷掉由于打麦而擦裂的表皮和麦胚等。

5. 润麦（水分调节）

利用加水和经过一定的润麦时间，使小麦的水分重新调整，使小麦具有适宜的水分含量和合理的水分分布，以适应制粉工艺的要求，保证制粉工艺过程的稳定性；降低小麦皮层与胚乳间的结合力；使小麦皮层韧性增加，脆性降

低；降低胚乳的强度，促使胚乳的结构松散；使面粉水分符合国家标准，以获得更好的制粉工艺效果。

6. 研磨

在面粉研磨系统中，包括以下几个研磨过程。

皮磨系统：将麦粒剥开，从麸片上刮下麦渣、麦心和粗粉，并保持麸片完整，使胚乳与表皮分离。

渣磨系统：处理皮磨及其他系统分出的带有麦皮的粉粒，使麦皮和胚乳分开，从中提取品质较好的麦心和粗粉，送入心磨。

清粉系统：与风筛结合，将从皮磨系统来的纯粉粒与麸粉粒、麸屑分开，再送往相应的研磨系统。

心磨系统：将从皮磨系统、渣磨系统、清粉系统来的麦心和粗粉研磨成粉，并提出麸屑。

尾磨系统：处理心磨系统提出的含麸屑多的麦心。

7. 筛分

依据面粉颗粒的细度进行分级筛制。这里出粉率是重要的决定指标。

8. 面粉处理

依据不同细度和品质特点进行处理，详见下述有关面粉质量要求和分类。

（二）我国小麦粉的质量标准

《中国好粮油 小麦粉》LS/T 3248—2017 规定了中国好粮油小麦粉的术语和定义、分类、质量与安全要求、检验方法、检验规则、标签、包装、储存和运输以及追溯信息的要求。该标准适用于以国产小麦为主要原料加工而成的中国好粮油的食用商品小麦粉。表 2-11 规定了不同等级小麦粉的加工质量指标。

表 2-11　小麦粉的质量指标要求

指标类别	质量指标	优质强筋小麦粉		优质中筋小麦粉	优质低筋小麦粉	
		一级	二级		一级	二级
基本指标	含砂量（%）	≤0.01				
	磁性金属物（克/千克）	≤0.002				
	水分含量（%）	≤14.5				
	降落数值（秒）	≥200				
	色泽气味	正常				
定等指标	湿面筋含量（%）	≥35	≥30	≥26	≤22	≤25
	面筋指数（%）	≥90	≥85	≥70	+	+

（续）

指标类别	质量指标	优质强筋小麦粉		优质中筋小麦粉	优质低筋小麦粉	
		一级	二级		一级	二级
声称指标	食品评分值	+	+	+	+	+
	灰分（%）	+	+	+	+	+
	面片光泽稳定性	—	—	+	—	—
	粉质吸水率（%）	+	+	+	+	+
	粉质稳定时间（分钟）	+	+	+	—	—
	最大拉伸阻力（布拉本德单位）	+	+	+	—	—
	延展性（毫米）	+	+	+	—	—
	吹泡 P 值（毫米水柱）	—	—	—	+	+
	吹泡 L 值（毫米）	—	—	—	+	+

注："+"须标注检验结果；"—"不做要求；优质强筋小麦粉、优质中筋小麦粉和优质低筋小麦粉分别用面包、饺子和海绵蛋糕做食品评分。

《食用小麦淀粉》GB/T 8883—2017 替代了旧国标 GB/T 8883—2008。该标准进一步规定了不同等级小麦淀粉的质量要求。

表 2-12　小麦粉感官要求

项目	指　标			
	小麦 A 淀粉			小麦 B 淀粉
	优级品	一级品	二级品	
外观	白色粉末			白色或淡黄色粉末
气味	具有小麦淀粉固有的气味，无异味			

表 2-13　小麦粉的理化指标

项目	指　标			
	小麦 A 淀粉			小麦 B 淀粉
	优级品	一级品	二级品	
水分	≤14.0			≤14.0
酸度（干基）（吉尔里耳度）	≤2.0	≤2.5	≤3.5	≤6.0
灰分（干基）（%）	≤0.25	≤0.3	≤0.4	≤0.4
蛋白质（干基）（%）	≤0.3	≤0.4	≤0.5	≤3.0
脂肪（干基）（%）	≤0.07	≤0.10	≤0.15	≤0.45

（续）

项目	指　标			
	小麦A淀粉			小麦B淀粉
	优级品	一级品	二级品	
斑点（个/厘米²）	≤1.0	≤2.0	≤3.0	≤6.0
细度［150微米（100目*）筛通过率（质量分数）/%］	≥99.8	≥99.0	≥98.0	≥90.0
白度457纳米（蓝光反射率）（%）	≥93.0	≥92.0	≥91.0	≥70.0

注：*“目”为非法定计量单位，指筛网每英寸（2.54厘米）的网眼数目。

四、小麦及其小麦粉的加工利用

（一）主食品应用

小麦的主要用途是加工成面粉。面粉即所谓的一次加工品，然后以此为原料加工成人类的主食品。小麦中的硬质小麦含蛋白质、面筋较多，质量也较好，主要用于制面包、高级面条等主食品。软质小麦粉适于制饼干、糕点、烧饼等。我国中间质小麦最为普遍，适于制作馒头、面条和各种中式面点。硬粒小麦适于制作意大利式面条、通心面等。

（二）其他加工品

1. 专用粉

专用粉也称预混合粉（prepared mixture），它是将小麦粉根据用途按所需比例，混入其他添加物，如砂糖、油脂、乳粉、蛋粉、食盐、膨胀剂、香料等做成的专用粉，只需添加水和必要的副材料在一定条件下即可加工成某种成品。主要产品有面包糕点用粉、饺子专用粉、蛋糕专用粉等。

2. 面包屑

由面包经冷却、粉碎、干燥、筛分制成，主要用作油炸西点或其他油炸食品表面的粘贴料。

3. 谷朊粉和小麦淀粉

一般采用马丁法（面团洗涤法）或面浆搅打法将生面筋和淀粉从小麦粉中分离出来。生面筋可作为食品，也可添加在肉制品中。生面筋经干燥粉碎可制得谷朊粉，即活性面筋，用作面包面类、肉肠类添加剂。小麦淀粉一般作为谷朊粉的副产品，具有水产品、糕点添加剂或医药、造纸等工业用途。

4. 其他用途

小麦也可以作为制葡萄糖、白酒、酒精、啤酒、酱、酱油、醋的原料。小麦蛋白含有较多的谷氨酸，过去曾是制造味精的主要原料。

5. 小麦胚芽产品

小麦胚芽含脂质10%左右，含蛋白质30%以上，必需氨基酸组成合理，因此，胚蛋白是全价蛋白，可作为营养强化剂使用。将精选小麦胚通过烘焙、干燥、真空包装，可加工为麦香浓郁的麦胚粉、胚芽片等，既可直接食用，也可作为食品配料。每吨小麦可制100克胚芽油，胚芽油比较贵重。其最大优点是富含维生素E，生理活性高的α-生育酚含量最为丰富。小麦胚芽油除可做成胶囊产品外，也被用在调味油产品中。

6. 麸皮制品

麸皮是制粉的副产品，虽然不易消化、口感不佳，但它往往混有小麦胚芽，蛋白质、矿物质、B族维生素和维生素E含量丰富，过去曾是优质饲料。近年作为健康食物纤维源颇受关注。国际谷物科技协会（ICC）1980年大会曾特别指出：在一般可能摄入的健康纤维食物中，小麦麸是最合乎人体需要、形态最有效和健康纤维含量最高的。一般制粉得到的麸皮很难直接作为食品加工原料，但经进一步精制、处理，不仅可以作为直接食用的食物纤维，还可以作为食物纤维添加剂。据测定其有效食物纤维含量可达47%。添加麦麸的食品有：麦麸面包、全麦黑面包、裸麦粗面包、麦麸松饼、咖啡麦麸糕等。

五、小麦及面粉的贮藏

（一）小麦贮藏

谷类中小麦的贮藏性较好，在适当条件下可贮藏10年以上。但贮藏应掌握如下特点：吸湿性强、后熟期长、忌高温、易受虫害。

根据上述特点，小麦贮藏首先应以干燥防潮为主。小麦收割后应及时干燥，防止穗发芽。粮食入库前须使其含水量降至安全水分标准12.5%～13.5%或更低。要防止出现病虫害，如新麦感染虫害，可采取曝晒的方法去除虫害，曝晒不仅可以起到杀虫效果，而且可加速小麦完成后熟，增强贮藏的稳定性。此外要注意光照，光照不仅会提高温度，也会增加辐射，影响小麦品质。如果小麦处理温度过高，会使面筋蛋白变性，成为热损害粒。

一般贮藏时可以袋装、也可以散装。长期贮藏以大库散装为主。库房建设多采用厚墙壁、山洞或者进行气调库等。

（二）面粉的贮存和熟成

由于小麦粉蛋白质中含有半胱氨酸，它的存在往往使面团发黏，结构松散，不仅加工时不易操作，而且发酵时的面团的保气力下降，造成成品品质下降。面粉在贮藏一段时间后，由于半胱氨酸的巯基会逐渐氧化成双硫基而转化成胱氨酸，加工品质会因此得到改善，这一过程也称面粉的熟成（也称陈化）。除了贮藏一段时间使面粉自然熟成外，为了使巯基尽快氧化成双硫基，也可采用改良剂（熟成剂）促使面粉陈化。这些改良剂有溴酸钾、二氧化氯、氯气等。

面粉在长期贮藏过程中，面粉质量的保持主要取决于面粉的水分含量。面粉具有吸湿性，因而其水分含量随周围大气的相对湿度变化而变化。以袋装方式贮藏的面粉，其水分变化的速度，往往比散装贮存的变化慢。相对湿度为70%时，面粉的水分基本保持平衡不变。相对湿度超过75%，面粉将较多地吸收水分。面粉贮藏在相对湿度为55%～65%，温度在8～24℃的条件下较为适宜。

六、其他麦类简介

(一) 大麦

大麦是全球栽培的第四大禾谷类作物，是禾本科小麦族大麦属作物的总称，具有早熟、生育期短、适应性广、丰产和营养丰富等特性。世界各国的大麦主要用于生产畜禽饲料，占总产的70%～80%，其次是用于酿制啤酒。大麦类型众多，从南纬50°到北纬70°的广大地区均有栽培，在海拔4 750米的西藏地区也有大麦种植。北欧、俄罗斯等区域种植面积最大。中国也是大麦发源地之一，4—5世纪由中国经朝鲜传至日本。近几年，在我国北方的内蒙古、河北等地大量种植。

1. 种类与生产

大麦属有30多个种，其中有栽培价值的只有普通大麦种，为二倍体，$2n=2x=14$，按大穗穗轴上小穗的排列条数，可分为二棱大麦和六棱大麦。其中六棱大麦中如果侧生小穗较小，也称四棱大麦。无论是二棱大麦还是多棱大麦都可按稃皮的有无分为皮大麦和裸大麦，即颖果成熟时内外颖与籽粒黏合的为皮大麦，分离的为裸大麦。裸大麦因地区不同而有元麦、米大麦、青稞之称。

中国原有的大麦以多棱类型为主，皮、裸型皆有，至今还在种植。二棱大麦自20世纪50年代以来才陆续从国外大量引入，种植面积逐渐扩大。

图2-4　大麦的麦穗与种子

2. 成分与利用

大麦籽粒含淀粉 46%～68%、蛋白质 7%～14%、脂肪 2.0%，维生素 B_1、维生素 B_2、钙、铁含量比较丰富。六棱大麦成分虽然和小麦十分相似，但蛋白质组成主要为麦谷蛋白和大麦醇溶蛋白，大麦醇溶蛋白缺乏麦胶蛋白的黏性，因此大麦粉不能形成面筋。大麦籽粒主要用于制麦芽、食品和饲料。大麦浸水发芽时会产生活性很高的淀粉酶。二棱大麦因粒大、蛋白质含量少且发芽率高，主要用其麦芽酿制啤酒，因此也称啤酒麦。1 千克优质大麦可产 0.7～0.8千克麦芽，制成 5～6 千克啤酒。它也是制作啤酒、威士忌的原料。

六棱大麦一般作食用，可将其碾磨成麦粉、麦渣或压成麦片，做粥或饭团。麦仁粥是我国北方的传统食品。藏族人民食用的“糌粑”，就是将青稞炒熟以后磨成粉，拌以酥油茶制成的面团。欧美各国也有将大麦制成麦片、珍珠米或大麦粉供食用的习惯。

大麦还可制麦芽糖、饴糖、醋、麦曲、酱油、味精、浓酱、点心、糖果、麦乳精和糊精等，也是生产酵母、酒精、核苷酸、乳酸钙的原料。

在医学上麦芽可入药，具有健胃和消食的作用。“焦大麦”具有清暑祛湿、解渴生津的作用，可作麦茶的原料。大麦膳食纤维十分丰富，用其开发的保健产品已有上市。在北欧以及畜牧业发达地区，也可以在大麦接近成熟时制作青干草，为家畜提供饲料。

（二）燕麦

据研究，燕麦原为谷类作物的田间杂草，约在 2 000 年前才被驯化为农作物，是世界各地广泛栽培的一种重要粮食兼饲草、饲料作物。具有抗旱、耐冷、耐瘠薄等优良性状和很高的营养及保健价值。燕麦是禾本科早熟禾亚科燕麦属一年生草本植物。南欧首先作为饲草栽培，之后才作为谷物种植。根据《尔雅》《史记》等古书记载，中国燕麦的栽培始于战国时期，距今至少有 2 100年之久。

1. 种类与生产

燕麦属内按染色体组可分为二倍体（$2n=2x=14$）、四倍体（$2n=4x=28$）、六倍体（$2n=6x=42$）3 个种群 23 个种。按其外稃性状可分为带稃型（皮燕麦）和裸粒型。世界各国最主要的栽培种是六倍体带稃型的普通燕麦，其次是东方燕麦、地中海燕麦。中国以大粒裸燕麦为主，俗称莜麦、玉麦，约占燕麦面积的 90%。籽粒大部分可食用，有白、黄、褐、红、紫、黑等颜色，其中黄色和白色占多数。

燕麦的分布具有较严格的局限性，主要分布在北半球的温带地区。俄罗斯燕麦种植面积占世界燕麦种植总面积的半数以上，居世界首位，美国居第二位，其后是加拿大、澳大利亚、波兰、德国等国家。我国燕麦栽培主要分布在西北、华北、云南、贵州一带，黑龙江、安徽、湖北、辽宁、吉林等省也有零星种植。

图 2-5 燕麦植株、籽实、麦片

2. 成分与利用

燕麦营养价值高，普通燕麦籽粒中蛋白质含量为 12%～18%，脂肪为 4%～6%，淀粉 21%～55%。中国裸燕麦粉（莜面）中蛋白质含量为 15%，脂肪含量为 8.5%，超过小麦面粉、大米、小米、高粱米、玉米粉、荞麦面粉、裸大麦等 7 种常用食粮的一般含量。裸燕麦蛋白质中氨基酸组成合理，脂肪酸中亚油酸含量为 38.1%～52.0%，营养价值高。燕麦籽实中维生素 B_1、钙和膳食纤维尤其丰富。它还含有禾谷类作物中独有的皂苷，故对降低胆固醇、甘油三酯、β-脂蛋白有一定功效。

我国由燕麦制成的最常见食物有莜麦面条、莜面卷、莜面饺子等，也可制成炒面加水调食。

欧美地区主要食用普通燕麦。燕麦经去皮、蒸煮、压扁、焙烤等工序制成燕麦片，是主要早餐食品，可做燕麦粥也可用牛奶冲调。燕麦粉不适于做面包，却是制作高级饼干、糕点、儿童食品的原料。

燕麦可作草食家畜的饲料。从绿色的燕麦干草中可提取叶绿素、胡萝卜素。燕麦稃壳中含有的多缩戊糖，是制作糖醛的原料，可用于石油化学工业。

第五节 玉 米

一、玉米的起源与资源特点

（一）玉米的起源

玉米与小麦、水稻一样，都是禾本科一年生草本植物。它原产于中美洲，由印第安人培育驯化，已有 4 000 年的栽培史。玉米在中国的别名有苞谷、玉蜀黍、棒子、苞米、玉麦、珍珠米、玉茭等。在 1492 年哥伦布发现新大陆时，才为世界所知，并开始向世界各地迅速传播。当时从北美洲的东北部到整个南美洲已有多种玉米栽培，被称为“印第安古代文明之花”。玉米于 16 世纪初传入我国，至今有近500年的栽培历史。当然，现在的玉米与原始的玉米在形态、结构、表型性状方面都有极大的不同（图2-6，图2-7）。

图2-6　玉米的原始形态与现代形态比较

资料来源：邓兴旺，2019. 作物驯化一万年：从驯化，转基因到分子设计育种［EB/OL］. 知识分子：2019-01-04.

图2-7　原始玉米与现代玉米的株形、果穗与籽实比较

左图，玉米的原始品种；右图，现代玉米品种

（二）玉米的资源特点

玉米是谷物中单产最高的作物，其秸秆也是很好的家畜青饲料（或青贮饲料），生长适应性强。现在世界各地均有栽培，主要分布纬度为30°～50°的地带。栽培面积较大的国家有美国、中国、巴西、墨西哥、南非、印度和罗马尼亚，全世界有70多个国家种植玉米。我国玉米分布区域也很广，但主要分布于东北、华北、西北以及西南地区。

据国家统计局数据统计，2018 年我国玉米产量仍然高达 2.573 亿吨，仅比 2017 年的产量 2.590 7 亿吨减少了 0.68%，产量仅次于美国。2017 年仍然进口 283 万吨。

我国是一个农业大国，也是人口大国。玉米主要用于饲料生产，支撑着世界多数的畜禽养殖业，并依此来满足人们对肉奶蛋等食物的需求。除此之外，玉米还是食品、工业、医药等行业重要的原料。我们要在积极的粮食政策下，抓好玉米种植，促进相关行业的健康发展。

二、玉米的类型与品种简介

（一）玉米的一般类型

玉米依据籽粒形状、胚乳性质与稃壳有无，可以分成以下八大类型。

1. 硬粒型

籽粒一般呈圆形，质地坚硬平滑，顶部和四周大部分胚乳为致密、半透明的角质淀粉，使表面光泽好，籽粒中间有少量疏松、不透明的粉质淀粉。籽粒有黄、白、红、紫等颜色，适于高寒地栽培，食用品味好，多作为饲料和工业原料。

2. 马齿型

籽粒顶部凹陷成坑，棱角较为分明，近长方形，很像马齿。籽粒四周为一薄层角质淀粉，中间和顶部由粉质淀粉填充，成熟时由于粉质淀粉收缩，造成粒顶下陷呈马齿形。籽粒有黄、白等颜色，不透明，较大，产量高，但口感较差，是栽培最多的品种。主要用作饲料、淀粉、油脂的原料。高油玉米、高直链淀粉玉米、高蛋白玉米、糯玉米等变异品种多与马齿型玉米近缘。

3. 粉质型

籽粒胚乳全部由粉质淀粉组成，表面暗淡无光泽。由于粉质淀粉质地松软，所以又可称为软质型，籽粒外形与硬粒型相似。粉质玉米产量偏低，不耐贮藏。它是较古老的类型，是印第安人喜爱食用的类型。南美有种植，美国有零星分布。

4. 爆裂型

籽粒小，坚硬光亮，胚乳全部由角质淀粉组成，遇热爆裂膨胀。有的可达原来体积的 20 倍以上。爆裂玉米有圆形和尖形两种，有黄、白、红、紫等不同粒色。这种玉米产量低，一般用来制爆米花食用。

5. 甜质型

籽粒含糖分较多，淀粉较少，成熟后外形呈皱缩或凹陷状。一般在乳熟期采摘，作为嫩玉米食用，茎叶用作青饲料。甜玉米分为普通甜玉米和超甜玉米两种。

（1）普通甜玉米：胚乳由角质淀粉构成，一般种皮较薄，成熟后籽粒呈半透明状。乳熟期含糖量可达8%。采摘后一部分糖分会逐渐转化为淀粉，因此甜味就会降低。它含有多量水溶性多糖，故有很好的风味。

（2）超甜玉米：这种玉米的完熟干籽粒外表皱瘪凹陷，并不透明。乳熟期含糖量高达18%～20%，为普通玉米的7～8倍，但胚乳中缺乏水溶性多糖，种皮较厚，不宜制罐头。超甜玉米籽粒中糖分转化淀粉的速度比普通甜玉米慢，所以比普通甜玉米存放时间长。

6. 糯质型

籽粒不透明，无光泽，外观蜡状，故也称蜡质玉米。它的胚乳全部由支链淀粉组成，煮熟后黏软，富于糯性，俗称黏玉米或糯玉米。糯玉米在我国常作为嫩玉米鲜食，或制成各种糕点，它是20世纪初由我国云南传入美国。

7. 甜粉型

籽粒上部为富含糖分的皱缩状角质，下部为粉质。它比较罕见，只在南美洲一些地方能找到。

8. 有稃型

每颗籽粒都有颖壳包裹，颖壳顶端有时有芒状物，籽粒坚硬，为原始类型。由于脱粒不便，除用作研究玉米起源和进化外，在生产中利用价值不大。

（二）专用玉米类型

专用玉米是指具有较高的经济价值、营养价值或加工利用价值的玉米，其技术含量和遗传附加值较高，国外也称作遗传增值玉米。除马齿型、硬粒型等普通玉米外，其他玉米都可作为特用玉米。主要包括以下几种。

1. 高赖氨酸玉米

普通玉米通过遗传改良，使籽粒中赖氨酸含量提高70%以上的玉米，又称优质蛋白玉米或高营养玉米。它的胚乳赖氨酸含量与普通玉米相比高达69%，高赖氨酸玉米鲜、甜、香而适口，嚼之松软而不粘牙齿。主要品种有鲁玉13等。

2. 高油玉米

高油玉米的籽粒胚芽所占比例较大，淀粉含量少，含油量比普通玉米平均高50%以上（含油率可达20%以上），它是人工育种创造的一种新型玉米。玉米油是一种高质量的食用油。目前我国推广的品种主要有高油1号、高油6号、高油115等。

3. 爆裂玉米

爆裂玉米是一种专门用来制作爆米花的特用玉米。好的爆裂玉米爆裂率达99%，膨胀倍数达30倍。一般家庭中用铁锅、微波炉均可加工爆米花，食用方便。主要品种有黄玫瑰、黄金花、沪爆1号、泰爆1号等。

4. 甜玉米

即甜质型玉米。它的食用方法类似于蔬菜，又被称为“蔬菜玉米”。它可加工成各种风味的罐头。主要品种有苏甜 8 号、超甜 15、东农超甜、甜单 8 号等。

5. 笋玉米

笋玉米也称嫩穗玉米。笋玉米是指专门用来生产玉米笋的专用型品种，幼嫩果穗形似竹笋。专用型品种有鲁笋玉 1 号、冀特 3 号等。

6. 糯玉米

糯玉米即糯质型玉米，籽粒中淀粉 100%为支链淀粉，具有甜、糯、香软的特点。流通中因为可能混有其他变异种，所以交易时必须保证支链淀粉含量在 95%以上。主要品种有烟糯 5 号、鲁糯 1 号、苏糯 1 号等。

7. 青贮玉米

青贮玉米是指以新鲜茎叶（包括穗）生产青饲料或青贮饲料的玉米品种或类型。它的独特之处在于完全符合饲养业的要求。主要品种如京多 1 号等。

三、玉米的营养特点与质量要求

（一）玉米的营养成分与特点

1. 淀粉

普通玉米的碳水化合物含量约为 70%。普通玉米和糯质玉米的淀粉颗粒比马铃薯、木薯、小麦的小，比大米的大些，平均粒径 15 微米，高直链淀粉玉米的淀粉颗粒稍小，形状也不规则。普通玉米淀粉中直链淀粉约占 27%，其余是支链淀粉。高直链淀粉玉米中直链淀粉含量可达 50%～80%，作为对比，直链淀粉在小麦中含量为 28%，马铃薯中含量为 21%，木薯中含量为 21%，粳米中含量为 17%。

2. 蛋白质

玉米蛋白质含量为 8%左右，玉米蛋白质在籽粒中的分布为，胚乳中含 80%、胚中含 16%、种皮中含 4%，虽大部分在胚乳中，但胚芽中蛋白质浓度最高、质量最好。胚乳中主要是贮藏蛋白质，几乎都以颗粒状存在，称为“蛋白体”，其余是包裹淀粉的蛋白膜。

玉米蛋白成分可分为：白蛋白（可溶于水）、球蛋白（溶于食盐水）、醇溶蛋白（只溶于 70%～80%的酒精）、谷蛋白（不溶于水、乙醇和中性盐溶液，可溶于氢氧化钠等稀碱液或稀酸液）和其他蛋白。玉米蛋白中醇溶蛋白，由于其不溶于水，可形成膜的特点，可作为可降解包装材料，可替代塑料，受到广泛关注。另外，玉米醇溶蛋白中几乎不含赖氨酸，因此玉米蛋白的营养价值不高。

3. 脂质

玉米中脂质含量约为5%，玉米中85%的脂质分布在胚芽中。胚芽的脂质含量高达30%～40%，脂质的大部分为三酸甘油酯，以直径约为1.2微米的脂肪球存在。脂肪酸组成中亚油酸较多，稍低于向日葵和红花油。

4. 纤维类

玉米纤维的一半以上含在种皮中，主要由中性膳食纤维（NDF）、酸性膳食纤维（ADF）、戊聚糖、半纤维素、纤维素、木质素、水溶性纤维组成。种皮可作为膳食纤维的原料，其中NDF含量高达10%，ADF仅占4%左右。

5. 糖类

除淀粉外，玉米还含有各种多糖类、寡糖、单糖，大部分存在胚芽中。甜玉米例外，其胚乳中含有大量蔗糖，这是因为其遗传基因中有抑制光合作用产生的糖向淀粉转化蓄积的基因。

6. 其他微量成分

玉米还含有多种维生素，其中黄玉米含有较多的β-胡萝卜素，维生素E、维生素B_1和维生素B_6也较丰富。虽然维生素B_5含量也相当多，但属于结合型，单胃动物不能吸收。甜嫩玉米还含有其他谷物中不含的维生素C。玉米矿物质含量按灰分测定在1.1%～3.9%范围。矿物质中含钾最多，其次为磷、镁，含钙量比其他谷物少。

（二）玉米的质量要求

2018年颁布的《玉米》（GB/T 1353—2018）标准，对旧标准进行了较大修改（表2-14）。最重要的是质量指标中增加了“霉变粒”项，把“生霉粒”归属在了“不完善粒”中；另外，还界定了一些基本术语。

表2-14　玉米质量指标

等级	容重（克/升）	不完善粒含量（%）	霉变粒（%）	杂质（%）	水分含量（%）	色泽气味
1	≥720	≤4.0				
2	≥690	≤6.0				
3	≥660	≤8.0	≤2.0	≤1.0	≤14.0	正常
4	≥630	≤10.0				
5	≥600	≤15.0				
等外	<600	—				

注：“—”为不要求。

四、玉米的加工利用

玉米已成为全世界重要的粮食、饲料、经济兼用作物，用途十分广泛，可以说，全身是宝。玉米作为粮食可制作玉米面条、窝窝头、粥、煎饼等主食，欧美的早餐玉米片也很普遍。玉米在饲料中的主导地位日益重要，我国生产的玉米70%以上用作饲料。玉米还可作为小吃或菜食用。如甜玉米鲜穗可嫩食，还有爆米花、玉米膨化食品、玉米羹、玉米营养粉、玉米罐头、玉米面包等。玉米作为工业深加工原料，有以下用途。

（一）生产淀粉

淀粉是自然界最丰富的资源之一，由不同原料制造的淀粉统称为原淀粉，而由玉米生产的淀粉称为玉米原淀粉。它保持了玉米谷粒中原淀粉固有的基本特性，是诸多行业生产的重要原料。如在食品中可用作抗结剂、稀释剂、成型剂、悬浮剂等，在纺织、造纸、制药、建材、淀粉塑料生产、味精生产等方面也有广阔的用途。

（二）玉米淀粉制糖

淀粉制糖是运用不同的工艺技术，将淀粉水解而生产出具有不同甜度和功能性质的糖品。随着工业化进程的加速发展，对糖品的要求除甜味之外，还对风味、结晶性、溶解性、吸湿性、保湿性、焦化性、化学稳定性和代谢性有要求，淀粉制糖的品种多，因而具有较大优势。淀粉糖的甜度低、风味浓、润性好、色泽美，且具有保健功能，在保健、食品、饮料等行业都可应用。多种作物淀粉均可作为制糖原料，其中以玉米为好，因其淀粉及淀粉糖的成本低，且其副产品多，所以效益高，具有竞争力。

（三）生产酒精

玉米是多种发酵制品的原料，其中在酒精发酵业中应用较多。酒精作为燃料可以任意比例与（无铅）汽油混合，使之燃烧完全，辛烷值提高，使废气中的一氧化碳、二氧化氮及碳氢化合物减少，从而减轻对环境的污染。

（四）玉米胚芽利用

玉米胚芽含有较多的脂肪，可通过机械压榨法、浸出法直接提取玉米胚芽粗油，再用“三脱”“五脱”等工艺方法可制得玉米胚芽精油，供药用或食用。

（五）玉米皮的利用

玉米皮是玉米加工中产生的副产品，传统用作饲料，经济价值低。目前，美国已从玉米皮中提取玉米纤维。其中的半纤维素可用于生产胶粘剂与乳化剂；可食性纤维可增进胃肠的蠕动，有利于人体健康，一般用作食品增补剂；玉米纤维油具有降低血清胆固醇的作用。

（六）玉米芯的利用

玉米芯就是玉米经脱去籽粒后的穗轴。我国玉米芯多被烧掉或丢弃。其实，玉米芯可以加工成一种理想的木炭代用品——植物碳，它无烟、无尘、无废渣，效果理想，价格却便宜许多，既有经济效益又有社会效益。另据文献报道，英国把煅烧的谷壳灰加到磨碎的玉米芯中，制成清洁粉；玉米芯是生产糠醛的很好原料，价格便宜。近年来，利用玉米芯生产食用菌也取得了显著的经济效益。

（七）玉米花粉的利用

花粉含有多种营养成分，如氨基酸、维生素、碳水化合物、蛋白质、脂肪酸、核酸、微量元素和酶等，对人体有着重要的营养与调节作用。因其独特的医疗保健功能，在国外被誉为“长寿美容食品”。长期以来，玉米花粉的价值被忽略，每年有大量的花粉随风飘散。若对玉米花粉进行破壁处理（生理破壁法、机械破壁法、理化破壁法），可使其易于人体消化吸收，这一发现扩大了玉米花粉的应用领域，如加入蜂蜜产品、医药品、化妆品与强化食品中。

五、玉米的贮藏和品质管理

（一）玉米的贮藏特点

1. 吸湿性强、呼吸旺盛

玉米的胚是谷类粮食中最大的，玉米的胚约占整粒体积的1/3，占粒重的10%～20%，含有30%以上的蛋白质和较多的可溶性多糖，所以吸湿性强，呼吸旺盛。影响其呼吸强度的因素有水分含量、温度和通气状况等。其中水分含量是影响呼吸强度的最重要因素。

2. 陈化和酸败

随着贮藏时间的延长，虽未发热霉变，但由于酶的活性减弱，原生质胶体结构松弛，物理化学性质改变，生命力减弱，品质逐渐降低，这种现象称为陈化。高温高湿环境会促进陈化的发展，低温、干燥条件可延缓陈化。另外，玉米胚芽含脂肪多，且不饱和脂肪酸多，故易于酸败。

3. 易产生黄曲霉素

黄曲霉素是毒性较强的天然致癌物质，玉米果穗周围的苞皮给黄曲霉菌生长提供了适宜的环境，昆虫是黄曲霉菌的传播媒介。尤其是在成熟期，高温干旱天气促进黄曲霉菌的污染。镰刀霉菌产生的毒素也常给玉米的品质带来危害。

4. 安全水分

防止贮藏中玉米的劣变，最重要的措施是控制水分。在一定温度、湿度条件下，保持玉米安全贮藏的水分含量范围称为安全水分。安全水分与环境温度有关，一般情况下，玉米的安全水分为12.9%，不能超过14%。

（二）玉米的贮藏方法与管理措施

玉米的贮藏方法有籽粒贮藏和果穗贮藏两种。玉米贮藏可采取低温贮藏、缺氧贮藏、低氧低药量贮藏等技术。贮藏期应当降低玉米籽粒所含的水分，使新陈代谢缓慢进行，干燥防霉，并合理通风和适时密闭，而且注意防治虫害。

第六节　大　豆

一、大豆概述

大豆起源于中国，其种植历史至少有5 000年，适于冷凉地域生长。18世纪传入欧洲，之后扩展到美洲，20世纪20年代在美洲广泛栽培。

大豆属于豆科蝶形花亚科大豆属。通常所说的大豆是指栽培大豆。大豆为一年生草本植物，茎直立或蔓生，植株一般高0.5～1米，蔓生种长达2米以上，有分支，叶互生。果实为荚果，荚内含种子1～4粒。荚的形状有扁平、半圆等类型。荚面上通常有茸毛，成熟后呈草黄色、灰色等颜色。

根据用途不同，大豆可分为食用大豆和饲料豆两类。食用大豆又可分油用大豆、粮用大豆和菜用大豆3类。粗脂肪含量大于等于16%（干基）的大豆可作为油用大豆；水溶性蛋白质含量大于等于30%（干基）的大豆可作为粮用大豆；菜用大豆一般要求是烹调容易、味道香甜的鲜豆或青豆。颗粒小、品质差的等外大豆一般用作饲料豆。

我国国家标准规定，商品大豆按种皮的颜色、粒形可分为5类，即黄大豆（种皮为黄色）、青大豆（种皮为青色）、黑大豆（种皮为黑色）、其他色大豆（种皮为褐色、茶色、赤色等）和混合大豆。黄豆按籽粒大小可分为大粒、中粒和小粒大豆，大粒主要用于煮豆产品；中粒用于豆腐、豆瓣酱制作；小粒宜制豆豉类产品。

二、大豆的营养成分与特点

（一）大豆的籽粒结构与形状

大豆籽粒有球形、扁圆形等。大豆籽粒上有一个长椭圆形的种脐，种脐的一端有珠孔（种孔），大豆发芽时，幼小的胚根由此小孔伸出，所以又称发芽孔（图2-8）。不同品种的大豆，其脐的形态、颜色、大小略有区别。

大豆籽粒的胚由胚芽、胚轴、胚根和两枚子叶组成。胚芽、胚轴和胚根3部分约占整个大豆籽粒质量的2%，富含异黄酮和皂苷。大豆子叶约占整个大豆籽粒质量的90%，是大豆籽粒主要的可食部分，其表层是一层近似正方形的薄壁细胞，其下为2～3层长形的栅栏状细胞层，是大豆子叶的主体。在超显微镜下，可观察到子叶细胞内白色的细小颗粒和黑色团块。白色的细小颗粒称为圆球体，直径为0.2～0.5微米，内部蓄积有中性脂肪；黑色团块称为蛋白体，直径为2～20皮米，其中主要为蛋白质。

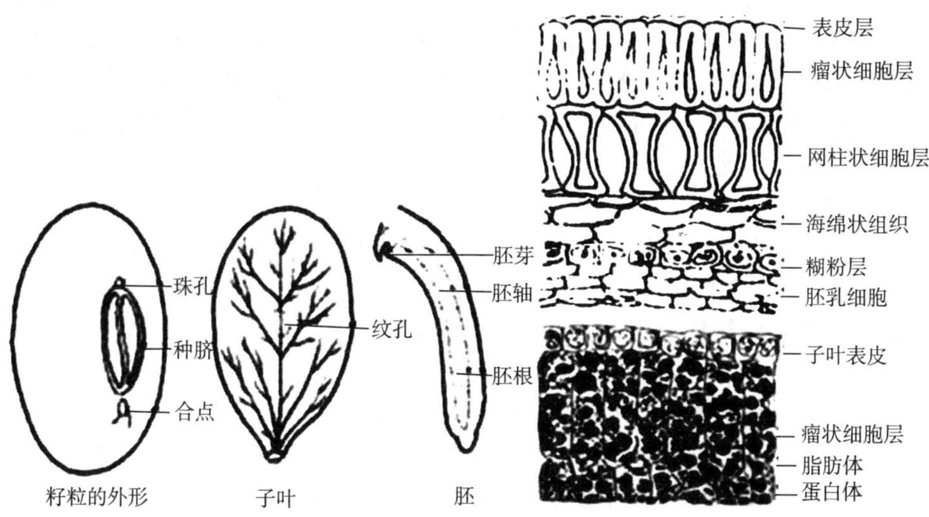

图 2-8　大豆籽粒结构

注：左图是籽粒的外形、子叶与胚芽结构；右图是子叶的分层结构

（二）大豆的营养成分与特点

就整粒大豆而言，其成分包括蛋白质、脂肪、碳水化合物、矿物质、维生素等多种营养物质。其主要成分含量因产地而有差异（表 2-15）。

表 2-15　国产大豆的主要成分（可食部分 100 克）

地区	热量（千焦）	水分（克）	蛋白质（克）	脂肪（克）	糖类（克）	粗纤维（克）	灰分（克）	钙（毫克）	磷（毫克）	铁（毫克）	胡萝卜素（毫克）	硫胺素（毫克）	核黄素（毫克）	烟酸（毫克）
北京	1 724.96	10.2	36.3	18.4	25.3	4.8	5.0	367	571	11.0	0.40	0.79	0.25	2.1
陕西	1 708.21	10.0	39.6	17.1	23.9	5.2	4.2	263	502	6.6	0.39	—	0.24	1.6
新疆	1 758.46	7.0	35.0	13.3	31.1	4.9	4.7	325	454	10.5	0.41	0.46	0.19	1.8
湖南	1 691.47	10.0	37.8	17.2	24.6	5.0	5.4	232	518	14.9	0.12	—	0.14	1.7
贵州	1 687.28	10.1	36.9	15.8	28.4	4.5	4.4	330	480	—	0.16	0.38	0.20	3.0
四川	1 704.03	12.0	36.6	18.2	24.5	4.6	4.4	240	516	10.0	0.34	—	0.25	2.3

1. 蛋白质

富含蛋白质是大豆最重要的特征之一。但品种不同，大豆蛋白质含量也有较大差异。我国的大豆蛋白质含量一般在 40%左右，个别品种可达 50%以上。如按含 40%蛋白质计算，1 千克大豆的蛋白质含量相当于 2.3 千克猪瘦肉或 2 千克牛瘦肉的蛋白质含量，所以，人们将大豆誉为“植物肉”及“绿色乳牛”。

根据在籽粒中所起的作用不同，大豆中的蛋白质一般可分为贮存蛋白、结构蛋白和生物活性蛋白；根据溶解性不同，大豆蛋白可分为白蛋白（清蛋白）和球蛋白。大豆中 90%以上的蛋白质为球蛋白。大豆蛋白大部分处在等电点（pH4.3）附近，可溶于水，在豆腐和大豆分离蛋白加工中，白蛋白一般在水洗和压滤过程中流失。

2. 脂质

大豆一般含 20%左右的油脂，现有新培育的高油脂品种，如红丰 9 号（含油率 23%以上）、皖豆 10 号（含油量和蛋白率大于 66%）。大豆油脂的主要成分是脂肪酸与甘油所形成的酯类，构成大豆油脂的脂肪酸种类很多，达 10 种以上。大豆油脂的主要特点是不饱和脂肪酸含量高，61%为多不饱和脂肪酸，24%为单不饱和脂肪酸。大豆油脂中还含有可预防心血管病的 α-亚麻酸（6.8%）。另外，大豆中含有 1.1%～1.3%的磷脂（包括卵磷脂、脑磷脂和肌醇磷脂等），可广泛用作乳化剂、抗氧化剂和营养强化剂。大豆加工和利用中产生的副产品，如扩散剂、润湿剂，在食品和非食品行业广泛应用。

3. 碳水化合物

大豆中的碳水化合物含量约为 25%，其组成成分比较复杂。一种是不可溶性碳水化合物——食物纤维素，一般每 100 克大豆中含 5 克左右，主要存在于种皮中。另一种是可溶性碳水化合物，主要由低聚糖（包括蔗糖、棉籽糖、水苏糖）和多糖（包括阿拉伯半乳糖和半乳糖类）构成。成熟的大豆几乎不含淀粉（仅为 0.4%～0.9%）。

4. 大豆中的矿物质与维生素

大豆矿物质种类及含量较多，且对人体的生长发育有重要作用。大豆中无机盐主要为钾、钠、钙、镁、硫、磷、氯、铁、铜、锰、锌、铝等，总含量为 4.4%～5%，其中钙含量是大米的 40 倍，铁含量是大米的 10 倍，钾含量也很高。大豆中的磷 75%是植酸态，13%是磷脂态，其余 12%是其他有机物和无机物。大豆在发芽过程中，植酸酶被激活，矿物质元素游离出来，从而使其生物利用率明显提高。所以说豆芽是一种非常好的蔬菜。

大豆中含有多种维生素，以维生素 E 和 B 族维生素含量最丰富，而维生素 A 含量较少。

5. 大豆中其他生物活性物质

（1）大豆异黄酮。大豆异黄酮主要分布于大豆种子的子叶和胚轴中，种皮中含量极少。80%～90%的异黄酮存在于子叶中，浓度为 0.1%～0.3%。胚轴中所含异黄酮种类较多且浓度较高，为 1%～2%。目前发现的大豆中异黄酮共有 12 种，分为游离型的苷元和结合型的糖苷两类，苷元占总量的 2%～3%，包括金雀异黄素、大豆苷和黄豆素。糖苷占总量的 97%～98%，主要以金雀异黄苷（染料木苷）、大豆苷、丙二酰金雀异黄苷及丙二酰大豆苷形式存在，约占总量的95%。大豆异黄酮是一类具有弱雌性激素活性的化合物，对癌症、动脉硬化症、骨质疏松症以及更年期综合征有预防甚至治愈作用。

（2）大豆皂苷。大豆皂苷是大豆中存在的一类具有较强生物活性的物质，它是由三萜类同系物（皂苷元）与糖（或糖酸）缩合形成的一类化合物。组成大豆皂苷的糖类为葡萄糖、半乳糖、木糖、鼠李糖、阿拉伯糖和葡萄糖醛酸等。大豆皂苷具有溶血活性和起泡特性，达到一定浓度时具有苦涩味。近年的研究表明，大豆皂苷具有抗氧化、抗凝、抗高血压和抗肿瘤等作用。

（3）蛋白酶抑制素。大豆中含有一类毒性蛋白，可抑制胰蛋白酶、胰凝乳蛋白酶、弹性硬蛋白酶及丝氨酸蛋白酶的活性，故称为蛋白酶抑制素或胰蛋白酶抑制素。其含量为17～27毫克/克，占大豆贮存蛋白总量的6%。因摄入大豆蛋白酶抑制素将影响动物的胰脏功能，因此在大豆食品加工中，需钝化其活性。加热至100℃、10分钟可将其80%的活性钝化。一般的大豆加工制品中，蛋白酶抑制素残留率低于20%左右。

（4）大豆脂肪氧化酶。大豆脂肪氧化酶活性很高，当大豆籽粒破碎后，只需少量水分存在，该酶就可以催化大豆中的亚油酸、亚麻酸等不饱和脂肪酸氧化，生成相应的氢过氧化物。氢过氧化物分解成各种挥发性化合物，形成豆腥气味，进而影响大豆产品的广泛应用和食用。因此，在某些地区或对于某些大豆产品加工时，需要先加热杀灭大豆脂肪氧化酶。当加热温度高于85℃时，大豆脂肪氧化酶很快失活。现日本等国已选育出大豆种子单缺失、双缺失和三缺失品系，可为大豆加工提供优质原料。

三、大豆原料的品质规格与标准

关于大豆原料的等级标准，农业部2010年制定了《大豆等级规格》NY/T 1933—2010。不仅规范了大豆的等级标准，而且分别对高油大豆和高蛋白大豆制定了等级标准，详见表2-16、表2-17、表2-18、表2-19。

表2-16　大豆等级划分

等级	完整粒率（%）	损伤粒率（%）	
		合计	其中，热损伤粒
1等	≥95.0	≤1.0	≤0.2
2等	≥90.0	≤2.0	≤0.2
3等	≥85.0	≤3.0	≤0.5
4等	≥80.0	≤5.0	≤1.0
5等	≥75.0	≤8.0	≤3.0

表 2-17 高油大豆等级划分

等级	粗脂肪含量（干基）*（克）	完整粒率（%）	损伤粒率（%）	
			合计	其中，热损伤粒
1 等	≥22.0			
2 等	≥21.0	≥85.0	≤3.0	≤0.5
3 等	≥20.0			

注：* 为每 100 千克干基含量。

表 2-18 高蛋白质大豆等级划分

等级	粗蛋白质含量（干基）*（克）	完整粒率（%）	损伤粒率（%）	
			合计	其中，热损伤粒
1 等	≥44.0			
2 等	≥42.0	≥90.0	≤2.0	≤0.2
3 等	≥40.0			

注：* 为每 100 千克干基含量。

表 2-19 大豆规格划分

单位：克

规格	小粒	中小粒	中粒	中大粒	大粒	特大粒
百粒重	≤10.0	10.1～15.0	15.1～20.0	20.1～25.0	25.1～30.0	>30.0

四、大豆的加工利用

（一）大豆油脂

全球主要九种植物油包括：棕榈油、大豆油、菜籽油、葵花籽油、棉籽油、棕榈仁油、花生油、椰子油、橄榄油。美国农业部（USDA）资料表明，2016 年全球九大植物油产量结构中，棕榈油居第一（占 35%），大豆油排名第二（占 29%），菜籽油位列第三（占 14%），三大油脂占全球油脂总产量的 78%。我国是最大的大豆油消费国。大豆油脂除了用于制作色拉油、调和油外，还被用于制作人造奶油、起酥油等油脂产品。

（二）大豆植物蛋白

大豆蛋白是一种植物性蛋白质，其氨基酸组成与牛奶蛋白质相近，甲硫氨酸含量略低，必需氨基酸含量均较丰富，是植物性的完全蛋白质。大豆蛋白粉是最常见的加工产品，又称为脱脂豆粉，是由豆粕经焙烤、粉碎制得，其蛋白质含量一般不少于 50%。大豆浓缩蛋白是以豆粕为原料，经醇洗或酸洗去除低聚糖后的产品，其蛋白含量一般不少于 65%。大豆分离蛋白是以低变性豆粕为原料，先在碱性条件下使蛋白质充分溶解到水中，然后再离心除去不溶性残渣，之后加酸使溶液的 pH 降低到大豆蛋白的等电点，从而沉淀分离出大豆蛋白，其蛋白质含量一般不低于 90%。

由于大豆蛋白具有胶凝、乳化、起泡、持水、吸油等加工功能特性，因此大豆分离蛋白、大豆浓缩蛋白、大豆蛋白粉在国外已广泛应用于肉制品、乳制品、焙烤制品、糖果、快餐等食品中。大豆蛋白的溶解度是其品质的重要指标，常以 NSI（氮溶解指数，表示大豆蛋白中可溶于纯水的量占全氮量的百分比）表示。如制造豆奶所用脱脂大豆蛋白粉要求 NSI 在 80%以上；而作为饲料用，为抑制胰蛋白酶抑制素活性，需湿热处理，NSI 仅有 10%～25%。

（三）大豆食品

大豆食品种类繁多，特别在中国及周边国家具有悠久的历史。按照工艺可分为传统豆制品和新兴豆制品。

传统豆制品又分为发酵豆制品和非发酵豆制品。非发酵豆制品包括豆腐、豆浆、豆芽等，基本上都经过清选、浸泡、磨浆、除渣、煮浆及成型工序，产品多呈蛋白质凝胶态。而发酵豆制品的生产除了清选、浸泡、蒸煮过程外，均需经过一个或几个特殊的生物发酵过程，产品具有特定的形态和风味。图 2-9 总结了常见的传统豆制品。

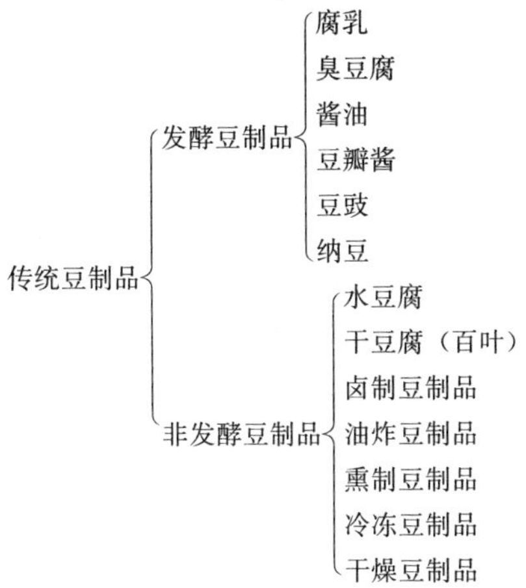

图 2-9　传统豆制品

新兴豆制品的概念较多，产品也层出不穷。目前可以分为油脂类产品、蛋白类产品及全豆类产品。油脂类产品以大豆毛油为原料，经过特定的工艺精加工后，产品具有特有的工艺性能，可以适应食品工业的各种需要，例如大豆油、起酥油、人造奶油、色拉油和大豆磷脂等。而蛋白类产品则多以脱脂大豆为原料，充分利用了大豆蛋白质的物化特性，其产品应用于食品加工过程，不仅可以改变产品的工艺性能，而且可以提高产品的营养价值，例如脱脂大豆粉、功能性浓缩大豆蛋白、组织大豆蛋白、分离大豆蛋白、蛋白发泡剂、大豆蛋白纤维等。全豆类产品如豆乳粉、大豆冰激凌和全脂豆腐等。

五、大豆的贮藏

因为大豆有较厚实的外皮，相对耐贮藏性较强。影响大豆安全贮藏的主要因素是水分含量、温度和贮藏时间。其中水分含量最为重要。表 2-20 显示了水分含量、温度与大豆安全贮藏时间的关系。

表 2-20　大豆在不同水分含量及温度下的安全贮藏时间

水分（%）	温度		
	20℃	16℃	8℃
10～11	4 年	5 年（无霉变和昆虫）	长期（无霉变）
11～12	1～3 年	3 年（无昆虫）	较长期（无昆虫）
13～14	6～9 年	1 年（无昆虫）	2 年以上

六、其他豆类原料

（一）蚕豆

蚕豆属豆科蝶形花亚科野豌豆属。是秋播来年收获或春播当年收获的草本植物。别名胡豆、佛豆、罗汉豆、马齿豆、竖豆、仙豆、寒豆、湾豆、夏豆等。

根据用途可分为粮用、菜用、饲用和绿肥用 4 种类型，根据栽培季节不同，可分为冬蚕豆和春蚕豆，以种皮颜色不同可分为青皮蚕豆、白皮蚕豆和红皮蚕豆等。多数学者认为蚕豆起源于西南亚和北非，相传为西汉张骞自西域引入。自热带至北纬 63°地区均有种植，中国以四川最多，其次为云南、湖南、湖北、江苏、浙江、青海等省。目前中国蚕豆产量是世界第一。

食品上说的蚕豆通常指其荚果中的种子，植株及籽粒形态如图 2-10 所示。一般每荚有种子 4～6 粒。种子呈扁平的枕形，种脐较大，两瓣子叶易分开，色泽因品种而异，有青绿、灰白、肉红、褐、紫、绿、乳白等颜色。菜用蚕豆多为未熟的绿色果实，因荚皮含有特殊成分双氧苯丙氨酸，故易被氧化变黑。普通食用的则是成熟后的干蚕豆。中粒干蚕豆百粒重约 80 克，蚕豆含蛋白质 24%～30%，豆类中仅次于大豆、四棱豆和羽扇豆，脂肪含量约占 1%，碳水化合物含量占 51%～66%。种子蛋白组成中除色氨酸、甲硫氨酸稍低外，其他人体必需的 8 种必需氨基酸含量丰富。

蚕豆既可作主食，又可作副食。嫩绿蚕豆可做菜，成熟的蚕豆可以油炸、

图 2-10　蚕豆的植株与籽粒

盐炒和蒸煮腌渍，制成如油炸兰花豆、五香豆、怪味豆、糖渍蚕豆等产品。还可作为原料酿造成酱油、甜酱、豆瓣酱等。埃及一带还把蚕豆磨碎成酱，与切碎的葱头拌成肉丸状，油炸食用。其淀粉产品有粉丝、粉皮和凉粉等。

（二）绿豆

绿豆属豆科豇豆属一年生栽培植物，古名文豆、植豆。植株有直立型、半蔓型与蔓生型 3 种。绿豆根据种皮颜色可分为绿豆、黄豆、褐豆、蓝豆、黑豆五种；根据种皮光泽可分为有光泽型和无光泽型两种；根据籽粒大小可分为大粒型（百粒重 6 克以上）、中粒型（百粒重 4～5 克）和小粒型（百粒重 3 克以下）3 种。按生育期长短可分为早熟型、中熟型和晚熟型。

绿豆原产于包括中国在内的亚洲东南部，目前主要分布在印度、中国、泰国。绿豆在印度的种植面积最大，约占世界绿豆种植面积的 75%。中国各地都有绿豆栽培，主要集中在黄河和淮河地区。和其他豆类一样，绿豆有肥田作用，由于适播期短，生育期短，也是很好的救荒和补种作物。绿豆喜温，适宜的出苗和生长温度为 15～18℃，生育期间需要较高的温度。

绿豆营养价值高，高蛋白（约 24%）、中淀粉（约 53%）、低脂肪（约 1%），富含多种矿物元素和维生素，尤其富含维生素 B_1 和维生素 B_2。绿豆蛋白主要为球蛋白，为近全价蛋白，其组成中富含赖氨酸（全粒干绿豆可食部分赖氨酸含量达 18 微克/克）、亮氨酸、苏氨酸，但甲硫氨酸、色氨酸、酪氨酸含量比较少，如与小米共同煮粥，则可提高营养价值。绿豆中含有较多的半纤维素、戊聚糖、半乳聚糖等，不仅能促进肠道蠕动，还能增加绿豆粒制品的黏性。因此，它是优质粉条、凉粉的理想原料。绿豆皮中含有 21 种无机元素，其中磷含量最高。绿豆在发芽过程中，酶会促使植酸降解，释放出更多的磷、锌等矿物质，有利于人体充分利用。同时发芽使得胡萝卜素增加 2～3 倍，维生素 B_2 增加 2～4 倍，叶酸成倍增加，维生素 B_{12} 增加 10 倍。

根据中医理论绿豆还具有消热、解毒的药理作用，是医食同源的代表之一。近年来研究发现，绿豆还具有降血脂、降胆固醇、抗过敏、抗菌、抗肿瘤、增强食欲、保肝护肾等药用功效。绿豆中的球蛋白和多糖能促进动物体内胆固醇在肝脏分解成胆酸，加速胆汁中胆盐分泌，减少小肠对胆固醇的吸收，从而起到降脂、降胆固醇的作用。绿豆含有抗过敏的功能成分，可辅助治疗荨麻疹等过敏症状。绿豆对葡萄球菌有抑制作用。绿豆中所含的蛋白质、磷脂均有兴奋神经、增进食欲的功能。绿豆含丰富的胰蛋酶抑制剂，可以保护肝脏，减少蛋白质分解，减少氮质血症，因而保护肾脏。自古以来绿豆都是我国人民餐桌的常食佳品，如绿豆稀饭、绿豆汤、绿豆糕等。

以绿豆淀粉为原料可制成上等粉丝、粉皮、凉粉等传统食品。绿豆还可酿酒、加工饮料、制作豆沙和糕点。值得一提的是绿豆芽不仅美味可口，而且具有高的营养价值，是一种优质蔬菜。

（三）小豆

小豆为一年生草本植物。小豆是豆科菜豆族豇豆属中的一种栽培种，别名红小豆、赤豆、五色豆、饭豆等。小豆起源于中国，中国也是世界上生产小豆最多的国家和最主要的出口国，朝鲜、日本等东亚国家也有种植，故亦被称为“亚洲作物”。日本是红小豆的主要消费国和进口国。

按播种季节分为春播小豆、夏播小豆和秋播小豆；按籽粒大小分为大粒型（百粒重 12 克以上）、中粒型（百粒重 6～12 克）和小粒型（百粒重 6 克以下）；根据小豆种皮颜色分为红小豆、白小豆、橘黄小豆、绿小豆、黑小豆、褐花斑小豆等；根据生长习性可分为直立、蔓生和半蔓生（图 2-11）。

图 2-11　小豆的植株、豆荚与籽粒

小豆蛋白质含量为 21%～24%，小豆氨基酸组成比较合理，赖氨酸含量丰富，限制氨基酸为含硫氨基酸。碳水化合物含量较高，其中淀粉约占 64%，其余为戊聚糖、半乳聚糖、糊精和蔗糖等，几乎不含还原糖。脂肪含量约2.2％。小豆淀粉粒径约90微米，属于比较大的椭圆形颗粒，因其淀粉都包裹在细胞膜中，经吸水、膨润、糊化，膨大成豆沙颗粒，是制作豆沙的理想原料。小豆还富含维生素 B_1 和维生素 B_2，以红小豆最受欢迎，尤其是有光泽、鲜红色的红小豆。短圆柱形的小豆在国内外市场最受消费者欢迎。

小豆在我国传统食品中占有重要位置。它与大米、小米、高粱米等可煮在一起作粥食用。小豆米粥自古以来被中医认为有解毒、利尿和排脓的功效。小豆粉还可以和小麦粉、小米面、玉米面等配合做成杂粮面。

小豆还可制成冰棍、冰糕、冷饮。近年来，有用大粒红小豆制作罐头，如灌制八宝粥等。

(四) 豇豆

豇豆俗称角豆、姜豆、带豆、挂豆角。豇豆分为长豇豆和饭豇豆两种，豇豆是豆科豇豆属一年生栽培植物。豇豆原产于非洲，广泛分布于热带、亚热带、温带地区。主要生产国为尼日利亚，每年产155万吨左右，约占世界产量的3/4。中国主要生产地为山西、山东、河北、湖南等地。欧美等地区豇豆（包括蔓）主要用作青饲料。

豇豆可分为4个亚种：普通豇豆（分布最广，株型有直立、半直立、半蔓性和蔓生性）、短荚豇豆（植株多蔓生，有时攀缘，比普通豇豆小，主要栽培于印度、斯里兰卡一带）、长豇豆（多在嫩荚时作蔬菜食用，荚长30～100厘米）、野生豆等。作蔬菜食用的豇豆品种很多，根据荚的皮色不同分成白皮豇、青皮豇、花皮豇、红皮豇等。根据各品种对光照长短的不同反应，对光照长短反应不敏感的品种有红嘴燕，对光照长短反应敏感的有上海、扬州的毛芋豇，苏州、无锡栽培的北京豇等品种。

豇豆的种皮虽有红、白、黑、紫等色，但大多为红色，外形与小豆相似，多为肾形，也有球形或椭圆形。但其特点是在种脐周围有一圈轮廓线（图2-12）。普通豇豆因荚壳纤维多，一般不宜取嫩荚食用，主要取其籽实（籽粒）食用。豇豆提供了易于消化吸收的优质蛋白质，适量的碳水化合物及多种维生素（B族维生素、维生素C）、微量元素等。其氨基酸组成和小豆相近，含硫氨基酸为其限制氨基酸，而赖氨酸含量较丰富。碳水化合物含量56％～68％，其中淀粉31％～58.1％。另外籽粒中极少含有胰蛋白酶抑制素。豇豆的磷脂有促进胰岛素分泌，参加糖代谢的作用，是糖尿病人的理想食品。

长荚豇豆主要作菜用，普通豇豆和小豆一样与谷类粮食配合食用。豇豆比小豆更耐煮。干豇豆除直接与大米等一起可煮粥外，和小豆一样它还可制成豆沙。豇豆还有食疗作用，其性平、味甘咸，归脾、胃经。具有理中益气、健胃

图 2-12　豇豆的植株、豆荚和籽粒

补肾、养颜、生精髓、消渴的功效；主治呕吐、痢疾、尿频等症。种子可以入药，能健胃补气、滋养消食。

（五）豌豆

豌豆是一年生攀缘草本植物，高 0.5～2 米。全株绿色，光滑无毛，被粉霜。豌豆属豆科豌豆属栽培种。又名麦豌豆、寒豆、麦豆。

一般认为豌豆原产中亚、中近东和地中海一带，在汉代传入我国。栽培豌豆分为白花豌豆和紫（红）花豌豆。根据生育期一般可分为早熟型、中熟型、晚熟型。根据用途和性状可分为两个组群，软荚豌豆组群（荚壳内层无革质膜）和硬荚豌豆（荚壳内层有革质膜）组群。每个组群还可分为薄荚壳型和厚荚壳型。每种荚壳型又按种子形状分为光滑种子型和皱粒种子型。软荚豌豆及硬荚豌豆组群中的薄荚壳型、厚荚壳型内的皱粒种子型称为蔬菜豌豆；硬荚豌豆组群中的光滑种子型为谷实豌豆。也有单纯按用途把豌豆分为种谷干豌豆、嫩剥荚豌豆、制罐头用豌豆和软荚豌豆（菜用豌豆角，别名荷兰豆）4 个类型。以籽实形态可分为青豌豆和干豌豆。青豌豆指在豌豆籽粒尚未成熟时采收，以青豌豆籽粒制作罐头或进行快速冷冻的豌豆。干豌豆生产国主要为俄罗斯、中国、法国。青豌豆主产地主要为美国和西欧。

豌豆植株及其籽粒形状如图 2-13 所示。豌豆成熟荚按长短可分为小荚（＜4.5 厘米）、中荚（4.5～6 厘米）、大荚（6.1～10.0 厘米）和特大荚（＞10.1 厘米），荚中籽实数量少则 3～4 粒，多则 7～12 粒。按豌豆籽实大小可分为小粒型（直径 3.5～5 毫米，百粒重＜15.0 克）、中粒型（直径 5 毫米，百粒重 15.1～25.0 克）和大粒型（直径 7.1～10.5 毫米，百粒重＞25.0 克）。粒形有凹圆、扁圆、方形、皱缩和不规则等。豌豆种子煮软性与皮色有关，褐黄色种皮的豌豆煮软性最好，黄色和绿色的适中，暗色种皮豌豆煮软性差，有大理石纹和皱缩的豌豆最难煮软。干粒豌豆成分类似红小豆，蛋白质含量约为22%，脂质含量约为2%，碳水化合物含量约为60%左右；圆粒豌豆淀粉含量较高，为37%～49%，皱粒豌豆淀粉含量为24%～37%，前者支链淀粉含量高一些，后者直链淀粉含量多。豌豆含有丰富的B族维生素，具有较全面而均衡的营养。除含硫氨基酸外，人体必需的8种氨基酸含量较丰富。菜用豌豆角和青豌豆含丰富的胡萝卜素和维生素C，特别是菜用豌豆角，胡萝卜素和维生素C含量分别为6.3微克/克、0.55微克/克。青豌豆主成分为糖分和蛋白质，糖分以淀粉和蔗糖为主。蛋白质中虽然含硫氨基酸为限制氨基酸，赖氨酸含量却较高，全粒干豌豆可食部分赖氨酸含量达15微克/克，接近肉类含量。

豌豆也可以分为粮用和菜用。种谷豌豆属于粮用豌豆，也是我国的主要杂粮作物之一。豌豆粉和小麦粉混合可做杂面馒头、杂面面条等，其限制氨基酸互补，是营养合理、风味可口的食品。干豌豆可以通过精细磨粉，得到制作婴儿食品、保健食品、风味食品的添加剂（如食用纤维粉、子叶粉、胚芽粉等）。它还可以提取浓缩蛋白和豌豆淀粉，豌豆淀粉可以制成品质极佳的粉丝、凉粉等。青豌豆可制成罐头、速冻食品以及其他小食品。菜用豌豆品种通常有小青荚、上海白花豆等品种。此外，豌豆还有强壮体质、利尿、止泻等药用功效。

图2-13　豌豆的植株、豆荚和籽粒

（六）菜豆

菜豆属缠绕或近直立一年生草本植物。菜豆属豆科蝶形花亚科菜豆属。菜豆有5个栽培种类，分别为普通菜豆、多花菜豆、利马豆、尖叶菜豆和丛林菜豆。常见的主要指普通菜豆和多花菜豆，因为它的嫩荚多作为蔬菜食用，故称菜豆。其实在许多国家，菜豆是重要的粮食作物。

（1）普通菜豆

普通菜豆又名四季豆、龙爪豆、芸豆等。菜豆籽粒较大，粒长一般为10～25毫米，粒宽5～15毫米，按大小分为大粒种（百粒重50～100克）、中粒种（百粒重30～50克）和小粒种（百粒重30克以下）。粒色主要有花斑

（虎皮纹、鹌鹑蛋样斑）、白色和褐色，还有黑色、黄色、紫色。粒形多为椭圆形，也有肾形。普通菜豆的商品分类如表 2-21 所示。

表 2-21 普通菜豆的商品分类

种类名称	种皮色	形状	百粒重	主要产地	主要品种
小白芸豆	白色	卵圆形	约 25 克	美国、加拿大、欧洲、中国云南	品芸 2 号
小黑芸豆	黑色	卵圆形	约 25 克	美洲、加勒比海沿岸	海龟汤豆、北京小黑豆
白腰子豆	白色	肾形	45～55 克	地中海沿岸、中国云南	F0635
红腰子豆	红色	肾形	45～55 克	美国、中美洲、东非、中国	G0381、G0517
奶花芸豆	乳白底有红或紫斑纹	椭圆形或球形	45～60 克	美国、中美洲、东非、中国	中国奶花芸豆
红花芸豆	浅粉底分布红色或紫色	长圆形或肾形	46～60 克	欧洲、亚洲部分地区	
品托芸豆	浅黄或浅棕色	扁椭圆形	30～40 克	美洲	
黄芸豆	黄色	椭圆形	30～50 克	北美洲和亚洲	五月鲜
棕色豆	棕色、褐色	卵形、椭圆形、长圆形	30～50 克	欧洲、非洲	
红芸豆	红色、紫色	椭圆形、扁圆形、矩圆形	30～45 克	中国、美国及中美洲地区	

资料来源：李里特，2011. 食品原料学（第二版）［M］. 北京：中国农业出版社.

菜豆是世界上种植面积最大的食用豆类。起源于美洲，主要分布在拉丁美洲、亚洲和非洲，主要生产国为印度、巴西、中国等。欧洲菜豆主要用作蔬菜，亚洲、非洲、南美等地区部分不发达国家主要用作粮食，我国大多作为菜用。图 2-14 显示了菜豆的植株与豆荚形态。未加工菜豆含有芸豆苷、胰蛋白酶抑制剂、血细胞凝集素等热不稳定有毒物质，但加热易破坏这些有毒物质。植物血细胞凝集素具有医用价值，秸秆是家畜的良好饲料资源。

干籽粒含蛋白质 17%～23%，脂肪 1.3%～2.6%，碳水化合物 56%～61%，其蛋白质、碳水化合物组成和小豆等相近。膳食纤维含量较高，磷、铁等含量也比较丰富。嫩荚菜豆含维生素 A 丰富，是很好的蔬菜。

籽粒可和粮谷类一起煮粥食用，用作主食；煮软后糖渍可做成罐头，也可制成豆沙和糕点。嫩荚可作蔬菜、罐头和快速冷冻蔬菜。

图 2-14 芸豆植株与豆荚

（2）多花菜豆

多花菜豆与普通菜豆同属，但籽实颗粒大得多，是豆类中最大的。又名大花芸豆、大白芸豆、大黑芸豆、红花菜豆、看花豆等。

原产于中美洲，温带地区种植普遍，属小宗食用豆类，主产国为阿根廷、墨西哥、英国、日本等。中国山区种植较多（近几年减少较多）。一般按花色、粒色和大小进行分类。

干籽粒成分与普通菜豆近似。嫩豆荚有筋，不易去除，菜用较少。一般食用干豆粒，可煮粥或煮软后腌渍成甜、咸味食品，也可作炖煮肉汤或糕点的佐料和豆馅。嫩荚、嫩豆粒可作蔬菜用或制成罐头。

第七节 马 铃 薯

一、马铃薯的栽培历史与生产

（一）马铃薯的栽培历史

马铃薯属茄科一年生草本植物，别名土豆、洋芋、山药蛋、荷兰薯等。块茎可供食用，是全球第四大重要的粮食作物，仅次于小麦、稻谷和玉米。

马铃薯原产于南美洲安第斯山区，人工栽培史最早可追溯到公元前 8000 年到公元前 5000 年的秘鲁南部地区。随着新大陆的发现，传至世界各地，约 15 世纪中期传入中国。马铃薯有 150 多个野生种，栽培种 8 个，还有 1 个亚种，但只有 2 个种是现代栽培种的祖先，即普通种（亦称智利种）和安第斯栽培种。目前栽培的主要是前者。马铃薯富含优质淀粉，主要作粮食、蔬菜和饲料，也是食品工业、化学工业的原料。

（二）马铃薯的生产

2016 年，农业部发布了《关于推进马铃薯产业开发的指导意见》，提出把马铃薯作为重要主粮，扩大种植面积，推进产业开发。到2020年，马铃薯种植面积将扩大到1亿亩以上，适宜主食加工的品种种植比例达到30%，主食消费占马铃薯总消费量的30%。2017年全国马铃薯种植面积达8 696万亩，年总产量达9 682万吨，其中食用消费5 895万吨，加工消费823万吨。要实现2020年目标，尚需要多方面努力。

我国主要生产马铃薯地区为四川、黑龙江、甘肃、内蒙古、山西、湖北、陕西、云南等地。现在我国已成为世界上第一大马铃薯生产国，其他主产国还有波兰、德国、美国、法国、英国等。马铃薯由于营养全面、烹煮方便、味道平淡，可与各种调味料、香辛料调和，故在包括俄罗斯、德国等的北欧及美洲国家，马铃薯是很受欢迎的主食。美国等马铃薯主产国鲜薯的70%以上用于加工马铃薯食品，其种类达70余种。

马铃薯除作为粮食、饲料和蔬菜外，还广泛用于食品加工、纺织、印染等行业。近年来，我国马铃薯加工业快速发展，对原料薯需求快速增加。2017年我国累计出口马铃薯54万多吨，同比增长23.8%；累计进口约19万吨，同比增长1.5%，可见，国内的需求仍然很大。

二、马铃薯的种类和营养特点

（一）马铃薯种类

马铃薯按消费用途分类主要分为鲜食用（一般蒸、煮、烹调菜用）、加工用（炸薯片、薯条、薯泥）和加工淀粉用。加工用马铃薯的基本要求：块型大而均匀，表面光滑，干物质含量适中，一般为20%～26%，淀粉含量高，糖含量低。加工淀粉用马铃薯的淀粉含量要求大于16%。

观察蒸、煮熟的马铃薯内部，细胞颗粒有闪亮光泽，在口中有干面感的称为粉质马铃薯。反之，内部有透明感，口感湿而发黏的为黏质马铃薯。造成这种差异的原因主要有品种、土壤、生长季节、肥料等。

（二）马铃薯块茎的组织性状

马铃薯的块茎有卵形、圆形、长椭圆形、梨形和圆柱形等，外皮色有白、黄、红紫。块茎与匍匐茎相连的一端为脐，相反的一端为顶部，芽眼从顶部到底部呈螺旋式分布，其顺序与叶序相同。芽眼在薯顶部分布较密，块茎表面分布许多皮孔，是与外界进行气体交换的孔道。块茎横切面由外及内，为周皮、皮层、维管束环、外髓及内髓（图2-15）。内髓的细胞主要充填淀粉，与甘薯一样，鲜薯淀粉颗粒被较厚的细胞壁包裹，以细胞淀粉形式存在，即使蒸煮熟化，只要不强力搅动，糊化了的淀粉还会包裹在原来的细胞外，因此烤（蒸煮）薯不仅给人以干面的口感，而且可以做成薯泥产品。用作薯泥的马铃薯要求是收获期晚，充分成熟，相对密度较高的粉质品种。淀粉含量是主要影响素，淀粉含量越大，相对密度也大。美国有地方用相对密度为1.064的食盐水，判断粉质、黏质马铃薯，即在食盐水中下沉的为粉质马铃薯。

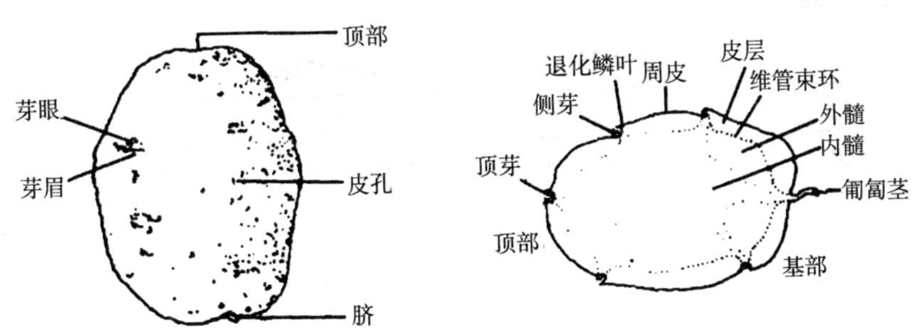

图2-15　马铃薯的块茎性状

(三) 营养成分

每100克马铃薯中含蛋白质1.6～2.1克，糖类13.9～21.9克，粗纤维0.6～0.8克，钾1.06毫克，钙9.6毫克，磷52毫克，铁0.82毫克，胡萝卜素1.8毫克，硫胺素0.088毫克，核黄素0.026毫克，烟酸0.36毫克，维生素C15.8毫克。其中糖类几乎都是淀粉，有少量葡萄糖、蔗糖、果糖、戊聚糖、糊精。马铃薯淀粉平均粒径50微米，比其他粮谷淀粉大许多，卵圆形，颗粒表面有斑纹。它具有糊化温度低、黏度大、膨润力大等优良品质，尤其是黏度在所有淀粉中最大，且是自然界唯一与磷酸盐共价结合的淀粉，不易老化，因此是食品工业用（如在方便面中添加）高级淀粉。另外，其细胞淀粉颗粒大小及分布状态对马铃薯烹调食品品质有很大影响。

马铃薯所含蛋白质的氨基酸组成比较合理，容易被人和动物吸收。马铃薯中含有维生素C、维生素B_1、维生素B_2、维生素PP等多种维生素，尤其是含有丰富的维生素C（0.23毫克/克，约为芹菜、生菜的4倍，和韭菜相当）且不易受热破坏，是可贵的全面营养食品。含有的钙、钾对预防高血压很有好处。

鲜薯中含有易使马铃薯褐变的多酚氧化酶、酪氨酸酶，因此去皮或切断加工时，暴露于空气的切面易发生褐变。因贮藏不当，马铃薯在芽眼或绿色皮部会长出有毒的龙葵素（solanin），加工、食用时应除去。

三、马铃薯品质要求与商业标准

2015年国家颁布《马铃薯商品薯分级与检验规程》（GB/T 31784—2015），明确规定了马铃薯不同用途商品薯各等级的质量要求、检验方法、级别鉴定、包装、标识等技术要求。同时，对马铃薯的各类缺陷情况给予了界定。表 2-22 列出了鲜食型商业薯的分级标准与要求。另外，该标准还对薯片加工型、薯条加工型、全粉加工型、淀粉加工型等马铃薯的商业薯进行了规定，此不赘述。

表 2-22　鲜食型商业薯的分级指标

检测项目		一级	二级	三级
质量		150 克以上≥95%	100 克以上≥93%	75 克以上≥90%
腐烂（%）		≤0.5	≤3	≤5
杂质（%）		≤2	≤3	≤5
缺陷	机械损伤（%）	≤5	≤10	≤15
	青皮（%）	≤1	≤3	≤5
	发芽（%）	0	≤1	≤3
	畸形（%）	≤10	≤15	≤20
	疮痂病（%）	≤2	≤5	≤10
	黑痣病（%）	≤3	≤5	≤10
	虫伤（%）	≤1	≤3	≤5
	总缺陷（%）	≤12	≤18	≤25

注：①腐烂，由于软腐病、湿腐病、晚疫病、青枯病、干腐病、流伤等造成的腐烂。

②疮痂病，病斑占块茎表面积 20%以上或病斑深度达 2 毫米的为病薯。

③黑痣病，病斑占块茎表面积 20%以上时为病薯。

④发芽指标不适用于休眠期短的品种。

⑤本表质量指标不适用于品种特性结薯小的马铃薯品种。

需要说明的是，一些地方为了推进马铃薯的生产、提高马铃薯的质量，也制定了一些适合当地种植的标准。如湖南省地方标准《鲜食马铃薯分级》（DB43/T 555—2010），于 2010 年 4 月 8 日实施（表 2-23）。

表 2-23　湖南省鲜食马铃薯分级标准

项目	级别		
	一级	二级	三级
感官性状	同一品种薯色、薯形一致，表面光洁、无杂物、无萌芽、无腐烂薯	同一品种薯色、薯形一致，表面光洁、无杂物、无萌芽、无腐烂薯	同一品种薯色、薯形基本一致，表面光洁、无杂物、无萌芽、无腐烂薯
单薯质量（克）	≥100	≥50	≥30
误差（%）	≤10	≤15	≤20
青头薯	无	无	无
损伤薯（%）	无	≤3	≤5

（续）

项目	级别		
	一级	二级	三级
异形薯（%）	≤2	≤5	≤8
泥沙（%）	≤1	≤2	≤3

四、马铃薯的贮藏与加工利用

（一）贮藏

马铃薯生产季节性强，一次性产量较大，但消费时间长，因此，马铃薯的贮藏保鲜具有特殊的意义。马铃薯块茎具有休眠特性（一年内），为长期贮藏带来了可能。在适当条件下贮藏期限可延至下次收获季。例如，采取降低温度、适当增加湿度、避免光照、防止虫鼠害等方法。对于一些有病害的薯，要及时分离出去，防止病害传染。马铃薯贮藏与其他果蔬类贮藏有共通性，可以互相参考。

（二）利用

国际马铃薯加工业发展非常迅速，大致分为两种类型：一类是在大规模马铃薯淀粉生产基础上发展淀粉衍生物，如波兰、捷克等国家大量生产淀粉衍生物；另一类主要是发展薯条、薯片、全粉及各类复合薯片等快餐及方便食品，如美国及荷兰、德国等国家的许多马铃薯加工企业。

在发达国家，马铃薯的加工量及消费量占总产量的比例较高。美国一半以上的马铃薯用于深加工；荷兰 80%的马铃薯深加工后进入市场；日本每年加工用的鲜马铃薯占总产量的 86%；德国每年进口的马铃薯食品主要是干马铃薯块、丝和膨化薯块等，每年人均消费马铃薯食品 19 千克，全国有 135 个马铃薯食品加工企业；英国每年人均消费马铃薯近 100 千克，以冷冻马铃薯制品最多；瑞典的阿尔法·拉瓦一福特卡联合公司是生产马铃薯食品的著名企业，年加工马铃薯 1 万多吨，占瑞典全国每年生产马铃薯食品 5 万吨的 1/4；法国是快餐马铃薯泥的主要生产国；波兰是世界上最大的马铃薯淀粉、马铃薯干品及马铃薯衍生品生产国，并在加工工艺、机械设备制造方面积累了丰富的经验，具有独特的生产技术手段。过去，我国马铃薯绝大部分用于鲜食或作饲料和工业原料，只有少部分用于食品加工。

近年来，新兴的马铃薯食品品种逐渐增多，除传统的淀粉、粉条（丝）、粉皮外，还有速冻薯条、油炸薯片、复合薯片、薯泥、薯饼等，受到消费者的普遍欢迎，消费量逐年增加，加工产品越来越多。代表我国马铃薯加工技术水平的是马铃薯淀粉及其制品加工、马铃薯膨化小食品加工、油炸鲜马铃薯片以及少量的全粉和速冻马铃薯条加工，但加工量占马铃薯总量的4%左右。马铃薯加工前景十分广阔。

第八节 甘 薯

一、甘薯的生物学属性与栽培历史

甘薯又名甜薯，属于薯蓣科薯蓣属缠绕草质藤本。地下茎分枝末端膨大成卵球形的块茎，外皮淡黄色，光滑。茎左旋，基部有刺，被丁字形柔毛。单叶互生，阔心形；雄花序为穗状花序，单生，雄花无梗或具极短的梗；苞片卵形，顶端渐尖；花被浅杯状，被短柔毛；蒴果三棱形，顶端微凹，基部截形，每棱翅状；种子圆形，具翅。花期初夏。

甘薯起源于墨西哥以及从哥伦比亚、厄瓜多尔到秘鲁一带。相传哥伦布初进见西班牙女王时，曾将甘薯献给女王。16世纪初，西班牙已普遍种植甘薯。西班牙水手把甘薯携带至菲律宾的马尼拉和摩鹿加群岛，再传至亚洲各地。甘薯通过多条渠道传入中国，时间约在16世纪末，从福建、广东一带栽培，之后向长江、黄河流域等地传播。明代的《闽书》《农政全书》、清代的《闽政全书》《福州府志》等均有相关记载。古名金薯、朱薯和玉枕薯，别名番薯、红薯、红苕、红芋、山药、山芋、地瓜、白薯等。主要食用甘薯的块根部分。

马剑风等认为，甘薯是我国重要的低投入、高产出、耐干旱、耐瘠薄、多用途的粮食、饲料、工业原料作物及新型的生物能源作物。全世界有一百多个国家种植甘薯，中国的种植面积和总产量居第一位。据联合国粮食及农业组织（FAO）估计，中国2013年甘薯种植面积351.5万公顷，鲜薯总产量达到7 887.5万吨，种植面积和总产量分别占世界的42.65%和71.22%。中国甘薯及其加工淀粉等主要出口国有日本、韩国、德国等。

二、甘薯的种类与品质特性

（一）甘薯种类与品种

根据甘薯用途可分为生鲜蒸烤用、淀粉用、糕点用等种类；根据甘薯烤熟后薯肉的口感可分为粉质（干面口感型）、中间质和黏质等种类。表2-24显示的是不同用途甘薯的主要品种。

表2-24 甘薯不同类型及其主要品种

类型	特点	品种
淀粉加工型	淀粉含量高	徐薯18、徐22、梅营1号、豫薯6号
食用型	可鲜食，味道甜美	苏薯8号、北京553、广薯紫1号、鲁薯2号

（续）

类型	特点	品种
兼用型	既可加工也可鲜食	豫薯12、广薯87、皖薯3号、苏薯3号
菜用型	主要食用部分如茎、叶等发达	福薯7-6、广菜2号、台农71
色素加工型	提取紫色甘薯的色素	济薯18
饮料型	含糖量高，用于饮料加工	山川紫（日本）
饲料型	植株的茎叶、蔓藤生长较旺盛	台南18

（二）甘薯的性状与营养价值

正如上述介绍的，甘薯原料主要是其块根部分，当然一些菜用品种则是利用其发达的茎叶。因品种、土壤和栽培条件不同，甘薯块根形状有纺锤形、圆筒形、球形等，其皮色主要有白、黄、红、紫红等，肉色有白、黄、橘红、紫色、紫晕等。

甘薯块根水分含量在68.2%左右，碳水化合物含量为29.4%，其中以淀粉为主，一般占鲜重的15%～20%，高的可达24%～29%。另外，甘薯含有2%～6%的可溶性糖，因此味甜，不宜作主食常食，适于作嗜好食品。其他成分依次为蛋白质（1.2%）、纤维（0.7%）、脂肪（0.2%）等。因水分含量高，直接蒸烤即可食，不像其他谷类那样需加水才能使淀粉糊化。红薯含β-淀粉酶、α-淀粉酶，贮存或蒸煮时，也可以把一部分淀粉转化为麦芽糖、糊精等，使甜味增强。红薯含有丰富的维生素C（300毫克/千克）、维生素E（13毫克/千克）和钙（320毫克/千克）、钾等矿物质，且其维生素C加热耐性明显高于普通蔬菜。甘薯淀粉中含有10%～20%人体难以消化的以β-糖苷形成的β-淀粉，作为膳食纤维起到调节肠内菌、防止便秘、预防大肠癌、降低胆固醇的作用。其纤维和维生素营养可和菠菜等蔬菜媲美。淀粉以细胞淀粉形式存在。因此，烤（蒸煮）甘薯不仅给人以干面的口感，而且可以加工成薯泥。生鲜甘薯的切口往往会渗出乳白色汁液，其中含有紫茉莉苷。

（三）甘薯的品质要求

食用加工型甘薯的品质要求如表2-25所示。

表2-25　食品加工用甘薯品质要求

项目	质量要求
块根外观	薯块光滑整齐、美观
薯肉颜色	黄色、橘红
纤维含量	粗纤维含量少、膳食纤维含量多
淀粉含量	>15%

（续）

项目	质量要求
可溶性糖含量	>8%
胡萝卜素含量	>50 毫克/千克
维生素 C 含量	>100 毫克/千克

三、甘薯的贮藏管理与加工利用

（一）甘薯的贮藏与品质管理

甘薯的水分含量高，损伤后容易腐烂，同时也容易造成冻伤，这是甘薯贮藏的自然困难，应当积极培育耐贮藏品种。

甘薯的贮藏方法大致有两种，即高温贮藏法和低温贮藏法。高温贮藏法就是在甘薯入窖后，烧火升温到 35～38℃，并保持 2～3 天，将甘薯的黑斑病、软腐病等病菌杀灭。然后再将温度降至 10～14℃低温进行贮藏。该方法效果很好，但成本较高，操作起来较为麻烦，因此对分户贮藏的农户来说，药剂处理的低温贮藏法较为合适。采用低温贮藏法，在甘薯入窖前一周对窖进行消毒。可用 70%的硫菌灵 1 000 倍液，或 50%的多菌灵 800 倍液，对窖内进行喷雾消毒。在甘薯收获后，要及时处理，及时入窖。可用 70%的硫菌灵 1 000 倍液，或用 50%的多菌灵 800 倍液，按 1∶1 比例将甘薯浸湿，再捞出滴干入窖。在甘薯入窖后，保持窖内温度在 10～15℃。窖内温度低于 15℃，可以抑制病菌的活动，高于 10℃，可以避免冻害，达到安全贮藏的目的。

利用咪鲜胺（锰盐）既可以保存商品薯又可以保存种薯，它能最大限度地保证甘薯的萌芽性。另外，对多种子囊菌和半知菌病害有显著防效。如甘薯黑斑病、软腐病、干腐病、黑腐病、顶腐病等。

当然，把甘薯制成薯片、薯条晾晒干，可以长期保存。

（二）甘薯的加工利用

鲜薯的烧、烤、蒸、煮是较常见、较可口的食用方法，但因鲜薯不易长期贮藏，故大量作为工业原料。甘薯作为食品加工原料主要用于淀粉生产，以及以淀粉为原料生产粉条类、葡萄糖、果葡糖浆等。制淀粉的渣粕还可发酵生产柠檬酸、乳酸等。甘薯不仅可酿酒、制醋，还可做成果脯、脱水甘薯、冷冻甘薯片、甘薯粉、甘薯糕点、油炸甘薯脆片等食品。

近几年由于人们认识到了甘薯的保健功能，甘薯像水果一样成为餐桌佳肴。由于可以加工成薯泥，它还被制作成山芋饼、小甜饼、果子冻、冰激凌、果子露等糕点及甜点。甘薯还大量用作畜禽饲料。

思　考　题

1. 根据不同分类方法，粮谷食品原料可以分为哪些类别？
2. 简要分析我国与世界粮食的产量情况。
3. 粮谷类食品原料中的蛋白质都有哪些种类？
4. 列举常见粮谷类食品原料及其特性。
5. 比较小麦、大米与玉米的营养特点。
6. 玉米品种类型有哪些？都可用于开发哪些食品？
7. 举例说明传统豆制品与新兴豆制品的特点。
8. 以芸豆为例，说说开发杂豆资源的意义。
9. 根据马铃薯的营养价值与生产特点，谈谈对马铃薯主粮化的认识。
10. 简述甘薯的营养价值与保健价值。

第三章

果蔬食品原料

学习重点：

熟悉果蔬食品原料的资源特点以及基本营养价值；掌握主要果蔬食品原料的生物学特性、采摘时节、品质要求以及营养特点；熟悉一般果蔬食品原料的贮藏和加工利用方法；了解当前我国果蔬食品原料的生产与供给情况。

学习食品原料学不仅要了解资源的来源特点，还要从科学分类出发，兼顾各种原料鉴别、营养特性、加工利用以及贮藏特点等。因此，我们还可以把植物性原料按蔬菜类、干鲜果类、食用菌类、食用藻类、粮谷类等类别划分进行分述。本章主要是论述蔬菜和水果的基本特性，并分别介绍各类常见的品种及其特性。

第一节　概　　述

果蔬就是果品和蔬菜的简称或总称。果蔬食品原料是日常生活重要的食品原料之一，也是食品加工业的重要基础原料之一。许多果品与蔬菜难于区分是“果”还是“蔬”，一般可以用“食之需烹者为蔬、即食而免烹者为果”的简单原则来衡量。

一、果蔬食品原料的资源背景

就人类食物资源的选择而言，我们祖先做了许多尝试，探索了可以为人类提供营养的多种植物的可食部分。作为人们主食的原料多数是植物的种子，如小麦、水稻、玉米、高粱、大豆等。但就植物资源而言，还有大量植物的根、茎、叶、花、果实等可以作为人类的食物，并为人类提供大量的营养物质，弥补其他食物资源的不足。

我国 2 500 年前的《诗经·鲁颂·泮水》记载的“茆”，江南人谓之“莼菜”，有“薄采其茆”之说。我国最早的一部医书《内经》就有“五谷为养、五果为助、五畜为益、五菜为充，气味合而服之，以补益精气”的记载，论述了在日常饮食中必须以粮食为主，但还应该包含蔬菜和水果的道理。现代医学也证明：在饮食中由淀粉产生的热量占总热量的 60%～70%是比较合理的，但水果和蔬菜几乎是维生素 C 的唯一来源，也是胡萝卜素、维生素 B_2、矿物质等多种营养成分的重要来源。这些物质对促进人体生长发育、维护人体健康有重要作用。

在果蔬食品原料中，除了豆类原料以外，蛋白质和脂肪的含量都较低，即使含有少量的蛋白质，其质量也比较差，且有些植物性原料还含有自身的或外来的有害物质，如蕨菜、竹笋、青蒜、洋葱、茭白等都含有较多的草酸，会阻碍人体对食物中钙的吸收，因此，对于这样一些食品原料在加工和烹饪时必须给予必要的处理（如焯水），以除去部分草酸等；四季豆含有皂苷，发芽的土豆含有龙葵素，鲜黄花含有秋水仙碱，发霉的花生、黄豆含有黄曲霉素等，选料烹调时应给予特别注意。植物性原料还可能受土壤、水质、肥料、农药等因素的影响，含有有害元素、病菌、寄生虫卵等，从而对健康有害，应引起注意。

就食物资源而言，果蔬食品原料具有如下特点。

第一，果蔬的颜色鲜艳，具有不同的色泽、风味与芳香、良好的质地与口感、丰富的营养价值，能引起人们强烈的食欲。

第二，果蔬取自植物的不同部位，且多以鲜活状态为主，有易于腐烂、腐败、变质的特点。

第三，因为各种果蔬的生产成熟与利用存在季节差异，故具有市场供给的季节性和即时性。

第四，果蔬单位重量的体积较大、易于损耗，故又具有贮藏和运输成本相对较大的特征。

二、果蔬食品原料的营养成分特点

我们这里讲的鲜果与蔬菜一样，同属于高等植物。从营养学上看，它们具有许多相同的特点，我国一般会阶段性地公布“中国食品成分表”，以便于大家研究和应用。这里就有关含量做一些简要介绍。

（一）水

在果蔬中占最大部分，含量最高的可达 90%以上。多汁蔬菜、瓜果、浆果多达 95%，干果含 20%左右，仁果含 3%～4%。保持果蔬的水分，是维持果蔬新鲜度的重要因素。

（二）蛋白质、脂肪

在果蔬中，除了个别种类（坚果、豆类）外，大部分蛋白质含量较低，新鲜果蔬的蛋白质含量一般在5%以下，豆子，豆芽菜可达10%左右。脂肪的含量一般含量更低，大部分含量在1%以下。

（三）糖

糖在果蔬的组织和生理活动过程中，均具有重要的作用。果蔬中普遍含有蔗糖、葡萄糖、果糖。糖是果品、蔬菜甜味的主要来源。不同水果含糖的种类有所不同。含糖量一般在10%～20%，有些果蔬含糖量更高。果实充分成熟时，其含糖量达到最高峰。水果甜味的强弱除与果实中糖分含量及糖的种类有关外，还受到果实中所含其他物质如有机酸、单宁的影响。蔬菜中糖总体含量低于水果。

（四）有机酸

有机酸是影响果实风味的重要物质，它是果实酸味的主要来源，果实中的有机酸是苹果酸、柠檬酸和酒石酸。大多数果实含有苹果酸，柑橘类果实只含柠檬酸，葡萄则以酒石酸为主。果实中总酸的平均含量为0.1%～0.5%，但有的水果柠檬酸可达5%～6%。蔬菜的有机酸含量主要体现在多汁的西红柿中。

（五）淀粉

淀粉是许多蔬菜的主要成分，如洋芋、甘薯、藕、南瓜等。成熟的水果中，一般不含淀粉或仅含少量淀粉，在未成熟的果实中则含有较多淀粉，如未成熟的香蕉含有大量淀粉，约为18%，随着果实的成熟，其淀粉逐渐转化为糖，使甜味增加。淀粉遇碘变蓝，可以此作为鉴定果实成熟度的参考依据。

（六）纤维素

纤维素亦属多糖类，不溶于水，是构成果实细胞壁和输导组织的主要成分。其中含有膳食纤维是果蔬原料的共同特性。在成熟果蔬的表皮细胞中，纤维素又常与木质、果胶等结合成为复合纤维素，对果实起保护作用。水果中含纤维素的多少，会直接影响果实的品质，纤维素的含量多且粗，则果实口感会感觉粗老。分解纤维素必须有特定的酶，许多霉菌能产生分解纤维素的酶，所以被微生物感染而腐烂的果实，往往呈软烂松散的状态。

（七）果胶物质

果胶物质是植物组织中普遍存在的多糖化合物，也是构成细胞壁的主要成分。它以原果胶、果胶和果胶酸三种不同的形态存在于果蔬组织中，各种形态的果胶物质具有不同特征。原果胶不溶于水，它与纤维素一起将细胞紧紧地结合起来，使组织坚实脆硬，在未成熟的果实中大多为原果胶。果胶是溶于水的物质，它与纤维素分离，进入成品细胞中，使组织结合变松。果胶酸溶于水且失去胶黏能力，使组织失去黏力，呈松散水烂状态。

（八）单宁物质

单宁物质是几种多酚类化合物的总称，溶于水，有涩味，未成熟的果蔬中含量较高。许多成熟果蔬中也含有单宁，如柿子、苦瓜、丝瓜等。单宁含量低时使人感觉有清凉味，若含量高就不宜食用。一般果实含单宁0.02%～0.33%。单宁物质可在多酚氧化酶的作用下氧化变成褐色，遇铁变成黑色，故切开或去皮后的水果，不宜久置于空气当中，以防变色。

（九）糖苷

糖苷是糖与醇、醛、酚、单酸、含硫或含氧化合物等构成的酯类化合物，在酶或酸的作用下，可水解成糖和苷配基。果蔬中存在着各种苷，大多数具有苦味，有一部分还有剧毒。值得重视的是苦杏仁苷，它存在于桃、杏、樱桃等核果类果肉及种仁中，而以杏仁中含量最多，约为3.7%。苦杏仁苷在酶的作用下分解而生成苯甲醛，可以表现出果实的芳香，同时也产生有剧毒的氢氰酸，因此多食苦杏仁会中毒。

（十）矿物质

表3-1展示了部分果蔬的矿物质含量。果蔬中矿物质含量不高，但种类较多，其80%是钾、钙、钠等金属盐类；磷、硫等非金属成分只占20%，所以说果蔬是一种碱性食物。这些元素不仅是构成人体的成分，同时对促进人体新陈代谢、维持体液的酸碱平衡也发挥着重要作用。

表3-1　部分水果和蔬菜的矿物质含量（以每100克可食部计）

食物名	钙（毫克）	磷（毫克）	钾（毫克）	钠（毫克）	镁（毫克）	铁（毫克）	锌（毫克）	硒（微克）	铜（毫克）	锰（毫克）
苹果（x）	4	12	119	1.6	4	0.6	0.19	0.12	0.06	0.03
国光苹果	8	14	83	1.3	7	0.3	0.14	0.10	0.07	0.03
红富士苹果	3	11	115	0.7	5	0.7	—	0.98	0.06	0.05
梨（x）	9	14	92	2.1	8	0.5	0.46	1.14	062	0.07
库尔勒梨	22	19	79	3.7	8	1.2	2.61	2.34	2.54	0.06
桃（x）	6	20	166	5.7	7	0.8	0.34	0.24	0.05	0.07
蜜桃	10	21	169	2.9	9	0.5	0.06	0.23	0.08	0.11
杏	14	15	226	2.3	11	0.6	0.20	0.20	0.11	0.06
枣（鲜）	22	23	375	1.2	25	1.2	1.52	0.80	0.06	0.32

（续）

食物名	钙（毫克）	磷（毫克）	钾（毫克）	钠（毫克）	镁（毫克）	铁（毫克）	锌（毫克）	硒（微克）	铜（毫克）	锰（毫克）
枣（干）	64	51	524	6.2	36	2.3	0.65	1.02	0.27	0.39
葡萄（x）	5	13	104	1.3	8	0.4	0.18	0.20	0.09	0.06
柑橘（x）	35	18	154	1.4	11	0.2	0.08	0.30	0.04	0.14
柠檬	101	22	209	1.1	37	0.8	0.65	0.50	0.14	0.05
马铃薯	8	40	342	2.7	23	0.8	0.37	0.78	0.12	0.14
甘薯（白心）	24	46	174	58.2	17	0.8	0.22	0.63	0.16	0.21
白萝卜	36	26	173	61.8	16	0.5	0.30	0.61	0.04	0.09
茄子（x）	24	23	142	5.4	13	0.5	0.23	0.48	0.10	0.13
辣椒（红，干）	12	298	1 085	4.0	131	6.0	8.21	—	0.61	11.70
金瓜	17	10	152	0.9	8	0.9	0.17	0.28	0.04	Tr.
苦瓜（凉瓜）	14	35	256	2.5	18	0.7	0.36	0.36	0.06	0.16
大蒜（紫皮）	10	129	437	8.3	28	1.3	0.64	5.54	0.11	0.24
大白菜（x）	50	31	—	57.5	11	0.7	0.38	0.49	0.05	0.15
西蓝花	67	72	17	18.8	17	1.0	0.78	0.70	0.03	0.24

资料来源：杨月欣，王光亚，潘兴昌，2009. 中国食物成分表（第 2 版）［M］. 北京：北京大学出版社.

注：x 为该类果蔬的平均值。

（十一）维生素

维生素是人体需要的主要营养素之一，许多维生素必须由食品提供，维生素的 60%来自果蔬。在人类的所有食品原料中，水果和蔬菜是维生素和矿物质营养素的主要提供者，水溶性维生素主要来自果蔬食品原料。例如，猕猴桃是维生素 C 之王；大多水果蔬菜含有胡萝卜素；豆类含有大量维生素 B_2。人体维生素 C 的 98%来自果蔬，一些维生素 K、维生素 D、维生素 E、维生素 A 等也来自果蔬。

（十二）酶

酶是有机生命活动中不可缺少的因素。果蔬中的化学物质不断地进行变化，就是因为存在各种各样的酶并在起着催化作用。这些酶包括两类：一类是水解酶，它可促使物质合成和分解，如转化酶、果胶酶、蛋白酶等；一类是解碳链酶，它使有机物碳链分解，产生二氧化碳和水，并放出大量的热，此类酶主要作用于呼吸过程和发酵过程，如氧化酶、脱氧酶等。如果不能很好地抑制这些酶，水果或蔬菜就会很快消耗掉大量的营养成分，使品质变得越来越差。因此，可以调节环境因素控制酶的活性，控制果蔬的成熟度，保持其新鲜度。

三、果蔬食品原料的加工特性

每一种果蔬原料都具有其特有的风味，要想获得更科学、更丰富的营养价值，加工烹制出有独特风味特点的美味佳肴，必须熟悉原料的食品营养及其加工特性。

（一）风味特征

果蔬食品原料的风味及营养首先与品种有关，不同的品种其风味特点不同，不同类别的食品原料在其风味特征上固然不一样，也就是说葱是葱，蒜是蒜，就算是同一类别，品种不同，其风味亦有不同，如同样是葱，娄葱与龙爪葱的风味明显不同。另外，同一种物种的植物性原料由于生长期不同，致使其风味特点产生明显差异，如北方稻与南方稻、新疆西瓜与海南西瓜等由于地理位置以及生长期的不同，各品种在风味特点上产生明显差异。同时，即使是同一原料，由于部位不同，其风味特点也不相同，例如，西瓜的中心部分与边缘部分的口感不同，甘蔗顶端与根部的口感也不相同。

（二）质感特征

如同风味特征一样，可供食用的部位不同，其质感有着明显的差异。如黄瓜的顶花部与蒂部、藕芽与藕鞭、冬笋的尖部与根部、芦笋的顶芽与躯干部等，其质感不同也制约或决定了加工方法和烹调手段。

（三）色彩特征

植物性食品原料的色彩沉积有相当一部分是不稳定的，任何一种食品加工方法对其都可能造成不同程度的影响，如绿色植物中的叶绿素在加热情况下，其色素状况会发生改变；有色蔬菜中的叶黄素和胡萝卜素等有色体在不同条件状态下会发生变化；当然温度和环境酸碱度对其的影响至关重要，在食品加工和烹饪过程中应按照食品质量要求给予相应的技术处理。

（四）营养损耗

在果蔬食品原料中含有大量人体所需的各类营养物质，特别是维生素和矿物质。而这些营养素在加工和烹饪过程中因机械损伤和高温加热或人为因素会受到不同程度地破坏和损失，包括洗涤流失、高温分解流失、成分反应物生成流失等，这些特性在食品加工和烹饪过程中都应予以考虑。

食品加工是一门讲究色、香、味、形、质、养的综合技术，加工不仅要讲究营养，还要引起人们对食物的强烈食欲。加工或烹饪果蔬原料时，不能单纯讲维生素保存多少，而应讲究加工后的综合效果，尽管现代营养学强调营养的第一性原则。

四、果蔬食品原料的生产与供给

我国栽培的果树有 50 多个科 300 多个种，近万个品种；栽培的蔬菜有 35 个科，180 多个种，品种就更加繁多了。

（一）我国果品业发展势头强劲，生产总量居世界第一

国家统计局发布的《中国统计年鉴 2018》显示，2017 年我国水果总产量为 25 241.9 万吨，产量较 2016 年同期的 24 405.2 万吨增长 3.43%。2017 年我国苹果总产量为 4 139.0 万吨，产量同比 2016 年增长 2.47%；2017 年我国柑橘产量为 3 816.8 万吨，产量同比 2016 年增长 6.27%；2017 年我国梨产量为1 641.0万吨，产量同比 2016 年增长 2.80%；2017 年我国葡萄产量为 1 308.3万吨，产量同比 2016 年增长 3.59%；2017 年我国香蕉产量为 1 117.0 万吨，产量同比 2016 年增长 2.10%。整体而言，我国主要水果品种产量维持增长态势。

综合分析显示，2017 年我国山东、河南、陕西、广西、广东、新疆、河北、四川等八大省份水果产量超过千万吨。其中山东省水果产量为 2 804.30 万吨，占全国水果产量的 11.11%；河南省水果产量为 2 602.44 万吨，产量占比为 10.31%；陕西省水果产量为 1 922.06 万吨，占 7.61%（陕西较山东、河南面积小）。我国水果的人均占有量超过世界平均水平 30 多千克。

（二）我国是世界蔬菜产量和人均蔬菜占有量最多的国家

据中国产业信息网报告，我国既是蔬菜生产大国，又是蔬菜消费大国。在我国，蔬菜是除粮食作物外栽培面积最广、经济地位最重要的作物。经过近 30 年的发展，我国蔬菜的种植面积达到 2 000 多万公顷，年产量超 7 亿吨，人均占有量达 500 多千克，均居世界第一位。综合分析报道，2016 年达 8 亿吨。2017 年蔬菜产量为 78 308 万吨。从全国范围看，山东、河北、辽宁等区域形成蔬菜产业集中地，蔬菜产品销往国内各大市场。但从国际上看，我国虽然是蔬菜生产第一大国，但不是强国，总体水平与国外相比有较大的差距，如蔬菜种植产业现代化水平不高、蔬菜标准化体系不完善等。

第二节　蔬菜原料

蔬菜是人们日常生活中必需的副食品，因为它含有人体不可缺少的营养成分，对人们来说有着特殊的食用意义。蔬菜在人体生理活动中起着调节体液酸碱平衡的作用，蔬菜中所含的糖和有机酸可以供给人体热量，并能形成可口的风味，而其中纤维素虽不能为人体消化，但能刺激胃液分泌和大肠蠕动，增加食物与消化液的接触面积，因而有助于人体对食物的消化吸收、人体内废物的

排泄，以避免废物留于消化道内所造成的毒害作用。有些蔬菜还含有挥发性芳香油，不仅构成产品的独特风味，而且还具有杀菌和防治疾病的医疗保健作用。蔬菜在加工和烹饪中，既可以作为菜肴的主料，亦可以作为配料，某些蔬菜因含有芳香成分或辛辣物质还具有调味作用，所以蔬菜是很重要的食品加工原料和烹饪原料。

一、蔬菜的分类

蔬菜大多数为陆地栽培，也有一些水生蔬菜。有些一年生、二年生及多年生草本植物所生产的多汁产品器官也被列入蔬菜的范围。

蔬菜的分类方法有三种，即植物学分类、农业生物学分类以及按食用部位（器官）分类。

（一）蔬菜的植物学分类

蔬菜植物学分类是根据植物的形态特点按照科、属、种、变种进行分类。我国蔬菜植物绝大多数属于种子植物，而重要的蔬菜又大多包括在双子叶植物的十字花科、豆科、葫芦科、伞形科、菊科及单子叶植物的百合科和禾本科等八个科中。

（二）蔬菜的农业栽培学分类

1. 根菜类

该类包括萝卜、胡萝卜、大头菜、芜菁、甘蓝、根用甜菜等，以其膨大的直根为食用部位，生长期喜好冷凉的气候，在生长的第一年形成肉质根，贮藏大量的水分和糖分，到第二年开花结实。均用种子繁殖，要求疏松而深厚的土质。

肉质直根的外部形态由根头、根茎和根部三部分组成。根头，即短缩茎，由上胚轴发育而成，是节间很短的基部，其上着生许多芽和叶片。根茎，由下胚轴发育而成，是肉质直根供食用的主要部位，其特点是着生许多侧根。

2. 白菜类

该类包括白菜、芥菜及甘蓝等，均用种子繁殖，以柔嫩的叶丛或叶球为食用部位。生长期需要湿润及冷凉的气候。需要土壤不断地供给水分及肥料，如果温度过高、气候干燥，则生长不良，为二年生植物。在生长的第一年形成叶丛或叶球，到第二年才抽薹开花。在栽培上，除采收花球及菜薹（花茎）的时期以外，其他时期要避免抽薹。此类蔬菜为主要的秋冬菜。

3. 绿叶蔬菜类

这是一类在分类上比较复杂，而都是以其幼嫩的绿叶柄为食用部位的蔬菜。如芹菜、菠菜、茼蒿等。这些蔬菜大多生长迅速，其中的蕹菜、落葵等耐炎热，而莴苣、芹菜则耐冷凉。由于他们的植株矮小，常作为高秆蔬菜的田间作物，要求土壤、水分和氮肥供应充足。

4. 葱蒜类

该类叶鞘基部能形成鳞茎，也称鳞茎类，如洋葱、大蒜等。此类蔬菜性耐寒，除了韭菜、大葱、四季葱以外，其他种类到了炎热的夏天都会枯萎。可用种子繁殖，亦可用营养器官繁殖，如大蒜、分葱及韭菜。

5. 茄果类

该类包括茄子、番茄及辣椒等。要求肥沃的土壤及较高的温度，不耐寒冷，对日照时间的长短要求不严格。在南方各地为春季主要蔬菜，华北为夏秋季主要蔬菜。

6. 瓜类

该类包括南瓜、黄瓜、西瓜、冬瓜、丝瓜、苦瓜、甜瓜、瓠瓜等。茎为蔓茎，雌雄异花同株，有一定的开花结果习性，要求较高的温度和充足的阳光，特别是西瓜和甜瓜适宜昼热夜凉的大陆气候和排水性较好的土壤。

7. 豆类

该类包括菜豆、豇豆、毛豆、刀豆、扁豆、豌豆及蚕豆等，除豌豆和蚕豆要求冷凉气候外，其他都要求温暖的环境。豆类蔬菜为夏季主要蔬菜。

8. 薯芋类

该类包括一些具有地下根及地下茎的蔬菜，如马铃薯、山药等，此类蔬菜因富含淀粉而耐贮藏，均可用营养繁殖。

9. 水生蔬菜

该类主要有藕、茭白、慈姑、荸荠、菱和水芹菜等。在分类学上很不相同，但要求在浅水中生长，大部分用营养器官繁殖。生长期间，要求热的气候和肥沃的土壤，多分布在长江以南湖沼多的地区。

10. 多年生蔬菜

该类包括竹笋、金针菜、石刁柏、食用大黄、百合等。此类蔬菜一次繁殖以后可连续采收数年。

（三）按食用部位分类

根据蔬菜的食用器官可分为根菜类、茎菜类、叶菜类、花菜类、果菜类。

1. 根菜类

根菜类是以变态的肉质根部作为食用部位的蔬菜。根可分为贮藏根、气生根、呼吸根、支持根和吸收根五种类型。作为食用蔬菜的根多为贮藏根，它的主要功能是贮藏养分。贮藏根可分为两种：一种是由胚轴及主根的肥大而形成的肉质根，如萝卜、芜菁、芥菜头、胡萝卜、紫菜头，以及作为辅料的辣根、牛蒡、美洲防风、山榆菜等；另一种是完全由主根或侧根膨大而形成的肉质块根，多呈纺锤形，如大丽、豆薯等。各种贮藏根的储存物质不同，肉质直根的肉质部分为发达的薄壁细胞组织，含有大量的糖，另外还含有挥发油，主要成分为烯丙基芥子油。而肉质块根，在其薄壁组织中主要含淀粉。

2. 茎菜类

茎为地上部分的主干，连接根和叶。茎菜是以肥嫩而富有养分的变态茎作为食用部位的蔬菜。茎菜种类之多仅次于叶菜和果菜。有的生于地上，有的生于地下，形态多种多样，容易与根菜混淆，识别较为困难。虽然茎菜的形态有多种变种，但其茎有最为基本的特征，即顶端有顶芽，有着生叶的节和节间；有叶或叶痕，在叶腋中有叶芽。

茎菜按其生长状况的不同可分为地上茎和地下茎两类。地上茎其食用部位生长于地上，包括地上嫩茎如莴笋、菜薹、蒜薹、茭白、香椿芽等；地上肉质茎如苤蓝等。地下茎其食用部分生长于地下，其中包括地下嫩茎如竹笋、石刁柏等；地下块茎如马铃薯、草石蚕等；地下球茎如慈姑、芋头、荸荠等；地下根茎如藕、姜等。茎菜的营养价值大，用途广泛。其中属于薯芋类的茎菜如马铃薯、芋头及水生的藕、慈姑、荸荠等，都富含淀粉，不仅可作为菜食用，还可以提取淀粉和制糖，马铃薯和芋头还可以作主食。竹笋，石刁柏等，质嫩、含蛋白质丰富且质量高，是加工罐头蔬菜的良好原料。苤蓝、草石蚕、菊芋肉质细嫩，含纤维少，是加工酱菜的主要原料。

3. 叶菜类

叶菜类是以叶片及肥嫩的叶鞘和叶柄作为食用部分的一大类蔬菜。其中包括生长期短的快熟蔬菜如小油菜、小白菜等，也有高产耐贮藏的蔬菜如大白菜、圆白菜等，此外还有具有调味作用的葱、韭菜等。因此，叶菜类蔬菜在全年蔬菜供应中占重要的地位。

叶菜类具有多种形态，但它们供食用的部分都属于蔬菜植物的营养器官，如叶或叶的一部分，因而都具有植物叶的基本特征。

在形态上叶着生在植物茎上，一般由叶片、叶柄和托叶组成。属于单子叶的蔬菜品种则缺少叶柄，而是叶片基部扩大包在茎上或是由许多筒状的叶鞘形成假茎。此外，由于叶菜类多是一些二年生蔬菜，所以叶生长在短缩的茎上，使叶柄叶片密集丛生。

在构造上叶片和叶柄有所不同。叶片由上表皮、下表皮和叶肉三部分构成。叶肉占比例最大。有栅栏组织和海绵组织的薄壁细胞是供食用的主要部分，叶脉含有较多的纤维素，过多则影响食用质量。叶柄由表皮和皮层构成，皮层又有厚角组织、维管束和薄壁细胞，而供食用的主要是薄壁细胞，厚角组织增多则叶柄嫩度降低，食用质量差。

叶菜类还可根据产品的形态特点分为普通叶菜、结球叶菜、鳞茎叶菜、香辛叶菜四种。

普通叶菜：以幼嫩的绿叶、叶柄和嫩茎供食用。此类菜生长期短，属于快熟菜，播种后能随时采收。普通叶菜品种多，风味各具特点，主要品种有小白菜、油菜、菠菜、芥菜、蕹菜、冬寒菜、生菜、落葵等。

结球叶菜：叶片大而圆，叶柄肥宽，在营养生长的末期包心而形成紧实的叶球，由于产品收获后处在休眠状态而耐贮藏。主要品种是大白菜、结球甘蓝。

鳞茎叶：鳞茎并非真茎，而是叶的变态，由于叶鞘基部膨大形成的鳞叶，着生在短缩的鳞茎盘上，其中央有顶芽，叶腋间有腋芽，主要品种有洋葱、大蒜、胡葱、百合等。鳞茎状叶菜容易发芽，这是造成贮藏营养损失的主要原因。

香辛叶菜：为绿叶蔬菜，但在叶片和叶柄中含有挥发油成分，具有调味作用，如葱、韭菜、芫荽、茴香等。

4. 花菜类

花是形成果实和种子的生殖器官。花菜是以幼嫩的花器官作为食用部位的蔬菜，主要品种有花椰菜、金针菜、霸王花等。

5. 果菜类

果菜类供食用的部位是果实和幼嫩的种子。果菜类是蔬菜中的一大类别，由于果实的构造特点，可将果菜类分为瓠果类、茄果类、荚果类。

瓠果类：果皮肥厚而肉质化，花托和果皮愈合，胎座为肉质并充满子房，属于一年生草本植物。果菜中的瓠果主要是葫芦科中的一些瓜类，如黄瓜、冬瓜、南瓜、丝瓜、苦瓜、西葫芦等。

茄果类：果皮肉质化或内果皮呈浆状，主要是蔬菜中茄科植物的果实，主要品种有番茄、茄子、辣椒等。

荚果类：果实呈长刀形状，蔬菜中豆科植物的鲜嫩豆荚均属此类，主要品种有菜豆、豇豆、豌豆、刀豆、毛豆、蚕豆等。荚果类蔬菜均含有丰富的蛋白质和糖类。

二、常见蔬菜的品种类型与特性

（一）萝卜

萝卜又名紫花菘、温菘、萝白、莱菔。属十字花科一年生或二年生草本植物，原产我国，是我国的一种主要大众蔬菜。萝卜按生长季节可分为秋萝卜、春萝卜、夏萝卜和四季萝卜四类。秋萝卜，南北方均有栽培。其中按皮色可分为青萝卜、白萝卜和红萝卜。春萝卜，多生长在春季和夏季，个型小，多为红皮白肉，质地细嫩，适于熟食或幼嫩时带缨生食。主要品种有北京四缨萝卜、五缨萝卜、娃娃脸、天津土里鳖、杭州大缨萝卜等。夏萝卜，个型小，耐热性强。主要品种有杭州的小钩白、南京红萝卜、北方的美味早生、象牙白等。四季萝卜，圆形或扁圆形小萝卜，生长期短。此类萝卜多为红皮白肉，细嫩而味甜，可熟食或带缨生食，主要品种有北京樱桃萝卜、上海小红萝卜、江津胭脂萝卜、南京杨花萝卜。

萝卜肉质脆嫩多汁，除含有较多的碳水化合物、矿物质、维生素及少量脂肪、蛋白质外，还含有活性很强的糖代谢酶类，因而生食时有助于食物的消化。此外，在萝卜的含氮物中发现有胆碱、葫芦巴碱及其他腺嘌呤碱，其香精油中有莱菔子素内酯、烯丙芥子油、甲硫醇、白芥子苷等，这些是构成胡萝卜风味的微量成分。含淀粉丰富的萝卜品种适合烧、炖、焖等工艺方法，形成味感醇厚、质感绵软的风味特征；富含水分的萝卜品种适合腌、拌、炝等工艺方法，以形成鲜嫩、清脆的风味特点。

图 3-1　青萝卜（左）和水萝卜（右）

（二）胡萝卜

胡萝卜又名金笋、十香菜、丁香萝卜、红萝卜，黄萝卜等。属伞形科，胡萝卜属二年生蔬菜，原产北欧一带，在元代传入我国，现各地均有栽培。

胡萝卜按颜色可分为红、黄、白、紫等数种。我国栽培最多的是红胡萝卜和黄胡萝卜。若从其形态变异上可分为锥形和圆柱形，北方锥形胡萝卜比较普遍，南方以圆柱形胡萝卜为主。以山东、江苏、浙江、云南、四川、陕西的品种较好。著名的品种有山东的鞭竿红、山西的二金红、北方的三寸黄等。

胡萝卜含水分量低于萝卜，但其含糖量较高。胡萝卜中含有多种维生素，其中作为维生素 A 原的胡萝卜素特别丰富。此外，还含有各种酶、香精油以及具有杀菌作用的有机酸，这是胡萝卜具有特殊风味和耐贮藏的主要原因。作为维生素 A 原的胡萝卜素属于脂溶性维生素，故在加工过程中要有脂肪的参与，适合于拌、炝、炖以及制作馅心、加工成丸子等。还可以充当天然色素，给予面团鲜艳的色彩，以丰富面点制品的外观。

图 3-2　红胡萝卜（左）、黄胡萝卜（中）、紫胡萝卜（右）

（三）根用芥菜

根用芥菜又名大头菜、芥疙瘩、辣疙瘩、玉根、水苏等。属十字花科二年生草本植物，根用芥菜是芥菜的一个变种，是我国特产蔬菜之一。以云南、四川、广东、浙江、江苏、山东等地栽培较多，主要用于腌制酱菜。

芥菜按其肉质根的形状可分为圆锥形和圆筒形两种类型。圆锥形的品种有济南疙瘩菜、绍兴大头菜、北京二道眉等；圆筒形的品种有成都大头菜、昆明大头菜等。

根用芥菜含有大量的芥苷成分，气味独特，且纤维组织发达，在食品加工行业往往用于腌制酱菜，发酵后食用风味更为特别。

（四）芜菁

芜菁又名蔓菁、台菁、诸葛菁、根芥等，属十字花科二年生草本植物。原产我国，古时就有栽培。

芜菁种类有浙江温州的盘菜，华北、西北的紫顶白圆芜青，山东的紫芜菁和白芜菁等。芜菁肉质根的干物质中约有一半是糖。主要是葡萄糖和蔗糖，另有淀粉、果胶物质和多聚糖。维生素 C 含量较多，并含有芜菁苷特殊成分以及活性较高的转化酶类，但不含多酚氧化酶类。芜菁可熟食，更多是用于加工腌制食品。

（五）牛蒡

牛蒡又名东洋萝卜，属菊科。主要产区是我国东北。牛蒡含菊糖、纤维素、蛋白质、钙、磷、铁等人体所需的多种维生素及矿物质，其中胡萝卜素含量比胡萝卜高 150 倍，蛋白质和钙的含量为根茎类之首。供食用的肉质根呈圆柱形，根皮黑色，肉白色，质脆嫩，水分少，有香味，供熟食用。

（六）山药

山药又名淮山药、山芋、淮山、白山药、千担苕、佛掌薯等。属薯蓣科薯蓣属植物。块儿根肥大，呈头小尾大的棍棒状，长可达 60 厘米以上，表面棕色，断面白色，有黏滑的汁液。茎细长且可缠绕攀附。叶腋间生有肾形或卵形的零余子（山药蛋）。

我国中部和南部是山药的主要产区，山药按形状可分为扁块、圆柱形和长圆柱形三个变种。扁块变种，形似脚掌并有褶皱，如江西南城的脚板薯，山东安丘的脚板薯等。圆柱形变种有圆柱形或不规则的团块，如浙江的"莳药"。长圆柱形变种主要分布在华北各地，著名的品种有河南淮山药、山东米山药、北京白货山药、麻山药等。山药以河南淮山药品质为佳。

山药原产亚洲热带地区，我国为原产地之一，自古就有栽培。块根含有大量的淀粉及蛋白质，并含有胆碱、黏液质、尿囊素等。它是一种滋补品，除作为菜食外，还是良好的药材。在烹饪和食品加工中，鉴于山药的质感特点，在面点加工中可以制皮料、馅料；在菜肴的加工中适合多种烹调技法，如蜜汁、拔丝、清炒、煮汤、白烧等。

图 3-3 牛蒡（左）和山药（右）

（七）莴笋

莴笋又名生笋、茎用莴苣、莴筒、青笋等。为菊科莴苣属茎用蔬菜，一年生或二年生蔬菜。原产地中海沿岸，约在 7 世纪经由西亚传入我国。我国由叶用莴苣经多次选择培育而成茎用莴笋，所以莴笋也可以说是叶用莴苣的一个变种。目前已是我国春季、秋季、冬季的主要蔬菜品种。

莴笋按其叶的形状分为圆叶种和尖叶种，按其颜色可分为白莴笋和青莴笋。圆叶莴笋，早熟，品质好，著名品种有济南白笋、陕西圆叶白笋、山西鲫瓜笋。尖叶莴笋主要品种有北京紫叶莴笋、陕西尖叶白笋、尖叶青笋、杭州尖叶莴笋、上海尖叶莴笋、南京竹竿莴笋等。

莴笋的食用部位是肥大的嫩茎（属于花茎基部），嫩叶也可食用。其营养价值主要是为人体提供多种维生素和必需的矿物元素，以维生素 E 最为丰富。莴笋还含有菊科植物所特有的菊粉及苦味莴苣素和生物碱天仙子胺成分。在其白色的乳汁中含有橡胶、糖、甘露醇、树脂、蛋白质、莴苣素和各种矿物盐及微量的香精油。其加工适合于炝、拌、腌，也适合炒、烩，口感清脆中带有柔韧之感。莴笋还是艺术冷盘可选原料。

（八）菜薹

菜薹是以一年生或二年生叶菜生长的幼嫩花茎供食用、其顶端多带花蕾和叶梢的一类蔬菜。

菜薹在10月种植，来年3月至5月收获。多产于四川、浙江、广东、上海等地。主要种类有芥菜薹、油菜薹。芥菜薹，是芥菜抽出的浅绿色花茎。著名的品种如浙江的早长蕻、广东的晚长蕻。油菜薹，是油菜提供的产品。根据花茎的色泽又可分为紫菜薹和青菜薹两种。紫菜薹，花茎深紫色，叶片鲜绿带紫晕，为我国特产蔬菜，湖北、四川栽培较多的著名品种有武昌洪山的大股子红菜薹、胭脂红菜薹、成都的尖叶子红油菜薹、早子红油菜薹等；青菜薹，又名菜心，叶及花茎均为绿色，广东栽培较多，如广州的三月青、大茎菜心等。

产品富含维生素和矿物质，肥嫩多汁，含粗纤维少，很适合于炒食，也可凉拌。

（九）茭白

茭白又名茭瓜、茭笋、瓠首、瓠瓜、茭草、茭白子等。属禾本科缩根性水生蔬菜。原产我国及东南亚地区，我国南方栽培较多，以江苏无锡的茭白最著名。

茭白的肉质茎是由于黑穗菌寄生茭白植株内，分泌吲哚乙酸刺激花茎，膨大生长而成，因此，黑穗菌的生长发育状况影响茭白产品的形成和质量。茭白以花茎膨大，无黑色孢子，肉质洁白为佳。茭白发青者质地粗糙，质量较差。茭肉变黑即“灰茭”，质量最差，严重者完全失去食用价值。

根据茭白的生长季节可分为一熟茭和二熟茭两类，一熟茭又名单季茭，春季栽种，当年秋季收获，主要分布在我国北方地区，主要品种有小黄苗，大青苗等；二熟茭类，又名双季茭，一般春季栽种，秋季采收一次（秋茭），第二年再采收一次（夏茭），多在南方栽培，著名的品种有苏州的“两头早”“小蜡台”、无锡的“中介茭”等。

茭白的肉质茎（花茎）呈乳白色，含有较多的蛋白质、糖，粗纤维少，适宜炒食或做汤菜，但它含有草酸，加工不当会影响人体对钙的吸收，使用之前，应对其进行适当的除酸处理，以提高其利用价值。

图3-4　青菜薹、紫菜薹、茭白

（十）竹笋

竹类是禾本科植物，种类有一百多种，但能生产竹笋的主要有毛竹、刚竹、早竹、哺鸡竹、淡竹、石竹、刺竹、麻竹、绿竹九类。竹原产于东南亚地区，我国长江流域以南广大竹区均有竹笋出产，是江南和华南地区的主要蔬菜之一。

根据竹笋的生成季节可分为冬笋、春笋和夏笋三类。冬笋是寒冷冬季在土中形成的嫩芽，个小，产量低，但质量和风味最佳，为竹笋的上品，主要由毛竹生成。春笋是4～5月出土的嫩芽（嫩茎），个大，产量多，品质次于冬笋，主要由毛竹、刚竹、早竹、哺鸡竹、石竹等生成。夏笋是夏季7～9月出土的嫩芽，品质比较差，主要是由刺竹、麻竹、绿竹等生成。竹笋是竹的根上所着生的尚未纤维化的嫩芽或嫩茎。竹笋组织鲜嫩，鲜食、干制、腌制和加工罐头均可，具有较高的经济价值。竹笋中亦含有较多的草酸，所以在烹调加工之前应给予适当的处理，以改善其风味和营养状况。

（十一）香椿

香椿为楝科香椿属，是以嫩叶、嫩梢供食用的多年生木本蔬菜。原产中国，分布很广，以华北地区种植较多。香椿一般为露地生长，于春季采收，现也有选择一两年生的苗木或枝条进行温室扦插栽培，于冬季上市。

香椿每年4～5月萌发幼芽，叶梢初为紫红色，展开后为深绿色，叶脉着生褐色茸毛，叶柄为红色。叶互生为偶数羽状复叶，每片复叶对生8～9对小叶，可与苦木科臭椿的奇数羽状复叶相区别。香椿萌发的幼芽在未木质化之前，一般可采收三次。最初采摘的芽短而粗壮，呈紫红色，质嫩，香浓，品质最佳；第二次采摘的芽长，呈绿紫色，品质尚佳；第三次采摘，芽更长，呈绿色，品味下降，品质差。

香椿其香味成分来源于挥发性油，产品不仅风味独特，质感同样宜人，加工及烹饪制法多种多样，如与鸡蛋同炒、与黄豆同拌，还可以腌制，气香、味美。

（十二）芦笋

芦笋又名石刁柏、龙须菜，为百合科天门冬属多年生宿根草本植物。原产于欧洲及西亚一带，中国是在19世纪开始引入，目前以美国生产最多，其次是西欧地区国家。

根据石刁柏的产品颜色可分为白石刁柏和绿石刁柏两种。白石刁柏，嫩茎洁白，是取之埋在地下的嫩茎，是加工罐头的良好原料；绿石刁柏，嫩茎顶呈嫩绿色，是嫩茎露土光照的结果，主要供鲜食。

石刁柏具有很高的营养价值，嫩茎中除含有丰富的蛋白质、碳水化合物、脂肪、灰分、纤维素以外，还含有特殊成分天门冬酰胺、天门冬酰酸以及甘露醇、苹果酸等，使产品具有鲜美味道。此外，在石刁柏的根茎和嫩芽中还发现有石刁柏皂苷、谷甾醇、天门冬素等药物成分，对治疗血压、心脏、肾功能等方面的疾病有很好的疗效。做主料和配料均可，可清炒、炝、拌等。

（十三）芋头

芋头又名芋艿，为天南星科多年生草本植物，为一年生栽培作物。原产于印度东南部，马来西亚等热带地区，我国栽培芋头历史悠久，主要分布于华南、西南及长江流域。

芋头的球茎形态因其品种和质量不同，有圆形、长筒形、短筒形等。其顶端有肥大的顶芽，表面有14～15圈以上的轮纹状茎节。上附着毛状的叶鞘残存物，每个茎节上着生一个休眠芽。芋头品种很多，按生态可分为旱芋和水芋两种。旱芋栽培较普遍，著名的品种有广西荔浦槟榔芋、台湾槟榔芋、竹节芋、杭州白梗芋等。所谓水芋是在低洼渠沟进行栽培的，比较少见，有湖南长沙的鸡婆芋、浏阳红芋等。按球茎分蘖性可分为多子芋和多头芋两种。

芋头主要含有多糖体及丰富的淀粉，口感香糯、滑润，可与其他原料相配加工制作面点皮料，亦可以加工制作菜肴，可蒸、煮、烧、焖、炖，既可以充当主料，还可以作为其他原料的配料等。

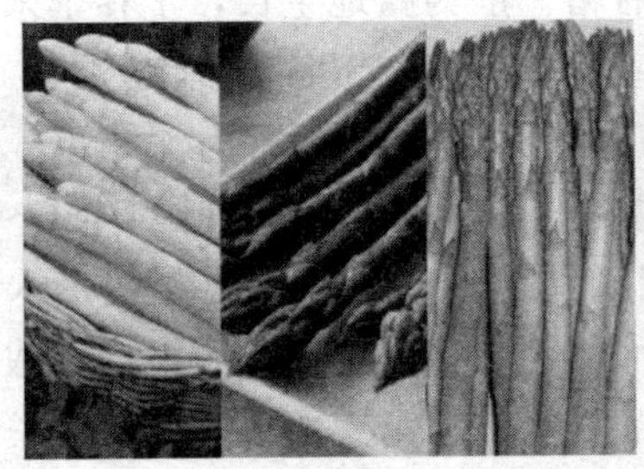

图3-5　芦笋（左图）、芋头（右图）

（十四）荸荠

荸荠又名马蹄、地栗、凫茨等，属沙草科多年生草本植物。原产于东印度，现世界各地均产，我国栽培较早，且产量较大，主要分布于长江以南各省份，现北方也有少量栽培。

荸荠的地下有匍匐茎，顶端膨大为球茎，球茎为扁圆形，表面平滑呈栗色或枣红色，有环节3～5圈，有短鸟喙状的顶芽和侧芽。荸荠的品种在商业上一般划分为干荸荠和荸荠两种。所谓干荸荠是指表皮干燥的荸荠，又称马蹄，其特点是个大、汁少、肉粗、味甘，代表品种有广西马蹄、广东马蹄、福建马蹄、浙江马蹄。所谓荸荠是指带泥荸荠，又称地栗，特点是个小、水分大、质嫩、味淡，代表品种是浙江大红袍。荸荠在行业上一般划分为南荠、菜荠两种。南荠一般品质比较好，适合作为水果食用，皮色发浅且薄，肉质脆嫩发甜。菜荠皮厚且老、淀粉多、味淡，适合于制作菜肴。

（十五）菊芋

菊芋又名洋姜，属菊科多年生宿根草本植物，原产于北美洲，在我国已栽培数十年，但面积很小。

菊芋供食用的器官为地下匍匐茎上形成的节上短缩茎，一般每株可采收20～25个块茎。菊芋的品种不多，我国栽培的菊芋根据其块茎的色泽可分为白菊芋和红菊芋两种。白菊芋其块茎皮、肉皆为白色，形状大而整齐，产量多。红菊芋块茎的外皮是紫红色，肉白色，个小且凹凸不平。菊芋皮薄肉厚，质嫩，主要用于制作酱菜。

图3-6　荸荠、菊芋

（十六）姜

姜是姜科姜属的多年生草本植物（高40～100厘米），是重要的香辛蔬菜。原产于印度、马来西亚，我国的栽培历史悠久，分布广泛，供食用部分是地下根状茎。姜的品种繁多，可依肉色、姜芽色及产地不同划分。按颜色可分为白姜、黄姜、红姜。我国著名的生姜品种有山东莱姜、泰安片姜、安东白姜、陕西黄姜、浙江红姜和黄姜、湖北刺阳姜、遵义大白姜、广东肉姜、南雄姜等。

姜含有辛辣和芳香成分。辛辣成分为一种芳香性挥发油脂中的姜油酮。在食品加工和烹饪中，其主要应用是调味，也有将其用糖腌渍，加工成糖渍食品。

（十七）藕

藕又名莲藕，属睡莲科多年生草本植物，根状茎最初细如指，称为莲鞭。鞭上有节，节上再生鞭。节下生须根，节上抽叶和花梗，夏秋为生长期，鞭数节膨大成藕。原产于印度，古代传入我国，以济南、长沙、武汉、杭州、广州产的藕较好。

藕的品种很多，根据其花色可分为红花藕、白花藕、麻花藕。红花藕为晚熟种，藕瘦长，一般3～4节，外皮褐黄色，较粗糙，并带有红锈状斑，肉质部分含淀粉量大，水分小，质地较粗。白花藕为早熟种，藕块肥大，一般为2～4节，外皮细嫩光滑，呈银白色，肉质脆嫩，水分大，甜味浓，品质好。麻花藕为红、白藕杂交而成，形似白花藕，色似红花藕，质量介于两者之间。

藕含有人体所需要的多种营养素，特别是维生素和矿物质以及糖类，质地脆嫩，有止血生津之功。在食品加工和烹饪加工中用途十分广泛。包括制作甜品、加工酱菜、烹制菜肴等，煎、炒、炸、煮均可。

（十八）大白菜

大白菜又名结球白菜、黄芽菜、黄矮菜等。大白菜属十字花科一年生或二年生草本植物。供食用部位是叶器官形成的肥嫩叶球。

大白菜原产中国，是著名的特产蔬菜，其品种资源十分丰富。从植株顶芽不发达的低级类型发展到顶芽十分发达的高级类型，形成了叶、半结球、花心和结球四个变种。大白菜也可根据其生长期分为早熟、中熟、晚熟三大类。其中早熟品种的特点是叶球较小、叶肉薄、质细嫩、纤维少、汁多味浓，食用品质中等。中熟品种的特点是叶球中等大小，食用品质优于早熟品种。晚熟品种的叶球大、叶肉厚、组织紧密、韧性大，经贮藏后，口味变甜，食用品质变优。

另外，白菜的变种娃娃菜是一种袖珍型白菜，属于十字花科芸薹属白菜亚种，营养价值和大白菜差不多，富含维生素和硒，叶绿素含量较高，具有较高的营养价值。外形为长圆柱形，结球紧实，重 200 克左右，外表呈绿白色或鲜黄色，其中鲜黄色为精品。大白菜为叶菜中的佼佼者，其数量大、品种多、营养极其丰富。植株质地细嫩，叶片柔软多汁，制作菜肴时可拌、炝、腌、蒸，也可做成汤菜、菜卷以及加工成馅心等。

（十九）小白菜

小白菜又名白菜，古时称“菘”。小白菜同属于白菜品种，十字花科，植株不结球，叶脉明显，叶直立稍展开，花为黄色。

小白菜原产于中国，全国均有栽培，以北京、天津出产最多。小白菜共同的特点是生长期短，适应性强，质地脆嫩。常见的品种有小白口、青白口、青口三种。目前还有一些新培育的白菜品种，如快菜。快菜具有早熟、长势强、生长快的特点，30 天左右就可以采收上市。小白菜在质感和营养特点上与大白菜相似，色泽翠绿，食用方法也与大白菜基本相同。

（二十）结球甘蓝

结球甘蓝又称洋白菜、卷心菜、茴子白等，为十字花科芸薹属植物。结球甘蓝原产于地中海沿岸，于明清代传入我国，并在我国南北方普遍种植，成为重要的蔬菜之一。

根据结球甘蓝的叶球形状和颜色可分为白球甘蓝、紫球甘蓝和皱叶甘蓝三种。白球甘蓝为普通甘蓝，是我国的主要品种，而紫球甘蓝和皱叶甘蓝在我国仅有少数地区种植，例如广东等地，它们的营养价值比白球甘蓝略高。根据白球甘蓝的叶球形状又可分为尖头类型、原头类型和平头类型。

结球甘蓝的菜质脆嫩，除含有较多的糖分和维生素外，还含有芸薹属植物所特有的含硫葡萄糖苷，经酶作用分解为芥子油和糖分，使产品具有特殊的气味。在食品加工和烹饪中，应用十分广泛。可爆炒、醋熘、拌制菜肴，也可以加工制作馅心。

（二十一）菠菜

菠菜又名菠棱、赤根菜等。菠菜属于藜科一年生或二年生草本植物，主根粗壮，红色，基部出叶，叶呈椭圆形和箭头形，深绿色，叶柄长而肉质。

菠菜原产波斯，唐代时传入我国，分布广泛，南北各地均有栽培。根据菠菜叶的形状可分为尖叶和圆叶两类。尖叶的属有刺种，在我国栽培历史悠久，又称中国菠菜。叶呈箭头形，叶片薄，叶柄细长，叶面光滑，根粗壮且含有较多糖分，抗寒性强，优良品种有黑龙江的双城尖叶菠菜、青岛菠菜、广州的大乌叶菠菜等。圆叶的属无刺种，叶呈圆形，叶片肥大而肉厚，多皱缩，叶柄短，比较耐热，晚熟，优良品种有东北、西北栽培的法国菠菜、陕西的春不老菠菜，以及东北、华北栽培的美国大圆叶菠菜等。另外，以秋菠菜的质量最好，叶片多，叶肉肥厚。

菠菜含有丰富的钙、磷、铁等矿物质以及胡萝卜素和维生素C，其供食用的叶及叶柄含纤维素少，不易木质化，因而组织柔嫩易于消化。制作凉菜、热菜、面点馅料、提取天然食用色素均可。但菠菜中含有较多的草酸成分，会影响对钙的吸收，所以食用时必须做适当的处理或进行合理搭配。

（二十二）蕹菜

蕹菜又名空心菜、藤菜，属旋花科一年生草本植物，茎蔓性，中空有节，节上生不定根，叶柄长，叶片呈心形，质柔嫩。

蕹菜原产于中国，主要产区是华南、华中地区。蕹菜的品种不多，大致可分为白花种、紫花种、小叶种三个品种。白花种青梗、叶长、质嫩。紫花种与白花种的区别在于其茎、叶背、叶柄为紫色。小叶种特点是棵小、质嫩，主产于台湾和华南地区各省份。

蕹菜除了含有一般蔬菜所含有的营养物质以外，较为明显的特点是含有比较多的纤维素，加工方法以旺火速成的技法更为常见。由于草酸的存在，烹调后鲜艳的颜色会很快消失，因此，加工的时候用淡盐水焯一下可以改善其风味和营养状况。

（二十三）芹菜

芹菜又名旱芹、药芹、蒲芹等，属伞形科一年生或二年生草本植物，叶为两片羽状复叶，叶柄发达，中空或实心。

芹菜原产于地中海沿岸及瑞典的沼泽地带，现在我国广泛栽培，分布于南北各地，著名的产地有河北宣化、山东潍坊、河南商丘、内蒙古集宁等地。芹菜是一种脆嫩而具有特殊风味的香辛蔬菜，供食用部位是粗大肥厚的叶柄。根据芹菜的食用部位可分为根用、叶柄用、叶用三个类型。我国栽培的主要是叶柄用芹菜。我国栽培的叶柄用芹菜品种有本芹、西洋芹两种。本芹传入我国较早，由于选种和栽培的方法不同，现已形成我国单一系统，其主要特征是叶柄细长，香味浓。

质量优良的芹菜，其叶柄维管束厚壁组织及厚角组织不发达，含粗纤维少，食用价值高，除含有一般蔬菜成分外，在其维管束附近的薄壁细胞中分布着油腺，能分泌挥发油，使芹菜具有芳香气味，主要成分是芹菜油内酯、芹菜油酸酐。另含有芹菜苷、谷氨酰胺、甘露醇、天门冬酰胺等。芹菜食品加工和烹饪同样适用多种技法，如制作凉菜、热菜、面点、馅心。芹菜头在我国主要作为酱菜原料。

（二十四）茼蒿

茼蒿又名蓬蒿、春蒿、蒿秆等，属菊科一年生或二年生蔬菜。原产于中国，原为野生。全年栽培，以南方较多。

根据茼蒿叶子的大小可分为大叶种和小叶种。以大叶种为好，叶大肥厚，产量高，质柔嫩，风味浓厚。

茼蒿含有极其丰富的营养物质以及挥发性香精油，质地脆嫩，适合清炒、凉拌，也可以涮食。

（二十五）生菜

生菜即叶用莴苣，又名千金菜、白苣、苣荀等，属菊科一年生或二年生草本植物。

生菜原产于地中海沿岸，约汉代传入我国，现已普遍栽培，以广东、广西出产较多。根据生菜的形态可分为团生菜和花叶生菜。根据其颜色可分为青口、白口、青白口、淡紫、赤褐等种类。白口团生菜，叶片较薄，叶球顶端较凸出，结球松散，品质细嫩。花叶生菜，叶长而薄，皱纹浅大而叶散生，叶边缘有明显缺刻，呈绿色，不结球，梗白色，质粗糙。叶用生菜含有丰富的维生素，其食用加工方法多种多样，凉拌是最为方便简捷的方法，另外也可以加工制成热菜，如耗油生菜、蒜蓉生菜、清炒生菜等，也可以作为涮料。

（二十六）芥蓝

芥蓝又名甘蓝菜、盖蓝菜，味道微甘如芥，故称之为芥蓝。较常见的品种有白花芥蓝和黄花芥蓝两种。芥蓝属十字花科一年生草本植物。原产于我国，以广东、福建等省栽培较多，产于秋末至春季。芥蓝叶柄较长，叶呈长倒卵形，色泽深绿、茎叶多白粉，气味清香、质地柔嫩，味道鲜美，是叶菜类中含维生素较多的青菜。

（二十七）蕨菜

蕨菜又名拳菜、龙头菜，属凤尾蕨科多年生草本植物。蕨菜原产于中国，以东北、西北较多。植株高80～120厘米，春天由根茎长出拳卷状的嫩叶，外披白色茸毛，长成的叶羽状分裂，全叶呈三角形，整个生长期为5～9个月，从不开花结果，其供食用部位是其嫩叶和嫩茎。

蕨菜是驰名中外的野生蔬菜，根据其加工方式可分为腌蕨菜、干蕨菜、冷冻蕨菜；根据其产地又可分为甘肃蕨菜、黑龙江蕨菜、吉林蕨菜、河北承德蕨菜等。以甘肃蕨菜质量最好，其鲜艳翠绿、粗壮、长短整齐，无异味。

蕨菜营养成分含量丰富，口感良好。为保持其天然口感，在烹饪中，常见的食用方法是凉拌，如蒜汁蕨菜、三油蕨菜、红油蕨菜、麻酱蕨菜、芝麻蕨菜等；另可以加工成热菜，制成罐头等。

图3-7　芥菜、蕨菜

（二十八）韭菜

韭菜又名起阳草，属百合科多年生宿根植物。原产于中国，南北各地均有种植。以北方各地更为普遍。韭菜再生力强，其根部可分蘖。供食用部位为柔嫩的叶片及叶鞘。

韭菜的种类多，根据其食用部位可分为根韭、叶韭、花韭和叶花兼用四种类型。以叶及叶鞘为食用产品，可分为宽叶韭和窄叶韭两种。宽叶韭，叶片宽厚，浅绿色，质地柔嫩，香味稍淡。著名的品种有北京大白根、天津大黄苗、张家口马兰韭、汉中冬韭、山东寿光马兰韭等。窄叶韭，叶片窄长，颜色深绿，纤维较多，但香味较浓厚，叶稍细高。著名品种有北京铁丝苗、太原黑韭、保定红根韭等。

韭菜具有较高的营养价值，它不仅富含胡萝卜素、维生素、钙、磷、铁等矿物质，还含有较多的挥发油和有机硫化物，具有特殊的芳香和辣味，有抗菌性能。韭菜的食用方法很多，诸如鸡蛋炒韭菜、海米炒韭菜、墨鱼炒韭菜、木耳炒韭菜等，应用最多的是将其加工成馅心，制作中国传统的饺子、包子、馅饼等。

（二十九）葱

葱又名大葱，属百合科多年生宿根草本植物。多作一两年生栽培。叶圆筒形，先端尖，中空，表面有粉状蜡脂，叶鞘层层包裹。葱原产于亚洲西部我国西北高原地区，在我国栽培历史悠久且普遍。葱可分为普通大葱、分葱、胡葱和楼葱四个类型。分葱和楼葱为普通大葱的变种。分葱，茎细短，植株矮小，分蘖力强，辛辣味淡，以食用嫩叶为主。楼葱，又名龙爪葱，植株直立，分蘖力强，花器官发生变异，在花茎上生长气生鳞茎，重叠如楼。葱叶短小，葱白味辣，品质次佳。普通大葱为我国大葱的主要种类，品种多，品质佳。有长葱白类和短葱白类。长葱白类，辣味浓厚，植株高大，北方多种此类。如章丘大葱、盖平大葱、北京多脚葱等。短葱白类，葱白粗而肥厚，著名品种如章丘鸡脚葱，河北对叶葱等。

葱的芳香辛辣是由于含有挥发性的香精油，其主体属于有机硫化物。大葱的香精油多属于游离态和弱结合态，因而挥发性比较强，同时在葱的挥发物中还含有大量的碳酸、甲醇、丙硫醇，以及少量的乙酸、亚硫酸、硫醚、丙醇等，所以刺激性很强。葱在烹饪过程中最为明显的功能就是用于菜肴调味，生食是部分地区和人群的习惯，在选择生食时，选择口感偏甜、质地脆嫩的为佳。

（三十）洋葱头

洋葱又名葱头、红葱、圆葱等，属百合科二年生或多年生草本植物，根浅壮，叶呈圆筒形，表面有蜡脂，叶鞘肥厚呈鳞片状，密集于短缩茎的周围，形成鳞茎叶。洋葱以肥大的肉质鳞茎为食用部位。洋葱可分为普通洋葱、分蘖洋葱、头球洋葱三个类型。我国大量栽培的是普通洋葱。根据普通洋葱的皮色可分为黄皮洋葱、红皮洋葱、白皮洋葱三种。黄皮洋葱，鳞茎外皮呈黄色，肉质细嫩，味甜略辣，扁球形或圆球形，品质优良。红皮洋葱，鳞茎外皮为红色，肉质微红，水分较多，辣味强，品质仅次于黄皮种。白皮洋葱，鳞茎叶较小，易抽薹，不耐贮藏。

洋葱头肉质细嫩，富含矿物质、维生素以及挥发性芳香油。挥发油中富含蒜素、硫醇、三硫化物等，具有很强的刺激性，同时具有增进食欲和抗菌的作用。洋葱在西餐当中多用于调味，在中餐当中不仅用于调味，很多时候是作主料或配料加工菜肴，如洋葱炒肉丝、肉片，洋葱还可以加工成馅心，进行包子、饺子的制作。

（三十一）蒜

蒜又名大蒜，属百合科多年生宿根草本植物，多为一两年生栽培。地下由灰白色皮包裹着生在短缩茎盘上的蒜瓣，蒜瓣膨大后形成假茎。

蒜原产于亚洲西部高原，于汉代引入我国，分布广泛。大蒜的品种很多，根据其皮色可分为红皮蒜和白皮蒜；根据其大小可分为大瓣蒜和小瓣蒜。红皮蒜多为大瓣蒜，外皮呈紫红色，蒜瓣大，瓣数少，辣味浓，品质佳。白皮蒜，皮呈白色，辣味淡，多用来做糖醋蒜。还有独头蒜，它是蒜的变种，多由2～3层鳞片皮质，4～5层鳞片肉质组合而成，除去皮质和肉质，内有蒜心一枚，蒜头球形，中无花茎，基部无须根，其味辛辣。优良品种是湖北荆州的独头蒜。青蒜是大蒜青绿色的幼苗，以其柔嫩的蒜叶和叶鞘供食用。

蒜作为调味类蔬菜主要是含有较多的香精油，这种香精油又称大蒜油，味辛辣而芳香，它由多种硫化物组成，主体成分是二烯丙基化三硫、甲基烯丙基化三硫等活性硫化物。另外蒜中有蒜氨酸，在蒜胺酶的作用下分解成蒜素，具有强烈的杀菌作用。蒜在食品加工和烹饪过程中主要是用作调味品，即便是把蒜用于加工附属产品如糖蒜、泡蒜等，也不能作为主食食用。

（三十二）白花菜

白花菜又名菜花、花椰菜。是十字花科芸薹属甘蓝类蔬菜的一个变种。叶片呈卵圆形，前端稍长，主茎顶端形成白色或乳白色肥大花球。白花菜起源于欧洲西部沿海温暖地带，是野生甘蓝的一个变种，于17世纪传入中国，以华南、华中、华北栽培更为普遍。我国栽培的白花菜，按生长期不同分为早熟、中熟、晚熟三个品种。早熟种，植株矮小，花球紧，个小、花茎短，肉质细嫩，品质优良，著名的品种有广东45日、福州60日、成都60日、瑞士雪球等；中熟类型成熟需80～90天，花球重量约1千克，著名的品种有福建80日、上海80日、荷兰雪球等；晚熟类型成熟需90天以上，花球紧实色白，品质优良，著名的品种有广州菜花、福州3号、福州4号、兰州大雪球等。

宝塔菜花又称富贵菜、珊瑚菜花、罗马花椰菜，是花椰菜的一个变种，近两年从欧洲引进。其形状独特，口感脆嫩，用刀切开放在餐盘，高贵典雅，并且营养丰富，产品深受消费者的欢迎。

白花菜的食用部位是细嫩、紧实的花球。花球由花薹、花枝、花蕾短缩聚合而成。白花菜其实是甘蓝的一个变种，其成分物质与叶用甘蓝相似，食用方法多样，诸如热炒、凉拌、腌泡等。

（三十三）绿花菜

绿花菜又名西兰花、青菜花、茎椰菜、茎用甘蓝，是甘蓝的一个变种，属十字花科草本植物，原产于地中海沿岸，喜潮湿气候。

绿花菜食用部位是其花蕾、花茎。绿花菜在我国的普及比较晚，先前是在南方种植，现已开始在北方种植。绿花菜的品种分化不是很明显，即品种不及白花菜，经贮藏可常年供应市场。

绿花菜的食品加工与应用特征与白花菜相似，所不同的是其颜色鲜艳，质感尤为脆嫩，在烹饪加工中既用于菜肴制作，也用于装饰美化菜肴。

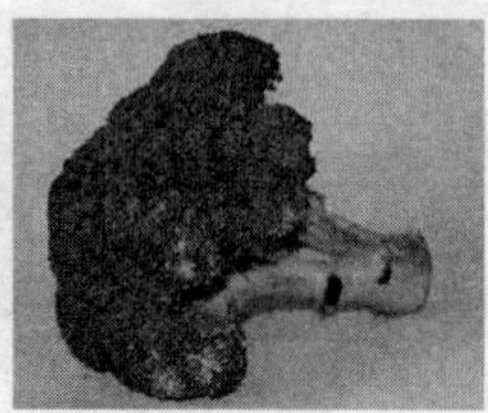

图 3-8　从左向右依次为白菜花、紫菜花、罗马花椰菜、西蓝花

（三十四）黄瓜

黄瓜又名胡瓜、王瓜，属葫芦科一年生草本植物，茎蔓生，卷须不分枝，果呈圆形或棒型。黄瓜原产于印度，汉武帝时从西域传入中国，现分布广泛。

黄瓜是子房下位花发育而成的果实，花托与果实紧密结合，花托部分较薄，构成黄瓜的外表皮层，供食用的部位是由子房壁形成的果肉和胎座。黄瓜的类别和品种很多，按黄瓜形态可分为刺黄瓜、鞭黄瓜、刺鞭黄瓜、短黄瓜和小黄瓜五种。前三种为大型种，后两种为小型种。刺黄瓜是中国黄瓜中著名的品种之一，特点是瓜表面有十条凸起的纵棱和较大的果瘤，瘤上着生白色刺毛，呈棒形，瓜把稍细，瓜瓤小，肉质脆嫩，味清香，品质最好。鞭黄瓜，瓜体呈棒形，纵棱不明显，表皮光滑，无果瘤和刺毛，形似长鞭，果肉薄，心室大，品质不及刺黄瓜。

荷兰微型黄瓜又称荷兰乳瓜，水果型，以生食为主。其瓜条顺直，无刺毛，色淡绿，果肉厚、脆嫩，口感微甜无苦涩味，深受消费者喜爱，也是适宜北方地区日光温室冬春茬栽培的良种。

黄瓜脆嫩多汁，微甜而富有清香，含有多种维生素、矿物质，还含有维生素 C。果实中含有香精油，主要成分是黄瓜醇等。有的黄瓜带苦味，是由于黄瓜中含有一种叫苦瓜素的成分。苦瓜素多存在于果梗肩部（瓜把），前端较少。其苦味与遗传和栽培条件有关。黄瓜在食品加工和烹饪中应用极其广泛，它可以加工成许多附属产品，即酱菜制品、罐头制品、干菜制品等，对其鲜品的食用有生食和熟食之分，可拌、炝、腌、熘。其外形各异、口味各有不同。

（三十五）冬瓜

冬瓜又名白瓜、枕瓜，属葫芦科一年生蔓性草本植物。茎上有茸毛，叶稍圆，果实大小因品种不同而异。冬瓜原产于中国南部和印度，现栽培广泛，以广东、台湾栽培较多。

根据冬瓜的成熟期可分早熟冬瓜、中熟冬瓜、晚熟冬瓜三种。根据冬瓜的皮色可分为青皮冬瓜、灰皮冬瓜。根据其形态可分为长冬瓜、扁冬瓜、短冬瓜。长冬瓜，又称椿冬瓜，瓜体呈圆筒形，细长而且大，生长健壮，成熟晚，皮色深，肉厚，水分少，瓜瓤小，肉质结实，品质好。扁冬瓜，又叫柿冬瓜，瓜为扁圆形，肉厚，成熟比较早，此种冬瓜晚熟者瓜瓤小，味道好。短冬瓜，又称小冬瓜，瓜小，肉厚，水分大，品质好。

冬瓜幼嫩或老熟的果实均可食用，供食用的瓜肉（中果皮）为大型薄壁细胞组织，含有大量的水分，约占97%，干物质仅占3%。冬瓜在烹饪过程中可加工成热菜，多用炒、烩、烧、煮等方法，也可以制馅。另在食品加工中还可以加工成甜品（如挂霜冬瓜条）。

（三十六）苦瓜

苦瓜又名锦荔枝、凉瓜，属葫芦科一年生草本植物。叶掌状深裂，浅绿色。果面有瘤状凸起，成熟时，果皮、果肉呈橙黄色，有苦味，瓜瓤鲜红，味甜，未成熟的果实作蔬菜。苦瓜原产于印度尼西亚。在欧洲供观赏用，我国兼作蔬菜，南方出产较多。

苦瓜分为长果、短果。长果为纺锤形，两端尖，表面瘤皱多，外皮最初为绿色，后转为橙黄色，嫩瓜肉肥厚，瓜味清香。短果为圆锥形，梗部肥大，顶端尖，果皮表面瘤皱少，初为绿色，后转橙黄色，嫩瓜肉较厚。

苦瓜含有丰富的蛋白质和维生素，特别是维生素C的含量十分丰富。苦瓜可切成条、片、丁等形状进行烹饪，如炒、拌、煸等，也可以根据需要进行瓤馅加工，以改善风味。

（三十七）南瓜

南瓜即中国南瓜，又名饭瓜、番瓜，属葫芦科一年生草本植物，茎蔓生。果分长圆形、圆形或瓢形等形状。果面平滑或有瘤，老瓜为赤褐色、黄褐色，表面有粉状物，有蛇纹、网纹或波状纹。南瓜原产于亚洲南部，在我国栽培历史悠久，南北分布很广。主要品种有长白南瓜、长绿南瓜、白圆南瓜、黄圆南瓜、桃黄瓜。

南瓜中含有多种营养素，如维生素、矿物质、糖等，对人体健康十分有利。南瓜的食用方法多样，蒸制最为简单，对其营养素的损坏最少，此外还可以烧、炖。南瓜在与其他食料相结合使用时效果更佳，如加入枣、莲子、百合等制成甜品，老少皆宜。

（三十八）西葫芦

西葫芦又名英瓜、搅瓜、美洲南瓜，属葫芦科一年生草本植物，茎蔓生。果分长圆形、圆形等形状，分黑绿、黄白、绿白等颜色。西葫芦原产于北美洲南部，我国北方地区种植比较多。根据西葫芦的植株特点可分为矮性和蔓性两种。矮性西葫芦有一窝猴、站身、花叶西葫芦等品种。蔓性西葫芦有长西葫芦、秧西葫芦等品种。

西葫芦的营养成分主要是钙、磷、铁和多种维生素，它可分为嫩果和老果，并各有其特点。嫩者，质脆多汁，适合炒；老者，质软少汁，适合做馅，所以西葫芦是瓜类蔬菜中食用最为广泛的品种之一。

（三十九）番茄

番茄又名洋柿子、西红柿，茄科一年生草本植物。番茄原产于南美洲热带地区，于明代传入中国，作为食用蔬菜不过七八十年，但由于其风味好，营养价值高，现在我国已普遍种植，并常年供应。番茄品种繁多，根据其果实形状可分为圆形番茄、扁圆形番茄、梨形番茄、樱桃形番茄等；根据其颜色可分为红色番茄、粉红色番茄、黄色番茄等；根据栽培方式可分为普通番茄、大叶番茄、直立番茄，以普通番茄更为普遍。

番茄的营养价值高，为多汁浆果，以果实的中果皮、内果皮（呈浆状）和胎座供食用。果实中含有较多的糖、有机酸、维生素C及番茄红素。食品加工产品有番茄酱、番茄汁、番茄沙司等；用于制作菜肴的形式多样，生食、熟食均可，也可做汤、制馅。

（四十）茄子

茄子又名落苏、酪酥、昆仑瓜，为茄科一年生草本植物。茄子原产于印度，传入中国已有上千年的历史，在我国种植普遍。根据茄子的果形，可将中国茄子分为圆茄、长茄和矮茄三个变种。就分布来看，一般在东北、华北、西北地区以晚熟的大型圆茄为多。西南、华南、长江中下游流域以长茄为多。

茄子供食用部位为果实的中果皮及胎座的海绵状薄壁细胞组织，其成分主要包括糖、果胶、纤维素、粗蛋白、脂肪、灰分、维生素C、鞣质等。由于茄子含有较多的鞣质和多酚氧化酶，因而果实切开后极易发生褐变。此外，紫茄子中含有花色素，性质极不稳定，易发生酸水解。茄子含有苦味物质茄碱，浓度为0.003%时，茄子会产生苦味，但一般达不到。茄子的加工食用方法很多，可以红烧、酱烧、制茄泥、制瓤茄盒、制馅等。传统晾制茄干，茄干也可以烧、焖、煮等。

（四十一）辣椒

辣椒又名番椒、大椒、擦椒、辣子、辣茄等，为茄科一年生草本植物。在热带为多年生灌木。辣椒原产于南美洲热带地区，于明代传入我国，南北各地均有栽培。

辣椒的类型和品种较多，我国栽培的主要是一年生辣椒，根据果实的形状可分为灯笼椒、长辣椒、簇生椒、圆锥椒、樱桃椒等。灯笼椒的果实为扁圆形或圆筒形，果大且基部凹陷，颜色有绿色、红色或黄色，味甜而微辣或不辣。长辣椒的果实呈弯曲的长角形，辣味强烈。根据果实形状还可分为短羊角椒、长羊角椒和线椒三个品种群。簇生椒果实簇生，辣味极强。圆锥椒果实小，呈樱桃状，辣味极强。

朝天椒是对椒果朝天（朝上或斜朝上）生长的一类群辣椒的统称，因果实均较小，因而又称为小辣椒。朝天椒的特点是椒果小、辣度高、易干制，主要作为干椒品种利用，与羊角椒、线椒构成我国三大干椒品种系列。

辣椒的果实属于坚果类型，其果皮与胎座分离，形成空腔。辣椒中含有丰富的维生素 C、维生素 P、胡萝卜素、维生素 B_1、维生素 B_2 等，而维生素 C 的含量居蔬菜之首，辣味椒中含量更多。挥发油和辣椒素是辣味椒所具有的特殊成分，一般含量为 0.3%～0.4%，果实中部含量多，基部次之，顶端最少，种子内最少。辣味椒和甜味椒的加工应用略有不同，辣味椒分鲜食和加工成附属产品，主要用于调味。甜味辣椒多作鲜食，可炒、熘、拌、腌等，可作为主料，更多的是用作配料。

第三节　果品原料

果品是鲜果、果干、蜜饯的总称。果品的风味优美，香气宜人，色泽鲜艳，营养丰富，是人们喜爱的食品。果品的营养对维持人体正常的生理功能起着重要的作用，可促进新陈代谢、增强体质。

一、果品的分类

根据果实形成的部位可分为真果和假果两种类型；根据果实的来源、结构和性质，可分为单果、聚合果和复果（聚花果）三大类型。

（一）单果

单果指花中只有一个雌蕊发育成果实，包括肉果、干果。

1. 肉果

肉果，果实成熟时肉质多汁，其中包括：

核果：由单心皮或合生心皮组成。特征是外果皮薄，中果皮肉质肥厚，内果皮即果核木质化，只有一粒种子，如桃、杏等。

浆果：由单心皮或合生心皮组成。特征是外果皮薄，中果皮及内果皮均肉质，多浆汁，内含一至多粒种子。如番茄、葡萄等。

柑果：由合生心皮组成。特征是外果皮厚，甘质；具精油腔，中果皮疏松，其上有许多维管束，内果皮呈瓣状，易分离，每瓣为一心皮内果皮壁上着肉质多汁的囊状物，如柑、柚、橘。

瓠果：由合生心皮的下位子房与花筒发育成的假果。特征是花筒的外果皮结合成的果壁坚硬，中果皮和内果皮肉质，一室种子多数，如西瓜、甜瓜等。

梨果：由合生心皮的子房与花筒愈合在一起发育成的假果。特征是花筒形成果壁，外果皮与中果皮均为肉质，内果皮纸质或甘质化，中轴胎座，如梨、苹果等。

2. 干果

干果是指果实成熟后果皮干燥的果实，分为裂果、闭果。

裂果：果实成熟后，果皮裂开。

闭果：果实成熟后，果皮不裂开。

（二）聚合果

聚合果是由一朵花中多数离生雌蕊发育形成的果实，每一个雌蕊发育形成一个果，共同聚生在花托上，如草莓等。

（三）复果（聚花果）

复果是由整个花序发育形成的果实，如桑葚、无花果、凤梨等。

二、常见鲜果品种及其特性

（一）苹果

苹果属蔷薇科落叶乔木植物。苹果的果实是由子房和花托发育而成的假果，其中子房发育成果心，花托发育成果肉，胚发育成种子。一般有圆形、扁圆形、长圆形、椭圆形等形状，可分为青、黄、红等颜色。

中国苹果原产于中国新疆一带，果实色美味香，但果肉松软，不耐贮藏。苹果在中国栽培很广，山东半岛、辽东半岛为两大主要产区，其他各省亦有分布。

根据苹果的成熟时间可分为伏苹果（早熟）和秋苹果（晚熟）。伏苹果每年 6 月开始上市，此类苹果的特点是果实质地松软，多带酸味，不耐贮藏，产量较少。秋苹果分早秋和晚秋两类，早秋种大都在 9 月成熟，果实有软硬之分，味多甜中带酸者较耐储运。晚秋种，一般于 10 月成熟，果实质地坚硬，脆甜稍酸，贮藏性很好。西洋苹果原产于高加索南部和小亚细亚一带，果实汁多、脆嫩、酸甜适口，耐贮藏。

（二）梨

梨又名山樆、玉露等，属蔷薇科梨属落叶乔木。梨为中国原产，栽培历史悠久，大部分地区都有栽培。梨是一种生长适应性较强的水果，果实球状卵形，一端微凸，有一细果梗，而另一端则是凹陷，果皮呈黄白色、褐色、青白色或暗绿色等。果肉近白色，质地因品种而有差异，一般坚硬脆嫩而味有甜、酸、涩之别，汁有多少之分。

中国栽培梨的品种很多，主要分为四大系统。秋子梨系统：果柄短粗，果肉中含有较多的石细胞，初熟时，皮绿、质硬、味涩，经过贮藏后，皮黄、肉软、味较甜。白梨系统：为优良梨种，果实卵圆形，初熟时皮呈绿色，成熟时皮呈黄白色，果表面有细蜜果点，果柄较长，果肉脆嫩多汁，细腻无渣，味甜，采摘后即可食用。沙梨系统：果实球形，亦有椭圆形，皮呈淡黄色或褐色，有浅色果点，果柄较长，肉脆嫩多汁，甜酸适中，石细胞较少，不耐贮藏，采摘后即可食用。洋梨子系统：果实呈圆锥形，皮呈黄绿色和黄色，果柄长而粗，肉质甘甜，细软多汁，香味浓，石细胞很少，多数品种需经后熟变软才能食用。不耐贮藏，易腐烂。

香梨，维吾尔语叫“奶西姆提”。其特点是香味浓郁、皮薄、肉细、汁多甜酥、清爽可口，为新疆各种梨之上品。香梨以库尔勒香梨产量大，质量好。

（三）山楂

山楂又名红果、山黑红、轨子、赤瓜子，属蔷薇科山楂属落叶乔木。山楂为我国原产，产地分布较广，以河南、山东、山西、陕西、江苏等省产量较多。

根据山楂的口味可分为酸山楂和甜山楂两种，其中酸山楂最为流行。

甜口山楂的外表呈粉红色，个头较小，表面光滑，食之略有甜味。酸口山楂有歪把红、大金星、大棉球和普通山楂几个品种（最早的山楂品种）。歪把红，顾名思义在其果柄处略有凸起，看起来像是果柄歪斜故而得名，单果比普通山楂大，市场上的冰糖葫芦主要用它作为原料。大金星，单果比歪把红要大一些，成熟果上有小点，故得名大金星，口味最重，属于特别酸的一种。大棉球，单果个头最大，成熟时候是软绵绵的，酸度适中，可直接食用，保存期短。普通山楂，山楂最早的品种，个头小，果肉较硬，适合入药，是市场上山楂罐头的主要原料。

（四）桃

桃又名桃果、桃子，属蔷薇科落叶乔木。核果近球形，有些核果表面有茸毛。中国是桃树的故乡，多分布于我国西部和西北部，桃的花可以观赏，果实多汁，可以生食或制桃脯、罐头等，核仁也可以食用。

桃的分类方法有多种，根据果实状态可分为黏核型和离核型；根据果实肉质可分为溶质品种和非溶质品种；根据生态条件、用途和形态特征可分为北方桃、南方桃、黄肉桃、蟠桃和油桃五个品种；根据成熟期可分为早熟种、中熟种、晚熟种三种。著名的品种有山东胶城佛桃、河北深州蜜桃、上海水蜜桃、奉化玉露桃、宁夏黄甘桃、陕西黄金桃、新疆油桃、甘肃紫胭桃等。

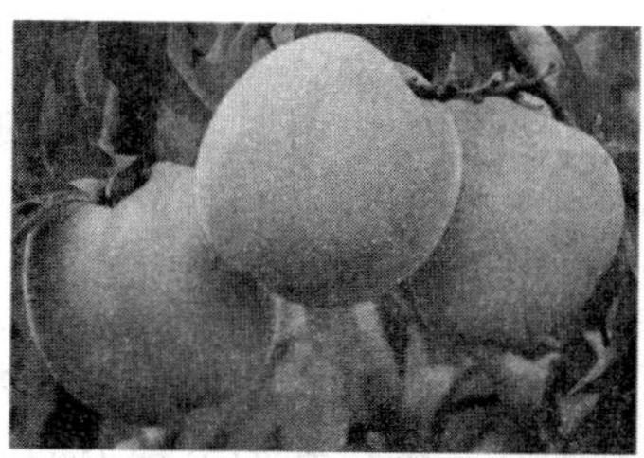

图 3-9　从左向右依次为北方桃、黄肉桃、蟠桃

（五）杏

杏属蔷薇科落叶乔木，杏树为中国原产，是中国最古老的栽培果树，栽培历史悠久。主要分布在北方地区，以山东、山西、河北、河南、陕西、辽宁、甘肃产量较多。可分为普通杏、辽杏、西伯利亚杏三种类型。主要品种有陕西大接杏、河北大甜杏、安徽巴斗杏、兰州金妈妈杏、青岛大扁杏、北京水晶杏、新疆阿克西米西杏等。

种核（苦杏仁）：味苦，微温，微毒。有降气、止咳、平喘、润肠、通便的功效。用于缓解咳嗽气喘、胸闷痰多、血虚津枯、肠燥便秘。

（六）樱桃

樱桃属蔷薇科，包括樱桃亚属、酸樱桃亚属、桂樱亚属等落叶乔木。果实小，球形，鲜红色。樱桃原产于中国长江流域，古称“含桃”。世界上樱桃主要分布在美国、加拿大、智利、澳大利亚以及欧洲等地。樱桃在中国主要分为四大种类：中国樱桃、甜樱桃、酸樱桃、毛樱桃。代表品种为中国樱桃中的短柄樱桃、大摩紫甘桃，特点是果实大、肉厚、汁多、味甜酸适度。

（七）鳄梨

鳄梨又称牛油果、油梨、樟梨、酪梨，属于原始花被亚纲毛茛目樟科。鳄梨原产于中美洲和墨西哥，全世界热带、亚热带地区均有种植，但以美国南部、危地马拉、墨西哥及古巴栽培较多。中国的广东、福建、台湾、云南及四川等地均有少量栽培。鳄梨的形状像梨，它的果皮与短吻鳄的皮肤相似，从而获得鳄梨的名称。鳄梨从树上摘下后会继续成熟，能够食用时，果皮紧绷，颜色从黄绿色变成深绿色或近乎黑色。果实为核果，梨形，长 70～20 厘米，果重 100～1 000 克。种子很大，生长在果实的中央，直径 3～5 厘米。鳄梨果肉为黄带青色，富含铁、钾、维生素 A 和 B 族维生素，蛋白质含量较高，富含脂肪，属于高脂低糖型水果，是身体虚弱和糖尿病患者较佳的食用水果。鳄梨常作为调味品，也常用作沙拉或冰激凌的辅料，在墨西哥是鳄梨调味酱的主要原料。

（八）葡萄

葡萄属于葡萄科葡萄属的多年生藤本落叶植物。浆果呈圆形或椭圆形，色泽因品种而异。葡萄为世界上最古老的果树之一，原产于亚洲西部及非洲北部国家。世界葡萄品种达 8 000 个以上，中国约有 800 个，生产上栽培比较优良的品种只有数十个。

根据葡萄的产地，可分为欧洲葡萄、东亚葡萄、美洲葡萄；根据葡萄的经济用途可分为鲜食葡萄、干制葡萄、酿造葡萄三种类型。在我国代表品种有龙眼、白牛奶、马奶葡萄、无核白、巨丰、玫瑰香等。

成熟的葡萄含糖量高达10%～30%，以葡萄糖为主。葡萄中含有矿物质钙、钾、磷、铁，维生素 B_1、维生素 B_2、维生素 B_6、维生素C和维生素P，以及多种人体所需的氨基酸。另外，鲜葡萄含有黄酮类物质。

（九）桂圆

桂圆又称桂圆果、龙眼等，属于无患子科龙眼属亚热带乔木。桂圆栽培起源于中国，主要分布于福建、广东、广西、台湾、四川、云南、贵州等地，其中福建产量占全国总产量的50%。常见的品种有石硖、马回、福眼、六月红、普明庵、乌龙岭等。

贾思勰《齐民要术》云："龙眼一名益智，一名比目。"龙眼含葡萄糖、蔗糖和维生素A、B族维生素等多种营养素，其中含量较多的是蛋白质、脂肪和多种矿物质。桂圆可治疗病后体弱或脑力衰退。妇女在产后调补也很适宜，但怀孕期间不宜食用。李时珍在《本草纲目》中记载："食品以荔枝为贵，而资益则龙眼为良。"秋季果实成熟时采收，剥去果皮，鲜用，或将果实干燥后剥皮食用。

（十）荔枝

荔枝又称丹荔、丽枝，是无患子科常绿果树。果实呈心形或圆形，果皮具有多数鳞斑凸起，颜色分鲜红、紫红、青绿或者紫白色等。

荔枝为中国原产，最早产于广东，现在南方分布较广，以广东、福建最盛，广西、台湾、四川、云南也有种植。荔枝与香蕉、菠萝、龙眼一同号称"南国四大果品"。著名的代表品种有三月红、糯米糍、桂味、淮枚、黑叶、元红、兰竹、挂绿等。

（十一）香蕉

香蕉又称蕉果，是芭蕉科芭蕉属多年生树状草本植物。植株丛生，具匍匐茎，矮型的高3.5米以下，一般高不及2米，高型的高4～5米，假茎均浓绿而带黑斑，被白粉，尤以上部为多。最大的果丛有果360个之多，重可达32千克，一般的果丛有果8～10段，有果150～200个。果呈长圆条形，有三钝棱，熟时黄色，果皮易剥落，果肉呈白黄色，无种子，汁少味甘，柔软芳香。

香蕉原产于亚洲南部，中国最早在华南地区种植，后在南方各地普及栽培，以广东最多。主要包括香芽蕉、龙芽蕉、鼓槌蕉、糯米蕉、暹罗蕉等。

香蕉每100克果肉的能量达91大卡①，属高热量水果，在一些热带地区香蕉还作为主食。每100克果肉含碳水化合物20克、蛋白质1.2克、脂肪0.6克；此外，还含多种微量元素和维生素，如维生素A、维生素 B_1、维生素 B_2、

① "大卡"为非法定计量单位，1大卡≈4.185千焦。——编者注

镁等。

（十二）草莓

草莓又称杨梅、凤梨草莓，属蔷薇科草莓属宿根性多年生草本植物。草莓原产于南美洲，中国南北各地均有种植，并已成为主要的产区。草莓现分布在世界的栽培品种有 1 万～2 万个，我国引进和培育的也有数百种，且更替频繁，新品种不断育出。

草莓同样是一种营养价值高的水果，被誉为“水果皇后”，维生素 C 及钙、磷、铁的含量比一般水果都高，尤其是所含的维生素 C，其含量比苹果、葡萄都高 7～10 倍。苹果酸、柠檬酸、维生素 B_1、维生素 B_2，以及胡萝卜素、钙、磷、铁的含量也比苹果、梨、葡萄高 3～4 倍，另外还含有蛋白质、糖、有机酸，能分解食物脂肪，帮助消化。

（十三）柑

柑又称柑子，属芸香科柑橘属常绿灌木或小乔木。果实为圆球形，似橘而大、赤黄色、味甜或酸甜，种类很多。它是一种特殊的浆果，中果皮细胞间有很多油胞，内含一些较大的卵圆形的芳香油腺体，内果皮壁上有许多薄壁状腺毛，内含果汁。

柑原产于中国，主要分布于华南各地，如福建、广东、台湾等。著名品种有广东蕉柑、温州蜜柑等。柑富含糖、维生素 C、柠檬酸、钾、钙、磷等，可以促进消化。

（十四）橘

橘又称“橘子”，属芸香科柑橘属、常绿灌木或小乔木。橘原产于中国，主要分布在华南各省，有 4 000 多年的栽培历史。橘资源丰富，优良品种繁多，与柑同属柑橘类，其形态结构相似，呈扁圆形，果实黄色、鲜橙色或橙黄色。橘的外果皮与中果皮、内果皮易于剥离。主要品种有四川红橘、浙江岩蜜橘、江西南丰蜜橘等。

橘营养也十分丰富，一个橘子就能满足人体一天中所需的维生素 C 含量，并且橘中含有 170 余种植物化合物和 60 余种黄酮类化合物，其中的大多数物质均是天然抗氧化剂。每 100 克橘子含 53 大卡热量。橘子可以说全身是宝，具有润肺、止咳、化痰和止渴的功效，橘皮入药称为“陈皮”，具有理气燥湿、化痰止咳、健脾和胃的功效。

（十五）橙

橙又称甜橙、橙子，属芸香科柑橘属常绿灌木或小乔木。橙子原产中国，主要分布在广东、广西、福建、四川等省份。果实呈扁圆形，比柑、橘较大，果皮紧密，不宜剥离。主要品种有良橙、柳橙、会新橙、香水橙、雪橙、绵橙、夏橙、脐橙等。

维生素C的含量比柑、橘多，橙富含多种有机酸、维生素，可调节人体新陈代谢，尤其对老年人及心血管病患者十分有益。

（十六）柚

柚又称柚子、文旦、香抛，为芸香科柑橘属常绿乔木。柚原产中国、印度、马来西亚。在我国栽培历史悠久，主要分布于广西、福建、四川、湖北、湖南、浙江、江西等地。代表品种有福建的文旦柚、坪山柚、红猴柚、蜜柚等，广西的沙田柚、白蜜柚、砧板柚等，四川的云梁山蜜柚、垫江白心柚和红心柚、长寿田柚，广东的金兰柚、桑麻柚，湖南的橘花柚，浙江的四季柚，台湾的葡萄柚等。其中以文旦柚、沙田柚比较著名。

柚果呈圆球形、扁圆形、梨形或阔圆锥状，横径通常在10厘米以上，淡黄色或黄绿色，杂交种有朱红色的，果皮甚厚或薄，海绵质，油胞大，凸起，果心实但松软，瓢囊10～15瓣或多至19瓣。柚含有糖类、维生素 B_1、维生素 B_2、维生素C、维生素P、胡萝卜素、钾、磷、枸橼酸等。柚皮主要成分有柚皮苷、新橙皮苷等，柚核含有脂肪油、黄柏酮、黄柏内酯等。有研究发现，柚肉中含有非常丰富的维生素C以及类胰岛素等成分，故有降血糖、降血脂、减肥、美肤养颜等功效。

【附：柑、橘、橙、柚的区别】

柑、橘、橙是柑橘类水果中的三个不同品种，由于它们外形相似，易被人们所混淆。柑橘是橘、柑、橙、金柑、柚、枳等的总称，但柑和橘的名称长期以来都很混乱。

从科分类学角度来看，柑橘属植物是柑橘类果树中最主要的一群植物，共有17个种，分6个种群：大翼橙类、宜昌橙类、枸橼柠檬类、柚类、橙类和宽皮橘类。从遗传学角度看，这些柑橘果品有着复杂的渊源关系。野生柚与宽皮橘杂交为橙；橙与宽皮橘杂交为柑；而橙与枸橼杂交培育成柠檬；柚与甜橙杂交培育出了葡萄柚。一般也可通过下表（表3-2）进行简单区别。

表3-2　柑、橘、橙、柚特征比较

品种	成熟果类型	果实形状	果皮特征	剥皮难易
柑类	芸香科植物柑等多种柑类成熟果	较大近乎球形	果皮呈黄色、橙黄色或橙红色，皮厚，海绵层厚，质地松弛	稍难
橘类	芸香科植物福橘或朱橘等多种橘类成熟果	较小、常为扁圆形	果皮呈橙红色、朱红色或橙黄色，皮薄且宽松，海绵层薄，质地松弛	易

（续）

品种	成熟果类型	果实形状	果皮特征	剥皮难易
橙类	芸香科、柑橘亚科、柑橘属柑橘亚属下的一群植物	较大，圆形或长圆形	表皮光滑，皮较薄，包裹紧密	稍难
柚类	芸香科植物常绿果树柚树成熟果实	果实最大，一般为梨形	表皮较厚，不光滑，皮呈黄色	难

（十七）柠檬

柠檬又称洋柠檬，与中国原产的黎檬同属柑橘类，为芸香科柑橘属常绿乔木。柠檬果实呈长圆形，两端稍尖，脐部有乳头状凸起，果皮呈淡黄色，油胞大。原产于热带和亚热带。在中国主要常见品种有里斯本柠檬，其果呈长圆形，果皮呈黄色，凹凸不平，有乳头状凸起，基部有半圆形钩状环纹，萼片大，果蒂微凸，果肉呈绿白色，味酸，香浓，是上等品种。

香柠檬是柠檬和甜橙的杂交品种，果实呈长椭圆形或近圆形，先端微有乳突，果皮光滑，成熟时果亦黄，肉厚且芳香，此种主产于四川、浙江。四川红黎檬、白黎檬，果实小，味极酸，成熟果实呈淡黄色。

（十八）菠萝

菠萝又称香菠萝、露兜子，福建和台湾地区称之为旺梨或者旺来，新加坡、马来西亚一带称为黄梨，大陆及香港称作菠萝，为凤梨科多年生草本植物。菠萝原产于南美洲的巴西，16～17 世纪传入我国华南地区，主要产区在台湾、广东、福建、广西等地。目前世界上栽培品种已达 60～70 种，主要为皇后种、卡因种、西班牙种和杂交种四类。中国大约种植 20 个品种，著名的品种有卡因种、金山种、巴厘种、菲律宾种。

菠萝果实品质优良，营养丰富，含有大量的果糖、葡萄糖、维生素 C、B 族维生素、磷、柠檬酸和蛋白酶等物质。菠萝味甘、微酸、微涩。菠萝含有一种称菠萝朊酶的物质，它能分解蛋白质，帮助消化，溶解阻塞于组织中的纤维蛋白和血凝块。

（十九）西瓜

西瓜又称寒瓜、水瓜、夏瓜，属葫芦科一年生草本植物。西瓜原产于非洲，系属非洲沙漠上的野生浆果。4～5 世纪时，由西域传入中国，现在普遍栽培。西瓜品种很多，著名品种有山东德州的刺麻瓜、河南开封的大花棱瓜、河北保定的三白瓜，另有内蒙古西瓜、兰州西瓜、上海枕头瓜、海南西瓜等。

西瓜堪称“盛夏之王”，清爽解渴，味甘多汁，是盛夏佳果。不含脂肪和胆固醇，含有大量葡萄糖、苹果酸、果糖、氨基酸、番茄素及维生素 C 等物质。西瓜种子含脂肪油、蛋白质、维生素 B_2、淀粉、戊聚糖、尿素、蔗糖等。西瓜皮富含维生素 C、维生素 E。

（二十）哈密瓜

哈密瓜又称甜瓜，因主要产于新疆哈密而得名，是中国国家地理标志产品。哈密瓜是葫芦科一年生蔓性植物。哈密瓜原产于中亚，约 18 世纪传入我国新疆。经长期培育，品种多样，遍及全新疆。主产于吐鲁番、鄯善、哈密的一带，以鄯善的东湖瓜最著名。代表品种有密极甘、可口奇、炮台红、网纹香梨、黄金龙等。

哈密瓜不但香甜，而且富有营养价值。据分析，哈密瓜的干物质中含有 4.6%～15.8%的糖分，纤维素含量为 2.6%～6.7%，还有苹果酸、果胶、维生素 A、B 族维生素、维生素 C、维生素 B_3 以及钙、磷、铁等。其中铁的含量比鸡肉多 2～3 倍，比牛奶高 17 倍。哈密瓜除供鲜食外，还可制作瓜汁、瓜干、瓜脯。

（二十一）白兰瓜

白兰瓜又称兰州蜜瓜，绿瓤甜瓜，为葫芦科一年生蔓性草本植物。肉似翠玉，汁多甘甜，香气浓郁，富有风味，是我国西北地区著名瓜果。白兰瓜原产于美洲，我国主要产地是兰州市郊、皋兰、威武等地。主要品种有兰州瓜、变种兰州瓜、新疆兰州瓜。白兰瓜一般单果重为 2 千克左右，皮厚瓜甜，汁丰肉嫩，并富含钙、磷、铁及多种维生素，耐储运。

（二十二）火龙果

火龙果又名青龙果、红龙果，是仙人掌科量天尺属的栽培植物。攀缘肉质灌木，具气生根，根茎深绿色，粗壮，长可达 7 米，粗 10～12 厘米，具 3 棱，棱扁，边缘波浪状，茎节处生长攀缘根，由于长期生长于热带沙漠地区，其叶片已退化，光合功能由茎承担。茎的内部是大量饱含黏稠液体的薄壁细胞，有利于在雨季吸收尽可能多的水分。火龙果原产于巴西、墨西哥等中美洲热带沙漠地区，属典型的热带植物。我国海南及广西、广东等地有栽培。

图 3-10　火龙果植株、白仁果、红仁果

火龙果因其外表肉质鳞片似蛟龙外鳞而得名，其光洁而巨大的花朵绽放时芳香四溢，盆栽观赏预示吉祥，因而也称“吉祥果”。火龙果营养丰富、功能独特，主要营养成分有蛋白质、膳食纤维、维生素 B_2、维生素 B_3、维生素 C、铁、磷、钙、镁、钾等。果肉几乎不含果糖和蔗糖，糖分以葡萄糖为主，容易吸收，适合运动后食用。火龙果性甘平，高含量的花青素有利于抗氧化、防衰老。

（二十三）杧果

杧果即芒果，又名檬果、漭果、闷果、密望、望果、庵波罗果等，是一种原产于印度的漆树科杧果属的常绿大乔木，是著名热带水果之一。因其果肉细腻，风味独特，深受人们喜爱，所以素有“热带果王”之誉称。

杧果主要品种有土杧果与外来杧果，未成熟前土杧果的果皮呈绿色，外来种呈暗紫色；土杧果成熟时果皮颜色不变，外来种则变成橘黄色或红色。杧果果肉多汁，味道香甜，土杧果种子大、纤维多，外来种不带纤维。现在全世界有 1 000 多个杧果品种，且一直都没有一个完整的品种分类系统。由于品种不同，杧果最大的重达几千克，最小的只有李子那么大。杧果果实呈心形，果皮呈柠檬黄色，肉质细腻，气味香甜，蛋白质含量为 0.65%～1.31%。每 100 克果肉含胡萝卜素 2 281～6 304 微克，含维生素 C 56.4～137.5 毫克，有的可高达 189 毫克，含糖量为 14%～16%。种子中含蛋白质 5.6%，脂肪 16.1%，碳水化合物 69.3%。

（二十四）雪莲果

雪莲果又称菊薯、雪莲薯、地参果，是菊科多年生草本植物。长日照作物，能开花但不结种子，块茎着生于根茎部，形状不规则，表皮呈粉红色，主要以块茎进行无性繁殖，植株貌似菊芋。雪莲果原产于南美洲的安第斯山脉，是当地印第安人的一种传统根茎食品。

雪莲果是一种新型地下水果，果实似红薯，但口感与红薯有很大区别，甜脆且多汁，属于水果。雪莲果富含多糖，有抗氧化、抑菌作用。雪莲果块根皮薄、汁多、无渣，可削皮直接生食、配菜，也可炒肉丝、下火锅、炖煮鸡肉或排骨食用，能烹调成多种美味佳肴，还可加工成果脯、果脆片、果冻、果糕、罐头等；叶片与花瓣可制成果茶，冲泡饮用；其茎秆可制作优质饲料等。

（二十五）大枣

大枣又名红枣、美枣、良枣、干枣，是鼠李科、鼠李属落叶灌木或小乔木植物枣树的成熟果实。我国是大枣的故乡，栽培范围极其广泛，北边达到辽宁的锦州、北镇一带，以山东、河北、山西、陕西、甘肃、安徽、浙江产量最多。著名的品种有陕西绥德枣林坪的“黄河滩枣”，其果肉甜软润香，素有

“人参果”之称；河北沧州的金丝小枣，无核，含糖量高，掰开可拉出丝；河北黄骅的冬枣，甜脆，适合鲜食，在冬春上市；山西产的大枣，果大，干制可制脆枣；还有浙江的义乌大枣、新疆和田的和田玉枣、河南的新郑大枣等。

大枣富含蛋白质、脂肪、糖类、胡萝卜素、B族维生素、维生素C、维生素P以及钙、磷、铁和环磷酸腺苷等营养成分。其中维生素C的含量在果品中名列前茅。传统医学认为，红枣（干枣）具有补虚益气、养血安神、健脾和胃等作用，红枣对慢性肝炎、肝硬化、贫血、过敏性紫癜等病症有较好疗效。

（二十六）瓜子仁

瓜子仁简称瓜仁，瓜子经去壳后的种仁。种类有黑瓜子、白瓜子和葵花籽，三者统称炒货三子。黑瓜子仁也称西瓜子，为西瓜种子去壳后的种仁。白瓜子仁也称“南瓜子”“金瓜子”“角瓜子”，为倭瓜（南瓜）、角瓜、白玉瓜和西葫芦等瓜子去壳后的子仁。葵花子仁为菊科植物向日葵的果实去壳后的种仁，是一种经济价值很高的油料作物。我国各地均有种植，以东北和内蒙古较多。葵花子以粒大、仁满、味香者品质为优。

瓜子仁是制作五仁馅、百果馅的原料之一，还可作为八宝饭、蛋糕等点心的配料。

（二十七）松子仁

松子仁为松树的种仁，主要是红松（果松、海松）和偃松（爬地松）的种子。产于黑龙江省大兴安岭、小兴安岭和东部林区，集中成片。松子一般在9月上旬开始成熟，由于松子素有秋分不落春分落的特性，因而采集时不能等待松子自然脱落，需人工上树采集。

松子仁脂肪含量为63.5%、蛋白质含量为16.7%，有滋润皮肤、健壮身心的作用。松子仁是北方五仁馅的原料之一，它既可制点心馅，又可作热菜，同时还是休闲食品和榨油的原料，具有很高的经济价值。

（二十八）白果

白果又名鸭脚子、灵眼、佛指柑，即银杏的种仁。白果属银杏科落叶乔木，是中国特产硬壳果之一。白果于10月成熟，有椭圆形、倒卵形和圆珠形。核果外有一层色泽黄绿有特殊臭味的假种皮，收获后假种皮便腐烂，露出洁白的果核，敲开果核，才是玉绿色的果仁。

白果主要分为药用白果和食用白果两种，药用白果略带涩味，食用白果口感清爽。白果含有多种营养元素，除蛋白质、脂肪、糖类之外，还含有维生素C、维生素B_2、胡萝卜素和钙、磷、铁、钾、镁等微量元素，以及银杏酸、白果酚、多糖等成分。白果既可制作各式甜、咸菜肴，又可作为糕点配料。白果含白果醇、白果酸，可入药且具有杀菌功能。但是白果仁含有白果苦苷，可分解出毒素，食用不当会引起中毒，所以加工选用时应严格控制数量。

（二十九）核桃

核桃又称胡桃、羌桃、长寿果，属胡桃科植物，为世界四大干果之一。中国是世界上核桃起源中心之一，世界核桃生产第一大国，拥有最大的种植面积和产量。云南、陕西、山西、河北是主要产区。核桃 7～9 月成熟，外面有木质化硬壳，里面是供食用的果仁。

核桃的特点是含水分少，含糖类、脂肪、蛋白质和矿物质丰富，营养价值很高。核桃仁中脂肪的 86％是不饱和脂肪酸，核桃富含铜、镁、钾、磷、铁、维生素 B_9、维生素 B_1、维生素 B_2、维生素 B_6、维生素 B_3 和维生素 B_5 等。每 50 克核桃中，含蛋白质 7.2 克、脂肪 31 克和碳水化合物 9.2 克。核桃还具有补血、止咳化痰、润肝、补肾、助消化等功效。

核桃除可供生食或制作各种糕点、糖果等食品之外，也是榨油的原料。

（三十）腰果

腰果又称鸡腰果、槚如树、长寿果，是漆树科腰果属的一种植物，是世界四大干果之一。原产于美洲，是喜温、强阳性树种，耐干旱贫瘠，具有一定抗风能力。腰果不耐寒，在生长期内要求很高的温度。月平均气温 23～30℃开花结果正常，20℃生长缓慢，低于 17℃，易受寒害，低于 15℃则严重受害致死。

果实由两部分组成，上部为假果，是由花托形成的肉质果，又称梨果，下部是真果，是肾形坚果，长约 25 毫米，青灰色至黄褐色，果壳坚硬，里面包着种仁，这才是我们常说的腰果。

腰果的营养十分丰富，脂肪含量高达 47％，蛋白质含量为 21.2％，碳水化合物含量为 22.3％，含维生素 A、维生素 B_1、维生素 B_2 等，特别是锰、镁、硒等微量元素丰富，具有抗氧化、防衰老、抗肿瘤和抗心血管疾病的作用。果肉质松软、多汁香美，可鲜吃，也可制果什、果干、蜜饯；腰果味似花生仁，既可制成糕点的馅心，也可制作各种荤、素菜的配料。

图 3-11　从左向右依次为成长腰果、腰果产品、成熟腰果

（三十一）板栗

板栗是山毛榉目壳斗科栗属的乔木或灌木植物，有7～9种。有野生板栗和杂交改良板栗之分，我国普遍种植的是杂交培育后的改良品种，个大、味甜、抗病性强、产量高。板栗为我国原产干果之一，主要产区在我国北方。板栗果实9～10月成熟，果外有总苞，由2～3个果实包围于一个密生长刺的总苞内。

板栗含有丰富的蛋白质、脂肪、淀粉及多种维生素。板栗有健脾胃、益气、补肾、壮腰、强筋、止血、消肿、强心的功效。板栗可生食、炒食、做菜肴，也可做点心、栗子羹等板栗制品。

第四节　果蔬食品原料的贮藏与质量管理

一、果蔬贮藏的品质背景与条件

鉴于果蔬的自然属性，其耐贮性一般较差，所以要充分了解果蔬的品质特点与质量要求。

（一）果蔬贮藏的品质特点与质量要求

1. 萎蔫

大部分果蔬的水分含量较高，甚至可达90%以上，水分损失过多（如蒸腾、晾晒、风吹等作用）就会使得果蔬丧失基本的品质特征。所以，在运输和贮藏时特别要防止果蔬失水而萎蔫。

2. 变色

果蔬采摘或运输过程中会受到人为或机械损伤，加上本身具有的酶等因素，会出现各种色变问题。如酶促反应引起的褐变、伤口引起的各种变色等。

3. 霉变

果蔬具有丰富的营养，采摘引起的伤口，以及因为温差引起菜体出现的凝结水（即发汗）等，都易使果蔬出现霉烂和变质。

4. 发芽或抽薹

发芽和抽薹是一个连续过程，一些果蔬（如马铃薯、洋葱、大蒜、萝卜、白菜等）容易出现萌发芽体和抽薹现象。因为发芽和抽薹会引起营养的损失，且造成果蔬的纤维化、变粗、变老。

5. 后熟与衰老

后熟是指果蔬采摘后成熟过程的继续。如果没有得到必要的控制，果蔬会继续生长，使衰老而品质劣化。

综上所述，果蔬的品质特征总的是新鲜而脆弱、营养而易损的。因此要给予及时而合适的保护措施，使其在运输与贮藏过程中尽量减少损失，避免品质下降。

（二）果蔬的品质保障与贮藏措施

1. 低温与湿度调控

根据果蔬的生理特性与品质特点，采用低温处理，再适当控制湿度，可以降低酶的活性、减少微生物的浸染与繁殖、控制水分的蒸腾等。这种办法是目前最主要的品质控制措施。一般采用人工降温（－1～5℃）的办法，加上气体（O_2/CO_2）和湿度的控制。表 3-3 显示了部分果蔬的气调贮藏条件。

表 3-3　部分果蔬气调贮藏条件

果蔬种类	O_2（%）	CO_2（%）	温度（℃）	注释
杏	2～3	2～3	0～5	
金冠苹果	1～1.5	<3	0	a1
富士苹果	2	<1	0	a1（日本）
香蕉	2～5	2～5	12～16	a1
樱桃	3～10	10～15	0～5	a1
猕猴桃	1～2	3～5	0	a1，c1
柠檬	5～10	0～10	10～15	b1
橘子	5～10	0～5	0～5	b1
草莓	5～10	15～20	0～5	a1
芦笋	—	2～3	0～5	a2
花茎甘蓝	1～2	5～10	0～5	a2
大白菜	3	5	0	b2
洋葱	3	5	0	b2，c2
马铃薯	—	—	4～7	c2
甜玉米	2～4	5～10	0～5	
番茄	3～5	3～5	0～5	a2

注：

①资料来源：Dellino C V J，冷藏和冻藏工程技术［M］．张慜，郁延军，陶谦，译．北京：中国轻工业出版社，2000：41-42.

②果品：a1 表示商业应用；b1 表示不考虑商业获利；c1 表示长期贮藏用的极低乙烯条件。

蔬菜：a2 表示用于运输；b2 表示用于商业长期贮藏；c2 表示贮藏在相对湿度 65%～70%的条件下。

2. 药剂和打蜡处理

主要是控制后熟和抑制酶的活性。例如葡萄在采摘前喷洒波尔多液，可以保障不受田间病害的浸染；茄子和辣椒采摘前喷洒波尔多液可以减少病菌的浸染损失。用苯并噻重氮（BTH）可以有效抑制马铃薯、厚皮甜瓜、草莓等的采后病害。另外，还可以用多种蜡液（表 3-4）给果蔬进行打蜡处理。可采用浸涂、喷涂、刷涂或者雾化等方法进行。打蜡可以降低水分蒸腾、隔绝空气、抑制病菌、减少养分损失，同时还具有增加光泽、改善外观品质的作用。

表 3-4　商品化应用的蜡液名称和组分

蜡液名称	主要组分
营养密封保鲜剂	改良的纤维素多聚物
营养保留保鲜剂	羧甲基壳聚糖
延长保鲜剂	甘油酯、蔗糖酯和羧甲基纤维素钠盐混合物
密封橡胶	阿拉伯树胶和凝胶
森柏尔保鲜剂	与 Pro-long 成分相似，但富含短链的不饱和脂肪酸酯
虫胶	一种昆虫分泌物
蜡	长链脂肪酸如蜂蜡、石蜡、巴西棕榈蜡等

资料来源：饶景萍，2009. 园艺产品贮运学［M］. 北京：科学出版社.

3. 紫外线等辐射处理

利用辐射技术可以抑制发芽和抽薹现象。目前主要用钴-60 或铯-137 发生的 γ 射线。γ 射线是穿透力极强的电离射线，能够穿过生活有机体，使得水和其他物质电离，产生游离基或离子，从而影响集体的新陈代谢过程。用辐射处理，可以延缓果蔬的成熟和衰老，减少害虫滋生，减少果实腐烂。例如可以用于马铃薯、洋葱、大蒜、食用菌等贮藏处理。

4. 其他处理方法

用清洗、消毒、负压（真空）包装等方法，对果蔬进行简单的处理，也可以适当减少微生物浸染，防止品质下降。适当清洗果蔬外表，可以去掉尘土、污泥、其他杂质和表面微生物；可以喷洒一些消毒液，去除表面的微生物；利用减压手段可以增加冷藏效果；也可以用负压包装来营造果蔬贮藏的小环境，从而保障品质。

二、果蔬产品的质量标准体系与管理

据中国质量与标准导报 2019 年 4 月 15 日报道，全国蔬菜质量大数据服务平台建设正式启动，并在山东寿光召开启动仪式和推进会议。到目前，全国蔬菜质量标准中心已收集梳理与蔬菜质量相关的 1 920 条产业链相关标准，完成了蔬菜质量标准数据库建设，并建立了 37 种蔬菜的 54 项生产技术规范。

长期以来，我国农业、质检等有关部门狠抓“无公害”系列果蔬食品安全质量标准化建设和“绿色食品”系列果蔬食品安全质量标准的建设，同时开展了系列产品的生产技术规范化指导。应当说，标准和有关法律是较为完备的，生产者、经营者和管理者应积极贯彻执行。

思　考　题

1. 果品与蔬菜的概念通常是怎么划分的？
2. 简述果蔬的营养特点。
3. 果蔬的食品资源特征有哪些？
4. 简述我国果品与蔬菜的生产与供给情况？
5. 举例说明果品与蔬菜的加工方法。
6. 橘、柑、橙与柚如何区分？
7. 果品和蔬菜的贮藏方法有哪些？

第四章

畜产食品原料

学习重点：

明确畜产食品的概念和意义；熟悉畜产食品的资源特点；了解畜产食品资源的基本背景及生产供给情况；掌握畜产食品的原料特性以及影响原料品质的各种因素；熟悉畜产食品贮藏的一般方法与要求；了解畜产食品原料的营养价值与主要加工利用方法。

第一节 概 论

一、畜产食品的概念和意义

从人类进化的历史和人类食物选择的历史来看，畜产食品是具有最悠久历史的人类食物选择之一。人类在从游走狩猎动物到圈养驯化动物，再到定居饲养和培育畜禽的历史过程中，确立了大量的适合生产和生活需要的畜禽。这些畜禽主要包括猪、牛、羊、马、驴、骆驼、牦牛、鹿、麋鹿、鸡、鸭、鹅、鹌鹑等。因此，从广义上讲，畜产食品是指所有能被人们作为食品而食用的畜禽产品，简称畜产品，主要包括肉品、乳品和蛋品等。虽然有些畜产品（如禽蛋）可被人们直接利用，但是绝大多数的畜产品必须经过加工处理后方可食用。所以，狭义的畜产食品则更多地指那些经过加工处理后的畜产品。畜产食品相对于其他食品原料而言可谓是优质食品，主要提供人们需要的蛋白质、脂肪、矿物质、维生素等营养物质。

我国各族人民在生产和生活实践过程中，创造了多种多样的畜产品加工方法，制成了多种美味的畜产食品，如金华火腿、道口烧鸡、山东扒鸡、北京烤鸭及各地的腊肉、皮蛋、糟蛋等。随着我国畜牧业的发展，特别是近 10 年来的规模化、标准化和集约化的养殖已经成为主要的发展趋势。当前，我国肉类产量和禽蛋的产量已经是世界第一位，乳品市场飞速发展，乳品加工则基本赶上世界一流水平。但因为我国人口多、区域发展不平衡，因此人均畜产食品占有量与发达国家尚有一定距离。

研究畜产食品资源的生产与供给情况，有利于规划和统筹人们的主要畜产食品——肉奶蛋的需求；了解畜产食品的基本营养特点，有利于提高人们的营养知识水平，辨别不同食品原料的营养价值；熟悉畜产食品的一般加工方法，有利于人们积极改善食品质量，丰富饮食种类，提高健康水平。

二、畜产食品的生产与供给

（一）肉类的生产与供给

就全世界而言，肉类主要指的是猪肉、牛肉、羊肉、禽肉等，其他畜禽的肉类占较少的比例。

据美国农业部统计，2017 年欧盟猪肉产量为 23 400 千吨，美国为 11 722 千吨，巴西为 3 725 千吨，俄罗斯为 2 960 千吨，越南为 2 750 千吨，加拿大为 1 960 千吨，菲律宾为 1 585 千吨，墨西哥为 1 430 千吨，韩国为 1 307 千吨，日本为 1 275 千吨，世界猪肉产量大约为 111 034 千吨。另据中国统计局统计，2017 年中国猪肉产量为 53 400 千吨，中国占有 48.1%的份额，中国、欧盟和美国是猪肉主要产区。2017 年世界主要猪肉生产地区产量分布见图 4-1。

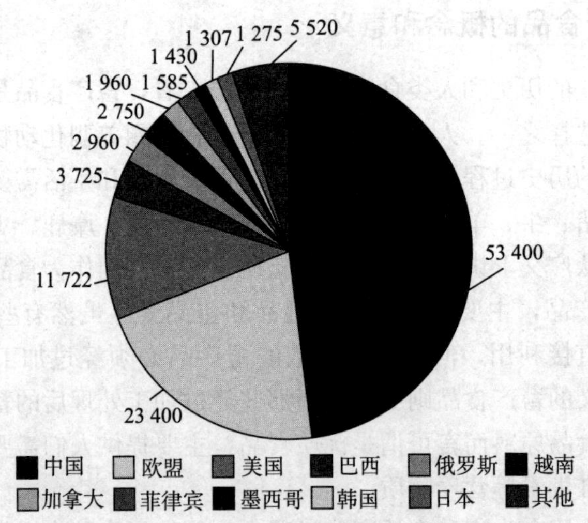

图 4-1　2017 年世界主要猪肉生产地区产量分布（单位：千吨）

2014 年，我国各省份的肉类产量如图 4-2 所示。肉类产量超过 500 万吨的是山东、河南、四川和湖南四个省。四川是猪肉产量最大的省份。

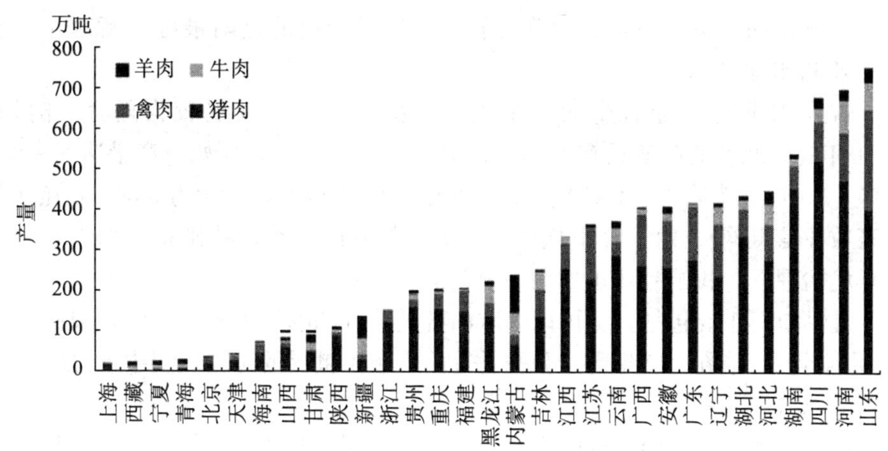

图 4-2　2014 年我国各省份肉类产量

资料来源：丁存振，肖海峰．中国肉类产量变量特征及因素贡献分解研究 [J]. 世界农业，2017 (6)：142-149.

另据全国畜牧兽医总站石友龙先生分析，我国 2015—2025 年畜产品变化趋势如表 4-1 所示。其中肉类变化趋势总体是增加的，但各类肉类的增长幅度有所差异。

表 4-1　我国 2015—2025 年畜产品变化趋势

单位：万吨

种类	2015 年	2025 年	增加量	平均增长率
肉类	8 625	9 622	997	1.1%
猪肉	5 487	5 942	455	0.8%
牛肉	700	821	121	1.7%
羊肉	441	502	61	1.3%
禽肉	1 826	2 162	336	1.8%
牛乳	3 755	4 488	733	1.9%
禽蛋	2 999	3 248	249	0.8%

(二) 乳类生产与供给

由于人类游牧饮食文化的历史渊源，世界原料乳的生产主要集中在欧洲、亚洲和北美洲，南美洲、大洋洲和非洲也有一定量的乳业生产。我国乳与乳制品饮用历史相当悠久，2 000 多年前就有“奶酒”的生产记载，后魏贾思勰的《齐民要术》中已记载有牛乳酪、马乳酪等的制造方法。欧洲、亚洲和北美洲这三大洲的原乳生产量占世界原乳总产量的 81%，这些国家乳品产量占世界总产量的 50%以上。历年来，主要乳产区在欧洲，20 世纪 90

年代后开始向美洲、亚洲、大洋洲转移，增长最快的是阿根廷、新西兰、澳大利亚和印度等。

进入21世纪，随着生活水平提高，我国的乳业发展较为迅猛。例如，2001年我国原乳的产量只有1 025.5万吨，到2005年，原奶总产量达到2 867万吨，2010年乳类产成品达到3 740万吨，2017年牛乳产量为3 545万吨（来自畜牧业信息网）。由于养殖规模的扩大、技术的集约，特别是在加强农业养殖环境治理下，我国乳业正处在一个新的发展阶段。

乳品原料主要包括人类可以获取的各类培育的哺乳家畜的乳汁，包括牛乳（含水牛乳）、羊乳、牦牛乳、骆驼乳等。广布于世界的黑白花奶牛乳是乳品最主要的原料生产者。

我国是世界上奶山羊乳的主要生产国，特别是陕西省的奶山羊存栏数量和羊乳产量均位居全国第一。陕西关中和渭北地区处在北纬33°50′～35°4′，属奶山羊最佳优生区，是行业公认的羊乳黄金带，也是陕西省奶山羊养殖集中区域。2017年，全陕西省奶山羊存栏170万只，占全国的36%，羊乳产量50万吨，占全国的46%，奶山羊存栏数量和羊乳产量均居全国第一位。

由于我国人口基数较大，人均乳消费量相对较低，我国乳类年人均消费量约为世界平均水平的1/4。随着我国人民生活水平的逐渐提高，乳制品消费市场会不断扩大并趋于成熟与稳定，我国也将成为世界上乳制品消费较大的潜在市场。

（三）蛋类的生产与供给

蛋类指经过人类驯化的各种家禽生产的卵。主要包括鸡蛋、鸭蛋、鹌鹑蛋、鹅蛋、鸽子蛋等，以鸡蛋为主（占85%以上）。

据FAO统计，2010年我国鸡蛋产量已达2 383万吨，约为美国产量的4.4倍，印度的7倍，占世界总产量的近40%。统计显示，2012年我国禽蛋产量2 861万吨，按85%估算，鸡蛋产量约2 432万吨。我国人均鸡蛋占有量也居世界前列，2012年约为18千克，远高于世界人均不到10千克的水平，世界排名第三。

鸡蛋是我国城乡居民饮食的重要组成部分，是我国除猪肉之外的第二大蛋白质来源，而且廉价优质。但受传统消费习惯的影响，主要以鲜蛋消费为主。据相关数据显示，我国鸡蛋出口加上储运损失占总产量的比例在10%左右，绝大部分鸡蛋满足内需市场。

加拿大、英国、法国、日本等国家的禽蛋深加工制品比重已达禽蛋总量的20%～25%，品种达60多种，广泛应用于食品、医药、美容、保健等方面，取得了巨大的经济效益和社会效益，推动了养禽业的发展。

随着科学技术的发展，世界蛋制品市场发展很快。近年来美国蛋制品消费从占全蛋量的15%增长到20%以上，德国和法国蛋制品进口量一直增长，已占到全蛋消费量的15%～18%。加拿大在鲜蛋消费量下降1%的情况下，蛋制品消费量却增长了2%～3%。

我国劳动人民发明了许多禽蛋贮藏保鲜方法，并创造了加工工艺及风味独特的蛋制品。我国蛋制品的加工方法历史悠久、工艺独特，特别是松花蛋、咸蛋、糟蛋、卤蛋等传统蛋制品享有盛誉。早在《农桑衣食撮要》（1919年）一书中就记载了我国皮蛋加工的方法。

自1985年至今，我国禽蛋产量连续20余年雄踞世界第一位，是世界上禽蛋发展最快的国家。据中国国家统计局历年报道，我国禽蛋产量2013年为2 876万吨，2014年为2 894万吨，2015年为2 999万吨，2016年为3 095万吨，2017年为禽蛋产量3 070万吨，2017年较2016年略有下降。

第二节 肉类原料

一、肉用畜禽品种

（一）猪的品种

我国是传统农业大国，是世界上猪种资源最为丰富的国家，全国各地有相当数量的地方猪品种。中华人民共和国成立以来，各地又相继培育了一批新猪种，为我国养猪业发展做出了重要贡献。改革开放以来，我国先后从国外引进培育猪品种，改良了许多地方品种，促进了我国养猪业良种化发展。

1. 地方猪种

我国地方猪种有40余个，根据其生产性能、体型和外貌特征，并结合考虑其起源、分布、饲养管理特点及当地的自然条件等因素，可以分为6大类型，即华北型、华中型、华南型、江海型、西南型和高原型。

（1）民猪

包括大民猪、二民猪、荷包猪，原产于东北三省，也称东北民猪。其全身黑色，成年公猪体重195千克，成年母猪体重151千克，屠宰率为72.5%，瘦肉率为46%。

（2）太湖猪

广布于苏、浙、沪交界太湖流域，有二花脸、梅山、嘉兴黑、枫泾、横泾、米猪和沙乌头等类群。毛全黑，也有四蹄或尾尖白色者。各类型猪体重有差异，成年公猪体重193千克，成年母猪体重173千克，屠宰率为72%，瘦肉率可达65%～70%。

（3）金华猪

分布于浙江金华市、义乌市和东阳市。除其头、颈、臀、尾为黑皮黑毛色外，其他部位均为白色，故称“两头乌”。耳朵中等大且下垂，背部为凹。成年公猪体重112千克，成年母猪体重97千克，9月龄育肥猪体重76千克，屠宰率为72%，胴体瘦肉率为43.4%。

图4-3　太湖猪（左）、金华猪（右）

（4）荣昌猪

原产于四川隆昌和重庆荣昌一带。除两眼和头部有个别黑点外，全身白色，体型中等。成年公猪体重可达98千克，成年母猪可达87千克，屠宰率为70%左右，瘦肉率为42%～46%。

（5）八眉猪

又称泾川猪或西猪（包括互助猪）。产区广布陕、甘、宁、青四省区，内蒙古和新疆也有分布。八眉猪被毛呈黑色，头部狭长，耳大而下垂，额部有纵行的“八”字皱纹。根据八眉猪体型可分为大八眉、二八眉及小伙猪。大八眉成年公猪体重可达103千克，成年母猪可达80千克。肉质鲜红，味香质嫩，含水率低。

我国的地方猪种的主要优点是繁殖率高、耐粗饲、适应性强、肉质风味好，主要缺点是个体一般较小、日增重较低、饲料转化率低、屠宰率和瘦肉率也较低。

2. 培育品种

主要指利用引进猪品种，如大白猪、中型约克夏、苏联大白猪、巴克夏及波中猪等，长期与地方猪种杂交而育成的一些新品种。例如，哈尔滨白猪（哈白）、上海白猪、新淮猪、北京黑猪、东北花猪、泛农花猪等。

（1）哈白猪

主要分布于黑龙江南部和中部地区，是由当地的东北民猪与俄国猪、大约克夏猪、苏联大白猪等杂交选育而成的。其成年公猪体重可达222千克，体高85厘米；成年母猪体重176千克，体高76厘米。肥育猪从断奶15千克开始到120千克，约需8个月左右，日增重587克，屠宰率为74.75%，瘦肉率为45%。

（2）新淮猪

主要分布在江苏省淮安市，由淮猪与约克夏猪杂交选育而成，适合于淮河中下游地区放牧饲养。成年公猪体重 244 千克，体高 86 厘米；成年母猪体重 185 千克，体高 75 厘米。肥猪在 2～8 月龄期间日增重可达 490 克，屠宰体重为 80～90 千克，屠宰率为 71%，眼肌面积为 24.76 厘米^2。

（3）北京黑猪

育成于北京双桥农场和北郊农场，血缘较为复杂。分布于朝阳、海淀、昌平、顺义、通州等区。全身被毛黑色，体质结实，结构匀称，腿臀部丰满，头大小适中，两耳直立或平伸。成年公猪体重 78～262 千克，成年母猪体重16～236 千克。育肥至 90 千克时屠宰，屠宰率可达 72%，胴体瘦肉率为 52%。

3. 外来猪种

从 19 世纪末起，我国相继从国外引入了 10 余个猪种。主要有大约克夏（大白）猪，兰德瑞斯（长白）猪、杜洛克（红皮）猪、汉普夏猪、皮特兰猪等。目前，这些外来培育品种猪在我国规模化养殖业中占据主要地位。地方猪种多处于偏远地区，或被用作一些特色养殖等。

（1）大约克夏猪

又称大白猪。于 18 世纪育成于英国约克夏郡而闻名，广布于世界各地。其体型大、适应性强、增重快。我国于 20 世纪初引进，其成年公猪体重达 263 千克，体高 92 厘米；成年母猪体重 224 千克，体高 87 厘米。在标准化饲养条件下，从断奶至 100 千克，只需要 6 个月，日增重可达 689 克，胴体瘦肉率在 60%以上。

（2）兰德瑞斯猪

原产于丹麦，因其背腰长，也习称“长白猪”。其自 1964 年以来被大量引入我国。成年公猪体重 246 千克，体高 85 厘米；成年母猪体重 218 千克，体高 78 厘米。育肥猪从 30 千克至 90 千克的日增重可达 731 克，胴体瘦肉率达 64%以上。

图 4-4　大约克夏猪（左）、长白猪（右）

（3）杜洛克猪

原产于美国，因被毛和皮肤为红棕色，常被称为“红皮猪”。在我国常作为终端父本使用。体型健壮，双耳前伸。成年公猪体重达 380 千克，成年母猪体重达 300 千克。其生长发育快，日增重和瘦肉率都很显著。

（4）皮特兰猪

原产于比利时，是肉用型新品种，以瘦肉率高（60%以上）为特征，常被用作杂交父本，但其产仔数少，日增重不高，肉质和抗应激性能差。

外来猪种的基本优点是体型较大，日增重、瘦肉率较高。其缺点是性成熟晚，繁殖能力较低，耐粗饲性能差，适应性相对较差，肉质粗糙。

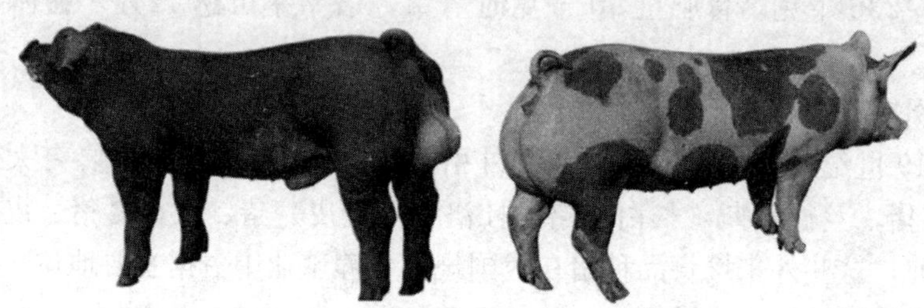

图 4-5 杜洛克猪（左）、皮特兰猪（右）

（二）肉牛的品种

1. 肉用牛品种

（1）海福特牛

原产于英国西南部的海福特郡，是世界上最古老的中小型早熟肉牛品种。我国于 1973 年从英国引进。分为有角和无角两种类型。颈部粗短，背腰宽平，体躯肌肉丰满，侧望体躯呈矩形，四肢粗短，被毛呈橙黄色，具有“六白”特征——头部、颈垂、颈脊连鬐甲部、腹部、四肢下部及尾尖。其适应性好、抗寒、耐粗饲、早熟、增重快、饲料利用率高，屠宰率为 60%～65%。成年公牛体重为 900～1 000 千克，成年母牛体重为 500～620 千克。海福特牛的肉质柔嫩多汁、味美可口，是生产优质高档牛肉的重要品种。

（2）安格斯牛

原产于英国的阿伯丁、安格斯和金卡丁等郡，并因此得名。也是最受欢迎的古老中小型的肉用牛品种之一。其早熟、生长快、易肥育、肉质好。其成年公牛体重为 700～900 千克，成年母牛体重为 500～600 千克，犊牛初生重为 25～32 千克，周岁体重可达 400 千克，最高屠宰率可达 70.7%。其对本地母牛的肉质改良效果好，在东方型牛肉、高脂肪型牛肉和高大理石纹等级牛肉的生产中将起重要作用。

图 4-6　海福特牛（左）、安格斯牛（右）

（3）夏洛莱牛

原产于法国，是国际上肉牛杂交的主要父系，其在眼肌面积改良上作用最好，臀部肌肉发达，对生产西冷和米龙等高价分割肉块具有优势。夏洛莱牛的适应性强，耐粗饲、体格大、增重快、瘦肉多，成年公牛体重 1 100～1 200 千克，成年母牛体重 700～800 千克，犊牛初生重 50 千克，屠宰率达 65%～68%；但其肌肉的纤维较粗，大理石纹较差，需早期强度肥育，早期屠宰，一般以带骨牛排和烤牛排为主产品。

（4）利木赞牛

原产于法国中部，也是国际上常用的杂交父系之一。其体格大、体躯长、结构良好、早熟、比较耐粗饲、生长发育快、瘦肉多、肉质细密。在原产地，成年公牛体重达 900～1 100 千克，成年母牛体重达 600～800 千克，屠宰率为 63%～71%。其毛色和黄牛非常接近，在我国较受欢迎，被认为是饲料转化率较好的品种。

（5）日本和牛

主要包括日本黑牛和日本褐牛两个品种。日本黑牛以黑色为主毛色，乳房和腹壁有白斑，或者黑被毛中可见散发白毛。部分体躯可以允许显示褐色或浅色至白色色斑。角色浅，皮薄毛顺或卷，体呈筒状，四肢轮廓清楚，肋胸开展良好。成年公牛体重约 950 千克、成年母牛约 620 千克，犊牛经 27 月龄育肥，体重达 700 千克以上，平均日增重 1.2 千克以上，其肉多汁细嫩、大理石纹明显，又称“雪花肉”。肌肉脂肪中饱和脂肪酸含量很低，风味独特，肉用价值极高，在日本被视为“国宝”，在西欧市场也极其昂贵。

2. 兼用牛品种

（1）西门塔尔牛

原产于瑞士，是至今用于改良本地牛范围最广、数量最大、杂交最成功的一个牛种，是兼具肉用牛和乳用牛特点的典型品种。其成年公牛体重达 800～1 200 千克，成年母牛体重达 600～750 千克；增重快，周岁体重可达 478 千克；瘦肉多、脂肪少、肉质佳，屠宰率可达 60%～65%；年平均产奶量为

4 000～4 500千克，与我国北方黄牛的杂交效果良好，杂交后代的产肉、产乳性能明显提高。

（2）皮埃蒙特牛

原产于意大利北部的皮尔蒙特地区，毛色灰白，六端（鼻镜、眼圈、肛门、阴门、耳尖、尾帚）为黑色。屠宰率高达 66%～70%。瘦肉率最高达 82%。犊牛被毛为乳黄色，4～6 月龄开始退乳毛，变为成年色（白晕色）。

（3）婆罗门牛

是在美国育成的瘤牛新品种。体躯较短，体格高大但狭窄。婆罗门牛的毛色遗传自许多牛种，比较复杂，有白色、灰色、棕色、红色、黑色，也有花斑。大多数公牛的颈部和瘤峰部为深色或黑色，成晕色特征。婆罗门牛奶中含脂率高达 5.17%，蛋白质含量也较高。

图 4-7　西门塔尔牛（左）、婆罗门牛（右）

3. 我国的黄牛品种

（1）秦川牛

原产于陕西渭河流域，因八百里秦川而得名。体格高大，结构匀称，毛色有紫红、红、黄三种，以紫红和红色居多，角短而钝，多向外下方或向后稍弯。鼻镜和眼圈多为粉肉色。其成年公牛体重 630 千克以上，体高 141 厘米；成年母牛体重 410 千克以上，体高 126 厘米。肉质细嫩，容易育肥，中等营养水平屠宰率可达 63%，净肉率 53%，瘦肉率可高达 76.04%，眼肌面积大（97.02 厘米^2），遗传性能稳定，是理想的杂交配套品种。

（2）南阳牛

产于河南省南阳地区白河和唐河流域，在我国黄牛中体格最高大。毛色以深浅不一的黄色为主，另有红色和草白色，面部、腹部、四肢下部的毛色较浅。成年公牛体重 716.5 千克，体高 153.8 厘米；成年母牛体重 464.7 千克，体高 131.9 厘米。肉用性能颇好，强度肥育达 510 千克体重后屠宰率可达 64.5%，瘦肉率56.8%，眼肌面积 95.3 厘米^2，肉质细嫩，颜色鲜红，大理石纹明显。

（3）鲁西牛

原产于山东省西南部菏泽和济宁地区，在河南东部与河北南部等地有分布，是我国中原四大牛种之一。被毛为浅黄色到棕红色，而以黄色居多。公牛肩峰宽厚而高，以优质育肥性能著称。其成年公牛体重 525 千克，体高 142.82 厘米；成年母牛体重 358 千克，体高 124.75 厘米。其是我国产肉性能最好的良种黄牛之一，成年牛平均屠宰率为 58.1%，净肉率为 50.7%，眼肌面积 94.2 厘米^2，肉质细嫩。

（4）晋南牛

原产于山西省南部汾河下游的晋南盆地，是中国四大地方良种之一。体格粗大，体质结实，前躯较后躯发达，毛色以枣红色为主。公牛体重 650 千克，平均体高 139.7 厘米；母牛体重 383 千克，体高 124.2 厘米。肥育后屠宰率为 63.9%，净肉率为 54.%。但性成熟较晚。

（5）延边牛

原产于朝鲜和吉林省延边朝鲜族自治州，在东北各地都有分布，是东北地区优良地方牛种之一。公牛体重 480 千克，体高 130.6 厘米；母牛体重 380 千克，体高 121.8 厘米。18 月龄育肥 6 个月体重可达 460 千克，育肥后屠宰率可达 57.7%，净肉率达 47.2%。

图 4-8　秦川牛（左）、南阳牛（右）

（三）肉羊的品种

1. 肉用绵羊品种

（1）寒羊

原产于黄河中下游农业区，具有生长快、性成熟早、繁殖力高、肉脂品质好等特点。初生重 3.5～3.7 千克；周岁公羊体重为 41.6 千克，周岁母羊体重为 29.2～45 千克；成年公羊体重为 72 千克，成年母羊体重为 52 千克；屠宰率为 62%～69%，净肉率为 46%～57%，平均产羔率为 205%。

（2）同羊

因原产于渭南同州（今大荔县一带）而得名。同羊是我国著名的肉毛兼用型脂尾半细毛地方绵羊品种。具有肉质肥，肌纤维细嫩、烹之易烂，尾脂成块、洁白如玉等特点。成年公羊体重 52.5 千克，成年母羊体重 48.0 千克；屠宰率为 52%～58%，净肉率为 38%～41%。脂尾可达体重的 10%，1 年可产 3 胎。

（3）阿勒泰羊

主产于新疆北部阿勒泰地区，属于哈萨克羊的一个分支。早在我国唐代贞观年间就作为贡品，有“羊大如牛，尾大如盘”的美誉。毛色主要为棕红色、白色。臀部具有方圆形的“脂臀”，公羊鼻梁隆起，具有较大的螺旋形角，母羊鼻梁稍有隆起，约 2/3 的个体有角。其体型大、生长快，有肉脂品质好、耐粗饲、抗严寒等特点。成年公羊体重 85.6 千克，成年母羊体重 67.4 千克；屠宰率为 52.8%，产羔率为 110.0%。

（4）夏洛莱羊

因产于法国中部的夏洛莱地区而得名，是法国农业部 1974 年命名的优秀肉用绵羊品种。毛白色，公、母羊均无角，整个头部往往无毛。该羊的体型较大，初生重 4.2～4.3 千克；早期生长发育快，120～150 天羔羊体重可达 50 千克左右；成年公羊体重达 100～150 千克，成年母羊体重达 75～95 千克；屠宰率达 55%以上，且脂肪少，肉嫩味美，产仔率可达 85%以上，耐粗饲，适应性强。

此外还有波利帕依羊、摩尔兰羊、达姆莱羊、格劳玛克羊、白萨福羊、兰州大尾羊、乌珠穆沁羊等肉用性能也较好的绵羊品种。

2. 肉用山羊品种

（1）波尔山羊

原产于南非，是世界上著名的独特大型肉用山羊品种。头部较大，面、耳部被毛为红褐色，有光泽，头部中央和全身被毛为白色。额突出，棕色双眼大而温驯，鼻梁坚挺稍带弯曲。角坚实，长度中等而适度弯曲。耳大下垂，长度超过头长。具有生长发育快、适应性强、体型大、产肉多、繁殖力强等优点，被誉为“肉用羊之星”。成年公羊重 95～110 千克，成年母羊体重 90～100 千克；平均屠宰率为 48.3%。其母性强、产奶量大、产羔多，一般 2 年可产 3 胎，一胎多羔。

（2）马头山羊

马头山羊是湖北省、湖南省肉皮兼用的地方优良山羊品种之一。公、母羊均无角，因头似马形而得名。公羊 4 月龄后额顶部长出长毛（雄性特征），并逐步伸长，可遮至眼眶上缘，长久不脱。体躯较大，呈长方形，结构匀称，骨骼坚实，背腰平直，肋骨开张良好，四肢坚强有力，蹄壳坚实。具有体型大、肥育效果好、屠宰率高、肉质好等特点，适宜于向肥羔羊的方向发展。成年公羊体重 43.8 千克，成年母羊体重 33.7 千克；屠宰率为 62.6%，净肉率为 44.5%，产羔率为 191.9%～200.3%。

（3）新疆山羊

新疆山羊是一个古老的地方品种，广布于新疆各地。毛被以白色为主，其次为黑色、灰色、褐色及花色。头较大，耳小半下垂，鼻梁平直或下凹，公、母羊多数有角。觅食力强，耐热、耐寒、耐干旱，有较强的抗病能力，肉用性能好。成年公羊体重 59.5 千克，成年母羊体重 32.4 千克；屠宰率为 41.3%，净肉率为 28.9%，产羔率为 106.5%～138.6%。

图 4-9　波尔山羊（左）、新疆山羊（右）

（四）肉鸡品种

肉鸡品种包括地方良种、标准品种和配套品系三个类型。

1. 地方良种

（1）北京油鸡　原产于北京市郊，是优良的肉蛋兼用型地方鸡种。公鸡体重 2.5～3 千克，母鸡体重 2.0～2.5 千克，年产蛋 120 枚左右，蛋重 60 克。

（2）桃源鸡　原产于湖南省桃源县。该鸡体型大，公鸡体重 4～4.5 千克，母鸡体重 3.0～3.5 千克，肉质鲜美，是优良的肉用型鸡种。年产蛋 100～120 个，蛋重 55 克。

（3）惠阳鸡　原产于广东惠东、惠阳等县。该鸡生长快，85 日龄活重达 1.1 千克；成年公鸡体重 2 千克，成年母鸡体重 1.5 千克。年产蛋 70～90 个，蛋重 47 克。

（4）浦东鸡　原产于上海浦东地区。其早期生长速度快，3 月龄体重达 1.5 千克；成年公鸡体重 4 千克，母鸡体重 3 千克。以体大、肉肥、味美著称。年产蛋 100～130 个，蛋重 58 克。

（5）萧山鸡　原产于浙江省萧山一带。该鸡体型大，成年公鸡体重 2.5～3.5 千克，成年母鸡体重 2.1～3.2 千克。适应性强，早期生长快，肉嫩味美。年产蛋 130～150 个，蛋重 52 克。

图 4-10　北京油鸡（左）、萧山鸡（右）

2. 标准品种

（1）白洛克鸡　为洛克鸡的一个品变种，肉用型鸡品种，原产于美国。单冠，冠、肉垂与耳叶均为红色，喙、胫和皮肤均为黄色，全身披白羽。成年公鸡体重 4.0～4.5 千克，成年母鸡体重 3.0～3.5 千克。早期生长速度快，胸、腿肌肉发达。年产蛋 150～160 个，蛋重 60 克左右。常用作肉鸡配套品系的母系使用。

（2）科尼什鸡　著名肉鸡品种，原产于英国康瓦尔，由几个斗鸡品种杂交育成，因含亚洲的科尼什（Cornish）斗鸡血统，故名科尼什鸡。成年公鸡体重 4.5～5.0 千克，成年母鸡体重 3.5～4.0 千克。年产蛋 120 个左右，蛋重 54～57 克。与白洛克鸡或我国的兼用鸡杂交效果良好。

（3）浅花苏赛斯鸡　原产于英国英格兰苏赛斯，属于兼用型鸡。肉质鲜美，生长速度较快，肥育效果好。成年公鸡体重 4.0 千克，成年母鸡体重 3.2 千克。年产蛋 150 个左右，蛋重 50 克左右。常作肉鸡配套品系的母系。

3. 配套品系

我国目前饲养的肉鸡大多数是引进的肉鸡配套品系，有星布罗、海布星、红布罗、尼克鸡、罗斯鸡、科白鸡、海佩科鸡、罗曼鸡、狄高黄鸡等。

（五）肉鸭品种

1. 北京鸭

原产于北京近郊，是世界公认的标准品种。全身白色，其体形硕大丰满，挺拔美观，生长发育快，50 日龄体重可达 1.75～2.0 千克；180 日龄公鸭体重 3.25～3.5 千克，母鸭体重 3～3.5 千克。肌纤维细致，富含脂肪，在皮下和肥肉间分布均匀，风味独特，是北京烤鸭的最佳原料。年产蛋 200～240 个，蛋重 90～100 克。

2. 狄高鸭

狄高鸭又名“鹅仔鸭”，原产于澳大利亚，1981 年引入我国。羽毛白色，头大稍长，颈粗，胸宽，背长而阔，胸肌丰满，体躯稍长。其生长快、早熟易肥，60 日龄体重可达 2.0 千克以上，成年鸭体重为 3.2～3.5 千克。年产蛋 230 个，蛋重 88 克，是优良的肉鸭品种。

3. 麻鸭

原产于江苏省，因羽毛似麻雀羽而得名。是我国数量最多、分布最广、品种繁多的一种家鸭品种。其生长发育快，70 日龄体重可达 2.5 千克；成年公鸭体重 3.5～4.0 千克，成年母鸭体重 7.5 千克。性成熟早，120～130 日龄开产，蛋重 80～85 克，属蛋肉兼用型品种，以产双黄蛋多而著称。

（六）肉鹅品种

1. 中国鹅

生长发育快，肉质鲜美，屠宰率较高，以产蛋多而闻名于世，分布全国，为标准品种。国外不少著名的鹅品种都有中国鹅的血统。年产蛋 100 个以上，蛋壳呈白色，蛋重 120～160 克。

2. 狮头鹅

原产于广东省饶平县一带，头大而眼小，头部顶端和两侧具有较大黑肉瘤，鹅的肉瘤可随年龄而增大，形似狮头，故称狮头鹅。也是世界上的大型肉鹅品种之一。生长快，耐粗饲，成年公鹅体重 10～17 千克，成年母鹅体重9～13 千克。年产蛋 25～35 个，蛋重 105～255 克。

3. 太湖鹅

原产于长江三角洲的太湖地区，是我国著名的小型鹅、地方优良良种。成年公鹅体重 3.5～4.5 千克，成年母鹅体重 3.25～4.25 千克。年产蛋 60～80 个，蛋重 135～137 克。

二、肉的基本性质

（一）肉的组织结构

根据动物体可食用部位，可分为肌肉组织、脂肪组织、结缔组织和骨骼组织等部分。其组成的比例因动物的种类、品种、年龄、性别、营养状况等不同而异，且化学成分也不同。

1. 肌肉组织

肌肉组织在组织学上可分为三类，即骨骼肌、平滑肌和心肌。从数量上讲，骨骼肌占绝大多数。骨骼肌与心肌在显微镜下观察有明暗相间的条纹，因而又被称为横纹肌。骨骼肌的收缩受中枢神经系统的控制，所以又称随意肌，而心肌与平滑肌称为非随意肌。与肉品加工有关的主要是骨骼肌。下面以骨骼肌为例进行说明。

（1）一般结构

家畜体上包含 300 块以上大小各异的肌肉，它们的基本结构是一样的。组成肌肉的基本构造单位是肌纤维，肌纤维与肌纤维之间被一层很薄的结缔组织膜围绕隔开，此膜称肌内膜。每 50～150 条肌纤维聚集成束，称为初级肌束。

初级肌束被层结缔组织膜所包裹，此膜称肌束膜。由数10条初级肌束集结在一起并由较厚的结缔组织膜包围就形成了次级肌束（或称二级肌束）。许多次级肌束集结在一起形成肌肉块，其外面包有一层较厚的结缔组织膜（肌外膜）。这些分布在肌肉中的结缔组织膜，既起着支架的作用又起着保护作用。

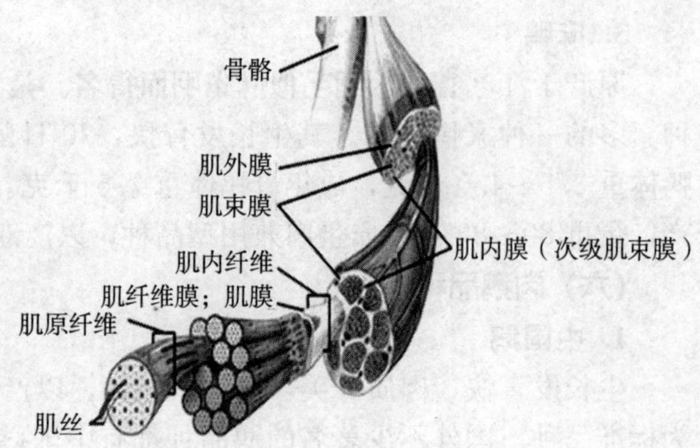

图4-11 骨骼肌组织的一般结构示意

血管、神经通过三层膜穿行其中，伸入肌纤维的表面，以提供营养和传导神经冲动。此外，还有脂肪沉积其中，使肌肉断面呈现大理石纹（图4-11）。

（2）显微结构

图4-12和图4-13分别显示了骨骼肌的显微结构和肌纤维的内部结构。肌

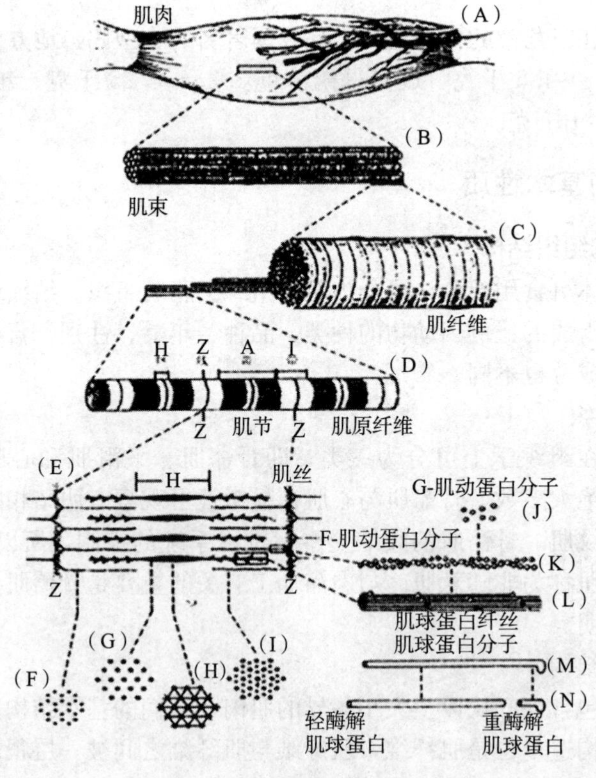

图4-12 骨骼肌的显微结构

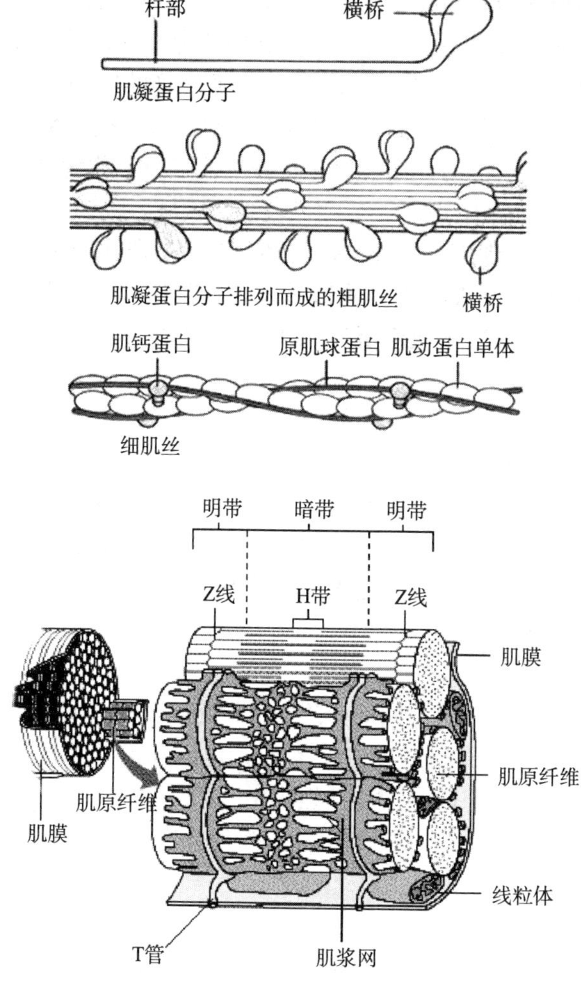

图 4-13　肌纤维的内部结构（显示肌原纤维、胞核、肌浆、肌质网、横小管等结构）

纤维和其他组织一样，肌肉组织也是由细胞构成的，但肌细胞是一种特殊化的细胞，呈长线状，不分支，二端逐渐尖细。肌纤维直径为 10～100 微米，长度为 1～40 毫米，最长可达 100 毫米。

①肌膜：肌纤维本身具有的膜称肌膜，它是由蛋白质和脂质组成的，有很好的韧性，因而可承受肌纤维的伸长和收缩。

②肌原纤维：肌原纤维是肌细胞独有的细胞器，占肌纤维固形成分的 60%～70%，是肌肉的伸缩装置。它呈细长的圆筒状结构，直径为 1～2 微米，其长轴与肌纤维的长轴相平行并浸润于肌浆中。一个肌纤维含有 1 000～2 000

根肌原纤维。肌原纤维又由肌丝组成，肌丝可分为粗丝和细丝。两者均平行整齐地排列于整个肌原纤维上。由于粗丝和细丝在某一区域形成重叠，从而形成了横纹，这也是“横纹肌”名称的来源。光线较暗的区域称为暗带（A 带），光线较亮的区域称为明带（I 带）。I 带的中央有一条暗线，称为“Z 线”，它将 I 带从中间分为左右两半；A 带的中央也有一条暗线，称为“M 线”，将 A 带分为左右两半。在 M 线附近有一个颜色较浅的区域，称为“H 区”。两个相邻 Z 线间的肌原纤维称为肌节，它包括一个完整的 A 带和两个位于 A 带两侧的 1/2 I 带。肌节是肌原纤维的重复构造单位，也是肌肉收缩基本机能。肌节的长度是不恒定的，它取决于肌肉所处的状态，当肌肉收缩时，肌节变短；松弛时，肌节变长。

③肌浆：肌纤维的细胞质称为肌浆，填充于肌原纤维间和核的周围，是细胞内的胶体物质，含水分 75%～80%。肌浆内富含肌红蛋白、酶、肌糖原及其代谢产物和无机盐类等。骨骼肌的肌浆内有发达的线粒体分布，说明骨骼肌的代谢十分旺盛，习惯上把肌纤维内的线粒体称为“肌粒”。肌浆中还有一种细胞器称溶酶体，它是一种小胞体，内含有多种能消化细胞和细胞内容物的酶。

2. 结缔组织

结缔组织是将动物体内不同部分连接和固定在一起的组织，分布于体内各个部位，构成器官、血管和淋巴管的支架；包围和支撑着肌肉、筋腱和神经束；将皮肤连接于机体。肉中的结缔组织由基质、细胞和细胞外纤维组成，胶原蛋白和弹性蛋白都属于细胞外纤维。结缔组织的化学成分主要取决于胶原纤维和弹性纤维的比例。

3. 脂肪组织

脂肪的构造单位是脂肪细胞。脂肪细胞或单个或成群地借助于疏松结缔组织连在一起，细胞中心充满脂肪滴，细胞核被挤到周边。脂肪细胞外有一层膜，膜由胶状的原生质构成，细胞核即位于原生质中。脂肪在体内的蓄积，因动物种类、品种、年龄和育肥程度不同而异。猪多蓄积在皮下、肾周围及大网膜；羊多蓄积在尾根、肋间；牛主要蓄积在肌肉内；鸡蓄积在皮下、腹腔及胃肠周围。脂肪蓄积在肌束内最为理想，这样的肉呈大理石纹，肉质较好。脂肪在活体组织内起着保护组织器官和提供能量的作用，是使肉具有风味的前提物质之一。

4. 骨骼组织

骨骼组织和结缔组织一样也是由细胞、纤维性成分和基质组成，但不同的是其基质已被钙化，所以很坚硬，起着支撑机体和保护器官的作用，同时又是钙、铁、钠等离子的贮存组织。成年动物骨骼含量比较恒定，变动幅度较小。

猪骨组织占胴体的 5%～9%，牛占 15%～20%，羊占 8%～17%，兔占 12%～15%，鸡占 8%～17%。

（二）肉的物理特性

（1）密度

密度通常指每立方米体积的物质所具有的重量，一般以千克/米^3 来表示，它因动物肉的种类、含脂肪的数量不同而异，含脂肪量越多，其密度越小；含脂肪量越少，其密度越大。

（2）热学性质

①肉的比热容和冻结潜热。表 4-2 列举了几种肉的比热容和冻结潜热。一般地，动物肉的比热容随着肉的含水率、脂肪比例的不同而变化。一般含水率越高，则比热容和冻结潜热增大；含脂肪率越高，则比热容和冻结潜热越少。另外冰点以下比热容急剧减少，这是由于肌肉中水结冰而造成的。

表 4-2　几种肉的比热容和冻结潜热

肉的种类	含水率（%）	比热容［千焦/（千克·℃）］		冻结潜热（千焦/千克）
		冰点以下	冰点以上	
牛肉	62～77	2.93～3.51	1.59～1.80	204.82～259.16
猪肉	47～54	2.42～2.63	1.34～1.50	154.66～179.74
羊肉	60～70	2.84～3.18	1.59～2.13	200.64～242.44
禽肉	74	3.30	—	242.44

②冰点。肉中水分开始结冰的温度称作冰点。它随动物种类、死后的条件不同而不完全相同。一般肉的冰点在－1.7～－0.8℃。

③导热系数。肉的导热系数大小取决于冷却、冻结和解冻时温度升降的快慢，也取决于肉的组织结构、部位、肌肉纤维的方向、冻结状态等。因此，正确地测出肉的导热系数是很困难的。肉的导热系数随温度下降而增大，这是因为冰的导热系数比水的导热系数大，故冻结后的肉类更容易导热。

（3）肉色

肉的颜色是消费者对肉品质量的第一印象，也是消费者对肉品质量进行评价的主要依据，对消费者购买欲影响很大，特别是生鲜肉。肉的颜色一般呈现深浅不一的红色，主要取决于肌肉中的色素物质——肌红蛋白和残余血液中的色素物质——血红蛋白。如果放血充分，肌红蛋白占肉中色素的 80%～90%，是决定肉色的关键物质。所以肌红蛋白的含量和化学状态变化造成不同动物、不同肌肉的颜色不一。

①肌红蛋白衍生物。肌红蛋白（Mb）在不同的条件下可以产生多种衍生物，使肉呈现不同的色泽。Mb 色素具有氧的显著亲和力，氧合 Mb 是 Mb 与

氧结合生成的，为鲜红色，是新鲜肉的象征。高铁 Mb 是 Mb 或氧合 Mb 被氧化生成的，呈褐色，使肉色变暗。硫化物存在时 Mb 还可被氧化成硫代 Mb，呈绿色，是一种异色。Mb 与亚硝酸盐反应可生成亚硝基 Mb，亚硝基 Mb 受热以后形成亚硝基血色原，呈粉红色，是蒸煮腌肉的典型色泽。Mb 加热后蛋白质变性形成球蛋白氯化血色原，呈灰褐色，是熟肉的典型色泽。肉及肉制品的色泽不稳定，宰前因素如遗传特性、饲料营养运输和加工、各种应激因子等，宰后（屠宰、冷却、贮藏和深加工）因素如有致晕技术、硝酸盐情况，添加剂（如盐、磷酸盐等）、烹饪最终温度及包装贮藏方式等均会影响肉色的稳定性。

②异质肉色。常见的异质肉色如灰白色的 PSE（pale，soft and exceptive）肉，黑色的 DFD（dark，firm and dry）肉和黑切牛肉。

黑切牛肉早在 20 世纪 30 年代就引起人们注意，因为颜色变黑使肉的商品价值下降，这个问题现在仍然存在。黑切牛肉除肉色发黑外，还有 pH 高、质地硬、氧的穿透能力差等特征。应激是产生黑切牛肉的主要原因，任何使牛应激的因素都在不同程度上影响黑切牛肉的发生。DFD 肉的发生与黑切牛肉类似。PSE 肉即灰白、柔软和多渗出水的肉，其机理与 DFD 肉相反，是因为肌肉 pH 下降过快造成。容易产生 PSE 的肌肉大多是混合纤维型，具有较强的无氧糖酵解潜能，其中背最长肌和股二头肌最典型。

此外，放血不良会使肉呈暗红色而湿润；成熟过程中表面干燥浓缩，会使肉色变暗变深；冻藏会使肉的截面呈浅灰红色，解冻后又呈鲜红色，二次冻结的肉呈暗红色。各种病理原因，如白肌病、牛黑腿病、嗜伊红性肌炎等，使肉苍白、发黑、发绿等。腐败使肉发灰、发黑、发绿等。

（4）肉的气味

肉的气味是评价肉的质量的重要指标之一，决定于其中所存在的特殊挥发性脂肪酸及芳香物质的数量和种类。

影响肉的气味的因素有：①生理原因，如母牛肉和牛腱子肉带有令人愉快的香气；家兔肉有难闻的气味；山羊肉比绵羊肉膻腥气重；未去势的公山羊或公猪的肉腥臭味特别严重等。②动物宰前饲喂大量气味重的饲料也会影响肉的气味，如绵羊长期喂萝卜则其肉会有强烈的臭味；喂甜菜根则有肥皂味及发酵气味。③宰前经口服或注射的药物，都有可能影响肉的气味。④患有各种病或药物中毒的畜禽，其肉也有特殊的臭味。⑤将肉同有气味的化学品或食品一起贮藏运输，则肉会吸收此气味而带有臭味。⑥腐败也会使肉产出硫化氢、氨、吲哚、粪臭素等不良气味。⑦贮藏过程中发生的美拉德反应也会使肉变为棕色，带苦味及烧灼气味等。

（5）多汁性

多汁性是影响肉食用品质的一个重要因素，尤其对肉的质地影响较大，据测算 10%～40%肉质地的差异是由多汁性好坏决定的。对多汁性较为可靠的评测仍然是人为的主观感觉（口感）评定，对多汁性的评判可分为四个方面：一是开始咀嚼时根据肉中释放出的肉汁多少；二是根据咀嚼过程中肉汁释放的持续性；三是根据在咀嚼时刺激唾液分泌的多少；四是根据肉中的脂肪在牙齿、舌头及口腔其他部位的附着给人以多汁性的感觉。

（6）肉的嫩度

肉的嫩度又称肉的柔软性，指肉在食用时的口感，反映了肉的质地，由肌肉中各种蛋白质的结构特性决定。肉的嫩度是评价肉食用品质的指标之一，它是消费者评判肉质优劣的最常用指标，特别在评价牛肉、羊肉的食用品质时，嫩度指标最为重要。肉的嫩度本质上反映的是切断一定厚度的肉块所需要的力量。因此，肉的嫩度在本质上取决于肌纤维直径、肌纤维密度、肌纤维类型、肌纤维完整性、肌内脂肪含量、结缔组织含量、结缔组织类型及交联状况等因素的状况。这些因素及影响这些因素的内在因素（如品种、部位）和外在因素（如饲养管理、成熟条件、烹调温度）都会直接或间接地影响肉的嫩度。对肉嫩度的主观评定主要根据其柔软性、易碎性和可咽性来判定。柔软性即舌头和颊接触肉时产生的触觉，嫩肉感觉软而老肉则有木质化感觉；易碎性指牙齿咬断肌纤维的容易程度。对肉的嫩度进行主观评定需要经过培训并且有经验的专业评审人员，否则误差较大。

（三）肉的化学组成

任何畜禽的肉类都含有水分、蛋白质、脂肪、维生素、矿物质等，其含量因动物的种类、性别、年龄、营养与健康状态、部位等而不同，详见表 4-3。

表 4-3　各类畜禽肉的化学组成

名称	含量（%）					热量（千焦/千克）
	水分	蛋白质	脂肪	碳水化合物	灰分	
牛肉	72.8	19.9	4.2	2.0	1.1	5 230
羊肉	65.7	19.0	14.1	0	1.2	8 490
猪肉	46.8	13.2	37.0	2.4	0.6	16 530
驴肉（瘦）	73.8	21.5	3.2	0.4	1.1	4 850
马肉	74.1	20.1	4.6	0.1	1.1	5 100
兔肉	76.2	19.7	2.2	0.9	1.0	4 270
鸡肉	69.0	19.3	9.4	1.3	1.0	6 990
鸭肉	63.9	15.5	19.7	0.2	0.7	10 040

选自：中国疾病预防控制中心营养与食品安全所，中国食物成分表（第二册）（第二版），2009.

1. 水分

水分是肉中含量最多的组分，一般为 70%～80%。畜禽的肉越肥，水分含量越少，老龄比幼龄的水分含量少，公畜比母畜的水分含量少。水分按状态可分为自由水与结合水。结合水的比例越高，肌肉的保水性能也就越好。

2. 蛋白质

肌肉中蛋白质含量约为 20%，分为三类：肌原纤维蛋白，为总蛋白的 40%～60%；肌浆蛋白，为 20%～30%；结缔组织蛋白，约为 10%。这些蛋白质的含量因动物种类、解剖部位等不同而有一定差异。肌原纤维蛋白支撑着肌纤维的形状，因此也称为结构蛋白或不溶性蛋白质。肌浆蛋白是指存在于肌纤维膜里面并且溶解于低浓度（<0.1 摩尔/升 KCl）盐溶液的蛋白质，约占成熟动物肌肉重量的 5.5%。肌浆蛋白的主要功能是参与肌细胞中的物质代谢。结缔组织构成肌内膜、肌束膜、肌外膜和筋腱。结缔组织中主要的胶原蛋白质是构成胶原纤维的主要成分，约占胶原纤维固体物的 85%。胶原蛋白呈白色，是一种多糖蛋白，含有少量的半乳糖和葡萄糖。胶原蛋白遇热会发生收缩，热缩温度随动物的种类有较大差异，一般鱼类为 45℃，哺乳动物为 60～65℃。当加热温度大于热缩温度时，胶原蛋白就会逐渐变为明胶，变为明胶的过程并非水解的过程，而是氢键断开，原胶原分子的 3 条螺旋被解开，溶于水中，当冷却时就会形成明胶。

3. 脂肪

脂肪对肉的食用品质影响很大，肌肉内脂肪的含量直接影响肉的多汁性和嫩度，脂肪酸的组成在一定程度上决定了肉的风味。家畜的脂肪组织的 90% 为中性脂肪，7%～8%为水分，蛋白质为 3%～4%，此外还有少量的磷脂和固醇脂。肌肉组织内的脂肪含量变化很大，少到 1%，多到 20%，这主要取决于畜禽的育肥程度。另外，品种、解剖部位、年龄等也有影响。肌肉中的脂肪含量和水分含量呈负相关，脂肪越多，水分越少，反之亦然。

4. 浸出物

浸出物是指除蛋白质、盐类、维生素外能溶于水的可浸出性物质，包括含氮浸出物和无氮浸出物。

（1）含氮浸出物

含氮浸出物为非蛋白质的含氨物质，如游离氨基酸、磷酸肌酸、核苷酸类及肌苷、尿素等。这些物质为肉滋味的主要来源，如三磷酸腺苷（ATP）除供给肌肉收缩的能量外，逐级降解为肌苷酸，是肉鲜味的成分。又如磷酸肌酸分解成肌酸，肌酸在酸性条件下加热则为肌酐，可增强熟肉的风味。

（2）无氮浸出物

不含氮的可浸出性有机化合物包括碳水化合物和有机酸。碳水化合物包括糖原、葡萄糖、核糖，有机酸主要是乳酸及少量的甲酸、乙酸、丁酸、延胡索酸等。糖原主要存在于肝脏和肌肉中，肌肉中含 0.3%～0.8%，肝中含量为

2%～8%，马肉肌糖原含量在2%以上。宰前动物疲劳或受到刺激则肉中糖原贮备少。肌糖原含量的多少，对肉的pH、保水性、颜色等均有影响，并且影响肉的贮藏性。

5. 维生素

肉中主要含有B族维生素，是人们获取此类维生素的主要来源之一，特别是烟酸。据报道，在英国，人们摄取的烟酸有40%是来自肉类。另外动物器官中含有大量的维生素，尤其是脂溶性维生素，如肝脏是众所周知的维生素A补品。

6. 矿物质

肌肉中含有大量的矿物质，尤以钾、磷含量最多。不同种类肉中矿物质的含量见表4-4。

表4-4 不同种类肉中矿物质含量

单位：毫克/100克

种类	钠	钾	钙	镁	铁	磷	铜	锌
牛肉	69	334	5	24.5	2.3	276	0.1	4.3
羊肉	75	246	13	18.7	1.0	173	0.1	2.1
猪肉	45	400	4	26.1	1.4	223	0.1	2.4

三、肌肉的宰后变化

动物经过屠宰放血后体内原有的代谢平衡被打破了，肌肉在动物死亡后所发生的各种反应与活体时完全处于不同状态、进行着不同性质的反应，研究这些特性对于人们了解肉的性质、肉的品质改善及指导肉制品的加工有着重要的作用。

（一）物理变化

动物失血死亡后，在无氧供给环境下，动物躯体肌肉会首先发生各种物理变化。

1. 肌肉的宰后收缩

把刚刚屠宰的肌肉切一小块放置，肌肉会沿着肌纤维的方向缩短，而横向会变粗。如果肌肉仍连接在骨骼上，肌肉只能发生等长性收缩，肌肉内部产生拉力。肌肉的宰后收缩，是由于肌纤维中的细肌丝在粗肌丝之间的滑动而引起的，收缩的原理与活体肌肉一致，但与活体肌肉相比，此时的肌肉失去了伸缩性，即只能收缩，不能舒张松弛。收缩是因为肌肉中残存有ATP，不能松弛是因为其静息状态无法重新建立。而最终肌肉的解僵松弛，就是肌肉蛋白质的分解，而与活体肌肉的松弛不是同一个原理。

2. 解冻僵直

如果宰后迅速冷冻，这时肌肉还没有达到最大僵直，肌肉内仍含有糖原和ATP。在解冻时，残存的糖原和ATP作为能量使肌肉收缩形成僵直，这种现象称为解冻僵直。此时达到僵直的速度要比鲜肉在同样环境时快得多、收缩更激烈、肉变得更硬，并有很多的肉汁流出。这种现象称为解冻僵直收缩。因此，为了避免解冻僵直收缩现象，最好是在肉的最大僵直后期进行冷冻。

（二）化学变化

动物放血后，肌肉内形成厌氧环境，肌糖原分解代谢则由原来的有氧分解转为无氧酵解，产生乳酸。

1. pH的下降

宰后肌肉内pH的下降是由于肌糖原的无氧酵解产生乳酸，以及ATP分解产生的磷酸根离子等造成的，通常当pH降到5.4左右时，就不再继续下降，因为肌糖原无氧酵解过程中的酶会被ATP降解时产生的氨气、肌糖原无氧酵解时产生的酸所抑制而失活，使肌糖原不能再继续分解，乳酸也不能再产生。这时的pH是死后肌肉的最低pH，称为极限pH。

正常饲养并正确屠宰的动物，即便是达到极限pH其肌肉内仍有肌糖原存在。但是屠宰前如果激烈运动或注射肾上腺类物质，屠宰前的肌糖原大量消耗，死后肌糖原就会在达到极限pH之前耗尽，从而产生高极限pH肉。

肉的保水性与pH有密切的关系，实验表明，当pH从7.0下降到5.0时，保水性也随之下降，在极限pH时肉的保水性最差。死后肌肉的pH降低是肉的保水性差的主要原因，同时，充分成熟后，肉的保水性有所增加。

2. ATP的降解与僵直产热

死后肌肉中肌糖原分解产生的能量转移给ADP生成ATP。ATP又经ATP分解酶分解成ADP和磷酸，同时释放出能量。机体死亡之后，这些能量不能用于体内各种化学反应和运动，只能转化成热量，同时由于死后呼吸停止，产生的热量不能及时排出，蓄积在体内造成体温上升，即形成僵直产热。其反应过程如下。

$$\text{ATP（+ATP}_{\text{ase}}\text{）} \longrightarrow \text{ADP} + H_3PO_4$$

$$\text{2ADP（+肌激酶）} \longrightarrow \text{ATP} + \text{AMP}$$

$$\text{AMP（+腺苷酸脱氢酶）} \longrightarrow \text{IMP} + NH_3$$

$$\text{IMP} \longrightarrow \text{肌苷}$$

IMP（次黄嘌呤核苷酸）是重要的呈味物质，对肌肉死后及其成熟过程中风味的改善起着重要的作用。由ATP转化成IMP的反应在肌肉达到僵直以前一直在产生，在僵直期达到最高峰，当然，其最高浓度不会超过ATP的浓度。

（三）宰后僵直

1. 宰后僵直的机理

刚刚宰后的动物的肌肉及各种细胞内的生物化学反应仍在继续进行，但是由于放血而带来了体液平衡的破坏、供氧的停止，整个细胞内很快变成无氧状态，从而使葡萄糖及糖原的有氧分解（最终氧化成 CO_2、H_2O 和 ATP）很快变成无氧酵解产生乳酸。在有氧的条件下每个葡萄糖分子可以产生 39 个分子的 ATP，而无氧酵解则只能产生 3 个分子的 ATP，从而使 ATP 的供应受阻，但体内（肌肉内）ATP 的消耗造成宰后肌肉内的 ATP 含量迅速下降。由于 ATP 水平的下降和乳酸浓度的提高（pH 降低），肌浆网钙泵的功能丧失，使肌浆网中 Ca^{2+} 离子逐渐释放而得不到回收，致使 Ca^{2+} 浓度升高，引起肌动蛋白沿着肌球蛋白的滑动收缩；另一方面引起肌球蛋白头部的 ATP 酶活化，加快 ATP 的分解并减少，同时由于 ATP 的丧失又促使肌动蛋白细丝和肌球蛋白细丝之间交联的结合，形成不可逆性的肌动球蛋白，从而引起肌肉的连续且不可逆的收缩，收缩达到最大程度时即形成了肌肉的宰后僵直，该过程也称尸僵。宰后僵直所需要的时间因动物的种类、肌肉的种类和性质及宰前状态等都有一定的关系，因此，在现代法医学上尸僵的时间也常做判断尸体死亡的时间证据。

达到宰后僵直时期的肌肉在进行加热等成熟时会变硬、保水性小、加热损失多、风味差，也不适合于肉制品加工。但是，达到宰后僵直后的肉若继续贮藏，肌肉内仍将发生诸多的化学反应，导致肌肉的成分、结构发生变化，使肉变软，同时肉的保水性、风味等都增加。

2. 宰后僵直的过程

如上所述，不同品种、不同类型的肌肉的僵直时间有很大的差异，它与肌肉中 ATP 的降解速度有密切的关系。肌肉从屠宰至达到最大僵直的过程根据其不同的表现可以分为三个阶段：僵直迟滞期、僵直急速形成期和僵直后期。在屠宰的初期，肌肉内 ATP 的含量虽然减少，但在一定时间内几乎恒定。因为肌肉中还含有另一种高能磷酸化合物磷酸肌酸，在磷酸激酶作用下，磷酸肌酸将其能量转给 ADP 再合成 ATP，以补充减少的 ATP。ATP 的存在，使肌动蛋白细肌丝在一定程度上还能沿着肌球蛋白组肌丝进行可逆性的收缩与松弛，从而使这一阶段的肌肉还保持一定的伸缩性和弹性，这时期称为僵直迟滞期。

随着宰后时间的延长，磷酸肌酸的能量耗尽，肌肉 ATP 的来源主要依靠葡萄糖的无氧酵解，致使 ATP 的水平下降，同时乳酸浓度增加，肌浆网中的 Ca^{2+} 被释放，从而快速引起肌肉的不可逆性收缩，使肌肉的弹性逐渐消失。肌肉的僵直进入急速形成期。当肌肉内的 ATP 的含量降到原含量的 15%～20% 时，肌肉的伸缩性几乎丧失殆尽，从而进入僵直后期。进入僵直后期时肉的硬度要比僵直前增加 10～40 倍。

(四) 解僵与成熟

1. 解僵

是指肌肉在宰后僵直达到最大程度并维持一段时间后，其僵直缓慢解除、肉的质地又逐步变软的过程。解僵所需要的时间因动物、肌肉、温度及其他条件不同而异。在 0～4℃的环境温度下，鸡需要 3～4 小时，猪需要 2～3 天，牛则需要 7～10 天。

2. 成熟

是指尸僵完成的肉在冰点以上温度条件下放置一定时间，使其僵直解除、肌肉变软、系水力和风味得到很大改善的过程。肉的成熟过程实际上包括了肉的解僵过程，二者所发生的许多变化是连续的、一致的。关于解僵与成熟的具体机制及其对肉品的影响等，可作为参考学习。

（1）成熟的基本机制

成熟机制的研究一直是肉品科学研究的热点之一，但到目前为止，成熟的机理并未完全阐明，但目前普遍认为成熟过程中肉嫩度等的改善主要源于肌原纤维骨架蛋白的降解和由此引发的肌纤维结构的变化。

①肌原纤维结构的弱化和破坏。成熟过程中肌肉超微结构完整性发生的最主要变化是肌原纤维在Z线附近发生断裂。引起Z线降解的原因有多种，a. Ca^{2+}作用：Takahashi 等认为，由于宰后肌浆网的崩裂，大量 Ca^{2+} 释放到肌浆中，使 Ca^{2+} 浓度升高近 100 倍（由 1×10^{-6}摩尔/升到 1×10^{-4}摩尔/升），高浓度的 Ca^{2+} 长期作用于Z线，使Z线蛋白变性而脆弱，当有外力作用时发生断裂。但目前这种观点被越来越多的实验证据所否定。b. 钙激活酶的作用：Ca^{2+} 可激活钙激活酶，有的学者将该酶称为肌浆钙离子激活因子或依钙蛋白酶。在电子显微镜下可以看到，成熟的肉肌原纤维在Z线附近发生断裂，肌动蛋白离开Z盘附着于肌球蛋白上，而Z盘并没有发生明显变化（图 4-14）。与此同时，成熟过程中肌原纤维断裂成若干个小片段，称为肌原纤维小片化（图 4-15）。

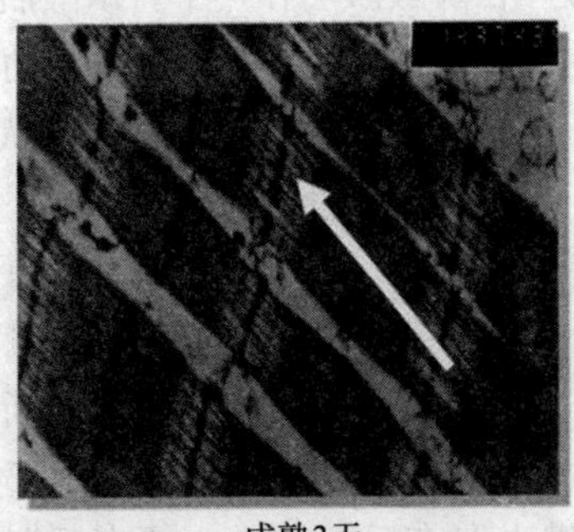

成熟3天

成熟16天

图 4-14　自然成熟牛肉的肌纤维微观结构变化

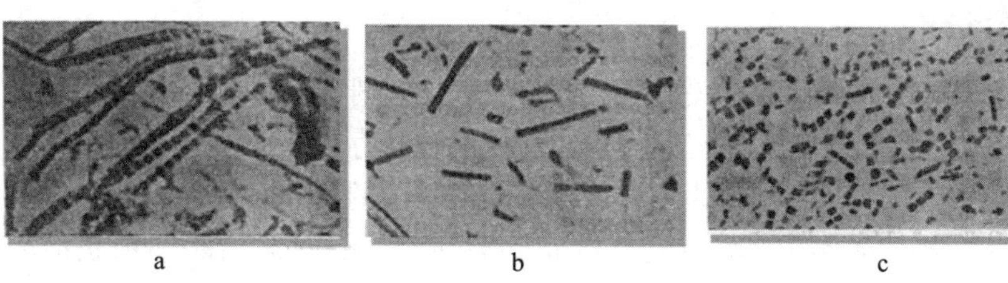

图 4-15　成熟鸡胸肉的肌纤维小片化变化

a. 屠宰后　b. 成熟后 5 小时（5℃）　c. 成熟后 48 小时（5℃）

②结缔组织的变化。肌肉中结缔组织的含量虽然很低（占总蛋白的 5%以下），但是由于其性质稳定、结构特殊，在维持肉的弹性和强度上起着非常重要的作用。在肉的成熟过程中胶原纤维的网状结构松弛，由规则、致密的结构变成无序、松散的状态（图 4-16）。同时，存在于胶原纤维间及胶原纤维上的黏多糖被分解，这可能是造成胶原纤维结构变化的主要原因。胶原纤维结构的变化，直接导致了胶原纤维剪切力的下降，从而使整个肌肉的嫩度得以改善。但多数研究表明，成熟过程中牛肉结缔组织的变化主要发生在宰后较长时间，且其对嫩度的贡献较小。

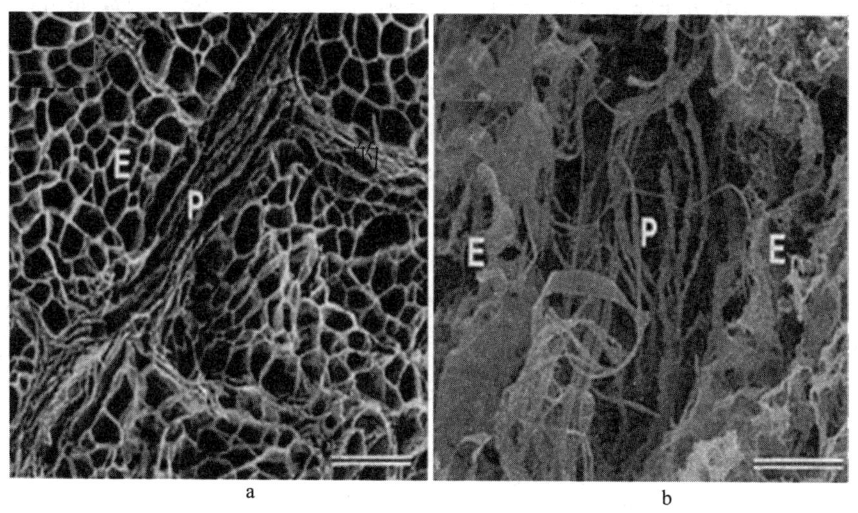

图 4-16　成熟过程的机体组织变化（电子显微镜）

a. 屠宰后　b. 成熟后（5℃，28 天）

③肌细胞骨架及有关蛋白的水解。宰后成熟过程中部分肌肉蛋白质的水解对肉的嫩度的改善起重要作用，这些蛋白质主要包括：肌钙蛋白 T、伴肌球蛋白、伴肌动蛋白和肌间线蛋白。除此之外，连接肌原纤维和肌细胞膜的一些蛋白如肌萎缩蛋白等也发生了降解，这些降解同样会改变肌细胞内的有序结构，

并影响肉的嫩度。

④参与蛋白水解的有关酶类。有研究表明，骨骼肌中存在的几种酶系统对肌原纤维蛋白的降解有一定的作用，这些酶包括存在于肌浆中的钙激活酶和蛋白酶体及存在于溶酶体中的组织蛋白酶。但目前的研究发现起主要作用的是钙激活酶。肉中的钙激活酶系统包括 μ-钙激活酶、m-钙激活酶和钙激活酶的专抑制蛋白。μ-钙激活酶、m-钙激活酶为同工酶。钙激活酶通过对肌细胞内骨架蛋白的降解并引起肌原纤维超微结构的变化来提高肉的品质。蛋白酶体又称多酶催化复合物，在活体肌肉中，蛋白酶体在泛素肽和 ATP 存在下可参与蛋白的水解；组织蛋白酶类包括 B、D、H、L、N 等多种类型，除 D 外都为半胱氨酸的蛋白酶，都位于单层膜的溶酶体内，只有当溶酶体膜破裂时，才可能被释放出来发挥嫩化作用。另外一些学者认为肌细胞死亡过程中有可能激活细胞凋亡效应酶，这类酶的作用正在研究之中。

（2）成熟对肉质的作用

①嫩度的改善。随着肉成熟的发展，肉的嫩度产生显著的变化。刚屠宰之后肉的嫩度最好，在极限 pH 时嫩度最差。成熟肉的嫩度有所改善。

②肉保水性的提高。肉在成熟时，保水性又有回升。一般宰后 2～4 天 pH 下降，极限 pH 在 5.5 左右，此时水合率为 40%～50%；最大尸僵期以后 pH 为 5.6～5.8，水合率可达 60%。因在成熟时 pH 偏离了等电点，肌动球蛋白解离，扩大了空间结构和极性吸引，使肉的吸水能力增强，肉汁的流失减少。

③蛋白质的变化。肉成熟时，肌肉中许多酶类对某些蛋白质有一定的分解作用，从而促使成熟过程中肌肉中盐溶性蛋白质的浸出性增加。伴随肉的成熟，蛋白质在酶的作用下，肽链解离，使游离的氨基增多，肉水合力增强，变得柔嫩多汁。

④风味的变化。成熟过程中改善肉风味的物质主要有两类，一类是 ATP 的降解物次黄嘌呤核苷酸，另一类则是组织蛋白酶类的水解产物氨基酸。随着烹饪技术的成熟，肉中浸出物和游离氨基酸的含量增加，多种游离氨基酸存在，但是谷氨酸、精氨酸、亮氨酸、缬氨酸和甘氨酸较多，这些氨基酸都具有增加肉的滋味或有改善肉质香气的作用。

（3）肉的自溶作用

指肉在自溶酶作用下，肌肉蛋白质分解的过程。该过程的本质是在无菌的状态下，肌肉组织酶引起的肉的自溶解现象，由于自溶，肉的颜色逐渐变成红褐色，故又称肉的自溶为变的变黑。如用涂片镜检测为无细菌，硫化氢反应呈阴性，氨定性反应也呈阴性。

（4）肉的腐败

如果在自溶后，没有其他措施，则肉会在微生物等的作用下发生腐败。肉类腐败变质时，其表面往往会产生明显的感官变化。

发黏——微生物繁殖后所形成的菌落，以及微生物分解蛋白质后的产物。

变色——最常见的是绿色。蛋白质分解产生的硫化氢与血红蛋白结合后形成的硫化氢血红蛋白。

霉斑——肉体表面有霉菌生长时，往往形成霉斑。

变味——最明显的是肉类蛋白质被微生物分解产生的恶臭味。除此之外，还有挥发性有机酸的酸味及霉味等。

四、肉的分级与品质检验

（一）肉胴体的分级

肉胴体的等级直接反映肉畜的产肉性能及肉的品质优劣，无论对于生产还是消费都具有很好的规范和导向作用，有利于形成优质优价的市场规律，有助于产品向高质量的方向发展。我国现行的《牛肉等级规格》（NY/T 676—2010）替代了《牛肉等级规格》（NY/T 676—2003）的分级标准；《猪肉分级》（SB/T 10656—2012），被《猪肉分级》（NY/T 3380—2018）替代；农业部主持制定了《羊胴体等级规格评定规范》（NY/T 2781—2015）。下面简要介绍我国牛、猪肉的分级标准，同时简要说明羊胴体等级规格与部分要求。

1. 牛肉等级规格

随着我国牛肉生产的迅速发展，现行的《牛肉等级规格》（NY/T 676—2010）更加符合我国国情，同时也借鉴了国外牛肉等级标准。本标准进行牛等级分类依据大理石纹等级和生理成熟度两大指标，同时参考肌肉色和脂肪色等。本标准设定的牛肉等级有四级：特级、优级、良好级和普通级（表 4-5）。

表 4-5　我国牛胴体质量等级与大理石纹等级、生理成熟度的关系

大理石纹等级	生理成熟度				
	A（12～24 月龄）	B（24～36 月龄）	C（36～48 月龄）	D（48～72 月龄）	E（72 月龄以上）
	无或出现第一对永久门齿	出现第二对永久门齿	出现第三对永久门齿	出现第四对永久门齿	永久门齿磨损较重
5 级（丰富）	特　级				
4 级（较丰富）		优　级			
3 级（中等）			良好级		
2 级（少量）					普通级
1 级（几乎没有）					

①大理石纹：选择第 5～7 肋间，或者第 11～13 肋间背最长肌横切面进行评价。大理石纹共分 5、4、3、2、1，5 个等级（图 4-17）。

②生理成熟度：主要依据脊椎骨棘突末端软骨的骨质化程度和门齿变化。

③脂肪色：对照脂肪色等级图片判断背最长肌横切面肌内脂肪和皮下脂肪的颜色。脂肪色可分为 8 个等级，其中 1、2 两级的脂肪色最好。

④肌肉颜色：判断背最长肌横切面肌肉颜色等级。有 8 个级别，以 4、5 两级最好。

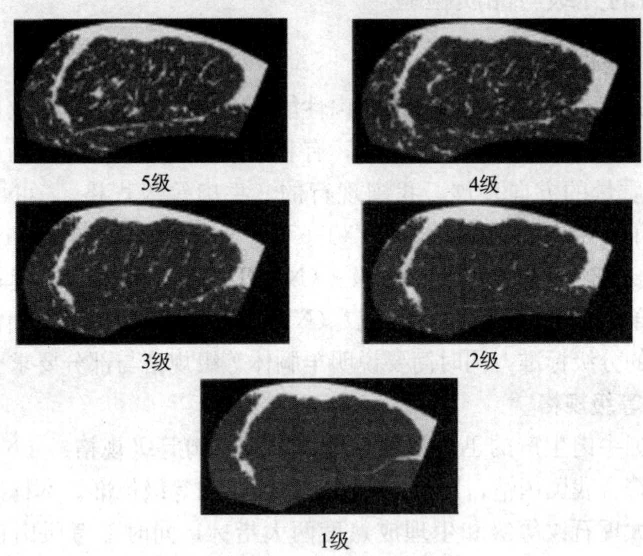

图 4-17 牛肉大理石纹等级

2. 猪肉分级

（1）有关术语

胴体重：经宰杀放血、褪毛、去皮或不去皮，去头、尾、蹄、内脏、板油等一系列修整工序后的热胴体重量。

背膘厚度：指胴体第 6、7 肋骨处背中线皮下脂肪的厚度。

瘦肉率：指胴体瘦肉占整个胴体的重量百分比。

肉色：肌肉横断面的色泽。

肌肉质地：指肌肉的坚实度和肌肉纹理的致密度。

脂肪色：就是脂肪的色泽。

（2）胴体规格等级要求

一般按背膘厚、胴体重量及瘦肉率进行评价。分为 A、B、C，3 个等级。可以按照去皮或不去皮分为两类（表 4-6）。

表 4-6　猪胴体规格等级

胴体重（千克）/背膘厚度（毫米）/瘦肉率（%）	＞65（带皮） ＞60（去皮）	50～65（带皮） 46～60（去皮）	＜50（带皮） ＜46（去皮）
＜20 或＞55	A		
20～30 或 50～55		B	
30～50			C

（3）胴体质量等级

根据胴体外观、肉色、肌肉质地、脂肪色泽等分为Ⅰ、Ⅱ、Ⅲ，3 个等级（表 4-7）。

表 4-7　胴体质量等级要求

项目	Ⅰ	Ⅱ	Ⅲ
胴体外观	整体形态美观、匀称，肌肉丰满，脂肪覆盖良好。每片猪肉允许表皮修割面积不超过 1/4，内伤修割面积不超过 150 厘米^2	整体形态较美观、较匀称，肌肉较丰满，脂肪覆盖较好。每片猪肉允许表皮修割面积不超过 1/3，内伤修割面积不超过 200 厘米^2	整体形态、匀称性一般，肌肉不丰满，脂肪覆盖一般。每片猪肉允许表皮修割面积不超过 1/3，内伤修割面积不超过 250 厘米^2
肉色	鲜红色、光泽好	深红色、光泽一致	暗红色、光泽较差
肌肉质地	坚实、纹理致密	较坚实、纹理致密度一般	坚实度差、纹理致密度较差
脂肪色	白色、光泽好	较白略带黄、光泽一般	淡黄色、光泽较差

3. 羊胴体等级规格

依据《羊胴体等级规格评定规范》（NY/T 2781—2015）介绍部分内容。

（1）有关概念

胴体：肉羊经宰杀、放血后除去毛、头、蹄、尾（或不去尾）和内脏后的带皮或去皮躯体。

羔羊胴体：屠宰 12 月龄以内，完全是乳齿的羊获得的羊胴体。

大羊胴体：屠宰 12 月龄以上，并已更换 1 对以上乳齿的羊获得的羊胴体。

肋脂厚度：羊胴体 12～13 肋骨间截面，距离脊柱中心 11 厘米处肋骨上脂肪的厚度。

大理石纹：背最长肌中肌内脂肪的含量和分布状态。

（2）等级规格

胴体等级：表 4-8 与表 4-9 分别显示了羔羊胴体等级、大羊胴体等级。另外，羊胴体等级规格依据肌肉颜色等级、大理石纹等级等进行分类（表 4-10）。

表 4-8　羔羊胴体分级标准

级别	羔羊胴体分级	
	肋脂厚度（H，毫米）	胴体重量（W，千克）
特等级	$8 \leqslant H \leqslant 20$	绵羊 $W \geqslant 18$，山羊 $W \geqslant 15$
优等级	$8 \leqslant H \leqslant 20$	绵羊 $15 \leqslant W < 18$，山羊 $12 \leqslant W < 15$
良好级	$8 \leqslant H \leqslant 20$	绵羊 $8 \leqslant W < 15$，山羊 $8 \leqslant W < 12$
	$5 \leqslant H < 8$	绵羊 $W \geqslant 12$，山羊 $W \geqslant 10$
普通级	$5 \leqslant H < 8$	绵羊 $8 \leqslant W < 12$，山羊 $8 \leqslant W < 10$
	$H < 5$	绵羊 $W \geqslant 8$，山羊 $W \geqslant 8$
	$H > 20$	绵羊 $W \geqslant 8$，山羊 $W \geqslant 8$

表 4-9　大羊胴体分级标准

级别	大羊胴体分级	
	肋脂厚度（H，毫米）	胴体重量（W，千克）
特等级	$8 \leqslant H \leqslant 20$	绵羊 $W \geqslant 25$，山羊 $W \geqslant 20$
优等级	$8 \leqslant H \leqslant 20$	绵羊 $19 \leqslant W < 25$，山羊 $14 \leqslant W < 20$
良好级	$8 \leqslant H \leqslant 20$	绵羊 $16 \leqslant W < 19$，山羊 $11 \leqslant W < 14$
	$5 \leqslant H < 8$	绵羊 $W \geqslant 19$，山羊 $W \geqslant 14$
普通级	$5 \leqslant H < 8$	绵羊 $16 \leqslant W < 19$，山羊 $11 \leqslant W < 14$
	$H < 5$	绵羊 $W \geqslant 16$，山羊 $W \geqslant 11$
	$H > 20$	绵羊 $W \geqslant 16$，山羊 $W \geqslant 11$

表 4-10　羊胴体等级规格

	规格			
特等级	AA	AB	BA	BB
优等级	AA	AB	BA	BB
良好级	AA	AB	BA	BB
普通级	AA	AB	BA	BB

注：第一个字母表示肌肉颜色级别；第二个字母表示大理石纹级别。如特等级 AA，表示色泽为 A 级、大理石纹为 A 级的特等级羊肉。

羊肉大理石纹和肌肉的颜色评价方法与牛肉相近，此处不赘述。

（二）肉的新鲜度检验

肉的新鲜度检验主要是在屠宰后，按照一定的商业流程，在进入市场后所进行的检验。一般包括感官检验、理化指标检验和微生物检验。

1. 感官检验

肉的感官指标包括色泽、气味、质地、形状等特性，感官检验就是依据人的视觉、嗅觉、味觉和触觉感官系统对肉的外观质量进行评价。在实际工作中简单易行，是检验的第一步环节。感官检验有相应的国家标准，现行的有《肉和肉制品感官评定规范》（GB/T 22210—2008）、《感官分析 食品感官质量控制导则》（GB/T 29605—2013）等一系列法规和行业规范。

2. 理化指标检验

理化指标主要包括挥发性盐基氮（TVBN）、pH 等。理化指标检验详见“食品国家安全标准”GB5009（2016 或 2017）系列标准。

3. 微生物检验

肉的微生物检验不仅是判断其新鲜度的依据，也反映肉在市场、运输、销售等环节的卫生状况，为及时采取有效措施提供依据。一般包括细菌总数、大肠菌群、沙门氏菌等。可以按照“食品安全国家标准 食品微生物学检验标准汇编”GB4789 系列（2010 版）进行检验分析。

五、原料肉的加工特性

（一）原料肉的一般加工特性

肉类因为种类不同、结构不同、加工的方法和习惯不同等原因，肉制品加工中可能会出现一些特殊的性质。了解这些特性对于肉制品加工具有实践意义。

1. 保水性

广义地讲，“肌肉的保水性”是指在加工过程中肌肉保持其原有水分和添加水分的能力。结合水在肉中的数量受蛋白质的氨基酸组成所影响。肌球蛋白含有 38%的极性氨基酸，其中有大量的天门冬氨酸和谷氨酸残基，每个肌球蛋白分子可以结合 6～7 个水分子。而自由水是借助毛细管作用和表面张力而被束缚在肌肉中，所以，肌肉中自由水的数量主要决定于蛋白质的结构，其中肌原纤维蛋白更多地决定肉的保水性，这是由肌原纤维蛋白的性质和结构所决定的。存在于肌原纤维周围的任何可以增加蛋白电荷或极性的电荷（如高浓度盐溶液、偏离等电点的 pH）都将增加肉的保水性。肉的保水性受肌原纤维结构的影响。肌肉在僵直过程中，肌球蛋白与肌动蛋白发生交联，从而抑制肌原纤维溶胀，进一步影响肉的保水性。一些肌原纤维的组分，如Z盘和M线，也能抑制肌原纤维溶胀。有些支架蛋白，包括C-蛋白，可能在调节肌原纤维吸收水方面起作用。这些支架蛋白在宰后肌肉成熟过程中发生水解，从而提高肉的保水性。

2. 凝胶性

指肌肉蛋白质具有形成凝胶的特性。凝胶性是形成熟肉制品特征的最重要的加工特点，肌肉蛋白质所形成的凝胶的微细结构和流变特性与碎肉制品或乳化类制品（例如火腿肠、法兰克福香肠等）的质构、外观、切片性、保水性、乳化稳定性和产品率有密切关系。

凝胶形成是在热诱导下，肌球蛋白分子通过头-头相连、头-尾相连和尾-尾相连的方式发生交联，从而形成三维网络结构，即为凝胶。脂肪和水物理地嵌入或以化学结合方式被“限制”于这个蛋白质三维网络结构中。因为连续的凝胶网络系统是可溶性蛋白有序聚合的结果，所以在肉品的加工中，必须精确控制加工条件和产品配方。肌原纤维蛋白的凝胶强度随着蛋白浓度的增长呈指数增加。

总的来说，混合肌原纤维蛋白在pH为6.0、离子强度为0.6～0.8、温度为65℃时凝胶能力最佳。慢速加热形成的凝胶比较理想，因为慢速加热使得蛋白逐渐变性，这样有利于有序的蛋白-蛋白交联。

3. 乳化性

肌肉的乳化特性对稳定肉糜和乳化肠类制品中的脂肪具有重要作用。对脂肪乳化起重要作用的蛋白质是肌球蛋白，这是因为肌球蛋白是表面活性物质，具有朝向脂肪球的疏水部位和朝向连续相的亲水部位，能起到连接油和水的媒介作用。肌球蛋白分子的柔韧变形性使其可在较低的表面张力界面展开，从而有利于脂肪的乳化。经典乳化理论认为，脂肪球周围的蛋白质膜使肉糜稳定，肌球蛋白是包衣的主要成分。乳化作用对肉糜类产品来说显得特别重要，因为脂肪细胞受到破坏，脂肪融化，形成了各种大小不同的脂肪滴。

除了肌肉的保水性、凝胶特性、乳化性等外，影响肌肉加工特性的因素很多，如肌肉中各种组织和成分的性质和含量、肌肉蛋白质在加工中的变化、添加成分的影响等。

（二）原料肉的利用特点

因为动物种类、躯体结构等不同，作为加工利用的肌肉则有不同的用途，这也是肉制品加工中进行原料肉选择和处理的重要依据。

1. 牛肉

对于牛胴体不同部位进行分割，然后推荐不同的加工用途（表4-11）。

表 4-11　不同分割部位牛肉的加工用途

分割肉名称	用　途
前小腿	沿着肌间的自然结缔组织缝用小刀分开前小腿和前胸肉。可以把前小腿锯成小段用于煨汤，也可以剥下瘦肉用于绞馅
前胸肉	将前胸肉剔骨制成肉卷，可以炖用，也可腌制
肩肉	这块含有前 1/4 胴体的前 5 根肋骨，可将其锯成肉排；靠近颈部的部分通常结缔组织较多，建议用于煨汤而不做肉排
胸肋	胸肋可用于不同的目的，但通常用于炖或深加工。胸肋骨适合于烤，是从胸肋的上面切下来，通常长 5～8 厘米。如果用于腌制，应切下全部肋骨；如果用于炖可留下肋骨，并横锯成小段。胸肋还可剔骨，制成肉馅或香肠
肩肋	由前 1/4 胴体的后 7 根肋骨组成。由于这块肉最嫩、骨头最少，所以是前躯价值最高的肉。可制备成烤肉，作肉排用，也可制备成带骨肉、折叠肋通脊肉或肉块卷
后腹肉	在后腹肉厚部的里面有一小块瘦肉，重 1.2～1.4 千克，称为腹肉排，这块肉的肌纤维干燥，如用作肉排常在两边划长条切口、浸泡或切成薄片使其更嫩。全部去掉脂肪的后腹肉可以炖用、制成肉馅和肉卷
后腰臀肉	后腰臀肉包括后臀肉、臀垫、臀外侧肌和后小腿。从暴露的骨盆骨下方切下后臀肉。后臀肉通常带有大量的骨头。去掉后臀肉之后将整个后腰肉锯成比较薄的片成为后腿肉排；其余部分是小腿和臀根部。臀根部肉供炖用，贴近骨头将其剥掉，尽可能从后面多剥离些肉。后小腿可锯成段煮汤用
腰肉	通常从大头开始把腰肉全部锯成肉排。先锯后腰肉排，头 3～4 块称带楔骨的后腰大排；在髋骨与脊椎的分界处切下最后 1 块后腰肉排，这块称为带坐骨的后腰大排

2. 猪肉

依据猪胴体结构，对不同部位进行分割，分割猪肉的用途见表 4-12。

表 4-12　不同分割部位猪肉的加工用途

名称	用　途
后腿	为得到长的猪后腿可在最后 2 个（第 5 个和第 6 个）腰椎间隙处锯开；长后腿由臀部和腿部组成，腿部包括腿中段和胫骨段。现多生产去骨臀肉和去骨腿肉。通常把后腿分成小块出售
肩肉	猪肉的肩肉多带有 1～3 根肋骨，在露出的肩胛骨的下端平行于肩的上部都可把肩肉锯成 2 块，带肉的肋骨可切成肉排或用作烤肉
腰肉	猪半边胴体的中段可以分成腰肉和腹肉，分割时从后腿上里脊肉的边缘直线切割，一直切到紧挨着脊椎突起边缘的前肋。腰肉可以整块烤，也可以切成小块烤，还可以切成肉排；肩排、肋排、腰排和后腰肉排都取自腰排
腹肉	从后腹开始贴近肋骨的下面把排骨割下来，从腹肉上切掉薄而不规整的瘦肉片制备培根肉，再把腹肉翻过来，割掉下部边缘，笔直切到乳头线以内，修整后腹边缘使整块肉呈方形，用于腌制

3. 羊肉

羊肉不同部位的加工用途见表 4-13。

表 4-13　羊肉不同部位的用途

名称	用　途
后腿	从腿的后腰部可切成几块后腰大排。腿也可以全部去骨卷成肉卷
肩肉	通过脊椎分开后，可以把肩肉切成肉排用于烤制，也可以剔骨做成烤用肉卷
腰肉	腰肉通常垂直于脊椎切成肉排，羔羊肉排切成大约 2.5 厘米厚
肋条	可以在肋间切成肋大排，整个胸部作为烤肉，也可以在肋间切成胸肋肉片
小腿	割下来的前、后肢可供烤用，可以切段用于炖或剔骨用于绞馅
瘦肉下脚料	大块羊肉的下脚料适合炖制或腌泡和用于特制烤肉；其他瘦肉下脚料可以绞馅

六、原料肉的贮藏保鲜

肉的营养物质丰富，是很多微生物繁殖的天然场所，如果贮藏保护不当，就容易被微生物污染，进而导致肉的腐败变质。对于原料肉的贮藏保鲜方法进行正确的选择非常重要。

（一）冷却贮藏保鲜

即对屠宰后获得肉（如胴体或分割肉等）采取温度下降的方法，并使得肉的中心温度处于 0～4℃的状态。冷却方法，可使微生物在肉表面的生长繁殖减弱到最低程度，同时在肉的表面形成一层皮膜；也可减弱肉内酶的活性，延缓肉的成熟时间；还能减少肉内水分蒸发，延长肉的保存时间。

实践中，畜肉的冷却主要采用空气冷却，禽肉可采用液体冷却法，即以冷水和冷盐水为介质进行冷却，亦可采用浸泡或喷洒的方法进行冷却，此法冷却速度快，但必须进行包装，否则肉中的可溶性物质会损失。冷却中还要注意温度、湿度及风速的控制。

（二）冷冻贮藏保鲜

因为冷却方法是把肉贮藏在肉的冰点以上，微生物和酶的活动只受到部分抑制，冷藏期短。随着温度降低，各类微生物相继大量停止活动或者被冻结致死。－18℃以下贮藏肉的方法称为冷冻贮藏法。一般是在－24℃以下将肉的中心温度降至－18℃，这个过程也称为肉的冻结。

肉类的冻结方法多采用空气冻结法、板式冻结法和浸渍冻结法。其中空气冻结法最为常用。例如，一次冻结法：是将宰后的鲜肉直接送入冻结间冻结，冻结温度为－25℃，风速为 1～2 米/秒，冻结时间为 16～18 小时，肉体温度达到－18℃，然后出库送冷藏间贮藏。二次冻结法：是先将肉送入冷却间，在 0～4℃温度下冷却 8～12 小时，然后转入冻结车间，在－25℃下冻结，一般需要 12～16 小时完成冻结过程。

冻肉在冻藏室内的堆放方式也很重要。对于胴体肉，可堆叠成约 3 米高的肉垛，其周围空气流畅，避免胴体直接与墙壁和地面接触。对于箱装的塑料袋小包装分割肉，堆放时也要保持周围有流动的空气。

（三）辐射保鲜

即利用放射物质的辐射能量对食品进行杀菌处理一种保存食品的方法，是一种相对安全、简单、卫生、经济的食品保鲜技术。随着辐射技术的推广，1980 年 10 月 27 日，由 FAO、国际原子能机构（IAEA）、WHO 组成的“辐照食品卫生安全性联合专家委员会”认为：用不超过 10 000 戈瑞以下的平均最大剂量照射如何食品，在毒理学、营养学及微生物学上都丝毫不存在问题。而且今后无须对经过低剂量辐照的各类食品进行毒性试验。

新鲜猪肉经真空包装，用$^{60}Co\gamma$ 射线 15 000 戈瑞进行灭菌处理，可以全部杀死大肠菌群、沙门氏菌和志贺氏菌，仅个别芽孢杆菌残存下来。这样的猪肉在常温下可保存 2 个月。用 26 000 戈瑞的剂量辐照，灭菌较彻底，可使鲜猪肉保存 1 年以上。

（四）气调包装保鲜

气调包装是通过特殊的气体或气体混合物，抑制微生物生长和酶促腐败，延长食品货架期的一种方法。气调包装还可使鲜肉保持良好色泽，减少肉汁渗出。在气调包装中，CO_2、O_2、N_2必须保持合适比例，才能使肉品保藏期长，且各方面均能达到良好状态。欧美大多以 80%O_2＋20%CO_2方式零售包装，其货架期为 4～6 天。英国在 1970 年有两项专利，其气体混合比例为 70%～90% O_2与 10%～30%CO_2，50%～70%O_2与 50%～70%CO_2，而一般多用 20%CO_2＋80%O_2，具有 8～14 天的保鲜效果。

（五）天然防腐保鲜剂

为了保证原料肉的安全和优质，目前许多具有天然防腐和抗氧化性能的物质如 α-生育酚、茶多酚，黄酮类化合物及乳酸链球菌素、溶菌酶等生物制剂在肉类防腐保鲜方面的研究方兴未艾，这类物质与其他方法结合使用，可收到良好的防腐效果。

第三节　乳品原料

一、动物乳的形成

乳及乳制品是当今人类重要的高营养食品原料之一。哺乳动物的特有生理机制之一就是能够产生乳汁、哺育幼崽。目前，可供人类食用的已被驯化养殖的哺乳类家畜有：牛（黑白花奶牛、黄牛、水牛、牦牛）、羊、骆驼、马、驯鹿等。

但占主要地位的还是黑白花奶牛，本节所论述的乳及乳制品以牛乳为主。

当然，哺乳动物产乳的过程是复杂的生理代谢过程。乳汁的化学成分复杂，受到品种、年龄、饲养水平、胎次、生产环境等多种因素影响。了解这些影响因素、熟悉乳的各种主要成分形成过程，对于选择和保障乳品原料的生产与供给十分重要。

（一）乳房和乳腺结构

乳（汁）是其乳腺组织生产分泌的产物。以奶牛的乳房和乳腺结构为例，说明乳汁形成的过程与特点。图 4-18 显示了乳房的内部结构，可见到乳腺内部丰富的乳腺泡，并形成庞大的乳腺泡丛结构（图 4-19）；每个乳腺泡丛又由许多乳腺胞腔组成（图 4-20）。乳腺胞腔是由从多泌乳细胞围成的腔囊结构，腔囊的开口即为乳导管，众多乳导管汇集于乳池。

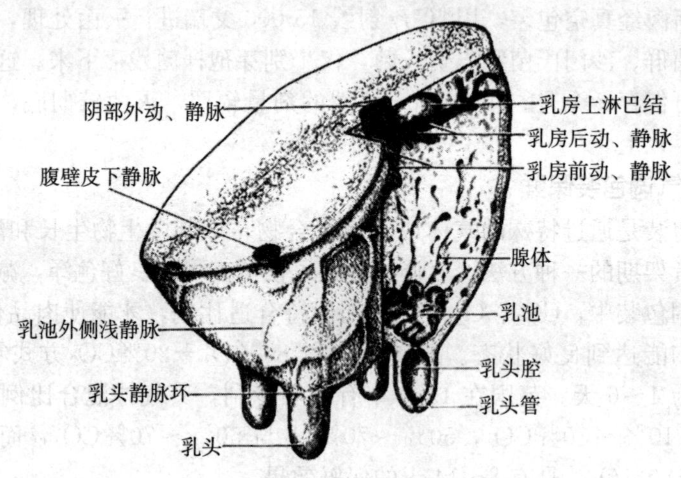

图 4-18　奶牛乳房结构

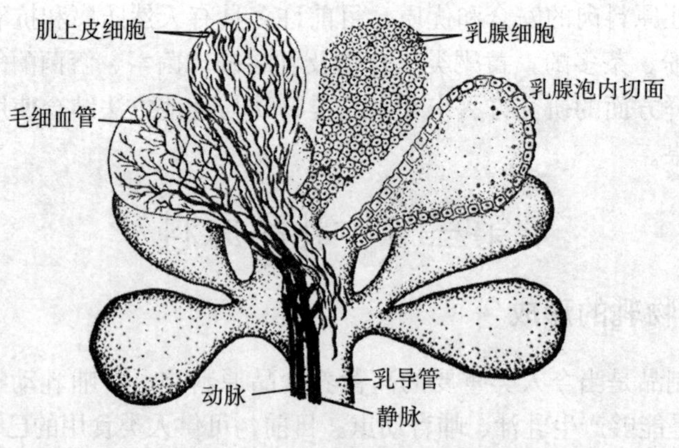

图 4-19　乳腺腺泡丛结构

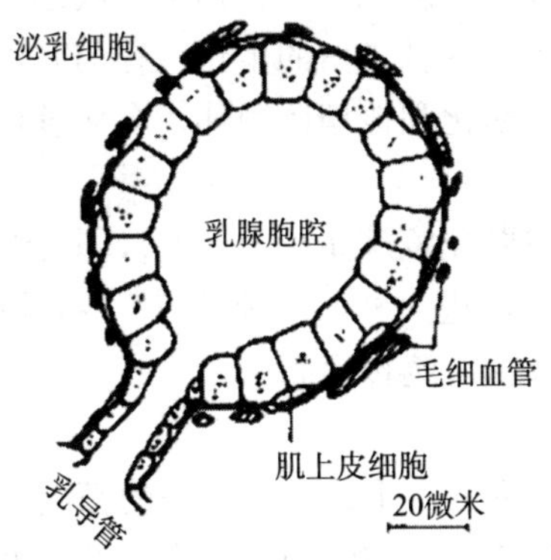

图 4-20　乳腺胞腔结构

从图 4-18 至图 4-20 中可以清楚看到，乳房结构中有复杂而庞大的动静脉系统，这是形成大量乳汁的先决条件，同时显示了发达的乳腺泡和乳细胞结构，可见微观乳细胞是形成乳汁的关键结构。

（二）乳汁成分的形成过程与特点

1. 乳脂肪的合成

反刍动物的乳脂是变化最大的组分，其含量受到动物和环境因素的影响。乳脂中约 95%是甘油三酯，其余为磷脂、胆固醇和其他类脂及游离脂肪酸。

反刍动物乳中短链脂肪酸的比例较高（主要是 4 个、6 个、8 个和 10 个碳链脂肪酸），牛乳中的主要短链脂肪酸是丁酸（$C_{4:0}$），山羊乳中的主要短链脂肪酸是癸酸（$C_{10:0}$）。反刍动物乳中长链脂肪酸的饱和度较高，这是因为瘤胃微生物能使饲料中的不饱和脂肪酸饱和化。反刍动物乳中脂肪酸来源于乳腺上皮组织自身合成和血液中长链脂肪酸周转两种途径。乳牛乳腺中存在的脂肪酸合成酶系会生成 4～16 个碳链的脂肪酸，其中乳腺合成的脂肪酸占脂肪酸总量的 60%，其余 40%的 16 碳和 18 碳或更长的脂肪酸直接由血液吸收而来。

2. 乳蛋白质的合成

乳中的蛋白质由酪蛋白和乳清蛋白组成。酪蛋白在反刍动物和啮齿类动物乳中比例高，而在人乳中比例低。乳蛋白是分泌蛋白质，形成后必须由细胞分泌进入由乳导管汇集形成的乳汁中。合成乳蛋白分为结构蛋白和分泌蛋白两类，分泌乳蛋白占乳腺合成蛋白总量的比例因畜种不同而异，奶牛为 45%，奶山羊为 50%。

酪蛋白、β-乳球蛋白、α-乳清蛋白都是由乳腺腺泡上皮合成的特殊蛋白质。合成蛋白质的原料都是来自血液中的游离氨基酸。乳中某些非必需氨基酸至少有一部分由乳腺合成，其碳原子来自葡萄糖或乙酸，而氮原子主要来自精氨酸和鸟氨酸。乳腺上皮合成乳蛋白的生化过程与其他组织内的蛋白质合成基本相同，即包括氨基酸的活化和核糖体循环。合成乳蛋白的场所是乳腺上皮细胞的粗面内质网。

反刍动物初乳中的主要免疫球蛋白是 IgG_1，其次是 IgG_2，它们都来源于血液，由腺泡上皮选择性地进入初乳和常乳中。初乳中的 IgA 一部分来源于乳腺细胞合成，另一部分由血液转运而来。

3. 乳糖的合成

乳糖是乳的重要组成部分，也是乳中唯一的糖类。乳糖被乳酸菌分解成乳酸，也可被微生物分解为乙醇，酸牛奶和奶酒就是根据这一特性制作成的，乳糖是以血液中的葡萄糖为原料，在腺泡细胞中形成的。各种动物乳的乳糖含量不同，最少的为海豹 1 克/升，最高的为人和猴的奶，约为 70 克/升，反刍动物乳的乳糖为 40～50 克/升。

乳糖由葡萄糖和半乳糖分子构成，而半乳糖是由葡萄糖转化而来的。乳腺本身不能产生葡萄糖（因缺乏关键酶葡萄糖-6-磷酸），合成乳糖的葡萄糖和半乳糖都来源于乳动脉血中的葡萄糖。对于常年泌乳家畜，85％的循环血糖进入乳腺中循环。

4. 乳中维生素和矿物质的合成或转运

乳中含有各种维生素，包括脂溶性维生素 A、维生素 D、维生素 E 和水溶性维生素 C、B 族维生素，以及少量的胡萝卜素、叶黄素等。乳中含有的无机盐包括钠、钾、钙、镁的氯化物、磷酸盐和硫酸盐及微量元素等。初乳中维生素 A、维生素 D、维生素 C 和无机盐含量较高。

乳中主要的盐类基本为钠、钾、钙、镁等的磷酸、柠檬酸、盐酸、硫酸和碳酸等组成的盐类。另外含有铜、铁、锌、碘等 20 多种微量元素。乳中的无机盐有一部分与蛋白质或脂肪形成结合状态。例如：碘在乳中与酪蛋白结合，微量元素主要与蛋白质或脂肪球的表膜结合。

矿物质是乳腺分泌上皮细胞对血浆中矿物质进行选择性吸收的结果，其中某些被乳腺吸收和浓缩，乳中钙、磷、钾、镁和碘的浓度常高于血液，而钠、氯和碳酸氢盐的浓度则低于血液。

乳中的维生素由饲料中的维生素经血液转运而来。脂溶性维生素 A、维生素 D、维生素 E、维生素 K 在乳中都与脂肪球结合。它们在乳中的含量决定于饲料中的含量。维生素 K 主要依靠肠道微生物合成。各种水溶性维生素存在于乳的脱脂部分。反刍动物乳中的 B 族维生素主要由瘤胃微生物合成。而单胃动物乳中的 B 族维生素主要来源于饲料。大多数动物都能合成维生素 C，且其在乳中也比较稳定。

二、乳的化学组成及特性

乳是哺乳动物分娩后由乳腺分泌的一种白色或微黄色的不透明液体。主要包括水分、脂肪、蛋白质、乳糖、盐类及维生素、酶类、气体等，其中水是分散剂，其他各种成分分散在乳中，形成一种复杂的分散体系（图 4-21）。牛乳中的大部分成分是水，脂肪在其中呈乳浊液，牛乳的脂肪呈液态的微小球状分散在乳中，脂肪球的直径平均为 3～4 微米。蛋白质在其中呈胶体悬浮液，分散在牛乳中的酪蛋白颗粒，其粒子大小大部分为 5～15 微米，如白蛋白的粒子。乳球蛋白的粒子为 2～3 纳米，这些蛋白质都以乳胶体状态分散。直径在 0.1 微米（1 米$=10^3$毫米$=10^6$微米$=10^9$纳米）以下的脂肪球、一部分聚磷酸盐等也以胶体状态分散于乳中，而乳糖、无机物等以真溶液的形式存在。

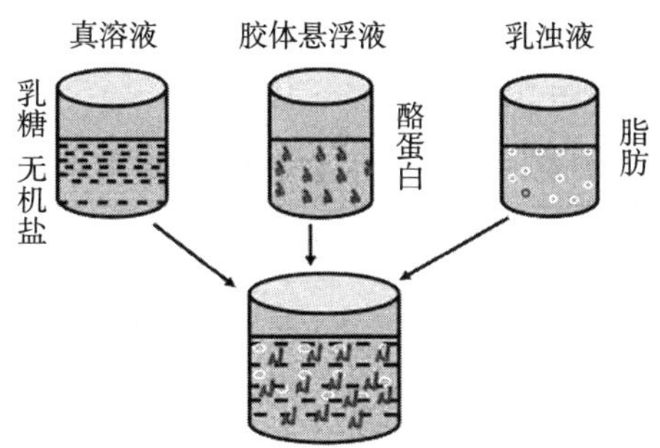

图 4-21　牛乳的分散体系

正常牛乳中各种成分的组成大体上是稳定的（干物质含量为 11%～13%），但也受牛乳的品种、环境等因素影响而有差异，变化最大的是乳脂肪，其次是蛋白质，乳糖及灰分则比较稳定。

乳中干物质的计算公式是：

$$T=0.25L+1.2F\pm K$$

式中，T 为干物质的质量分数（%）；L 为牛乳的相对密度计读数；F 为脂肪质量分数（%）；K 为调整系数（各国、各地条件不同的调整系数，我国是 0.14）。表 4-14 列举出了牛乳中主要成分及其含量。

表 4-14　牛乳的主要成分及含量

成分	平均含量	范围	占干物质的含量
水	87.1	85.3～88.7	
非脂乳固体	8.9	7.9～10.0	
脂肪（占干物质）	31	22～38	

（续）

成分	平均含量	范围	占干物质的含量
乳糖	4.6	3.8～5.3	35
乳脂	4.0	2.5～5.5	31
蛋白质①	3.3	2.3～4.4	25
（酪蛋白）	（2.6）	（1.7～3.5）	（20）
矿物质	0.7	0.57～0.83	5.4
有机酸	0.17	0.12～0.21	1.3

注：①该蛋白质中不包括非蛋白态。

（一）乳蛋白质

自 1883 年德国科学家 Hammarsten 首先从牛乳中分离出酪蛋白以来，到目前为止，已从乳中分离出上百种蛋白质。乳蛋白（milk protein）是乳中主要的含氮物（表 4-15）。牛乳的含氮化合物中 95%为乳蛋白质，5%为非蛋白态含氮化合物。酪蛋白含量为 80%～83%，乳清蛋白含量为 13%，膜蛋白含量约为 4%。蛋白质在牛乳中的含量为 3.0%～3.5%。

表 4-15　牛乳中主要蛋白质及其特性

蛋白质名称	相对分子质量①	已检测到的遗传变异体	浓度（克/升）
α_{s1}-酪蛋白	23 164（B）	A、B、C、D、E、F、G、H	10
α_{s2}-酪蛋白	25 388（A）	A、B、C、D	2.6
β-酪蛋白	23 983（A^2）	A^1、A^2、A^3、B、C、D、E、F、G	9.3
κ-酪蛋白	19 038（A）	A、B、C、E、F^S、F^I、G^S、G^E、H、I、J	3.3
β-乳球蛋白	18 277（B）	A、B、C、D、E、F、H、I、J	3.2
α-乳白蛋白	14 175（B）	A、B、C	1.2
人血白蛋白	66 267	—	0.4
免疫球蛋白	（103～143）$\times 10^4$	—	0.8

注：①的括号内表示该遗传变异体的相对分子质量。

酪蛋白是 pH＝4.6 的环境中沉淀的蛋白质，占乳蛋白的 80%～83%。纯净的酪蛋白为不溶于水的白色物质，但可溶于酸碱液中（即两性）形成可溶性盐，它与钙结合使微粒结构稳定，形成酪蛋白酸钙，再与胶体状的磷酸钙结合形成酪蛋白酸钙——以磷酸钙复合体形式存在。胶体的直径为 10～300 纳米。所以，它不是单一的蛋白质。α-酪蛋白含有的磷酸最多，故称磷蛋白，有利于皱胃酶的凝固，有利于乳酪的加工。

在 pH＝4.6 的环境中未沉淀的蛋白质可称为乳清蛋白，包括乳白蛋白、乳球蛋白和免疫球蛋白等。免疫球蛋白又称真性蛋白，具抗原性，占乳清的 5%～10%，占初乳蛋白质的 50%～60%，一般病牛乳中多，故可用以判断家畜的健康状态。

（二）乳脂肪

乳脂是由漂浮在乳中的大小不同的粒子构成的众多小球。这些小球就是脂肪球。脂肪球是乳中最大的颗粒，其直径为 0.1～20 微米，平均直径是 3～4 微米，1 毫升全乳中有 20 亿～40 亿个脂肪球。脂肪球平均直径与乳中脂肪含量有关，脂肪含量越高，脂肪球直径越大。脂肪球同时也是乳中最轻的颗粒。在电子显微镜下观察到的乳脂肪球为圆球形或椭圆球形，表面被一层 5～10 纳米厚的膜所覆盖，称为脂肪球膜。脂肪球膜是由蛋白质和磷脂构成的，可以保护脂肪球免受乳中酶的破坏。而且由于脂肪球含有磷脂与蛋白质形成的脂蛋白络合物，脂肪球能稳定地存在于乳中（图 4-22）。

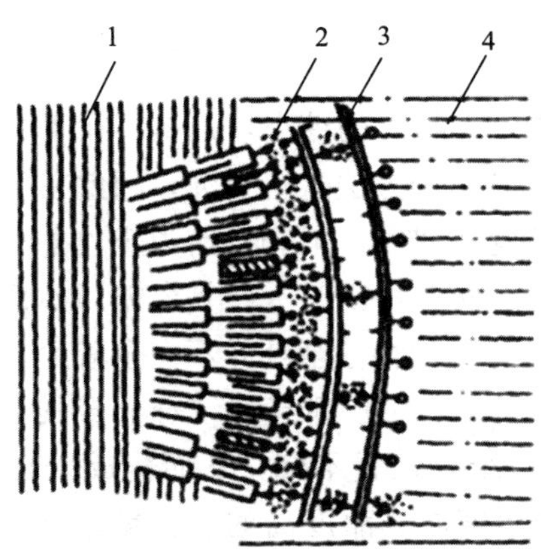

图 4-22 脂肪球膜的结构模型

1. 脂肪 2. 结合水 3. 蛋白质 4. 乳浆

乳中脂肪的主要成分是多种饱和和不饱和的脂肪酸，乳中磷脂成分和某些长链不饱和脂肪酸具有多种生理活性，是一些重要的生理活性物质的前体结构（表 4-16）。表 4-17 列举了不同动物乳脂的含量。

表 4-16 乳中脂类物质的平均含量

脂类	质量分数（%）
甘油三酯	97～98
甘油二酯	0.3～0.6
甘油单酯	0.02～0.04
游离脂肪酸	0.1～0.4
游离固醇	0.2～0.4
固醇脂	微量
磷酸酯	0.2～1.0
碳水化合物	微量

表 4-17　不同动物乳脂的含量

单位：%

类别	乳脂含量	类别	乳脂含量	类别	乳脂含量	类别	乳脂含量
人	4.5	水牛	7.4	奶牛	3.9	豚鼠	3.9
山羊	4.5	兔	15.3	绵羊	7.2	黑熊	24.5
马	1.9	海豚	33.0	猪	6.8	海豹	53.2
骆驼	4.0	红袋鼠	3.4	犬	10.7	驯鹿	18.0
驴	1.4	海牛	6.9	大鼠	10.3	灰松鼠	24.7
印度象	11.6	斑马	4.7	小鼠	12.1		
骡	1.8	鲸	33.2	牦牛	6.5		

（三）乳糖

乳糖是哺乳动物乳汁中特有的糖类，也是存在于乳中最主要的碳水化合物。由于乳糖可以通过结晶的方法进行提纯，因此在牛乳各组成成分中，乳糖的性质较早得到了广泛的研究。但到目前为止，由于缺乏较好的生物技术提纯乳中的其他碳水化合物，特别是一些复合糖，如糖脂、糖蛋白、葡萄糖胺聚糖等，它们的含量与功能特性至今并不完全清楚。乳糖为 1 分子 D-葡萄糖和 1 分子 D-半乳糖以 β-（1-4）糖苷键结合而成的双糖。由于葡萄糖 C-1 位置上的 OH 基和 H 基结合位置不同，从而构成了右旋性大、水溶性低的 α-乳糖及右旋性小、溶解度高、甜度高的 β-乳糖，且 α∶β＝1∶1.65。两种构型如图 4-23 所示。

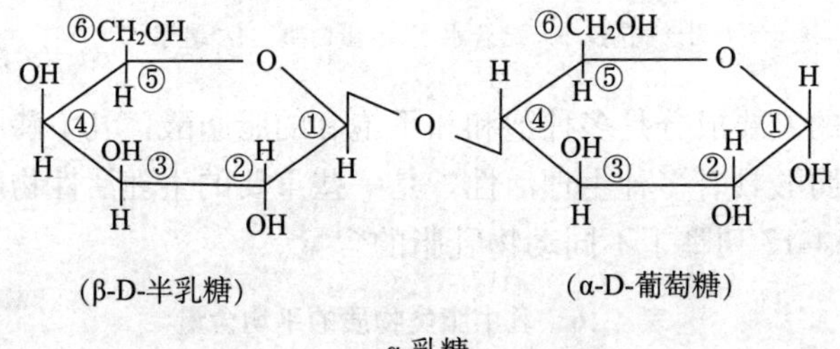

（β-D-半乳糖）　　（α-D-葡萄糖）

α-乳糖

（β-D-半乳糖）　　（β-D-葡萄糖）

β-乳糖

图 4-23　乳糖分子结构

乳糖是哺乳动物从母乳中消耗的第一种碳水化合物，是提供能量的主要物质；牛乳中乳糖平均含量为4.8%，且含量变化很小。它可以提高钙、镁、磷及微量元素的吸收率（特别是在酸性环境下），改进骨骼和牙齿的矿化作用；阻止嗜碱性细菌的生长，有助于肠的蠕动；半乳糖可促进智力发育，是脑和神经的糖脂质的一种成分；牛乳中的乳糖在儿童小肠内可分解为容易消化的葡萄糖及半乳糖，虽然半乳糖的消化吸收较慢，但半乳糖在儿童肠道内是细菌合成维生素K和B族维生素的促进剂。

（四）乳中矿物质

乳中矿物质的种类、含量及其重要价值逐渐被人们了解和认识。这些矿物质在牛乳中主要以盐的形式存在，一部分与蛋白质结合，少量被脂肪球吸附。牛乳中盐的组成及其存在状态对牛乳的物理化学特性影响较大，牛乳加工中盐的平衡非常重要。同时，牛乳中的铜、铁等金属对牛乳及其产品的贮藏特性亦有较大的影响。

乳中总矿物质的含量通常采用灰分的量来表示，即先将已知重量的乳蒸发至干，然后高温灼烧成灰，灰分中残留的均为乳中的无机物质（即矿物质），称量灰分的量除以乳的重量即为乳中灰分含量。不同动物乳中的灰分含量如表4-18所示。

表4-18　不同动物乳中灰分含量

单位：%

类别	含量	类别	含量	类别	含量
人	0.2	驯鹿	1.5	犀牛	0.3
牛	0.7	犬	1.2	黑猩猩	0.2
山羊	0.8	兔	1.8	鲸	1.4
绵羊	0.9	猫	0.5	狼	0.7
猪	0.0	大鼠	1.3	斑马	0.7
牦牛	0.9	豚鼠	0.8	豪猪	2.3
骆驼	0.8	印度象	0.7	瘤牛	0.7
马	0.5	黑熊	1.8	海豹	0.5
驴	0.5	海豚	0.8	灰松鼠	1.0

从表4-18中可以看出，动物乳中的灰分含量为0.2%～2.3%，而大部分动物的乳中灰分含量在0.5%～1.5%，牛乳中灰分含量约为人乳的3倍。

乳中的矿物质主要有钠、钾、镁、钙、磷、氯等，此外还含有微量元素，包括：铁、碘、铜、锰、锌、钴、硒、铬、钼、锡、钒、氟、硅、镍等。

牛乳中也存在着有害及放射性物质，包括：铝、锡、镉、铅、汞、^{40}钾、

^{14}碳、^{226}镭、^{144}铈、^{137}铯、^{90}锶、^{131}碘等。主要是由于饲料、饮用水、环境等的污染。

牛乳中铝的浓度一般在 27～100 纳克/毫升。通常牛乳和羊乳中砷含量为 20～60 纳克/毫升。牛乳中镉的含量很低，一般小于 5 纳克/毫升，且不同地区可能有所变化。

未污染地区的牛乳中铅的含量为 20～50 纳克/毫升。喂给高铅饲料的奶牛乳中铅的含量可达 140 纳克/毫升。有关动物乳中汞含量的报道非常少，牛乳中汞的含量一般很低，小于 1 纳克/毫升。

乳中的矿物质的存在形式主要有三种：

①与有机酸和无机酸结合，呈可溶性盐形式存在。

②与乳蛋白质结合，以胶体状态存在。

③被乳中的脂肪等吸附存在。

（五）乳中的维生素

表 4-19 显示了乳中含有所有已知的维生素的平均含量和变化范围。初乳中一些维生素含量较高，尤其是维生素 A、维生素 D、胡萝卜素和生育酚。核黄素、维生素 B_6、烟酸、叶酸和肌醇含量也较高。初乳中维生素 C 含量与常乳差不多，而初乳中泛酸和生物素含量比常乳低。正常情况下，在整个泌乳期，乳中维生素含量并没有多大变化。

乳中维生素 A 和胡萝卜素含量受到饲料类型的影响。在放牧期，乳中总的维生素 A 活性提高。而在舍饲时可通过饲喂富含胡萝卜素的饲料，或直接添加胡萝卜素提高乳中的胡萝卜素含量；夏季乳中维生素 A 的活性是冬季的 1.5 倍。乳中抗坏血酸的含量不受饲料的影响，它是在牛肝、肠道和肾组织中合成的。同样，维生素 B 族元素的含量受饲料影响也较小（除维生素 B_{12}）。当饲料中钴含量提高，乳中维生素 B_{12} 含量也提高。在放牧期间，乳中生物素、泛酸、维生素 B_{12}、叶酸含量也较高。在夏季放牧期，乳中维生素 D 含量较高（最大值为 2.8 微克/升），特别是在山区，因为阳光照射强度大，夏季比冬季高 9%。乳中维生素 A 的含量随脂肪含量而变化。对所有年龄段的人来说，饮食中都缺乏维生素 B 族元素，但可以通过多饮牛乳满足需要。

表 4-19　牛乳中的维生素的平均含量和变化范围

维生素	平均含量	变化范围（微克/100 毫升）
①脂溶性		
维生素 A：夏季		28～65
冬季		17～41
β-胡萝卜素：夏季		22～32
冬季		10～13

（续）

维生素	平均含量	变化范围（微克/100毫升）
维生素D	0.05	0.02～0.08
维生素E	100	84～110
维生素K	3.5	3～4
②水溶性		
抗坏血酸	1 500	
硫胺素	40	37～46
核黄素	180	161～190
烟酸	80	71～93
维生素B_6	40～60	40～60
叶酸盐	5	5～6
维生素B_{12}	0.4	0.30～0.45
泛酸	350	313～360
生物素	3	2～3.6

（六）乳中的酶类

已发现乳中的酶类非常多，主要有脂肪酶与酯酶（LPL），胞质酶系、磷酸酶（ALP和ACP）、过氧化物酶（LPO）、黄嘌呤氧化酶，过氧化氢酶，L-乳酸脱氢酶（LDH）、超氧化物歧化酶（SOD）、半乳糖基转移酶、巯基氧化酶、溶菌酶（肽聚糖N-乙酰胞壁质水解酶）、淀粉酶、核糖核酸酶（RNase）等。

这些酶类不仅在各类乳中物质形成时发挥重要作用，而且对于贮藏、运输和加工具有重要的指导意义。例如，LPL属于能催化甘油三酯的消化与运输的脂肪酶族，乳腺与脂肪组织中LPL的活性变化，会影响甘油三酯由血液向乳腺转移，以合成乳中的类脂物质。又如，ACP具较好的热稳定性，全部失活需要88℃加热30分钟。有10%～20%的ACP在低温长时间（Low Temperature Long Time，LTLT）巴氏杀菌中丧失，ACP活性不受普通的高温短时（High Temperature Short Time，HTST）杀菌方法影响。在牛乳加工过程中，pH为6.7时，100℃加热5秒，没有ACP失活，90%失活需要100℃加热20秒。

（七）乳中的核苷和核苷酸

牛乳中含有核苷和核苷酸以及作为游离基以微摩尔浓度存在于乳中的嘧啶和嘌呤。它们是乳中非蛋白氮的组成部分；不同种类的泌乳动物乳中以上物质的组分和浓度各不相同。牛乳、绵羊乳和人乳都是在分娩后浓度达到最大，而后伴随着泌乳过程逐渐降低。

（八）乳中其他成分

乳中还有二氧化碳、氧气和氮气等，含量为鲜牛乳的5%～7%（V/V），其中二氧化碳含量最多，氧气含量最少。在挤乳及贮存过程中，二氧化碳由于逸出而减少，而氧气、氮气则因与大气接触而增多（机械挤乳减少了这些气体混入）。乳中所含的细胞成分主要是白细胞和一些乳房分泌组织的上皮细胞，也有少量红细胞。牛乳中的细胞含量是衡量乳房健康状况及牛乳卫生质量的标志之一，一般正常乳中细胞数不超过 50 万个/毫升。这些已经成为乳品质量检测的重要项目。另外，乳中还有许多微量的生物活性肽，例如，脯氨酸多肽、免疫调节肽、抗血栓肽、酪蛋白磷酸肽、抗菌肽、抗癌细胞肽等。

三、乳的物理特性与管理

（一）乳的物理特性

除了乳的化学组成与性质，乳的物理性质及其参数对加工工艺和设备设计等也具有重要意义（如热导和黏度）。乳的重要物理性质参数见表 4-20。

表 4-20　乳的重要物理性质及参数

物理性质	参数
渗透压（千帕）	700
Aw	0.993
沸点（℃）	100.15
冰点（℃）	−0.522
折射率	1.344 0～1.348 5
比折射率	0.207 5
密度（20℃）（顿/米^3）	1.030
比重（20℃）	1.032 1
电导率（西门子/厘米）	0.005 0
离子强度（摩尔/升）	0.08
表面张力（牛/米）	5.2×10^{-2}
黏度（毫帕·秒）	2.127
热导（2.9%脂肪）[瓦/（米·开）]	0.559
热扩散（米^2/秒）	1.25×10^{-7}
比热容 [千焦/（千克·开）]	3.931
pH	6.6
滴定酸度	1.3～2.0（0.14%～0.16%乳酸）
体积膨胀系数 [米^3/（米^3·开）]	0.000 8
氧化还原电势（伏）	+0.25～0.35

注：引自 fox PF 和 Ple Sweeney PLH（1998）Dairy Chemistry and Biochemistry. London：Chapman & Hall.

正常乳的 pH 为 6.5～6.7，pH＞6.7 可能为乳腺炎乳，pH＜6.5 可能含有初乳或有细菌繁殖产酸。乳的密度指在 20℃时乳的质量与同体积的水在 4℃时的质量比，即 $D_{20℃/4℃}$，正常乳为 1.030，初乳为 1.038～1.040。乳的比重通常指在 15℃时，乳重量与同体积的水的重量之比，即 $D_{15℃/15℃}$。乳的导电率指乳传导电流的能力，导电率可以反映乳电解质的变化。正常乳（25℃）的导电率是 0.004～0.005 西门子/厘米。当发生乳腺炎时，随着钠、氯等离子的增加，导电率增高，可达到 0.006 西门子/厘米。正常乳的表面张力比水（4～6×10^{-2}牛/米）低，随着温度升高，表面张力降低，含脂率升高，表面张力也降低。均质处理时，脂肪球表面积增大，表面张力增加。

（二）乳的品质管理

原料乳的质量是乳制品生产的关键因素之一，很多质量问题的根源就在于原料乳的品质。因此，做好原料乳的品质控制和管理十分重要。

1. 正常乳与异常乳

由于受泌乳年龄、胎次、时间及病理等其他因素的影响，乳的成分和性质会发生一些变化。这种成分和性质发生变化的乳就称为异常乳，其他相对的乳就为正常乳。

一般地讲，异常乳不能用于乳品加工。例如，营养不良的乳就是当饲料不足、营养不良时奶牛所产的乳，它对皱胃酶几乎不凝固，这种乳是不能用于制造干酪的。母牛分娩后 1 周所分泌的乳被称为初乳，色呈黄褐色、有异臭、苦味、咸味、黏度大，特别是 3 天之内，初乳特征更为显著，其过氧化氢酶和过氧化物酶的含量高，灰分含量高，脂肪和蛋白质含量极高，而乳糖含量低。特别是其白蛋白和免疫球蛋白含量很高，因而初乳加热时易凝固，故不能用于一般加工。泌乳结束前 1 周内的乳称为末乳，因微生物感染和酸度降低而不允许用于乳品加工。

如果原料乳被微生物严重污染而产生异常变化，则称为微生物污染乳，最常见的微生物污染乳是酸败乳及乳腺炎乳（从微生物角度看）。一般来说，原料乳中微生物主要是细菌、酵母菌、霉菌、立克次氏体和病毒等。其中，细菌是最常见的并在数量和种类上占优势的一类微生物。原料乳中微生物的数量和种类可以通过采取有效的管理措施加以控制和降低，所以，为了保证乳品的品质，必须对原料乳进行适当处理。

2. 原料乳主要管理环节

（1）挤乳环节

挤乳环节的卫生管理对原料乳的质量和加工性能及乳制品的保质期限有着直接的影响。挤乳卫生可分为：挤乳前卫生措施、挤乳器具和设备的清洗消毒、挤乳后乳头消毒等几方面。各个环节的卫生措施对控制和预防乳腺疾病的发生十分重要。

（2）贮藏环节

牛乳被挤出时，其温度为32～36℃，是微生物最易生长繁殖的温度范围，如果这样的牛乳不及时处理，牛乳中微生物即将大量繁殖，酸度迅速增高，降低牛乳的质量，使牛乳变质。因此刚挤出的牛乳应迅速冷却并进行必要的处理，以保持牛乳的新鲜度。

①牛乳的冷却与抑菌。从乳腺中刚挤出的鲜牛乳中含有多种天然抗菌物质，对微生物有一定的杀灭和抑制作用。该抑菌特性与乳温、菌数和处理有关，低温保藏可延长该特性的保持时间，通常刚挤出的牛乳迅速冷却到0℃后，其抗菌作用可维持大约48小时。鲜牛乳的天然抗菌作用与温度的关系见表4-21。具备冷却条件的牧场，在挤乳后将鲜牛乳直接冷却到4℃以下，并在该温度下将乳运送到加工厂。有的中小型奶牛厂还在利用较简便的水池式冷却方法。但冷却只能暂时抑制微生物繁殖速度，并不能杀死微生物。

表4-21　鲜牛乳的天然抗菌作用与温度的关系

乳温（℃）	抗菌特性作用时间	乳温（℃）	抗菌特性作用时间
37	2小时以内	5	36小时以内
30	3小时以内	0	48小时以内
25	6小时以内	−10	240小时以内
10	24小时以内	−25	720小时以内

②原料乳的预杀菌。为了保证乳最终产品的风味和质量，常常采取对牛乳进行预杀菌的方法，以降低原料乳中微生物数量和酶活性。预杀菌方法：将牛乳加热到63～65℃、保持约15秒。由于多次热处理对原料乳成分有一定的影响，因此预杀菌的时间要掌握好，不能作用时间过长。原料乳预杀菌的主要目的是杀死牛乳中低温性细菌，因为牛乳长时间贮藏于低温条件下时，有些低温型细菌大量繁殖，产生大量的耐热解脂酶和蛋白酶。这些在牛乳的贮藏过程中会导致酸度上升及异味产生。

预杀菌只是在例外情况下所采取的补救措施。一般情况下，收购的原料乳要在24小时之内进行巴氏杀菌处理，尽快进入乳制品的加工工序。

③原料乳的贮藏与运输。通常情况下，农户或奶牛场挤出的新鲜牛乳，应就地冷却后及时转到工厂。而在就地冷却和保持较低温度状态（通常为0～5℃）下运输是最为重要的技术环节。其标准是在一定时间内保证乳的新鲜度，不影响加工处理或造成危害。目前，全冷链系统已基本建立，即奶牛产的乳直接进入储奶罐冷藏，然后冷藏车直接运到乳品加工厂，再对接到贮乳塔，等待加工厂进一步处理。应当说，牛乳从奶牛乳房产出到最后制成产品，已经实现

了完全无暴露链接。

第四节　禽蛋原料

一、蛋禽品种介绍

（一）蛋用型鸡品种

鸡是世界上饲养量最多的一种家禽。按用途可分为蛋用型、肉用型、兼用型和观赏型4个类型。蛋用型可按蛋壳颜色分为白壳蛋系、褐壳蛋系和粉壳蛋系。

白壳蛋系：是由单冠白来航标准品种选育成的各具不同特点的高产品系，蛋壳为白色。通过白壳蛋鸡品系间杂交所产生的配套商品鸡，一般具有体型小、耗料省、早熟、产蛋量高、饲料转化率高、发育整齐、适应性强等优点，故又称为“轻型蛋鸡”。

褐壳蛋系：蛋壳为褐色。其商品鸡体型比白壳系大，故又称“中型蛋鸡”。多年来，因人们对褐壳蛋的喜爱，褐壳蛋鸡在世界范围内占据的份额较大。但褐壳蛋鸡体重大，耗料多，每只鸡所占笼体面积大；偏肥，饲养技术上比白壳蛋鸡难度大；蛋中血斑和肉斑率高，感官不太好。

粉（浅褐）壳蛋系：此类蛋鸡多是用红羽蛋鸡（又称中型褐壳蛋鸡）和白壳蛋鸡正交或反交所产生的杂种。由于此商品蛋鸡杂交优势明显，生活力和生产性能都比较突出，既具有褐壳蛋鸡性情温驯，蛋重大、蛋壳质量好的优点，又具有白壳蛋鸡产蛋量高、饲料消耗少、适应性强的优点，饲养量逐年增多。

从营养与加工角度看，几种壳蛋系的蛋差别并不大。

（二）蛋用型鸭品种

1. 卡基-康贝尔鸭

原产于英国，是世界著名高产蛋鸭，有黑、白、黄褐3个类型。康贝尔鸭性好动、善潜水、觅食力强，标准体重为公鸭2.3～2.5千克，母鸭2.0～2.3千克，开产日龄130～140天，500日龄产蛋量270～300个，总蛋重18～20千克，蛋重60～75克，蛋壳白色。

2. 绍鸭

又称绍兴麻鸭、浙江麻鸭，是我国优良的地方品种之一。具有体型小、性成熟早、产蛋多、耗料少、生命力强、宜于放牧或舍饲等特点，具有理想的蛋用鸭体形。成年公鸭体重1.35千克，母鸭体重1.25千克，开产日龄135～145天，年产蛋量250～300个，平均蛋重65克，蛋壳多为白色，也有青绿色。

3. 金定鸭

我国著名的产蛋鸭，产于福建省九龙江下游地区，以龙海市金定乡饲养最多，因而得名。金定鸭结构紧凑、举动轻快，适应性强，耐粗饲，是我国适于滩涂地区饲养放牧的优良蛋用型麻鸭，也可圈养。其生长快，产蛋期长，终年不停产，产蛋性能高且稳定，母鸭开产期为110～120日龄，大群母鸭平均年产蛋260～300个，平均蛋重70克。蛋壳有青、白两种颜色。其蛋壳质量好，有利于运输出口，在国际上也很受欢迎。

此外，属蛋用型的鸭还有湖南省攸县鸭、湖北省荆江鸭、江西省宜春麻鸭、广东省中山鸭、福建省莆田黑鸭、贵州省三穗鸭等品种。

二、蛋的结构

（一）蛋的形成过程

各种禽蛋的形成过程是大致相同的，在母禽卵巢内形成的成熟卵子（卵黄、蛋黄），落入输卵管漏斗部，经过膨大部、峡部、子宫部，逐步形成蛋白（卵清）、蛋壳内膜（蛋白膜及内蛋壳膜）、蛋壳和外蛋壳膜，最后通过阴道（泄殖腔）排出体外。实践观察，鸡产蛋高峰期，几乎一天产一个蛋，因此，全群的产蛋率可以达到98%。

（二）蛋的基本结构

禽蛋由蛋壳、蛋白和蛋黄三大部分组成，各部有其不同的形态结构和生理功能，蛋的结构如图4-24所示。

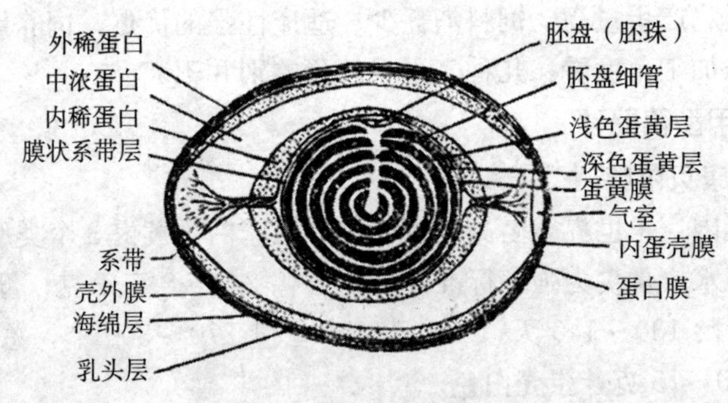

图4-24　蛋的结构

1. 外蛋壳膜

蛋壳表面涂布着一层胶质性的物质，称外蛋壳膜，也称壳外膜，其厚度为0.005～0.01毫米，是一种具有无定形结构，无色，透明，具有光泽的可溶性蛋白质，是角质的黏液蛋白质。蛋在禽的阴道部或刚产下时，外蛋壳膜呈黏稠状，待蛋排出体外，受到外界冷空气的影响，在几分钟内黏稠的黏液立即变干，紧贴在蛋壳上，形成一层肉眼不易见到的有光泽的薄膜。外蛋壳膜可以防止细菌和霉菌等微生物侵入，同时防止蛋内水分蒸发和二氧化碳逸出。

2. 蛋壳

是包裹在蛋白内容物外面的一层硬壳，属石灰质。它使蛋具有固定形状并起着保护蛋白、蛋黄的核心作用，但质脆不耐碰或挤压。

3. 蛋壳内膜

在蛋壳内面、蛋白的外面有一层白色薄膜称蛋壳内膜，又称壳下膜。其厚度为73～114微米，蛋壳内膜还可分内、外两层。内层称蛋白膜，外层称内蛋壳膜（或简称内壳膜）。两层膜的结构大致相同，都是由长度和直径不同的角质蛋白纤维交织成网状结构。这两层膜的透过性比蛋壳小，能阻止微生物通过，并保护蛋白不流散。蛋壳内膜不溶于水、酸和盐类溶液中，但能透水透气。

4. 气室

在蛋的钝端，由蛋白膜和内蛋壳膜分离形成气囊，称气室。刚产下的蛋无气室，当蛋接触空气，蛋内容物遇冷发生收缩，使蛋的内部暂时形成一部分真空，外界空飞便由蛋壳气孔和蛋壳内膜网孔进入蛋内，形成气室。蛋的气室只在钝端，主要是由于钝端部分比尖端部分与空气接触面广，气孔分布最多最大，外界空气进入蛋内的机会最多速度最快。

新鲜蛋气室小，随着存放时间延长，内容物的水分不断消失，气室会不断增大，这是评价和鉴别蛋的新鲜度的主要标志之一。

5. 蛋白

即习惯称的蛋清，约占质量的60%，呈白色透明的半流动体，并以不同浓度分层分布于蛋内。由外向内可以分为外层稀薄蛋白；中层深厚蛋白；内层稀薄蛋白；系带层浓厚蛋白（包含于内层浓厚蛋白）。内浓蛋白在卵黄周围旋转两端扭曲形成系带，包围卵黄部分形成系带层浓厚蛋白。系带的作用是将蛋黄固定在蛋的中心，一端和大头的浓厚蛋白相连接，另一端和小头的浓厚蛋白相连接。新鲜蛋的系带很粗，有弹性，含有丰富的溶菌酶。随着鲜蛋存放时间的延长和温度的升高，系带则会因酶作用而发生水解，逐渐变细，甚至完全消失，造成蛋黄移位上浮出现靠黄蛋和贴壳蛋，因此，系带存在的状况也是鉴别蛋的新鲜程度的重要标志之一。

6. 蛋黄

蛋黄是由卵巢形成的。由蛋黄膜、蛋黄内容物和胚盘3个部分组成。

（1）蛋黄膜

即在蛋黄内容物外面，是一种透明的薄膜。共有3层：内层与外层由黏蛋白组成。中层由角蛋白组成。蛋黄膜的平均厚度为16微米，重量占蛋黄的 2%～3%，富有弹性，起着保护蛋黄和胚盘的作用，防止蛋黄和蛋白混合。随着贮存时间的延长，蛋黄的体积会因蛋白中水分的渗入而逐渐增大，当超过原来体积的 19%时，会导致蛋黄膜破裂，使蛋黄内容物外溢，形成散黄蛋。

新鲜蛋的蛋黄膜有韧性和弹性，当蛋壳破碎时，内容物流出，蛋黄仍然完整不散，就是因为有这层膜包裹。陈旧蛋的蛋黄膜韧性和弹性都很差，稍有震动就会发生破裂，故从蛋黄膜的紧张度可以推知蛋的新鲜程度。

（2）蛋黄内容物

蛋黄内容物是一种浓稠不透明的半流动黄色乳状液，由深浅两种不同黄色的蛋黄组成，由外向内可分数层。蛋黄之所以呈现颜色深浅不同的轮状，是因卵巢昼夜新陈代谢强度不同造成。蛋黄色泽由 3 种色素组成，即叶黄素-二羟-α-胡萝卜素、β-胡萝卜素及黄体素。前两者在蛋黄中的比例为 2∶1。

由于饲料中色素物质含量不同，蛋黄颜色分别呈橘红、浅黄或淡绿，青饲料和黄色玉米均能增进蛋黄的色素物质沉积，过量的亚麻油粕使蛋黄呈绿色。一般煮过的饲料失去着色力，干燥的粉料营养成分高，均为有效的着色饲料。

（3）胚盘

在蛋黄表面上有一颗乳白色的小点，未受精的呈圆形，称胚珠；受精的呈多角形，称胚盘（或胚胎），直径 2～3 毫米。受精蛋很不稳定，当外界温度升至 25℃时，受精的胚盘就会发育。最初形成血环，随之产生树枝形的血丝，即形成所谓“热伤蛋”。未受精的蛋耐贮藏。

三、蛋的理化特性与指标

（一）物理特性

1. 蛋的重量

蛋的重量随着家禽种类不同有显著的差别，一般鸡蛋平均重为 52 克（32～65 克）、鸭蛋为 85 克（70～100 克）、鹅蛋为 180 克（160～200 克）。

2. 蛋的相对密度

新鲜鸡蛋的相对密度为 1.08～1.09，新鲜鸭蛋和鹅蛋的相对密度约为 1.085，陈蛋的相对密度为 1.025～1.060，因此通过测定蛋的相对密度，可以鉴定蛋的新鲜程度。蛋白的相对密度为 1.039～1.052，而蛋黄的相对密度较轻，为 1.028～1.029，因此，当蛋内的系带消失后，蛋黄便会向上浮贴在蛋壳上，形成贴皮蛋（煮熟即可看到）。

3. 蛋的黏度

蛋白中的稀薄蛋白是均一的溶液，而浓厚蛋白具有不均匀的特殊结构，所以蛋白是一种完全不均匀的悬浊液，蛋黄也是种悬浊液，因此，鲜蛋蛋黄、蛋白的黏度不同。新鲜鸡蛋蛋白黏度为35～105帕·秒，蛋黄为1 100～2 500帕·秒，陈蛋的黏度降低，主要由于蛋白质的分解及表面张力的降低所致。

4. 蛋的加热凝固点和冻结点

鲜鸡蛋蛋白的加热凝固温度为62～64℃，平均为63℃；蛋黄为68～71.5℃，平均为69.5℃；混合蛋为72～77.0℃，平均为74.2℃。蛋白的冻结点为－0.48～－0.41℃，平均为－0.45℃；蛋黄的冻结点为－0.617～－0.545℃，平均为－0.6℃。据此，在冷藏鲜蛋时，应控制适宜的低温，以防冻裂蛋壳。

5. 蛋的耐压度

蛋的耐压度，因蛋的形状、蛋壳厚度和禽的种类不同而异。球形蛋耐压度最大，椭圆形蛋适中，圆筒形蛋最小；蛋壳越厚，耐压度越大，反之耐压度变小。蛋壳的厚薄与壳色有关，一般是色浅的蛋壳薄，耐压度小；色深的蛋壳厚，耐压度大。

6. 蛋的折光指数

折光指数和相对密度是反映蛋液纯正性的特征指标之一，比如用仪器对比色泽、测定相对密度及折光指数，若该项指标超标，说明该商品中有掺杂，属于掺杂商品。

7. 蛋液的表面张力

表面张力是分子间吸引力的一种量度。蛋液中存在大量蛋白质和磷脂，由于蛋白质和磷脂可以降低表面张力和界面张力，因此，蛋白和蛋黄的表面张力低于水的表面张力（7.2×10^{-2}牛/米，25℃）。鲜鸡蛋的表面张力，蛋白为5.5×10^{-2}～6.5×10^{-2}牛/米，蛋黄为4.5×10^{-2}～5.5×10^{-2}牛/米，两者混合后的表面张力为5.0×10^{-2}～5.5×10^{-2}牛/米。

蛋液表面张力受温度、pH、干物质含量及存放时间影响。温度高，干物质含量低，蛋存放时间长而蛋白分解，则表面张力下降。

8. 禽蛋壳的颜色和厚度

一般鸡蛋壳厚度不低于0.33毫米，深色蛋壳厚度高于白色的蛋壳，鸭蛋壳平均厚度0.4毫米。蛋壳越厚越利于包装和贮藏。

（二）化学组成及其性质

1. 蛋壳的化学成分

构成蛋壳的无机物占整个蛋壳的94%～97%，有机物占蛋壳的3%～6%。无机物主要是碳酸钙（约占93%），其次有少量的碳酸镁（约占1.0%）及磷酸钙、磷酸镁。有机物主要为蛋白质，属于胶原蛋白，其中约有16%的氮、3.5%的硫。

2. 蛋白的化学成分

禽蛋中的蛋白是一种以水作为连续介质、以蛋白质作为分散相的胶体物质。蛋白的结构不同，所含的蛋白质种类不同，蛋白的胶体状态亦有所改变。禽蛋蛋白的化学成分见表4-22。蛋白中的蛋白质除不溶性卵黏蛋白以外，一般为可溶性蛋白质，总的来看是由多量的球状水溶性糖蛋白质及卵黏蛋白纤维组成的蛋白质体系。

表4-22　蛋白的化学成分

单位：%

蛋的种类	水分	蛋白质	无氮浸出物	葡萄糖	脂肪	矿物质
鸡蛋	87.3～88.6	10.8～11.6	0.80	0.10～0.50	极少	0.6～0.8
鸭蛋	87.0	11.5	10.7	—	0.03	0.8

蛋白中的无机成分含量较少，种类却较多，主要有钾、钠、镁、钙等。蛋白中的维生素较蛋黄低，其中以维生素 B_2 较多，此外还有维生素C、维生素PP等。蛋白中的色素很少，其中含有少量的核黄素，因此干燥后的蛋白呈浅黄色。

3. 系带及蛋黄膜的化学成分

系带膜状层占全部蛋白的2%，系带占全部蛋白的0.2%～0.8%。系带是一种卵黏蛋白。系带上结合着较多溶菌酶，在系带固形物中溶菌酶的含量约相当于卵白固形物中溶菌酶含量的3倍。蛋黄膜的主要成分是蛋白质，其含量占87%，脂质占3%，糖类占10%，内层和外层的主要成分都是糖蛋白。蛋黄膜的氨基酸多为疏水性的，这成为蛋黄膜不溶的原因之一。

4. 蛋黄的化学成分

蛋黄含有50%的水分，其余大部分是脂肪和蛋白质，脂肪主要以脂蛋白的形式存在。此外还含有糖类、矿物质、维生素、色素等。禽蛋蛋黄的化学成分见表4-23。蛋黄有白色蛋黄与黄色蛋黄之分，白色蛋黄约占整个蛋黄的5%，其余为黄色蛋黄。白色蛋黄与黄色蛋黄的组成见表4-24。

表4-23　蛋黄的化学组成（每100克含量）

种类	食部（%）	能量（千焦）	水分（克）	蛋白质（克）	脂肪（克）	碳水化合物（克）	灰分（克）
鸡蛋黄	100	1 372	51.5	15.2	28.2	3.4	1.7
乌骨鸡蛋黄	100	1 100	57.8	15.2	19.9	5.7	1.4
鸭蛋黄	100	1 582	44.9	14.5	33.8	4.0	2.8
鹅蛋黄	100	1 356	50.1	15.5	26.4	6.2	1.8

表 4-24 白色蛋黄与黄色蛋黄的组成

单位：%

类别	水分	蛋白质	脂肪	磷脂	浸出物	灰分
白色蛋黄	89.70	4.60	2.39	1.13	0.40	0.62
黄色蛋黄	45.50	15.04	25.20	11.15	0.36	0.44

蛋黄中脂蛋白质包括低密度脂蛋白（LDL，65%）、卵黄球蛋白（10%）、卵黄高磷蛋白（4%）和高密度脂蛋白（HDL，16%）。

蛋黄中的脂质含量最多，为30%～33%，其中又以属于甘油三酯所占的相对密度最大，约为20%，其次是磷脂类（包括卵磷脂、脑磷脂和神经磷脂），约为10%，以及少量的固醇（包括甾醇、胆固醇和胆脂醇）和脑苷脂等。磷脂中大部分为卵磷脂，占总磷脂类的70%，其次为脑磷脂，占25%，而神经磷脂占总磷脂类的2%～3%。磷脂对脑组织和神经组织的发育很重要。

蛋黄中含有各种色素。蛋黄中的色素大部分为脂溶性色素，属于类胡萝卜素。蛋黄类胡萝卜素中主要是叶黄素，其次为玉米黄质，两者的比例为7∶3，隐黄质和β-胡萝卜素的量很少。蛋白中的类胡萝卜素为具有羟基的叶黄素类和不具有羟基的胡萝卜素类。属于叶黄素类的有叶黄素、玉米黄质和隐黄质。属于胡萝卜素类的有β-胡萝卜素。

鲜蛋中的维生素主要存在于蛋黄中，蛋黄中的维生素不仅种类多，而且含量丰富，尤以维生素A、维生素E、维生素 B_2、维生素 B_6、泛酸为多（表4-25）。

表 4-25 禽蛋蛋黄中的维生素含量

单位：毫克/100克

禽蛋种类	维生素A	硫胺素	核黄素	烟酸	维生素E
鸡蛋黄	438	0.33	0.29	0.1	5.06
鸭蛋黄	1 980	0.28	0.62	—	12.72
鹅蛋黄	1 977	0.06	0.59	0.6	95.70

5. 无机物

蛋黄中含1.0%～1.5%的矿物质。其中以磷为最丰富，可占其无机成分总量的60%以上，钙次之，占13%左右。此外，还含有铁、硫、钾、钠、镁等。

6. 酶

蛋黄中也含有许多的酶，如淀粉酶、甘油三丁酸酶、蛋白酶、肽酶、磷酸酶、过氧化氢酶等，但它们的活性不高。

四、蛋的加工特性及利用

（一）加工特性

禽蛋与食品加工密切相关的特性主要有：蛋的凝固性、乳化性和发泡性。这些特性在蛋糕、饼干、再制蛋、蛋黄酱、冰激凌及糖果等制造方面得到充分体现与应用。

1. 蛋的凝固性

当禽蛋蛋白受热、盐、酸或碱及机械作用则会发生凝固。蛋的凝固是一种蛋白质分子结构变化，即由流体变成固体或半固体（凝胶）状态。影响蛋白质凝固变性的因素很多，加热、酸、盐、有机溶剂、光、高压、剧烈震荡等。例如加热的影响，不管是全蛋液、蛋白液或蛋黄液，蛋液水分越低，则其凝固点也越高；反之，蛋液水分含量越高，则其凝固点越低。例如全蛋液的含水量平均为73%左右，加热至60℃，保持4～5分钟，便开始凝固。这是由于含水量大的蛋白质比含水量小的蛋白质易变性，含水量大的蛋白质因水分子容易渗入蛋白质分子空隙运动，加速次级键的断裂，而促使蛋白质加速凝固变性。另外，在加工干蛋白时，使蛋白液脱去一部分水分，其中蛋白质内部虽然有些改变，但程度轻，结构变化小，制成结晶干蛋白片后再加适量的水仍可使之恢复为原来蛋白液的状态和性状。这样加工出来的干蛋白片使用价值较高。

2. 蛋黄的乳化性

蛋黄中含有丰富的卵磷脂，所以具有优良的乳化作用。蛋黄的乳化性对蛋黄酱、色拉调味料、起酥油面团等的制作有很大的意义。蛋黄酱是蛋黄、油、醋做成的水包油滴型乳状液产品，在国外较流行。

3. 蛋白的发泡性

当搅打蛋清时，空气进入并被包在蛋清液中形成气泡。在发泡过程中，气泡逐渐由大变小，且数目增多，最后失去流动性，通过加热使之固定（或形成蜂窝状）。早在300多年前，蛋清的发泡性就被用在食品工业中，如制作蛋糕等产品。蛋清的发泡性决定于球蛋白、伴白蛋白，而卵黏蛋白和溶菌酶则起稳定作用。蛋白一经搅打就会发泡，原因是蛋清蛋白质降低了蛋清溶液的表面张力，有利于形成大的表面；溶液蒸气压下降，使气泡膜上的水分蒸发现象减少；泡的表面膜彼此不立刻合并；泡沫的表面凝固等机理。

（二）利用

禽蛋加工利用方式很多，既有鲜蛋加工利用方式，也有蛋制品加工利用，还有蛋内功能活性成分的提取等许多方式。鲜蛋的直接利用占主要地位，加工方式有湿蛋生产与液态蛋加工等。

在禽蛋功能活性成分提取与利用方面，主要提取物有溶菌酶、蛋黄免疫球蛋白、蛋黄卵磷脂、蛋清寡肽、活性钙、蛋清白蛋白、蛋黄油、卵类黏蛋白、唾液酸、卵黄高磷蛋白等，它们被广泛地应用于医药、生物、化工、农业和其他轻化工业方面。

五、禽蛋的品质检验

由农业部主持的标准《鲜蛋等级规格》（NY/T 1758—2009），以及国标《蛋制品生产管理规范》（GB 25009—2010）等都对鲜蛋及其生产过程的质量要求给予了明确规定。现就相关问题叙述如下。

（一）鲜蛋的质量标准

为了准确区别和鉴别正常标准蛋和不正常的蛋，很有必要先了解新鲜蛋的品质标准。衡量鲜蛋品质的主要标准是其新鲜程度和完好性，表 4-26 是鲜蛋等级规格。

表 4-26　鲜蛋等级规格

项目	指　　标			
	特级	一级	二级	三级
蛋壳	清洁无污物、坚固、无损	基本清洁、无损	不太清洁、无损	不太清洁、有粪污、无损
气室	高度小于 4 毫米，不移动	高度小于 6 毫米，不移动	高度小于 8 毫米，略能移动	高度小于 9.5 毫米，移动或有气泡
蛋白	清澈透明且浓厚	透明且浓厚	浓厚	稀薄
蛋黄	居中，不偏移，呈球形	居中或稍偏，不偏移，呈球形	略偏移，稍扁平	移动自如，偏移，稍扁平

资料来源：《鲜蛋等级规格》（NY/T 1758—2009）。

1. 质量要求

蛋壳表面有光泽、完整、坚实、无裂纹，壳外膜色白呈霜状；气室小，蛋白浓厚、透明、无杂质异味。系带粗而明显。蛋黄完整，呈半球形，位居蛋的中心。胚胎边缘整齐，不发育。整个蛋的污染少，无细菌、霉菌生长发育。

2. 鲜蛋质量指标

（1）蛋壳外观

这里主要鉴定蛋壳的清洁度、完整性和色泽等方面。正常的鲜蛋蛋壳表面清洁，无禽粪、杂草及其他污物。蛋壳完好无损，无裂纹。蛋壳色泽应当是各种禽蛋所特有的色泽，表面无油光发亮等现象。

（2）蛋的形状

一般鸡蛋的形状多为椭圆形，其他形状的蛋在贮运过程中易造成破损。蛋的形状可用蛋形指数来描述。蛋形指数是蛋的长径与短径之比。标准形状的鸡蛋，蛋形指数为1.30～1.35。蛋形指数大于1.35者为细长型，小于1.30者为近似球形。

（3）蛋的重量

蛋的重量主要与禽类的种类、品种、饲养管理及蛋的存放时间有关。外形大小相同的蛋，若重量不同，较轻的蛋是陈蛋，这是因为存放时间长，蛋内水分会不断向外蒸发。因此，蛋的重量是评定蛋的新鲜程度的重要指标。

（4）蛋的相对密度

蛋的相对密度同重量大小无关，而与蛋的存贮时间、产蛋禽类、饲料及产蛋季节有关。商业经营和加工用的鲜蛋相对密度一般应为1.06～1.07。若低于1.025则说明蛋已陈腐。

（5）蛋白状况

根据蛋白状况能准确判断蛋的结构是否正常，这也是评定蛋的质量优劣的重要指标。随着贮存时间的延长，浓厚蛋白逐渐变稀。质量正常的蛋，其蛋白状况应当是浓厚蛋白含量多，占全蛋的50%～60%，色泽无色、透明，有时略带淡黄绿色。蛋白的状况可以用灯光透视法和直接打开法判断。若灯光透视见不到蛋黄的暗影，蛋内呈完全透明，表明浓厚蛋白很多，蛋的质量优良。打开蛋时，可以用过滤的方法，分别称量浓厚蛋白和稀薄蛋白的含量，以测定蛋白指数，反映蛋白的状况。所谓蛋白指数是指浓厚蛋白重量与稀薄蛋白的重量之比。质量正常的蛋，其蛋白浓厚或稍稀薄。在对外贸易和商业经营中，均把蛋白状况作为评定蛋的级别的标志。

（6）蛋黄状况

蛋黄状况也可以反映蛋的质量好坏。观察蛋黄状况也可用灯光透视法或直接打开法。透视时，新鲜蛋的蛋黄位居蛋的中心，不显露，不见蛋黄的暗影。打开观察时，质量优良的蛋，蛋黄呈半球形；存放较久的蛋，蛋黄扁平。也可以用蛋黄指数来衡量。蛋黄指数是指蛋黄高度与蛋黄直径的比值，是评价鸡蛋新鲜程度的一个重要指标。鲜鸡蛋的蛋黄指数为0.401～0.442。当蛋黄指数小于0.25时，蛋黄膜破裂，出现散黄现象，是质量较差的蛋。

（7）内容物的气味

这是衡量蛋的结构和内容物成分有无变化或变化程度大小的质量标准。质量正常的蛋打开后无异味，或呈轻微蛋腥味。蛋的内容物气味受家禽采食的饲料的影响。若打开后能闻到内容物呈臭味，属轻微腐败蛋。严重腐败的蛋则可以在蛋壳外面闻到内容物成分分解成的氨及硫化氢的臭气味，这种蛋称为“臭蛋”或“臭包”。新鲜的蛋煮熟后，气室处无异味，蛋白呈白色，无味，蛋黄应有淡淡的香味。

(8) 系带状况

系带粗并有弹性，紧贴在蛋黄两端的蛋，属正常蛋。系带变细并同蛋黄脱离，甚至消失时，属质量低劣的蛋。

(9) 胚胎状况

胚胎状况是对受精蛋而言。鲜蛋的胚胎应无受热或发育现象。受精的鲜蛋受热后，胚胎最易膨大和产生血环，最后出现树枝状的血管。未受精的蛋受热后，胚珠发生膨大现象。

(10) 哈氏单位

哈氏单位是根据蛋重和蛋内浓厚蛋白高度，按公式计算出的指标，可以衡量蛋的品质和蛋的新鲜程度。它是国际上对蛋品质进行评定的重要指标和常用方法。其测定方法是先将蛋称重，再将蛋打开放在玻璃平面上，用蛋白高度测定仪测量蛋黄边缘与浓厚蛋白边缘的中点，避开系带，测定3个等距离中点的平均值。计算公式为：

$$哈氏单位（H.U）=100\log(H-1.7W^{0.37}+7.57)$$

式中，H 为浓厚蛋白高度（毫米）；W 为蛋重（克）。

实际上，这种计算方法很麻烦，可以直接利用蛋重和浓厚蛋白高度，查哈氏单位计算表而得出结果。表4-27列举了鲜蛋的哈氏单位等级划分。

表4-27 鲜蛋哈氏单位分级

等别	哈氏单位
特级	>72
一级	60～72
二级	31～59
三级	<31

资料来源：《鲜蛋等级规格》(NY/T 1758—2009)。

(二) 蛋的品质鉴别方法

常用的鉴定方法有感官鉴别法、光照鉴别法及相对密度鉴别法、荧光鉴别法等，如果条件允许还可采用理化鉴定法和微生物测定法。

1. 感官鉴别法

主要靠技术经验来判断，采用看、听、摸、嗅等感官鉴别方法，是基层业务人员检测蛋的质量的重要方法。

(1)“看”

就是用视觉来查看蛋壳颜色是否新鲜、清洁，有无破损和异状。蛋壳上如有霉斑、霉块或像石灰样的粉末则是霉蛋；蛋壳上有水珠或潮湿发滑的是出汗蛋；蛋壳上有红疤或黑疤的是贴皮蛋；壳色深浅不匀或有大理石纹的蛋是水湿蛋；蛋壳表面光滑，气孔很粗的是孵化蛋；蛋壳肮脏，色泽灰暗或散发臭味的是臭蛋。

(2)“听”

是从敲击蛋壳发出的声音来区别有无裂损、变质和蛋壳厚薄程度。方法是将 2 个蛋拿在手里，用手指轻轻回旋相敲，或用手指甲在蛋壳上轻轻敲击。新鲜蛋发出的声音坚实，似砖头碰击声；裂纹蛋发音沙哑，有“啪啪”声；空头蛋大头上有空洞声；钢壳蛋发音尖脆，有“叮叮”响声；贴皮蛋、臭蛋发音像敲瓦片声；用指甲竖立在蛋壳上推击，有“吱吱”声的是雨淋蛋。

(3)“摸”

主要靠手感。新鲜蛋拿在手中有“沉”的压手感觉。孵化过的蛋，外壳发滑，分量轻。霉蛋和贴皮蛋外壳发涩。

(4)“嗅”

即嗅闻蛋的气味。鲜鸡蛋无气味，鲜鸭蛋有轻微的鸭腥味。霉蛋有霉味。臭蛋有臭味。有其他异味的是污染蛋。

2. 光照鉴别法

光照鉴别法是根据禽蛋本身具有透光性的特点，在灯光透视下观察禽蛋内部结构和成分变化的特征的鉴别方法。根据光源性质，可分为日光鉴别法、灯光鉴别法两种。

新鲜蛋在光照透视时，蛋白完全透明，呈淡橘红色；气室极小，深度在 5 毫米内，略微发暗，不移动；蛋白浓厚澄清，无杂质；蛋黄居中，蛋黄膜包裹得紧，呈现朦胧暗影。蛋转动时，蛋黄亦随之转动；胚胎不易看出。通过照验，还可以看出蛋壳上有无裂纹，气室是否固定，蛋内有无血丝、血斑、肉斑、异物等。

我国采用电灯光照鉴别法最多。电灯光照鉴别法的具体照蛋方法，有手工照蛋和机械传送照蛋及电子自动照蛋三种。

(1) 手工照蛋

利用照蛋灯进行的。灯罩由白铁皮做成，罩壁上有一个或多个照蛋孔，供一人或多人操作。照蛋孔的高度以对准灯光最强的部位为宜。

(2) 机械传送照蛋

机械传送照蛋目前有两种形式：一种是采用由电机传动的长条形输送带传送，在传送带的两侧装上照蛋的灯台；另一种是联合照蛋机，集照蛋、装箱等于一体。这种方法目前在养殖场收蛋装箱时已经普遍应用。

(3) 电子自动照蛋

电子自动照蛋是利用光学原理，采用光电元件组装装置代替人的肉眼照蛋，以机械手代替人工手操作，以机器输送代替人力搬运，实现自动鉴别的科学方法。自动鉴别有两种方法：一种是应用光谱变化的原理进行照验。鲜蛋腐败时，氨气增加，会引起光谱的变化，在荧光灯照射下，鲜蛋发出深红、红或淡红的光线，而变质蛋会发出紫青或淡紫的光线，由此判断蛋的好坏。另一种方法是根据鲜蛋的透光度进行照验。鲜蛋变质后，其蛋黄位置、蛋黄体积和形态及色泽都将发生变化，光照时，它的透光度也有差异，被自动照蛋器认出，因此，它是根据不同的通光量来分辨蛋质量的优劣。这种方法可以应用于蛋品加工，在进入打蛋环节前进行。

3. 相对密度鉴别法

相对密度鉴别法是用不同相对密度的食盐水测定蛋的相对密度，推测蛋的新鲜度。如鸡蛋的平均相对密度为 1.084 5，大于这一相对密度的是较新鲜的鸡蛋，小于这一相对密度的是陈蛋或劣蛋。

采用相对密度法鉴别蛋的品质，其效率比手工方法要高。但盐水溶液易使鲜蛋的胶质膜（外蛋壳膜）脱落，反而易使鲜蛋变质，不便贮存。如果结合采用涂膜保鲜技术，可以减轻或避免这一不良影响。

4. 荧光鉴别法

荧光鉴别法是应用发射紫外线的水银灯照射禽蛋，使其产生荧光。根据荧光产生的强度大小，鉴别蛋的新鲜度。新鲜蛋的荧光强度微弱，蛋壳的荧光反映呈深红色、紫色或淡紫色。该法灵敏度高，有的国家已在研究应用。此外，还有电子扫描等多种方法。

六、禽蛋的贮藏管理

（一）鲜蛋的贮运特性

鲜蛋是鲜活的生命体，时刻都在进行一系列的生理生化活动。温度、湿度及污染、挤压、碰撞等都会引起鲜蛋质量的变化。鲜蛋在贮藏、运输等过程中应注意以下特点。

1. 孵育性

温度在 10～20℃时就会引起鲜蛋渐变；21～25℃时胚胎开始发育；25～28℃时发育加快，改变了品质；37.5～39.5℃时，仅 3～5 天胚胎周围就出现树枝状血丝，即使是未受精的蛋，气温过高也会引起胚珠和蛋黄扩大。高温还造成蛋白变稀、水分蒸发、气室增大、重量减轻。

2. 吸潮性

潮湿是加快鲜蛋变质的又一重要因素。雨淋、水洗、受潮都会破坏蛋壳表面的胶质薄膜，造成气孔外露，细菌就容易进入蛋内繁殖，加快蛋的腐败。

3. 冻裂性

蛋既怕高温又怕冻。当温度低于－2℃时，易使鲜蛋蛋壳冻裂，蛋液渗出；在－7℃时，蛋液开始冻结。因此，当气温过低时，必须做好保暖防冻工作。

4. 吸味性

鲜蛋能通过蛋壳的气孔不断进行呼吸，故当存放环境有异味时，有吸收异味的特性。如果鲜蛋在收购、调运、贮存过程中与农药、化学药品、煤油、鱼腥、药材或某些药品等有异味的物质或腐烂变质的动植物放在一起，就会使鲜蛋产生异味，影响食用及产品质量。

5. 易腐性

鲜蛋含丰富的营养成分，是细菌最好的天然培养基。当鲜蛋受到禽粪、血污、蛋液及其他有机物污染时，细菌就会先在蛋壳表面生长繁殖，并逐步从气孔侵入蛋内。在适宜的温度下，细菌就会迅速繁殖，加速蛋的变质甚至腐败。

6. 易碎性

挤压碰撞极易使蛋壳破碎，造成裂纹、流清等，使之成为破损或嵌蛋黄，影响蛋的品质。

鉴于上述特性，鲜蛋必须存放在干燥、清洁、无异味、温度偏低（以－1～0℃为宜）、湿度适宜、通气良好的地方，并要轻拿轻放，切忌碰撞，以防破损。

（二）蛋的贮藏与管理

1. 冷藏法

鲜蛋的冷藏主要是利用低温条件，抑制鲜蛋的酶活动，降低新陈代谢，减少干耗率。同时，抑制微生物的生长及繁殖，减少生物性腐败的发生，在较长时间内保持鲜蛋的品质。选好的鲜蛋在冷藏前必须经过预冷，以使鲜蛋温度由常温逐渐降低到接近冷藏温度。预冷的目的是防止“蛋体结露”及突然降温造成蛋的内容物收缩，引起鲜蛋蛋白加快变稀、蛋黄膜韧性减弱。同时，微生物也容易随空气进入蛋内，造成变质。一般经20～40小时，当蛋的温度降至2～3℃即可停止降温，结束预冷转入冷藏库。冷藏库内温度为－1～0℃，相对湿度控制为85%～88%。换气量一般是每昼夜2～4个库室容积，换气量过大会增加蛋的干耗及设备的能量损耗。

2. 浸泡法

浸泡法是选用适宜的溶液，将鲜蛋浸在其中，同空气隔绝，阻止鲜蛋中的水分向外蒸发，避免微生物污染，抑制蛋内二氧化碳逸出，保持鲜蛋品质。浸泡溶液有石灰水、水玻璃、萘酚盐、苯甲酸合剂等，有的还采用混合浸液，常用的主要是前两种。

3. 涂膜法

涂膜法是在鲜蛋表面均匀地涂上一层薄膜，堵塞蛋壳气孔，阻止微生物的侵入，减少蛋内水分和二氧化碳的挥发，延缓蛋内的生化反应速度，达到较长时间保持鲜蛋品质和营养价值的方法。

目前有水溶液涂料、乳化剂涂料和油质涂料被使用，如液体石蜡、植物油、动物油、凡士林、聚乙烯醇、聚苯乙烯、聚乙酰甘油一酯。此外还有微生物代谢的高分子材料，如出芽短梗孢糖等。值得注意的是，由于涂膜剂可能渗透到鲜蛋内部，给消费者的健康带来影响，不同的国家对同一种涂膜材料的规定是不同的。

4. 气调法

气调法主要是把鲜蛋贮藏在一定浓度的二氧化碳、氮气等气体中，使蛋内自身形成的二氧化碳不易散发并降低氧气含量，从而抑制鲜蛋内的酶活性，减慢代谢速度，同时抑制微生物的生长，保持蛋的新鲜程度。实验证明，气调法配合低温冷藏法，有较好的贮藏效果。

思　考　题

1. 简述我国畜产食品原料的生产供给和发展趋势。
2. 通过对畜禽品种的学习，体会畜产品生产对种质资源的依赖性。
3. 畜产食品原料有几类？各自的特征是什么？
4. 简述屠宰后猪肉的变化过程，并叙述对贮运的意义。
5. 分析牛乳的组成特点对贮藏运输的要求。
6. 描述乳脂肪的结构特点。
7. 根据蛋的结构，简述蛋的理化特征。
8. 蛋的加工特性有哪些？

第五章

水产食品原料

学习重点：

了解我国水产资源特点；熟悉我国河流、湖泊、海洋的水产资源供给情况；掌握水产资源的品质特性和营养特点；熟悉常见的淡水养殖种类、海洋养殖与捕捞种类的基本特点；了解水产品的加工利用方法及安全质量要求等。

第一节　我国水产资源及其供给

水产资源是指天然水域中具有开发利用价值的经济动植物种类和数量的总和，又称渔业资源。按照水域特点可分为海洋渔业资源和内陆水域（江河湖泊）渔业资源。水产品种类繁多，按生物学分类法，水产食品原料可分为水产动物和藻类两大类。水产动物包括爬行类动物、鱼类、棘皮动物、甲壳动物、软体动物、腔肠动物等。藻类主要包括大型海藻类和微藻类植物。我国对水产品产量统计是按鱼类、虾蟹类、贝类，藻类、其他类等分类的。本章主要介绍海洋鱼类、淡水鱼类、虾蟹贝类、软体类和藻类等。

一、我国内陆渔业资源

内陆水域总面积指江、河、湖泊、池塘、塘堰、水库等各种流水或蓄水的水面占地面积。

我国是世界上内陆水域面积最大的国家之一，内陆水域总面积 2 700 余万公顷，占国土总面积的 2.8%。其中江河面积约 1 200 万公顷，湖泊面积 752 万公顷，800 万余座水库面积 230 万公顷，池塘总面积 192 万公顷。江河、湖泊及水库既是渔业捕捞场所，又是水生经济动植物增殖、养殖的基地。全国的内陆水域可供渔业养殖的水面为 675 万公顷，现已养殖使用的水面为 467 万公顷。

西安半坡出土的渔具，太湖、上海等地的出土文物等说明，我们的先民们早在六七千年前就有了丰富发达的捕捞渔业。公元前 5 世纪陶朱公范蠡所著《养鱼经》可能是最早的渔业专著，特别记录了池塘养鲤的经验。

我国内陆水域鱼类有 770 余种，其中不入海的纯淡水鱼约 709 种，入海洄游性淡水鱼约 64 种，而主要经济鱼类有 140 余种。我国内陆水域中的鱼类以温水性种类为主，其中鲤科鱼类约占我国淡水鱼的 1/2，鲇科和鳅科合占 1/4，其他各种淡水鱼占 1/4。在我国淡水渔业中，占比重相当大的鱼类有鲢、鳙、青鱼、草鱼、鲤、鲫、鳊等。其中青鱼、草鱼、鲢、鳙是我国传统的养殖鱼类，被称为“四大家鱼”。它们生长速度快、适应能力强，在湖泊中摄食生长，到江河中去生殖，属半洄游性鱼类。

另外，还有许多有名的地方鱼类资源，如江西的铜鱼、珠江的鲮、黄河的花斑裸鲤、黑龙江的大马哈鱼、乌苏里江的白鲑、长江中下游银鱼、青海湖的裸鲤。还有名特产品和珍稀鱼类，如长江中下游的中华鲟、白鲟、胭脂鱼等。此外，白鲟、白鳍豚、扬子鳄、大鲵等是国家重点保护的水生生物。

近多年来，从国外引进、推广并养殖较多的鱼类有非鲫、尼罗非鲫、淡水白鲳、革胡子鲇、加州鲈、云斑鮰等，主要在长江中下游及广东、广西等地生产，虹鳟、德国镜鲤等在东北、西北等地区养殖。

我国内陆水域渔业资源除上述鱼类外，虾、蟹、贝类及淡水藻类资源也都很丰富。相关种类介绍见后述内容。

二、我国海洋渔业资源

我国海疆辽阔，大陆海岸线长达 18 000 多千米，拥有渤海、黄海、东海和南海 4 大海域，另外加上 5 000 多座大小岛屿的海岸线，总长 32 000 多千米，总管辖海域面积可达 473 万千米^2，蕴藏着丰富的海洋渔业资源。我国海区的大陆架极为宽阔，是世界上最宽的大陆架海区之一，15 米等深线以内的前海和滩涂面积有 12 万千米^2，可供人工养殖的有 1.62 万千米^2，各海区平均深度较浅，沿岸有众多江河径流入海，带入大量营养物质，为海洋渔业资源的生长、育肥和繁殖提供了优越的场所，为发展人工增殖资源提供了有利条件。另外，还有 6 500 多个岛屿。海洋生物多达 3 000 种，可供捕捞和养殖的有 1 694种，经济价值较大的有 150 多种。此外，还有藻类约 2 000 种，甲壳类近 1 000 种，头足类约 90 种。在我国沿岸和近海海域中，底层和近底层鱼类是最大的渔业资源类群，产量较高的鱼种有带鱼、马面鲀、大黄鱼、小黄鱼等，其次是中上层鱼类，广泛分布于黄海、东海和南海。

我国海域地处热带、亚热带和温带 3 个气候带，水产品种类繁多。仅鱼类就有冷水性鱼类、温水性鱼类、暖水性鱼类、大洋性长距离洄游鱼类、定居短距离鱼类等许多种类。大跨度的气候带，是我国海洋渔业发展的重要基础。

海洋捕捞业包括沿岸、近外海和远洋等捕捞业。我国海洋渔业捕捞量从 1957 年至 2015 年增长了 6 倍多，即从 181.5 万吨增长到 1 280.8 万吨。我国海水养殖量更是增长了 152 倍，即从 1957 年的 12.2 万吨增长到 2015 年的 1 875.6万吨。近年来，我国海水养殖已成为海洋渔业的主导产业，并保持较高的增长速度。图 5-1 显示了我国 2001—2015 年的海洋渔业变化情况，可见自 2006 年起，海水养殖量已经超过了海洋捕捞量。

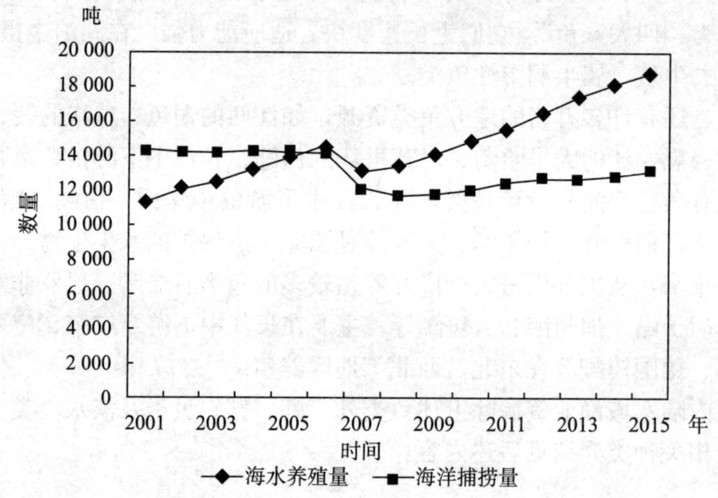

图 5-1　我国 2001—2015 年海洋渔业捕捞量与养殖量

资料来源：李丽丹．中国海洋渔业转型评价与时空演化分析［D］．大连：辽宁师范大学，2018.

尽管 21 世纪是人类公认的海洋时代，各国都加大对海洋的投入，增加对海洋资源的开发与利用。但是，海洋渔业具有明显的资源依赖性和环境多变性。FAO 早在 20 世纪 90 年代初就指出，全世界 17 个主要渔场都已经达到或超过可持续发展的能力，其中 9 个渔场处于衰退状态，个别渔场已到崩溃边缘。对于我国的发展而言，也应当本着科学、生态、可持续的原则，做到有序开发和利用，不仅保障资源的有效供给，也要保障食品的绿色安全。

三、水产资源的基本特性

第一是资源的再生性。一般地，在人类不干预的情况下，水产资源具有自行繁衍的特征。即通过生物个体的生长、发育或种群的繁殖和新老替代，使资源不断更新，种群不断获得补充，并通过一定的自我调节能力而达到数量上的相对稳定。如果环境适宜，开发利用适当，注意资源保护，禁止过度捕捞，则水产资源会自行繁殖，永续利用。如果环境不良或酷渔滥捕，则水产资源遭到严重破坏，其更新再生受阻，种群数量急剧下降，资源必然衰弱。因此，对水产的利用必须适度，以保持其繁衍再生和良性循环。目前普遍实施的海洋捕捞休渔期和主要江河、湖泊的休渔期都是很好的保护措施。

第二是资源的不稳定性。不少鱼类资源的年际产量波动很大。除了气象、水文等自然因素对发生量、存活率和鱼类本身的种群结构、种间关系等有很大的影响外，人为捕捞因素往往更能引起种群数量剧烈变动，甚至引起整个水域种类组成的变化，所以，掌握鱼汛期、科学控制捕捞量十分重要。

第三是资源的共享性。由于渔业资源广泛分布，有些水产资源栖息于公海，或还具有一定规律的洄游习性，例如溯河产卵的大马哈鱼及大洋性金枪鱼类等，其整个生活过程不只是在 1 个国家或 2 个国家管辖的水域栖息，而是洄游在几个国家管辖的水域。有的幼鱼在某个国家专属经济区内生长，而成鱼则在另一个国家专属经济区或专属经济区以外的海域生活。因此这种水产资源为几个国家共同开发利用，具有资源共享性，并需要国际的合作。

四、水产品原料特性

除了受到水产自然资源的特殊性影响外，作为食品原料的水产品也具有十分突出的特点。

1. 种类丰富多样

无论是海洋捕捞还是近海养殖，其种类丰富程度都远超过畜禽养殖的种类。例如，我国贝类就有 8 800 种左右生活于海洋中，占现存贝类总数约 80%，常见的有牡蛎、扇贝、贻贝、蛏子、花蛤、鲍、江珧、泥螺、泥蚶等经济食用品种。

2. 产量分布不均

主要是因为水域（包括海洋和内陆水域）资源分布不均造成了水产品分布不均。我国水产品主要来自山东、江苏、浙江、福建、广东、广西、海南、台湾、辽宁、天津、上海及武汉、重庆、四川等省份。

3. 季节性供给明显

内陆淡水养殖产品供给，一般以秋冬季节为主；海洋捕捞则相对时间区间较长，因为可以不断转换渔场；近海养殖也具有一定的季节性限制。所以，水产品基本呈现一定的季节性供给。

4. 容易腐败变质

水产品绝大部分都是较低等的生物类型，离开水域后，其生命体的存活及品质保障都会受到较大挑战，且最容易发生腐败变质。因此，水产品应当及时处理、及时运输、及时贮藏、及时加工。冷冻技术及冷链运输条件的建立是最好的保障体系。

5. 环境影响较大

除了世界气候大环境影响远洋渔场、鱼汛外，近海水域水质变化、内陆水域环境（包括水源、水质、建设等）的变化等都会对当年的水产供给产生较大影响。

6. 贮运成本较大

由于水产品容易腐烂，运输的冷链设施就是最大的成本之一，再加上资源地域性差异，水产品的运输成本较一般食品原料成本高得多。

第二节　水产食品原料的化学组成与营养特性

一、水产动物原料的化学成分与营养特性

我们参考一般鱼体的体躯结构（图 5-2），以便更好地理解水产动物的化学组成成分及其营养特点。

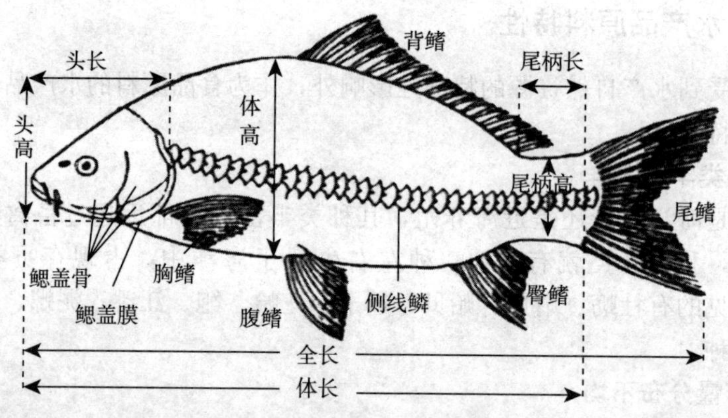

图 5-2　鱼体躯结构及其各部位名称

（一）肌肉组织

1. 体侧肌和肌节

鱼体的肌肉组织是主要的可食部分，对称地分布在脊背两侧，一般称为体侧肌。每侧体侧肌再划分为背肌和腹肌。从鱼体前部到尾部连续排列成 M 形的很多肌节，每一肌节都是由无数平行的肌肉纤维纵向排列，并前后连接在许多称为肌隔的结缔组织膜上。从体侧肌的断面图看，背肌和肌节都是以同心圆形状排列的。

2. 暗色肉与红色肉

暗色肉即存在于侧线的表面及背侧部和腹侧部之间的肌肉组织，其肌纤维稍细，富含血红蛋白和肌红蛋白等色素蛋白质及各种酶蛋白。运动性强的洄游性鱼类，如鲣、金枪鱼等普通肉中也含有相当多的肌红蛋白和细胞色素等色素蛋白，因此也带有不同的红色，一般称为红色肉。有时也把这种鱼类称为红肉鱼，而把带有浅色普通肉或白色肉的鱼类称为白肉鱼类。

（二）蛋白质

一般鱼肉含有15%～22%的粗蛋白质，虾、蟹类蛋白质含量与鱼类大致相同，贝类蛋白质含量较低，为8%～15%；脂肪、碳水化合物含量低。因此水产品是一种高蛋白、低脂肪和低热量食物。鱼、贝类蛋白质含有的必需氨基酸的种类、数量平衡，多数鱼类的AAS值（混合食物的氨基酸）均为100，和猪肉、鸡肉、禽蛋的AAS值相同，高于牛肉和牛乳，第一限制性氨基酸大多是含硫氨基酸，鱼类蛋白质的赖氨酸含量特别高，鱼类蛋白质消化率达97%～99%，和蛋、乳相同，高于畜产肉类。鱼、贝类的蛋白质主要为肌原纤维蛋白、肌浆蛋白和肌基质蛋白3种。这几种蛋白质与畜禽的蛋白质组成基本相同，但在数量上存在差异。表5-1总结了几种鱼类的蛋白质组成。

表5-1　几种鱼类肌肉的蛋白质组成

单位：%

种类	肌浆蛋白	肌原纤维蛋白	肌基质蛋白
鲐	38	60	1
远东拟沙丁鱼	34	62	2
鳕	21	70	3
星鲨	21	64	7
鲤	33	60	4
鳙	28	63	4
团头鲂	32	59	4
乌贼	12～20	71～85	2～3

资料来源：叶桐封．淡水鱼加工技术［M］．北京：中国农业出版社，1993.

（三）脂肪

鱼贝类组织中的脂肪一般分为积累脂肪（贮藏脂肪）和组织脂肪。积累脂肪主要成分为甘油三酯，主要分布于皮下组织、肝脏、肠和腹腔等，鱼的种类不同，积累脂肪分布变化较大，如淡水鲢、鲤、草鱼等腹腔的脂肪块等较为明显，鲨等海洋鱼类的肝脏积累脂肪较多。组织脂肪主要是磷脂和固醇类等功能性成分，含量不高（0.5%～1%）但意义重大。

鱼类脂质的脂肪酸组成和畜禽动物的脂质不同，二十碳以上的脂肪酸较多，其不饱和程度也较高。海水鱼脂质中的十八碳、二十碳和二十二碳不饱和脂肪酸较多。但也含有较多的十六碳饱和酸和十八碳不饱和酸。二十碳五烯酸（EPA）和二十二碳六烯酸（DHA）等 ω-3 系列多烯酸具有防治心脑血管疾病和促进幼小动物生长发育等功效，具有重要开发利用价值。

（四）碳水化合物

1. 糖原

鱼类是将糖原和脂肪共同作为能源来贮存的，含量一般在 1%以下。贝类以糖原作为主要能源贮存，所以贝肉的糖原含量高于鱼肉，其含量有显著的季节性变化，一般在产卵期最少，产卵后急剧增加。

2. 其他糖类

主要包含中性黏多糖（如壳多糖）、硫酸化多糖（如硫酸软骨素）及非硫酸化多糖（如透明质酸）。

（五）维生素

水产动物含有的维生素主要包括脂溶性维生素 A、维生素 D、维生素 E 和水溶性 B 族维生素和维生素 C，是维生素的良好供给源。其分布依种类和部位而异，肝脏中最多，皮肤中次之，肌肉中最少。红肉鱼类中维生素含量多于白肉鱼类，多脂鱼类中维生素含量多于少脂鱼类。

（六）无机质

鱼、贝类的无机质含量在骨、鳞、甲壳、贝壳等硬组织中含量高，特别是贝壳中，高达 80%～99%，而肌肉中无机质含量相对含量低，为 1%～2%。无机质作为蛋白质、脂肪等组成的一部分，在代谢的各方面发挥着重要的作用。

（七）色素物质

鱼类的体色是由存在于皮肤真皮或鳞周围的色素细胞和存在于真皮深处结合组织周围的光彩细胞造成的。两者的排列收缩和扩张使鱼体呈现出微妙的不同色彩。鱼类的肌肉色素主要是由肌红蛋白和血红蛋白构成的，绝大部分鱼类的肌肉色素是由肌红蛋白构成的，极个别鱼类的肌肉色素是 β-胡萝卜素类，如鲑、鳟等。而海产动物的种类不同，血液色素也显著不同。

（八）挥发性物质

鱼、贝类食品原料特有的鱼腥味是由其体内的挥发性物质造成的。这些挥发性物质主要包括：①挥发性含硫化合物；②挥发性含氮化合物；③挥发性脂肪酸；④挥发性羰基化合物；⑤非羰基中性化合物。

（九）呈味物质

鱼、贝类的呈味物质主要有游离氨基酸、低分子肽及其核苷酸关联的化合物、有机盐类化合物、有机酸等。鱼类呈鲜味的是谷氨酸和肌苷酸，无脊椎动物的鲜味主要是谷氨酸和腺苷酸。谷氨酸和核苷酸都是呈味构成的主要成分，两者不仅因相乘作用而使鲜味增强，而且赋予食品味道的持续性和复杂性，产生浓厚圆和之感，具有提高整体呈味效果的作用。当然，不同鱼类的呈味物质具有一定的特异性，需要综合研究这些物质的组成。

（十）毒素

鱼类毒素是指鱼类体内含有的天然有毒物质，包括由鱼类对人畜引起食物中毒的“自然毒素”和通过其外部器官刺、咬而传播的“刺咬毒素”。如引起食物中毒的鱼类毒素有河豚毒素、雪卡毒素和鱼卵毒素等；而刺咬毒则存在于某些魟科、鲉科鱼类，其放毒器官是刺或棘，毒素成分主要是蛋白质类毒素。这些鱼类通过刺、咬而使被攻击对象中毒，使其产生剧痛、麻痹、呼吸困难等各种不同症状，严重的可导致死亡。

河豚毒素致死率较高，中毒症状主要是感觉和运动神经麻痹，以至于呼吸器官衰竭而死。我国有毒河豚有 7 个科 40 多个种，但人工养殖的河豚无毒。雪卡毒素是存在于热带、亚热带珊瑚礁水域的某些鱼类的有毒物质，中毒的主要症状是对温度感觉异常，中毒死亡率不高，但恢复时间较长。

二、藻类原料的化学成分及特性

水产食品原料除了各类鱼类、贝类、虾蟹类等，还有大量的藻类生物资源，这些也是很好的食品资源。经济食用藻类包括海产的藻类，如海带、紫菜、裙带菜、石花菜、石莼、礁膜等。淡水藻类有莼菜（又名马蹄菜、湖菜等）、地木耳、发菜等。从广义上讲，我们也将藻类生物列入水产食品原料进行介绍。

（一）碳水化合物

海藻中的碳水化合物占其干重的 50%以上，是海藻的主要成分，其中不仅含有红藻淀粉、绿藻淀粉、海带淀粉等不同于陆上植物的贮藏多糖，亦含有琼胶、卡拉胶、褐藻酸等陆上植物不含有的海藻多糖。

（二）抽提物含氮成分

藻类中的主要抽提物含氮成分为游离氨基酸，如 L-α-红藻氨酸、异红藻氨酸、软骨藻酸、海带氨酸、肉质蜈蚣藻氨酸等。

（三）维生素

海藻主要以富含水溶性维生素为特征。红藻中维生素 B_1、维生素 B_2 含量较多，还含有维生素 B_{12}。大多数海藻的维生素 B_{12} 含量相当于一般动物内脏中维生素 B_{12} 的含量，海藻中富含维生素 C，可达 1 000 毫克/千克以上。

（四）无机质

藻类灰分含量为10%～20%。藻类的无机质成分中，以钠、镁、钙、钾含量较高。海藻是碘的重要来源，此外海藻中的硒、锌含量也较高。

三、水产食品原料中的生物活性物质

（一）牛磺酸

贝类、鱿鱼、章鱼、甲壳类的牛磺酸含量较高。牛磺酸在治疗病毒性肝炎和功能性子宫出血方面得到临床应用；日本用牡蛎内提取液粉末治疗精神分裂症患者；在老年保健方面，海洋生物中富含的牛磺酸又作为一种抗智力衰退、抗疲劳、健体强身的有效成分使用。

（二）活性肽

活性肽是指具有特殊生理功能的肽，如促钙吸收肽、降血压肽、降血脂肽、免疫调节肽等。鱼、贝类中被证实具有降血压功能的活性肽的有沙丁鱼、南极磷虾、金枪鱼和大马哈鱼。

（三）多不饱和脂肪酸

EPA、DHA在低温下呈液状，一般冷水性鱼、贝类中的含量较高。一般鱼中DHA含量高于EPA，且洄游性鱼类如金枪鱼类的DHA含量高达20%～40%；贝类一般EPA含量高于DHA；螺旋藻、小球藻EPA含量高达30%以上，远高于DHA（表5-2）。

表5-2 水产食品原料的EPA及DHA含量

单位：%

原料	EPA	DHA	原料	EPA	DHA
远东拟沙丁鱼	16.8	10.2	鱿鱼	11.7	33.7
大马哈鱼	8.5	18.2	乌贼	14.0	32.7
秋刀鱼	4.9	11.0	对虾	14.6	11.2
狭鳕肝	12.6	6.0	梭子蟹	15.6	12.2
黄鳍金枪鱼	5.1	26.5	鲨	5.1	22.5
大目金枪鱼	3.9	37.0	牡蛎	25.8	14.8
马鲛	8.4	31.1	扇贝	17.2	19.6
带鱼	5.8	14.4	毛蚶	23.1	13.5
鲳	4.3	13.6	文蛤	19.2	15.8
海鳗	4.1	16.5	螺旋藻	32.8	5.4
小黄鱼	5.3	16.3	小球藻	35.2	8.7

(四) 海藻膳食纤维

海藻中的膳食纤维主要有：褐藻淀粉、琼胶、卡拉胶、褐藻胶、马尾藻聚糖、岩藻聚糖、硫酸多糖等。其生理功能包括抗凝血作用及降低血液中的中性脂肪；抗肿瘤作用；重金属的排出作用和放射性元素的阻吸；抗艾滋病病毒作用。

(五) 甲壳质及其衍生物

水产动物的虾壳、蟹壳中甲壳质含量较高，海洋浮游生物的甲壳质含量较高。其生理功能包括降低胆固醇、调节肠内代谢、调节血压、抗菌性。

第三节 主要水产食品原料简介

一、常用淡水鱼类的品种与特性

(一) 鲤

鲤别名鲤拐子，是我国分布最广、养殖历史最悠久的淡水经济鱼类，广布于江河、湖泊、池塘、沟渠中。鲤体长，侧稍扁，腹部较圆，鳞片大而圆、紧实。头后背部稍有隆起，口下位，有吻须和颌须各 1 对，颌须长度约为吻须的 2 倍，背鳍和臀鳍均有硬棘，尾鳍叉形。体背呈灰黑或黄褐色，体侧呈黄色，腹部呈灰白色。鲤属于底栖性鱼类，适应性强，食物以动物性饵料为主，具有抗污染能力、繁殖快和生长快的特点。一般商品规格是 0.5～1.0 千克。

(二) 青鱼

青鱼别名黑鲩、乌青、螺蛳青等，属于鲤形目、鲤科、青鱼属。鱼体形长，亚圆筒形，尾部稍侧扁，体长 10～40 厘米，鱼体呈青黑色，鳍均为黑色，头宽平，口端位，无须。是江河湖泊的底栖性鱼类之一，分布于我国各大水系，主产长江以南平原地区水域，其中以长江水系种群最大，秋冬所产质量较好。青鱼为四大家鱼之一，肉厚多脂，少刺味鲜，肉质结实，富有弹性。商业规格为 2.5 千克，养殖周期为 3～4 年。

(三) 草鱼

草鱼别名鲩、草鲩、草青、棍鱼、猴子鱼等，属于鲤科、草鱼属。鱼体形长，亚圆筒形，尾部稍侧扁。鱼体呈茶黄色，背部带青灰色，腹部呈白色，胸鳍、腹鳍呈灰黄色，头宽平口端位，无须，吻部较青鱼为钝。背鳍与腹鳍相对，各鳍均无硬刺。草鱼分布在我国各地水系，长江、珠江为主要产区。草鱼栖息在水域的中下层，以水生植物为食，生长较快，产季 5～7 月为旺季，人工养殖 9～11 月为旺季。一般商业规格为 1～2 千克，最大的可以长到 30 千克。

（四）鲢

鲢别名白莲、鲢子、白鱼等，属于鲤形目、鲢科、鲢亚科。鱼体侧扁较高，体长 10～40 厘米，鱼头占体长的 1/4，口大，眼下侧位，体银灰色，鳞片细小，腹部的腹鳍前后均有肉棱，称为腹棱，胸鳍末端伸达腹鳍基部。全国各地均有分布，主要以长江中下游较多，四季均产，与鳙、草鱼、青鱼合称四大家鱼。鲢肉软嫩细腻，但刺小且多。商业规格为 0.5～1.0 千克，也可以长到 10 千克以上。

（五）鳙

鳙别名花鲢、胖头鱼，属于鲢亚科。体侧扁，体长 10～40 厘米，头占体长的 1/3，口较大，眼下侧位，鳞细小，体背暗黑色，体侧有不规则的小黑点，腹面从腹鳍至肛门有肉棱，胸鳍末端深达腹鳍基底。全国各地均有分布，主要以长江中下游较多。鳙肉质细嫩洁白，肥厚多脂，紧实有弹性，头大肥美，是烹调的好食材。个体大的鳙可达 35～40 千克，食用商品鱼以 0.5～1 千克为好，养殖周期为 2 年。

图 5-3　鲢（左）、鳙（右）

（六）鲫

鲫别名鲫瓜子、喜头、土鲫、细头、鲋等，属于鲤科、鲤亚科。鲫体侧扁，稍高，头小，体长为 7～20 厘米，背部青褐色，腹部银灰色，口端位，无须，斜裂，背鳍和臀鳍有硬棘，尾鳍叉形。鲫是杂食性鱼类，生长较慢，以春冬两季肉质较好，肉味鲜美，营养价值高，但刺细小且多。商业规格以 150～250 克为好。

（七）黑鱼

黑鱼学名为鳢，又有活头、乌鳢、乌鱼、生鱼、财鱼、蛇鱼、火头鱼等别称，属于鲈形目、鳢亚目、鳢科、鳢属。鱼体亚圆筒形，体长 25～40 厘米，青褐色，具有三纵行黑色斑块，眼后至鳃孔有两条黑色横带，头大，头部扁平，口大牙尖，吻部圆形，背鳍、臀鳍特长，腹部呈灰白色。除西北地区外，我国各地均有出产，四季均产，冬季最肥。黑鱼肉多刺少，肉厚致密，味鲜美，煮熟后发白而较嫩。

(八) 鲶

鲶别名鲇、土鲇，常见的有大口鲶、胡子鲶（塘虱）、革胡子鲶（埃及胡子鲶）等称谓，客家人俗称塘滑鱼，属于鲶形目、鲶科、鲶属。鱼体细长，体表无鳞，有黏液，非常滑腻。头平扁眼小，口宽大，体色灰黑有斑块，臀鳍与尾鳍相连，胸鳍有一硬棘。胡子鲶有 8 根胡须，上下各 4 根。革胡子鲶有 8 根胡须，通体发黑，个体巨大。鲶遍布于我国东部各主要水系，四季均产，9～10 月最肥美。鲶肉质细嫩，爽滑刺少，味道鲜美。

二、常见海洋鱼类的种类与特质

海洋鱼类繁多，生物学属性差异较大，分布区域广泛，这里仅介绍常见的主要类型及其特性。

(一) 大黄鱼

大黄鱼又名大黄花、大王鱼、大鲜，属于鲈形目、石首鱼科、黄鱼属。一般体长 30～40 厘米，体重 1.0～1.6 千克，体黄褐色，腹部金黄色。属于中下层暖水结群洄游鱼类，4～6 月向近海洄游产卵，鱼汛旺季广东沿海为 10 月，福建为 12 月至翌年 3 月，浙江为 5 月。产地主要为黄海南部、东海和南海，浙江舟山群岛产量最多。

(二) 小黄鱼

小黄鱼又名小黄花、小王鱼、小鲜。外形酷似大黄鱼，但尾柄短，鳞片较大，一般体长 16～25 厘米，最长 35 厘米，体重 0.7 千克，体呈金黄色，鳞片较大黄鱼大。喜欢温水性底层栖息，3～6 月产卵后，分散在近海索饵，鱼汛期在每年的 4～6 月和 9～10 月。小黄鱼主要分布在我国黄海、渤海、东海、台湾海峡。小黄鱼肉质鲜嫩，呈蒜瓣状，刺少肉多，肉刺易分离。

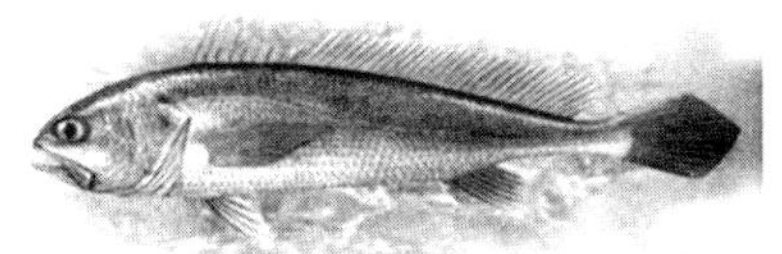

图 5-4　大黄鱼（左）、小黄鱼（右）

(三) 带鱼

带鱼又名刀鱼、裙带鱼、牙鱼、磷刀鱼，属于鲈形目、带鱼科、带鱼属。分布很广，是近底层暖温性鱼类。体形侧扁呈带形，尾细长如鞭，体长可长达 100 厘米以上，口大，牙锋利，背鳍长，胸鳍小，无腹鳍，尾鳍退化呈鞭状，鳞退化呈无鳞状，体表有一层银白色的粉。东海产量最高，浙江山东沿海产量多，为我国四大经济鱼类之一。每年 9 月至翌年 3 月为鱼汛旺季。带鱼可食部位多，肉多刺少，肉细嫩肥软，味道鲜香，腹部有游离的小刺，但质地软糯。

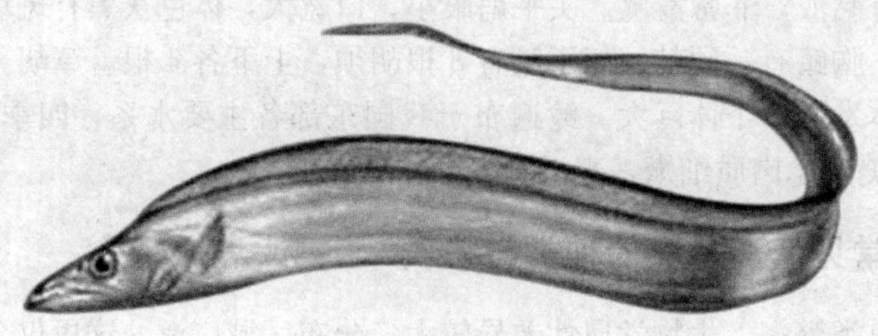

图 5-5 带 鱼

（四）比目鱼

比目鱼又称鲽，属于硬骨鱼纲、鲽形目，是世界重要的经济海产鱼类之一。主要生活在大部分海洋的底层。由于它们的身体扁平，双眼同在身体朝上的一侧，这一侧的颜色与周围环境配合得很好，身体朝下的一侧为白色，比目鱼体侧扁，头小，身体表面有极细密的鳞片。比目鱼只有一条背鳍，从头部几乎延伸到尾鳍。比目鱼的品种很多，全世界有 540 余种，我国产 120 种，主要类别有鳒、鲆、鲽、鳎、舌鳎等。烹饪常用的比目鱼主要有鲽和舌鳎。

（五）鲳

鲳属于鲈形目、鲳科、鲳属，是近海洄游性鱼类。种类不多，我国有 3 种，即银鲳、灰鲳和中国鲳。银鲳又名镜鲳、平鱼、白鲳等。体侧扁而高，卵圆形，口小牙细，成鱼腹鳍小，胸鳍长，背鳍和臀鳍长，尾鳍呈深叉形，下叶长于上叶。东海、南海出产较多，4～5 月品质最佳，数量最多，9～10 月也有出产，但产量少。鲳是名贵的食用鱼类，肉质厚而细嫩洁白，味鲜美，刺少，骨软，内脏少，肉多。

（六）鲈

鲈属于鲈形目、真鲈科、花鲈属。常见的有 4 个种，如海鲈，学名日本真鲈，分布于近海及河口海水淡水交汇处；松江鲈，也称四鳃鲈，属于降海洄游性鱼类，最为著名；大口黑鲈，也称加州鲈，是从美国引进的新品种；河鲈，也称赤鲈、五道黑，原产于新疆北部地区。鲈体侧扁，口大，下颚突出，背厚、鳞小、腹小，背部和背鳍有小黑斑点，第一背鳍由硬棘组成。主要产于黄海、渤海，以辽宁的大东沟、山东的羊角沟、天津北塘产量多。产季为 3～9 月，立秋前后为旺季。肉多刺少，肉质白嫩，味道鲜美，肉为蒜瓣形，鱼肉韧性强不易碎。

（七）金枪鱼

金枪鱼又称鲔，香港又称吞拿鱼，属于鲈形目、金枪鱼亚目、金枪鱼科、金枪鱼属。金枪鱼的肉色为红色，这是因为金枪鱼的肌肉中含有大量的肌红蛋白所致。金枪鱼多栖息于暖水海域，是一种大型远洋性重要商品食用鱼。金枪鱼有 8 个品种，其中多数品种体积巨大，最大的体长达 3.5 米，体重达600～700 千克，而最小的品种体重只有 3 千克。金枪鱼鱼体呈纺锤形，青褐色，头大而尖，牙细小，尾柄细小，有 2 个背鳍，几乎连续，背鳍和臀鳍后方各有 8～10 个小鳍。我国南海和东海为主要产地，春夏季节为金枪鱼的捕捞期。金枪鱼肉富含脂肪，肉质细嫩，味道鲜美，肉多刺少。

（八）海鳗

海鳗别名狼牙鳝、牙鱼、门鳝，属于鳗形目、海鳗科、海鳗属。海鳗是著名的海产经济鱼类，属于暖水性底层鱼类，广泛分布于非洲东部、印度洋和西北太平洋，我国沿海均有产出。海鳗体狭长，一般体长 50 厘米，最大者可达 100 厘米以上。体躯呈亚圆筒形，后端侧扁，背侧暗灰色，腹侧近乳白色，无鳞光滑，口大，牙齿大而尖锐，背鳍和臀鳍与尾鳍相连，无腹鳍。海鳗以冬至前后捕捞最适宜，其肉多刺少，肉质细嫩洁白，味道鲜美。

图 5-6　金枪鱼（左）、海鳗（右）

（九）鳕

鳕别名阔口鱼、石肠鱼、大口鱼、大头青、大口鱼、大头鱼等，属于鳕形目、鳕亚目、鳕科、鳕属。鳕为冷水性底层鱼类，分布于北太平洋，我国主要产于黄海和东海北部。鳕头大，下颌较上颌短，背部为褐色或灰褐色，腹部白色，散在有褐色斑点。一般体长 20～70 厘米，最长可达 100 厘米。鳕肝含油量高，富含维生素 A 和维生素 D，是制作鱼肝油的原料。俄罗斯、美国、日本是主要的生产国。

（十）鲐

鲐又称为日本鲐、青花鱼、油桶鱼、鲭等，属于鲈形目、鲭科、鲐属。我国沿海均有产，为主要的海产经济鱼类。鲐体呈纺锤形，一般体长 20～40 厘米，最长可达 60 厘米，体重 150～400 克。尾柄细，背部青色，腹部白色，第二背鳍和臀鳍后方各具 5 个小鳍，尾鳍呈叉形，体侧上部具深蓝色波状条纹。我国辽宁、山东、浙江沿海均有产，夏秋季节均可捕捞。

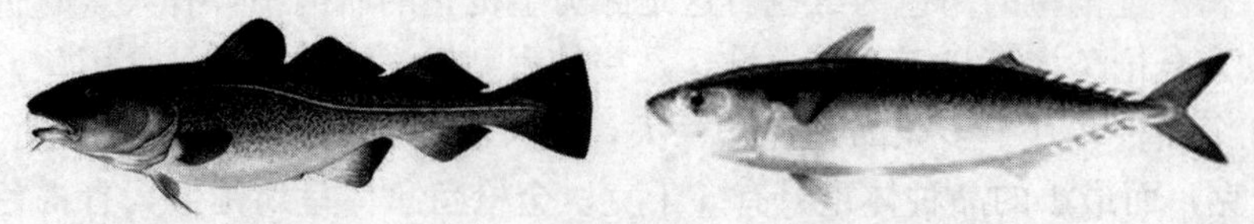

图 5-7 鳕（左）、鲐（右）

（十一）马鲛

马鲛又称为鲅、燕鱼，属于鲈形目、鲭亚目、鲭科、马鲛属。是暖温性上层鱼类。分布于太平洋西部，我国黄渤海、东海近海水域有产，是我国主要的经济鱼类。马鲛体形狭长，头长大于体高，口大，稍倾斜，牙尖利而大，头及体背部蓝黑色，腹部银灰色，体侧中央有数列黑斑侧线呈不规则的波浪状，背鳍 2 个，第一背鳍长，有 19～20 个鳍棘，第二背鳍较短，背鳍和臀鳍之后各有 8～9 个小鳍；胸鳍、腹鳍短小无硬棘，尾柄细，每侧有 3 个隆起脊，以中央脊长而且最高、排列稀疏，体被细小圆鳞，尾鳍大，深叉形。马鲛含有较高脂肪，鱼肝含有较高的维生素 A 和维生素 D。一般体长为 25～50 厘米、最大可达 100 厘米，体重 300～1 000 克。

（十二）秋刀鱼

秋刀鱼学名为 *Cololabis saira*，取自日本纪伊半岛当地人对此鱼种的名称，其中 saira 取自俄语（сайра）。中文与日文的汉字都是“秋刀鱼”，可能是源自其鱼体修长如刀，同时生产季节在秋天的缘故。它是颌针鱼目、竹刀鱼科、秋刀鱼属。秋刀鱼为表层洄游性鱼类，主要分布于北太平洋地区，我国黄海、东海沿岸均有产，是重要的食用鱼类之一。鱼体修长而纤细、侧扁，两颚向前延伸，短喙状，下颚较上颚突出，牙齿细小，两颌各一行，前部较集中，后部少或无，体背部及侧上方为暗灰青色，腹侧面银白色，体侧中央具有一条银蓝色纵带，体长可达 35 厘米，分布于北太平洋。秋刀鱼体内含有丰富的蛋白质和不饱和脂肪酸。

（十三）马面鲀

马面鲀因其体形呈长椭圆形而又侧高，称为面包鱼；因其皮粗而厚，又称橡皮鱼、猪鱼。它属于硬骨鱼纲、鲀形目、单角鲀科，有绿鳍马面鲀和黄鳍马面鲀两种。体延长，侧扁，呈长椭圆形。体长为体高的 2.7～3.4 倍；第二背鳍起点臀鳍起点的距离的 2.9～3.8 倍。口小，端位。鳃裂位于眼后半部下方，且几乎全在口裂线之下。体鳞小，菱形，其上散布

10 多根小细棘；耻骨末端具有 2 对不可活动的特化鳞，收缩时不达肛门；腹鳍膜不发达。

图 5-8　马鲛（左）、马面鲀（右）

三、常用虾蟹及软体动物品种与性质

虾蟹和贝类是水产食品原料的重要部分。全世界虾类有 2 000 余种，蟹类有 4 500 多种，仅贝类就有 1 万余种。因此，在讨论水产食品资源时应当有基于充分的认知以开发利用。

（一）虾类

1. 对虾

又称明虾、大虾，属甲壳纲、十足目、对虾科。是一种暖水性经济虾类，主要分布于世界各大洲的近海海域。我国主要产于渤海海域。对虾体较长，侧扁，整个身体分头胸部和腹部，头胸部有坚硬的头胸盔，腹部披有甲壳，有 5 对腹足，尾部有扇状尾肢。产季为 3～5 月及 10～11 月，寿命短，一般为一年。对虾通体透明、肉质鲜美，体大肥嫩，虾脑味道佳，属于高档烹饪原料，营养丰富，是典型的高蛋白低脂肪营养食品。目前，人工养殖的量很大，也是我国重要的出口产品。

2. 鹰爪虾

又称鹰爪对虾，甲壳厚而粗糙，棕红色，腹部弯曲像鹰爪，故而得名。虾的额角发达，雌虾末部向上扬起，如一把弯刀，胸虾则平直且短。黄海、渤海沿岸的烟台、威海产量最大，4～5 月捕捞最好。可鲜食，还可加工成海米。

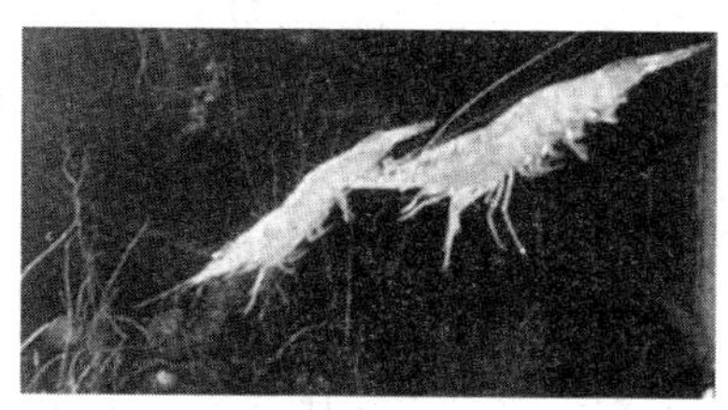

图 5-9　对虾（左）、鹰爪虾（右）

3. 青虾

即沼虾，因体色呈青绿色，俗称青虾。全身淡青色，体长 4～8 厘米，头胸粗大，甲壳厚而硬，前 2 对步足呈钳状，第二步足超过体长，腹部短小。在我国有 20 多个品种，其活动能力强，易于保鲜，肉味鲜美，烹调后周身变红。产地为河北白洋淀、山东微山湖、江苏太湖，产季为 4～9 月。沼虾晒干去壳做成的虾米称为湖米，以区别于海米。

4. 龙虾

龙虾属节肢动物门、软甲纲、十足目、龙虾科，为爬行虾类。龙虾头胸部较粗大，外壳坚硬，色彩斑斓，腹部短小，体长一般为 20～40 厘米，体重 0.5 千克左右，最重的能达到 5 千克以上，人称龙虾虎。部分无螯，腹肢可后天演变成螯。体呈粗圆筒状，背腹稍平扁，头胸甲发达，坚厚多棘，前缘中央有 1 对强大的眼上棘，具封闭的鳃室，2 对触角发达，不善游泳，是虾类中最大的一类。主要分布于热带海域，我国浙江、福建、台湾和广东沿海有产。

（二）蟹类

螃蟹属甲壳纲动物，其种类可达 500 种，主要分为淡水蟹和海蟹，常见的品种主要有中华绒毛蟹、锯缘青蟹、梭子蟹、河蟹等。

图 5-10　中华绒毛蟹（左）、锯缘青蟹（右）

（三）软体动物

1. 扇贝

因贝壳呈扇形得名，属于双壳纲、珍珠贝目、扇贝科。全世界有 400 余种，广泛分布于世界各海域，以热带海的种类最为丰富。我国已发现约 45 种，主要品种为栉孔扇贝，主产于我国辽宁、山东；华贵栉孔扇贝，主产于广东、广西沿海。扇贝表面有放射肋，表面颜色有紫红色或橙红色，极美丽，开闭壳肌发达，取下即为鲜贝，鲜贝肉质细嫩洁白，味道鲜爽。

2. 牡蛎

别名蚝、海蛎子，属于珍珠贝目、牡蛎科。在亚热带、热带沿海都适宜蚝的养殖，我国分布很广，北起鸭绿江，南至海南岛，沿海皆可产蚝，主要产于广东、辽宁、山东等地，产季为 9 月至翌年 3 月。牡蛎壳不规则，左壳较大、较凹，附着他物，右壳较小，掩覆如盖，壳面呈青灰色或黄褐色。壳面层层相叠，粗糙坚硬，黏着力和闭合力强。牡蛎肉质细嫩，味鲜美，色洁白，还可以提取蚝油；牡蛎可作为药物，洁皮肤、治虚弱、解丹毒。

图 5-11 扇贝（左）、牡蛎（右）

3. 鲍

种属原始海洋贝类，属于软体动物门、腹足纲、原始腹足目、鲍科。鲍壳坚厚，低扁而宽，呈耳状，螺旋部分留痕迹，占全壳极小的部分，壳的边缘有一列呼吸小孔，表壳粗糙，内呈美丽的珍珠光泽，因只有一个右旋的贝壳形状，似耳朵所以称海耳，鲍壳即中药材石决明。

4. 乌贼

别名墨鱼、乌鱼，体呈袋形，背腹略扁平，侧缘绕以狭鳍，头发达，眼大，头部前端有 5 对腕，其中 1 对较长，腕顶端长有许多小吸盘，其他 4 对短，上面生有 4 列吸盘，背肉中间有一块背骨，通称乌贼骨即中药材海螵蛸。雄性背宽有花点，雌性肉鳍发黑。乌贼体内墨囊发达。乌贼与小黄花鱼、大黄花鱼、带鱼并称四大海洋经济鱼类，沿海各地均有，舟山群岛产量多。肉色洁白，脯肉柔软，鲜嫩味美。

图 5-12 鲍（左）、乌贼（右）

5. 海螺

别名红螺，边缘轮廓呈四方形，壳大，厚 1 厘米，螺层 6 级，壳口内为杏红色，有珍珠光泽。产地为山东、河北、辽宁沿海，产季为 9 月中旬至翌年 5 月。肉味鲜美，肉质脆嫩。

6. 文蛤

贝壳呈弧线三角形，厚而坚实，两壳大小相等，壳面滑似瓷质，色泽多变，具有放射状褐色斑纹，内面白色。产地为山东莱州湾、长江口江苏如皋。文蛤是蛤中上品，肉肥厚。

7. 海蜇

一种腔肠动物，学名水母，产于我国沿海各地，夏秋季节为捕捞旺季。伞部称“蜇皮”，口腔部分称为“蜇头”，根据海蜇产地可分为南蜇、东蜇、北蜇等种类。

四、常用水产植物的品种与性质

（一）褐藻

1. 海带

海带品种亦有多种，属海带科，又名昆布。海带分为叶片、叶柄和固着器3个部分。藻体叶片呈带状，褐色有光泽，表面附着胶质层。海带生活在水温较低的海中，我国沿海由北至南均产，为主要养殖品种。

2. 裙带菜

叶中央由柄延伸成中肋直抵叶端，叶面上散布着许多黑色小斑鲜藻，体呈浓褐色、褐绿色，加工脱水后呈茶褐色、黑褐色。裙带菜在辽宁、山东沿海及浙江省舟山群岛均有分布。

（二）红藻

1. 紫菜

藻体呈片状、膜质，呈紫红色或青紫色，藻体较薄。紫菜味鲜美，蛋白质含量高，营养丰富，一般加工成紫菜食品或调味紫菜食用，具有降低人体血清中胆固醇、预防动脉硬化、补肾利尿、清凉宁神、防治夜盲症和发育障碍等功效。

2. 江蓠

颜色呈红褐色、紫褐色，有时带绿色或黄色，干后变为暗褐色，藻枝收缩。江蓠体内充满胶质，含胶量达30%以上，是制造琼胶的重要原料之一。广泛应用于工、农、医药业，作为细菌、微生物的培养基。

（三）绿藻

1. 孔石莼

又名海波菜。藻体有卵形、椭圆形、圆形，叶片上有形状、大小不一的孔，这些孔可使叶片分裂成几个不规则的裂片，叶边缘略有皱褶或呈波状。

2. 条浒苔

条浒苔为石莼科，又名海青菜、苔菜、苔条，可鲜食，也可晒干贮存。江浙、上海等地把苔条拌入面粉中做成苔条饼，既增色又具有独特的清香味。闽南一带以苔条作为春饼的调味剂。条浒苔含有大量的抗溃疡性物质，对胃溃疡患者和十二指肠患者有疗效，还有解毒、增强肝脏机能的作用。

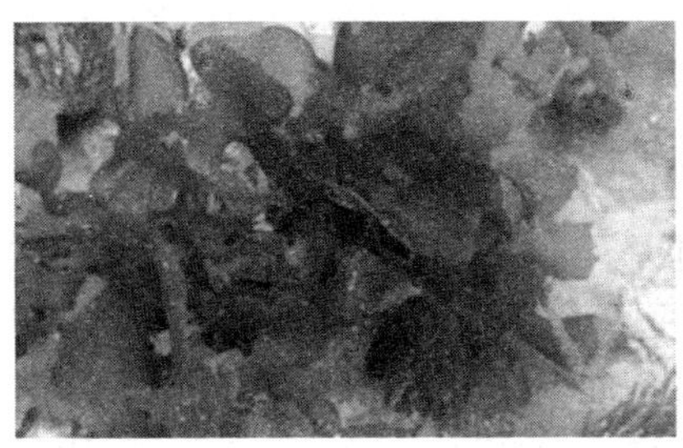
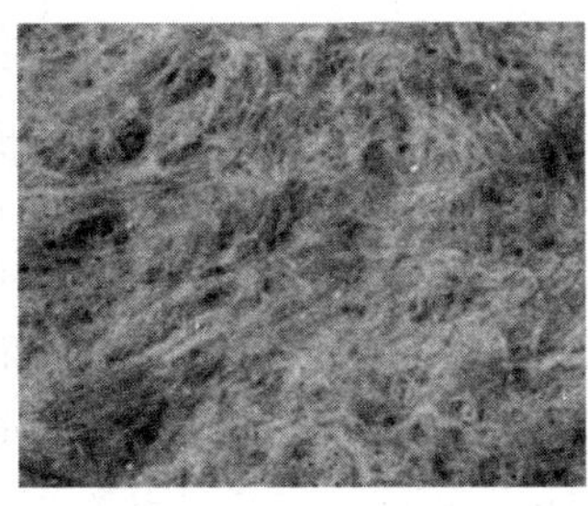

图 5-13　孔石莼（左）、条浒苔（右）

（四）微藻

藻体中蛋白质含量为 40%～50%，脂肪含量为 10%～30%，碳水化合物含量为 10%～25%，灰分含量为 6%～10%，并含有 8 种必需氨基酸和高含量的维生素。与富含维生素的普通陆生植物相比，微藻中维生素 A 的含量通常要高出 500 倍，维生素 B_2 和维生素 B_6 含量高出 4 倍，维生素 C 含量高出 800 倍。微藻细胞壁薄，纤维素含量低，易于消化吸收，是一种优良的功能性食品资源。常见的有螺旋藻和小球藻。

第四节　水产食品原料的质量特点与保鲜措施

对于整个水产品而言，新鲜度越高，其风味和质量也越好。例如刚捕获的新鲜鱼，具有明亮的外表、清晰的色泽，表面覆盖着一层透明均匀的稀黏液层。眼球明亮突出，鳃为鲜红色，没有任何黏液覆盖。肌肉组织柔软可弯，鱼的气味是新鲜的，或有一种“海藻味”。对多脂鱼来说，还有诱人的脂香。因此，新鲜鱼是很受消费者欢迎的。但同时，鱼类也是最不容易保存、极易腐败的食品。特别是在夏季常温下，有些水产品很难保存到 1 天以上。因此，鱼类保鲜、保质是渔业生产很重要的问题。

一、鱼、贝类死后质量变化特点

（一）鱼、贝类死后的变化

鱼或者贝类离水死后的变化，主要指的是其可食部分的肌肉组织变化。这个变化过程与机理与畜禽肉屠宰后肌肉的变化基本相同，同样包括尸僵、解僵、自溶、腐败等几个环节。但与畜禽肌肉不同是影响尸僵的因素及最后腐败的过程具有如下的特点：

1. 影响僵硬的因素

鱼类死后僵硬期的长短、僵硬开始的迟早及僵硬强度的大小取决于许多因素。第一是鱼的种类及生理营养状况。如上层洄游性鱼类（如鲐、鲅等），因其所含酶类的活性较强，死后僵硬开始得早，僵硬期较短；而活动性较弱的鳕、鲽等底层鱼类则一般死后僵硬开始得迟，僵硬期也较长。另外，一般肥壮的鱼比瘦弱的鱼僵硬强度大，僵硬期也长。第二是捕捞及致死的条件。经长时间挣扎窒息而死的鱼，较捕捞后立即杀死的鱼，肌肉中糖原或 ATP 的含量较少，乳酸或氨的含量较多，死后僵硬开始较早，僵硬强度较小，僵硬期亦较短；反之，捕获后立即杀死的鱼，僵硬开始得迟，僵硬期也较长。第三是鱼体保存的温度。鱼体死后保存的温度越低，僵硬期开始得越迟，僵硬期越长。一般在夏季气温中，僵硬期不超过数小时，在冬季或尽快冰藏的条件下，则可维持数天。

2. 鱼、贝类腐败的特点

我们把鱼、贝类在微生物的作用下，体中的蛋白质、氨基酸及其他含氮物质被分解为氨、三甲胺、吲哚、组胺、硫化氢等低级产物使鱼体产生具有腐败特征的臭味等过程称为腐败。使鱼、贝类腐败的细菌主要是水中的细菌，多数是需氧性细菌，如假单胞菌属、无色杆菌属、黄色杆菌属、小球菌属等。对于鱼、贝类的细菌侵入主要是两种途径：第一是通过体表的黏液、鱼鳃等，第二是通过消化道，腐败菌在肠道繁殖，并通过腔体进入腹腔各个器官。然后在细菌酶的作用下，蛋白质发生分解并产生气体，继而冲破机体，其他组织结构也迅速腐败变质。

（二）鱼、贝类的鲜度判定与检验

鲜度是指鱼、贝类原料死后肉质的变化程度。鲜度评定是根据一定的质量标准，对鱼、贝类的鲜度质量做出判断所采用的方法和行为。

1. 感官鉴定

感官鉴定是通过人的五官对事物的感觉来鉴别鱼类鲜度优劣的一种鉴定方法。它可以在实验室或现场进行，是一种简便、快捷的鉴定方法，也被确定为各种微生物、化学、物理鉴定指标标准的依据。但对鉴定人员、环境和鉴定方法应有一定的要求。表 5-3 列出了一般鱼类新鲜度的感官鉴定；表 5-4 列出了对虾的感官鉴定。

表 5-3　一般鱼类新鲜度感官鉴定

项目	新鲜	较新鲜	不新鲜
眼球	眼球饱满，角膜透明清亮，有弹性	有眼角膜起皱，稍变浑浊，有时由于内溢血而发红	眼球塌陷，角膜浑浊，虹膜和眼腔被血红素浸红
鳃部	鳃色鲜红，黏液透明，无异味或海水味（淡水鱼可带土腥味）	鳃色变暗呈淡红、深红或紫红色，黏液带有发酸气味或稍有腥味	鳃色呈褐色、灰白色，有浑浊黏液，带有酸臭、腥臭或陈腐味

（续）

项目	新鲜	较新鲜	不新鲜
肌肉	坚实有弹性，手指压后凹陷立即消失，无异味，肌肉切面有光泽	稍松软，手指压后凹陷不能立即消失，稍有腥酸味，肌肉切面无光泽	松软，手指压后凹陷不易消失，有霉味和酸臭味，肌肉易与骨骼分离
鱼体表面	有透明黏液，鳞片完整有光泽，紧贴鱼体，不易脱落	黏液多不透明，并有酸味，鳞光泽较差，易脱落	鳞片暗淡无光泽，易脱落，表面黏液污秽，并有腐败味
腹部	正常不膨胀，肛门紧缩	轻微膨胀，肛门稍突出	膨胀或变软，表面发暗色或淡绿色斑点，肛门突出

资料来源：李里特．食品原料学［M］．2 版．北京：中国农业出版社，2011. 下同。

表 5-4　对虾的感官鉴定

新鲜对虾的特征描述	不新鲜对虾的特征描述
色泽气味正常，外壳有光泽，半透明，虾体内肉质紧密，有弹性，虾壳紧密附着虾体	外壳失去光泽，甲壳黑变较多，体色变红，甲壳与虾体分离。虾肉组织松软，有氨臭味
带头虾，头胸部和腹部联结，膜不破裂	带头虾，头胸部和腹部脱开，头部甲壳变红、变黑
养殖虾体色受养殖底质影响，体表呈青黑色，色素斑点清晰明显	

2. 细菌学方法

利用检测鱼体表皮或肌肉的细菌数来判断鱼类新度和其他水产品腐败程度的一种鉴定方法。利用细菌总数来判别鱼贝类原料的鲜度时，常因种类、捕捞海域污染程度、贮藏温度和贮藏条件等而使测定值变动，同时还因进行微生物学检验时采样部位、采样方法、所用培养基成分、培养时间、培养温度、培养基 pH 等条件而使结果出现波动，操作较烦琐，培养需要时间，故较多用于研究工作。故应按国家标准所列的方法进行测定，若条件改变时必须另出报告或加以说明。

3. 化学法

主要是依据水产品腐败后在微生物作用下，发生的生化反应生成物的测定来确定新鲜的程度。包括挥发性盐基氨法（TVB 或 TVB-N 法）；三甲氨法（TMA）；K 值法；根据鱼肉鲜度下降时测定产生的甲酸、丙酸、丁酸等挥发性有机酸的方法；根据高锰酸钾的消耗量测定挥发性还原物质的方法；以及非蛋白氮、氨态氮、酪氨酸、组胺、吲哚等为指标的方法等。

4. 物理法

物理法是根据水产原料肌肉的弹性、鱼肉或浸出液的电导率、鱼肉或浸出液的折射率等物理参数来判别原料鲜度的一种鉴定方法，也需要借助一定的专业仪器才能进行。例如，用弹性仪在鱼体肌肉上按压时，鱼肉产生一定形变的压力值，可由指示仪表给出，根据指示鲜度等级或弹性值即可直接确定被测鱼的鲜度等级或由标准曲线查得鲜度等级。又如，采用鱼肉电导率这种物理学指标来判断鱼体进入腐败阶段之前的商品质量，是一种简便有效的方法。

二、我国水产食品安全与质量控制存在的问题

与发达国家相比，我国在以下方面仍显不足：

第一，我国的常规检测技术与风险手段仍然不够成熟。

第二，一些新技术无法及时地转化为生产力。

第三，追溯体系与风险分析的建立仍待时日。

第四，水产品标准的体系化及相关法律法规的完善还有相当长的路要走。

第五，水产品的安全质量监管仍缺少专门的监管机构。

三、我国水产食品安全与质量控制的发展方向与重点

综合以上的不足并结合世界的发展趋势，应在以下重点方面做出切实的努力：

第一，加强水产品食品安全与质量控制、检测技术的研发工作，并适时转换研究成果，产生实际效益。

第二，建立完善的追溯机制，建设多方参与的一体化平台。

第三，加强水产品的安全预警，从事后监管转变为事前预警与处理。

第四，推动技术标准的国际化程度。

第五，支持相关的技术研究工作，推广质量管理体系，提高监管的有效性。

四、水产食品原料的保鲜措施

（一）冷却保鲜

1. 冰冷却法

冰冷却法即碎冰冷却，又称冰藏或冰鲜，是水产品贮藏保鲜中使用最普遍的方法。冰冷却保存温度为0～3℃，保鲜期限为7～12天。

2. 冷却海水法

冷却海水保鲜是把水产品保藏在－1～0℃的冷却海水中的一种方法。冷却海水保鲜是水产品在冷却海水中吸取水分和盐分，鱼体膨胀，鱼肉略咸，体表稍有变色及由于船身的摇动而使鱼体损伤和脱鳞现象。

(二) 微冻保鲜

微冻是将水产品保藏在-3℃左右介质中的一种轻度冷冻的保鲜方法。微冻保鲜的基本原理是在略低于冻结点以下的微冻温度下保藏，鱼体内的部分水分发生冻结，对微生物的抑制作用尤为显著，使鱼体能在较长时间内保持其鲜度而不发生腐败变质。

(三) 冻结保鲜

水产品体内大致有90%的水分冻结成冰。水产品冻结时会发生体积膨胀、比热减小、导热性增加等现象，除此之外，还会导致蛋白质变性及鱼类变色。

(四) 冻藏保鲜

水产品冻好后，应立即出冻、脱盘、包装，送往冻藏间冻藏。

(五) 超冷保鲜

超冷保鲜技术是一种新型保鲜技术，也称超级快速冷却。具体的做法是把捕获后的鱼等立即用-10℃的盐水作为“吊水”处理，根据鱼体大小的不同，可在10～30分钟使鱼体表面冻结而急速冷却。

第五节　水产食品加工利用

水产食品加工就是以水产动植物为原料经过不同的技术和工艺流程，加工得到相应产品的过程。常见的加工食品有冷冻制品、干制品、腌制品、罐头制品、鱼糜及其制品、动物蛋白饲料、水产动物内脏制品、助剂及添加剂类、水产调味料、医药品以及其他水产品等。下面简单介绍几种水产食品的加工。

一、水产冷冻制品

冷冻是水产品最常用的保藏方法之一，冻藏是将鱼类冷冻后在-18℃以下冻藏的保藏方法，常见的有空气冻藏、接触冻藏、浸渍冻藏、沸腾液体冻藏等。常见的水产冻制品有鱼类冻制品、贝类冻制品、头足类冻制品、甲壳类冻制品等。

例1. 冻生虾仁的生产技术要点

1. 工艺流程

原料—解冻—剥肉—漂洗—分级—清洗—装袋—冷冻—装箱—贮藏—检验

2. 操作要点

原料选择：品质新鲜，虾体无变质、无异味。

解冻：用水淋冲，加快解冻速度，虾体与冰块分离后停止解冻。

剥肉：要求虾仁条形完整，尾部无损，正、次品分清。

漂洗：除去虾须、虾壳，夏季用水要加碎冰降温，水温不超过 10℃。

分级：第一次漂洗后，挑选正、次品，按规格分级。

清洗：用 3～5 波美度盐水再次清洗，温度低于 10℃。

装袋：称量时要适当增加让水量，保证成品解冻后不低于规定净重。

冷冻：冻盘要及时速冻，库温应在－23℃以下，冻品中心温度必须在 14 小时内达到－15℃以下。

装箱：冻结后的生虾仁按规格装入纸箱。

贮藏、检验：装箱后贮存在－18℃的冷藏库中，要有风道；做好检验，并做好产品的原始记录。产品出厂要逐批进行抽样检验。

二、水产干制品

水产品的干制是传统的加工方式，大致可分为生干制品、煮干制品、盐干制品和调味干制品四大类。但干燥加工一般会导致水产品蛋白质变性和脂肪氧化酸败，严重影响产品的风味口感。为了弥补这些缺点，目前已采用轻干、生干、冷冻干燥及调味加工等方法，以提高产品的质量，同时采用各种塑料袋和复合薄膜包装，大大改进了干制品的商品价值。

例 2. 生干制品的制作

生干制品是指原料不经盐渍、调味或煮熟处理而直接干燥的制品，多用于体型小、肉质薄、易于干燥的水产品，如墨鱼、鱿鱼、紫菜等。

产品的优点是：在良好干燥条件下，原料组成、结构性质变化较少，复水性好；水溶性营养物质流失少，保持原有品种良好风味，色泽好。产品的缺点是：原料没有经过盐渍、预煮等预处理，其水分含量高，鱼体微生物和组织中酶类仍有活性；某些水产品在干燥过程中常引起色泽、风味的变化。

例 3. 煮干制品的制作

就是以新鲜水产原料经煮熟后进行干燥的制品，具有较好的味道、色泽，食用方便，能贮藏较长时间，如鱼干、虾皮、虾米等。

煮干制品的优点是：由于煮熟过程中脱水，减少干燥时间，且因加热可防止在干燥过程中的腐败，节约了人工和燃料；加热对酶类产生破坏，使组织减少干燥过程中的自溶作用，防止色泽和气味的变化；加热使肌肉蛋白质凝固和组织收缩；质量好、贮藏时间长、食用方便。缺点是：部分可溶性物质溶解到汤中，影响风味和成品率；复水性差、组织坚韧、不易嚼碎；皮层和肌肉组织容易引起断头、破腹或破碎。

例 4. 盐干制品制作

盐干制品是经过盐渍后干燥的制品，一般用于不宜进行生干和煮干的大、中型鱼类的加工和来不及进行煮干的小杂鱼加工。主要有两种：一种是盐腌后干燥，另一种是盐腌后漂淡再干燥。

产品优点是：加工操作比较简便，适合高温和阴雨季节的加工，制品的保藏期限较长。其缺点是：不经漂淡处理的制品味道太咸，而漂淡干燥品的肉质干硬、复水性差、缺乏风味、容易氧化酸败。

三、水产腌制品

水产腌制品主要包括盐腌制品、糟腌制品和发酵腌制品。

1. 盐腌制品

主要用食盐和其他腌制剂对水产原料进行腌制，如咸带鱼等。

2. 糟腌制品

以鱼类为原料，在食盐腌制的基础上，使用酒酿、酒糟和酒类腌制而成，也称糟醉制品或糟渍制品，如糟黄鱼、糟鲳等。

3. 发酵腌制品

为盐渍过程中自然发酵熟成，或盐渍时直接添加各种促进发酵和增加风味的辅助材料加工而成，如我国的酶香鱼、虾蟹酱等。

例 5. 糟鱼的制作

1. 工艺流程

原料—处理—盐渍—干燥—糟制—装坛—封口—
包装—成品

2. 操作要点

原料处理：可以选用青鱼、鲤、草鱼及鳗、带鱼、黄鱼等，清洗干净后用3%盐水充分洗净血污。

盐渍：用盐量为8%～10%，盐渍时间为3～5小时。

糟制：常用甜酒原糟和黄酒糟，根据口味加调料。

包装、成品：按鱼糟比1.5∶1进行包装。

四、水产罐头制品

（一）清蒸类罐头

将处理好的水产原料经预煮脱水后装罐，加入精盐、味精制成，又称原汁水产罐头，如清蒸鲅、清蒸对虾等。

（二）调味类罐头

将处理好的原料盐渍脱水后装罐并加入调料制成，可分为红烧、茄汁、五香、豆豉等。

（三）油浸类罐头

用精制植物油及其他简单的调味料（如糖、盐）油浸调味，如油浸鲅、油浸烟熏带鱼罐头等。

五、鱼糜及其他制品

（一）鱼糜制品

就是用小杂鱼等制作的一类产品，如广东鱼圆、福建燕皮、鱼面等。根据加热方法可分为蒸煮制品、焙烤制品、油煎制品、油炸制品、水煮制品；根据形状不同，有串状制品、板状制品、卷状制品和其他形状的制品；依据添加剂的使用情况，可分为无淀粉制品、添加淀粉制品、添加蛋黄制品、添加蔬菜制品和其他制品等。

（二）鱼油

泛指鱼体油、鱼肝油及水产哺乳动物油，含有大量的二十碳五烯酸和二十二碳六烯酸，对冠心病和脑血栓有良好的防治效果。

（三）鱼粉

原料一般是食用价值较低的鱼类及食品工厂的废弃物，鱼粉中蛋白质是饲料的主要成分，其含量的高低决定鱼粉价格的主要指标，鱼粉的蛋白质含量为50％～70％。制作方法主要有直接干燥法、干压榨法、湿压榨法等。

思 考 题

1. 影响鱼类死后自溶的因素有哪些？
2. 列举水产食品原料中的生物活性物质。
3. 水产动物原料的主要化学成分有哪些？
4. 鱼贝类死后发生哪些变化？
5. 试述常见的鱼、贝类保鲜方法。

第六章

油脂食品原料

学习重点：

了解油脂原料的主要来源与种类；熟悉油脂的原料属性；掌握油脂的化学组成、性质及质量要求；熟悉油脂原料的营养价值和加工利用方法；了解油脂的贮藏条件与要求。

第一节 概 论

一、油脂的概念

习惯上讲，可供人类食用的动、植物油都称食用油脂，简称油脂。但从化学成分上来讲，用弱极性的脂肪性溶剂（如乙醚、石油、醚、苯、氯仿等）从动植物组织中萃取出的不溶于水的物质，应当包括油脂、类脂和蜡三类，它们都是广义的酯类。我们把高级脂肪酸或中级脂肪酸与甘油形成的酯作为食用油脂的主要成分。而在常温下呈液态的称为油，呈固态的称为脂。一般从植物种子中得到的大多为油，而来自动物体内的大多为脂。

油脂是人类食品三大供能营养素之一，也是食品中能量值最高的营养素（每克油脂产生热量 37.67 千焦）。油脂的营养价值不仅体现在是人体热量的来源，更体现在是人体必需的脂肪酸（如亚油酸、亚麻酸等）及脂溶性维生素、磷脂、甾醇、生育酚等脂质伴随物。这些物质参与磷脂合成、维持人体正常的生理功能、促进生长发育。此外，食品加工过程中，油脂特有的风味和加工性能具有其他食品无法替代的功能，对食品的质构和风味起着重要作用。

二、食用油脂的生产与供给

食用油脂来源广泛，但主要还是来源于植物油。植物油的原料主要有大豆、花生、棉籽、油菜籽、向日葵、干椰子肉、棕榈核、红花籽、芝麻、亚麻籽、玉米胚芽、米糠等。我国是目前最大的油脂消费国，也是世界上主要油料生产国之一。在“2019 芝麻油营养高峰论坛”会上，中国粮油学会首席专家、中国粮油学会名誉会长王瑞元指出，油菜籽、大豆、花生、棉籽、葵花籽、芝麻、油茶籽和亚麻籽是我国的八大油料作物。

依据艾格农业研究，2017 年我国国产大豆、花生产量略有回升，其他油料产量继续减少。总体来说，国产油料压榨的植物油产量估计为 635 万吨，比 2016 年减少 30 多万吨。而 2017 年我国植物油及油籽进口量均大幅增加，植物油总进口量（含油料折油）达到 2 770 万吨，同比大幅增加 14%。其中，除葵花籽油及小品种的橄榄油、棉籽油、椰子油、棕榈仁油有所减少外，其他油脂油料进口量均明显增加。这样就造成植物油对外依赖度接近 80%的局面。

受中美贸易摩擦的影响，目前我国从美国进口大豆的数量直线下降，而巴西、马来西亚、印度尼西亚、阿根廷、加拿大仍是我国油脂油料主要来源国，乌克兰、俄罗斯等国家也将是未来我国主要的油脂油料来源地。

另据“博思数据”依据国家统计局资料整理的我国 2008—2017 年的精炼植物油脂产量和进口植物油脂的情况分别见图 6-1 和图 6-2。从 2017 年起，两者均呈回落趋势。

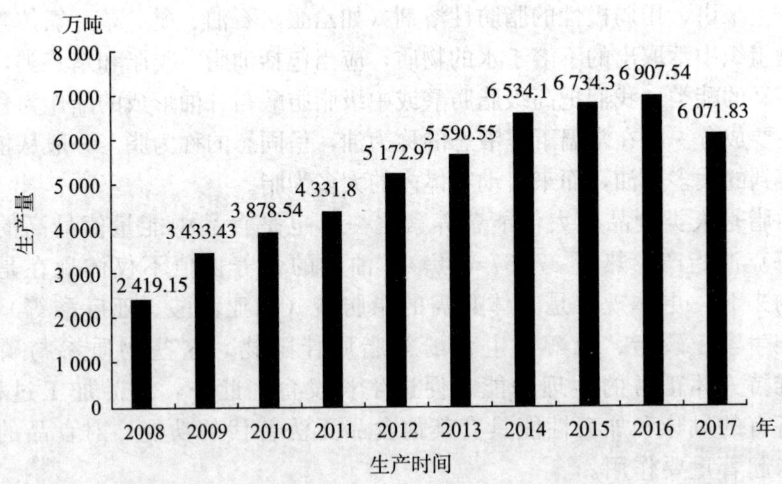

图 6-1　2008—2017 年我国精制食用油的产量情况

资料来源：国家统计局、博思数据整理。

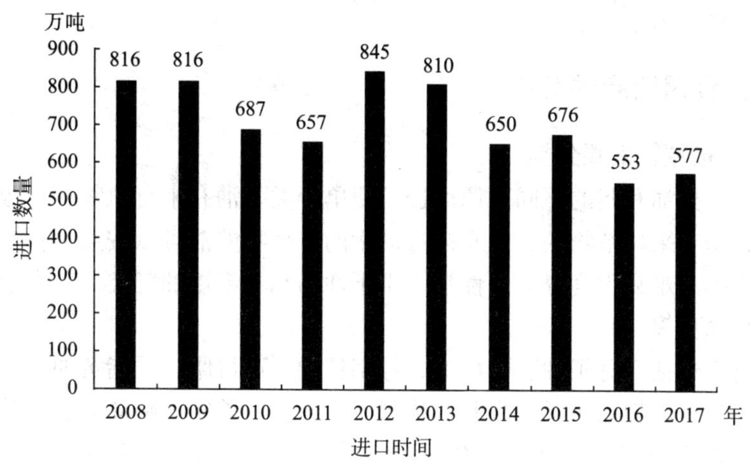

图 6-2　2008—2017 年我国进口植物油脂的情况

资料来源：国家统计局、博思数据整理。

WHO 推荐，每人每天摄入油脂量为 25 克，实际上我国城市居民每人每天油脂的平均消费量已达 50 克，是 WHO 推荐量的 2 倍。食用油用量过多已经成为我国城市居民营养失衡的罪魁祸首。中国营养协会的专家表示，食用油作为人体 70%的脂肪酸来源，是人体重要的基本营养素之一。但食用过多会妨碍身体对其他营养成分的吸收，对健康有潜在的不良影响，应控制食用油的摄入量。

食用油是人体获取能量和必需脂肪酸的重要来源，长期食用单一油品或食用油用量过少也是导致营养失衡的原因。其实，不吃、少吃、吃错等同样都会对身体造成很大伤害。随着合理膳食、科学输入营养的观念逐渐深入人心，消费者对食用油产品的要求也越来越高，健康安全、营养丰富的食用油成为大多数人的选择。食用油“混搭着吃更健康”的消费观念越来越普及。与大豆油、菜籽油相比，如今橄榄油、玉米油、亚麻籽油等油产品深受消费者的欢迎。据《油世界》预计，2019 年 1 月到 9 月全球棕榈油消费将增加 470 万吨或 9%。

食用调和油对人体健康更有益处，比普通花生油、菜籽油、大豆油等有更高的不饱和脂肪酸含量和更丰富的维生素、微量元素，脂肪酸组成更趋于合理。含量丰富的不饱和脂肪酸和植物甾醇能使血液中胆固醇的浓度降低，起到防止动脉粥样硬化的作用，因此有抑制和预防冠心病、高血压等心脑血管疾病的功效。

在健康至上的今天，食用油的关注度和销量持续走俏，成为新的消费热点之一。目前我国半数以上人口食用的是散装油和二级油，需要加大精练调和油脂知识的推广力度。

三、食用油脂的分类

（一）按原料来源分类

就是依据油和脂的不同来源而进行简单分类。油有来自植物的，也有来自动物的；脂有来自植物的，也有来自动物的。植物的油可以按照油在空气中表面形成干膜的难易程度分为干性油、半干性油和不干性油三类。三类油的基本性质与用途见表 6-1。

植物脂包括：椰子油、棕榈油、棕榈核油、可可脂、树脂黄油、摩拉树脂和巴巴苏油。动物脂包括：牛脂、猪脂、牛骨脂、羊脂、鲸油、乳脂等。几乎所有的动物体内都含有油脂，含量最多的部位是骨髓，含量为 90%～95%，其次为内脏周围和皮下脂肪层，含量为 90%左右。猪脂、牛脂是糕点用油的原料；陆地动物油脂的主要成分中油酸最多，其次分别为软脂酸、硬脂酸、亚油酸等；乳脂主要是从牛奶中分离的脂肪，其产品奶油、黄油等在西餐和西式糕点中占有十分重要的地位。

鱼油由于含有多价不饱和脂肪酸，一般的精制手段很难提高其产品的稳定性，且因其易酸败而变色并产生腥味，不能做成像其他食用油那样的烹调用产品，多以胶囊、丸剂等形式制成保健食品。

（二）按油脂的脂肪酸组成分类

按脂肪酸组成，油脂可分为以下几类：

1. 月桂酸型

椰子油、棕榈核油、巴巴苏油。

2. 油酸、亚油酸型

棉籽油、花生油、橄榄油、棕榈油、芝麻油、红花油、玉米油、米糠油。

3. 芥酸型

油菜籽油、芥子油。

4. 亚麻酸型

亚麻籽油、大豆油、荏胡麻油、麻仁油。

5. 共轭酸型

桐油、奥蒂籽油。

6. 羟基酸型

蓖麻油。

表 6-1　主要植物油料的基本性质与用途

类别	油料名称	含油率（%）	油熔点*（℃）	油皂化价	油的碘价	非皂化物（%）	油特殊成分	主要用途
干性油	红花籽	14～37	－5	186～194	122～150	0.3～1.5		食用漆，醇酸树脂
	向日葵籽	37～47	－18～－16	186～194	113～146	0.3～1.2		食用，油漆
	大豆	15～23	－8～－7	188～196	114～138	0.5～1.6		食用，蛋黄酱，人造奶油，硬化油
半干性油	玉米胚芽	30～55	－18～－10	187～198	109～133	0.8～2.9		食用，硬化油
	小麦胚芽	8～14	－18～－10	179～190	109～129	2～6	生育酚	健康食品
	整粒棉籽	15～25	（－6～4）	189～221	88～121	0.4～1.6	面酚	食用，硬化油，蛋黄酱，人造奶油
	芝麻	35～56	（－6～－3）	186～195	103～118	0.1～2.8	芝麻明，芝麻酚林	食用，药用
	芥菜籽	24～46	（－16～－8）	170～181	92～112	0.7～4.6	芥子酸	食用，工业用
	米糠	17～19	－10～－5	179～181	92～112	0.7～4.6	阿魏酸酯	食用，蛋黄酱，硬化油，脂肪酸
	菜籽	38～45	（－12～0）	167～180	94～107	0.5～1.2	芥子酸	食用，切削、淬火等工业用
不干性油	花生	40～50	（0～3）	188～195	82～102	0.2～0.8		食用，蛋黄酱，人造油，硬化油，药用
	木棉籽	40	（20）	184～199	85～102	0.5～1.8		食用，人造奶油，肥皂
	橄榄果	40～70	（0～6）	184～197	75～90	0.5～1.4		食用，药用，肥皂，化妆品
	茶籽	30～35	（－12～－5）	191～195	83～90	0.5～0.8		化妆品，发油，药用，食用
	山茶籽	30～40	（－21～－15）	188～197	73～87	0.1～0.9		化妆品，发油，药用，食用
植物脂	棕榈果肉	20～46	27～50	196～210	43～60	0.2～1.0		硬化油，人在造奶油，起酥油，肥皂
	棕榈仁	46～57	25～30	240～257	12～20	0.2～4.5	月桂酸，辛酸，葵酸	食用，肥皂
	椰子干肉	65～74	20～28	245～271	7～16	0.2～0.7		食用，硬化油，人造奶油，起酥油，肥皂，脂肪酸，高级醇
	可可豆	48～57	32～39	189～202	29～38	0.3～2.0		糖果糕点，药用

资料来源：李里特《食品原料学》（第二版），2011。

*项括号中数字为脂肪酸凝固点。

（三）按照加工程度分类

按照实际加工与应用分类，油脂可分为天然油脂和加工油脂。

1. 天然油脂

天然油脂一般用主要来源的油料名称命名，如大豆油、花生油、菜籽油等。如果主要原料的油成分占60%以上，并混合有其他油，则称混合油（如大豆油占60%以上，则称混合大豆油）；如果某种原料油含量为30%～60%，则在名称上冠以含某种油（如某产品含玉米油30%～60%，就冠以“含玉米油”）；如果某原料油含量在30%以下，则不能出现在名称上。根据天然油脂精制程度和方法，可分为原油（毛油）和精制油；根据天然油脂的用途，可分为烹调油、油炸油、色拉油、调味油、离型油等。

2. 加工油脂（也称人造油脂）

加工油脂指由多种油脂原料混合，经化工处理得到的油脂，如起酥油、人造奶油、粉末油脂等。另外，也有将食品工业用的油脂称为泛指的油脂，而把精炼的动植物油脂、氢化油脂、酯交换油脂或上述油脂的混合物，经过冷单元和捏合单元而制成的固态或流动态的油脂制品等统称为食品专用油脂，主要包括人造奶油、起酥油、氢化油及可可脂等。可见食品专用油脂是经过特殊加工的产品，是需要专门的技术和设备才能生产的。本章主要侧重油脂的原料来源及其油脂本身的性质和特点。

第二节　各类油脂及其原料简述

一、天然油脂

（一）植物油

1. 大豆油

大豆油为世界上消费最多的食用原料油，几乎占了全球植物油的一半数量。大豆毛油因大豆种皮及大豆的品种而呈现不同的色泽，一般为淡黄、略绿、深褐色等。精炼过的大豆油为淡黄色。目前，大豆油主要采用有机溶剂浸提法获得，也有少数进行压榨取得。

大豆油脂中脂肪酸种类可达10种以上，而且不饱和脂肪酸含量很高，占80%以上。必需脂肪酸含量高达53%～56%（亚油酸含量53%～56%，油酸20%～27%，α-亚麻酸6%～10%）。但大豆毛油中含有较多磷脂（1%～3%），易产生豆腥味。

大豆油主要用于烹饪油、调和油等，也是人造奶油、蛋黄酱、代可可脂、“脂肪乳剂”等方面的重要原料。在工业领域也被用于制作油漆、油墨、油彩、肥皂、香皂、塑料的可塑剂、化妆品、内燃机燃料等。

2. 玉米油

玉米油是从玉米胚芽中提取得到的油，色泽金黄，透明，清香，是良好的烹调油、油炸油、色拉油和调味油。熔点较低，不饱和脂肪酸含量高，为85%，其中亚油酸为41%～61%。磷脂、维生素E和固醇等微量成分较多，尤其是卵磷脂含量为磷脂质的63.8%。这些成分的优势，不仅使玉米油具有好的保健功能，而且稳定性很好。此外，玉米油易于消化吸收，其消化吸收率在97%以上；含有的植物甾醇（亦称固醇），是玉米油不皂化物的主要成分，每100克玉米油中植物甾醇的含量可达1 441毫克（比葵花籽油496毫克及大豆油436毫克均高），其中β-谷甾醇占60.3%，燕麦甾醇占10.5%。能够起到防止冠心病动脉粥样硬化，促进胆固醇降解代谢等功效。

美国是世界上玉米深加工最发达的国家，是目前世界上玉米油产量和出口量最多的国家。在美国国内消费的玉米油，大约有50%用于生产色拉油和煎炸用油；有30%～35%的玉米油用于生产人造奶油。

我国有玉米胚芽分离装置的企业，一般均能从玉米中分离得到6%的胚芽，用胚芽制油，可获得2%～3%的玉米油。玉米油是玉米深加工的副产品，随着玉米深加工业的发展，大型玉米深加工企业的增加，玉米油的产量逐渐增多，并将在人民生活和社会经济的发展中发挥重要的作用。

3. 棉籽油

我国是世界上最大的棉花生产国，同时也是全球最大的棉花进口国和消费国，2016年我国棉花产量、进口量、消费量分别占全球的21.3%、12.5%、32.2%。我国每年皮棉产量在350万吨左右，而棉籽的数量达500多万吨。棉籽油就是棉籽压榨或浸提后的油脂，是我国的主要油脂之一，曾有最高级食用油之称。

棉籽油中不饱和脂肪酸以亚油酸为多，相当于大豆油，其脂肪酸主要是棕榈酸（22%）、油酸（18%）和亚油酸（56%），此外还含有少量的硬脂酸和亚麻酸等。棉籽油的饱和脂肪酸含量为25%左右，脂肪酸又以短碳链脂肪酸为主，二十碳以上的脂肪酸仅占2%左右。棉籽油风味好，稳定性好，融合性好，因此是色拉油、蛋黄酱、起酥油的理想原料。

棉籽含油15%～25%，但其中含有特殊成分——棉酚，必须经过处理才能食用。国家卫生标准要求，油脂中棉酚含量应小于0.02%。棉酚，是一种含酚毒苷，是很强的杀精药物，对肝、血管、肠道及神经系统毒性较大。去除棉酚的方法较多，如碱炼工艺去除法、非热处理萃取法等，还可以经品种改良使油中不含棉酚。棉籽油的熔点为5～10℃，经“冬化”（也称脱蜡）处理，可制得液态的色拉油，也可称冬油，所剩的固体脂称棉籽硬脂，占棉籽油的30%左右。

4. 菜籽油

菜籽油又称菜油，主要取自甘蓝型油菜和白菜型油菜的种子。油菜是我国最主要的油料作物，历年种植面积都占全国油料作物总面积的30%以上。但近多年油菜的种植和菜油的储存都有所下降，2017—2018年度，全球菜籽的库销比处于7%的低位，菜油库销比下降至11.46%，为近7个年度的最低水平，也是连续第4个年度下降。目前，菜籽与菜油仍然处于消化库存阶段。

菜油的饱和脂肪酸含量很低，单烯不饱和脂肪酸（主要为油酸）含量较高，多烯不饱和脂肪酸（主要为亚油酸、亚麻酸）含量中等，而且ω-6（或称n-6）和ω-3（或称n-3）的含量比例合理（ω-6和ω-3分别为两种重要的多烯不饱和脂肪酸）。传统品种所取得的菜油，芥酸含量可达30%～55%，较高。科学家们研制出低芥酸品种，得到了芥酸含量在3%左右的品种，并提高了其油酸（50%～59%）和亚油酸（9%～15%）含量。

菜籽油主要用于烹调油、色拉油，极少量用于工业上的切削油和淬火油。

5. 花生油

花生油取自花生仁，色泽金黄，透明度高，其脂肪酸中不饱和脂肪酸的含量可达80%（油酸含量为53%～71%，亚油酸含量为13%～27%）。花生是世界上最重要的油料作物之一，中国、印度、美国是花生的主产国，中国产量最多，以黄河中下游为主产区。

花生油与棉籽油一样，低温时固体脂容易析出，不经冬化处理，不宜作色拉油、蛋黄酱原料使用，但其毛油比其他植物油的毛油磷脂质和色素含量都少，且有特殊香味，往往不需要精制即可作为烹调食用油，属于芳香型油。

但花生在贮藏过程中很容易受黄曲霉菌污染，产生黄曲霉毒素。黄曲霉毒素是目前已知的强致癌物之一，在一般的烹调加工温度下不宜被破坏，每千克玉米、花生油中不得超过20微克。因此，当油受到黄曲霉毒素污染时必须精制，经脱羧、脱色处理工序后黄曲霉素可完全去除。

6. 葵花油

葵花油也称向日葵籽油，是由向日葵籽制得的油脂。向日葵是菊科一年生草本植物，是仅次于大豆、棉籽、花生的第四大油料作物。向日葵一般分为黑色种和白色种（带条纹），前者主要用作榨油，后者主要作炒葵花籽等小吃或糕点用。榨油用的黑色葵花籽虽然含油率比白色种高10%左右，但种壳占比例只有22%～25%（白葵花籽品种壳占40%～45%）。向日葵适应性很广，世界主要产区是俄罗斯、美国、罗马尼亚等，我国在内蒙古、新疆、吉林和辽宁等地有大量种植。

葵花油的毛油不透明，呈淡黄褐色，有特殊香味，磷脂及胶质的含量比棉籽油和玉米油少，其亚油酸含量（65%～70%）仅次于红花油，被当作风味稳定的高级植物油。然而，随栽培地气候不同，亚油酸含量也不同，一般纬度高、比较寒冷的地区，葵花油中亚油酸含量高。葵花油中维生素E含量虽不是很高，但其中生理活性最高的 α-生育酚比例可达 94%，因此与红花油一样具有健康食品油的美称。葵花油可减少胆固醇在血液中的淤积；可用以防止皮肤干燥，保护皮肤健康；葵花油还含有丰富的胡萝卜素，比花生油、胡麻油和豆油都高；所含较多的维生素 B_3（烟酸），对治疗神经衰弱和抑郁症等精神类疾病有较好疗效；还含有葡萄糖、蔗糖等营养物质，其发热量也高于豆油、花生油、胡麻油、玉米油等。其熔点也较低，易于被人体吸收，吸收率可达98%以上。另外，它稍经加热，香味浓郁，是除了芝麻油外味道最好的食用油。

葵花油多用作色拉油、油炸油、起酥油和人造奶油等，人造奶油的配方中，包括 50%～57%的液态葵花油和适量的固态油脂。目前在国际市场上最畅销的三种特殊食用油分别是核桃油、葵花油和葡萄籽油。其中，葵花油的销量已居全球植物油的第二位。

7. 棕榈油

棕榈油来自油棕植物果实的果肉和果仁，因此，分别有“棕榈油”与“棕榈仁油”之称。两者的脂肪酸组成、物理性质和化学性质有所差异，但都属于半固体脂，烟点高、稳定性好、贮藏性良好、不易氧化。棕榈油的脂肪酸组成中，软脂酸（棕榈酸）较多，占 50%左右，不饱和脂肪酸含量不足 50%，因此稳定性很好。常温下为白色固体，熔点为 30～40℃。约有 60%棕榈油用于食品，40%为工业用油。

棕榈油如果在半熔融状态下静置一段时间，下层形成固体脂，上层成为液体油。上层的油可分离出来作为油炸时使用，下层稍微软的固体可作起酥油用，更硬一些的可作为硬奶油，常用硬奶油来代替可可脂，做巧克力的原料。

研究表明，棕榈油含有人体所必需的亚油酸，更适合人体的吸收和利用。另外，棕榈油不含胆固醇，具有中等水平的不饱和度，当其作为食物中脂肪组成部分利用时，不需要氢化，还可提高脂肪酸的吸收率。棕榈油富含类胡萝卜素和维生素 E，其中 β-胡萝卜素居多，因此毛油呈黄色或者橙红色，不仅是天然抗氧化剂，而且具有清除损伤性氧自由基的作用。此外，由于价格便宜，稳定性好，是油炸制品的理想用油，特别是用于方便面的制作。作为食用油，它对人体的细胞衰老、动脉粥样硬化、血栓起着预防作用，是一种安全的食用油及营养来源。油棕是单位面积产油量最高的油料作物，原产于尼日利亚、科特迪瓦，目前主产于马来西亚和印度尼西亚，我国是其主要的进口国之一。

8. 芝麻油

芝麻属于胡麻科、玄参目的一年生草本植物，是世界最古老的油料作物之一，素有“油料皇后”之称。芝麻原产于中东，目前主产国是中国、印度、缅甸、苏丹等，我国的河南、安徽、湖北等地种植最多。我国也是芝麻的最大消费国。芝麻籽粒为卵形或梨形，一端圆盾，一端稍尖，千粒重在2～4克。目前，芝麻按照种皮颜色可以分为白芝麻、黑芝麻和黄芝麻。

芝麻含有丰富的油脂和蛋白质，具有较高的食用价值。芝麻种子含油率高达50%以上。芝麻油的毛油质量很好，甚至不需冬化就可作为色拉油。芝麻油除含有较多的不饱和脂肪酸（油酸含量36%～42%，亚油酸含量41%～50%）外，不皂化物成分含量较多，尤其是含有其他油中没有的抗氧化物质芝麻明（含量0.4%～1.1%）、芝麻酚林（含量0.3%～0.6%）和芝麻酚（微量）。因此，芝麻油稳定性比大豆、油菜籽、玉米、棉籽、米糠油等都好得多。

已知芝麻及其制品包含芝麻素、芝麻酚、芝麻酚林和松脂醇等成分，具有极好的耐储存和抗氧化特性。芝麻油中含有的芝麻素，在生物体内呈现较强抗氧化作用，并与α-生育酚有协同抗氧化作用，能保护人体肝功能，促进醇代谢。芝麻油还可抑制小肠内胆固醇吸收，阻碍肝脏胆固醇合成，从而降低血清胆固醇的作用；激活生物体内抗氧化活性和免疫功能及抗高血压作用。

芝麻油制取一般采用压榨法、预压浸出法和水代法等。水代法制取的芝麻油就是常见的“小磨香油”，香味可口，适合冷调食用。

9. 米糠油

米糠油是从大米加工时得到的副产品米糠中萃取的油。米糠主要是碾米脱掉米粒的糊粉层和胚芽部分，占处理糙米的10%左右。米糠油的毛油中游离脂肪酸和蜡质较多，颜色暗褐色，因此脱色、精制比较费功夫。精制米糠油色泽清亮，味道很好，对空气和热稳定性较好，但光照稳定性较差，适用于烹调用油。米糠油中亚油酸含量为38%，油酸含量为42%，比例为1∶1.1，符合WHO推荐的油酸和亚油酸比例为1∶1的最佳比例。此外，米糠油中含有较多的谷维素、多种阿魏酸酯和生育酚，具有较好的抗氧化和保健功能，但在精制脱酸处理时易被除去，需要特别注意。

米糠中含有多种酶，特别是脂肪酶对于米糠质量及米糠油脂的质量影响较大。因此，为减少脂肪酶的影响，应在精米加工后，及时处理米糠或及时提取油脂。

10. 橄榄油

橄榄油是世界上古老和重要的油脂，也是地中海沿岸国家广泛使用的油脂，被称为“液体黄金”和“植物油皇后”。橄榄油提取于油橄榄（也称为齐墩果）的果实，其含油量为25%左右。油橄榄是木樨科、齐墩果属的油料作物，为著名亚热带果树和重要经济林木，产地主要集中在地中海沿岸国家，如西班牙、意大利、希腊、突尼斯、土耳其等。我国油橄榄主要分布在甘肃、广东、广西、云南、四川等地。

初提取的橄榄油呈黄绿色或深黄绿色，有特殊芳香味，精制后与普通植物油无太大差别，低温较黏稠，但0℃仍能保持液体状态；其脂肪酸组成中油酸较多（含量为70%～81%），多价不饱和脂肪酸如亚油酸、亚麻酸很少，因此比较稳定，是理想的凉拌和烹调用油。

橄榄油的保健功效有：可提高其抗氧化作用，减少心脏病等心血管和肿瘤等多种疾病的危险性，增强人体的消化功能，防止大脑衰老，促进骨骼及神经系统的发育，提高免疫功能。原生橄榄油中的角鲨烯、维生素 E 等是天然的抗氧化剂，还具有美容的功效。

11. 亚麻籽油

亚麻籽是一年生草本植物亚麻的种子，亚麻籽在我国属于传统的油料原料之一。亚麻分为油用亚麻、油纤兼用亚麻和纤维用亚麻。人类栽培和利用亚麻的历史可以追溯到 8 000 多年前，原产于波斯湾、黑海和里海一带。我国对亚麻的利用有 2 000 多年的历史，史上被称为“胡麻”“壁虱胡麻”等，个别地区还把油用亚麻称为黄麻，“胡麻”称谓则一直沿用至今。油用亚麻籽在我国主要产自长白山松嫩平原及黑龙江、内蒙古、宁夏六盘山区、张家口张北坝上，内蒙古草原分布最多。

亚麻籽含油 30%～40%，含蛋白质 20%左右，亚麻籽油特别含有亚麻酸，其含量高达55%以上，是一种高级食用油。亚麻籽油中还含有维生素 E，维生素 E 是一种强有效的自由基清除剂，有延缓衰老和抗氧化的作用。

12. 可可脂

可可脂又称为“可可白脱”，常温下是乳黄色固体，它取自热带植物可可树的种子可可豆，带有可可豆特有的可口滋味和香味，是巧克力的主要成分。可可树的适生地在赤道附近南北纬 20°以内的热带，可可豆的主产地依次为科特迪瓦、巴西、加纳、马来西亚、印度尼西亚、尼日利亚等国家，我国也有少量生产。

可可脂的脂肪酸组成中含软脂酸 26%～30%、硬脂酸 31%～36%，不饱和脂肪酸中主要是油酸，含量为 39%～43%。可可脂具有多晶型性，凝固条件不同，可得到不同的结晶状态，它的熔点与其结晶型有关。研究认为它有 6 种晶型，这 6 种晶型的融化温度分别为：16～18℃、21～24℃、25.5～27.1℃、27～29℃、33～33.8℃、34～36.3℃。如果可可脂经急冷成不稳定结晶型，快速加热至 25～30℃即变为液体。然而，如果逐渐加热，可可脂可结晶为最高熔点的晶型，不仅口感性好，而且常温下可保持硬脆、无油腻手感。因此，可可脂加工中回温处理很关键。可可脂与可可粉、砂糖等混合可制成巧克力，它在口中有清爽的溶化性和特殊的香味。一般情况下，可可脂不需要经过脱羧、脱胶、脱臭等处理，它比其他油脂稳定性都好，不易因氧化酸败变质。由于可可脂的良好性能和产地的有限性，其价格较高，有时会被掺杂其他脂肪，出现了代可可脂和类可可脂。其中代可可脂的膨胀性质和熔点特性与可可脂具有相似性，但甘油三酯组分相差较大，与可可脂相溶性很差，一般单独使用作为糖衣原料或糕点原料。类可可脂的甘油三酯组分和同质多晶现象与天然可可脂十分相似，它们的可塑性、熔点特性、脱模性都十分相似。

（二）动物油

动物油因在常温下多呈固态，亦称动物脂，它通常取自动物的乳汁或动物的肉体组织，前者也叫称为乳脂，后者称为体脂或肉脂。

1. 乳脂

乳脂也称奶油，是黄油的基本成分，通常是指从牛乳中分离出的油脂。

乳脂是目前已知的组成和结构最复杂的脂类，主要成分为甘油三酯，在乳脂中含量约为98%，其余部分为甘油二酯、甘油一酯、胆固醇及其酯、游离脂肪酸、磷脂。脂肪酸构成范围广，37℃完全融化，−40℃才完全凝固，可塑性好，熔点为31～36℃，在口中的融化性好；丁酸等挥发性短链脂肪酸较多，易发生水解，产生乳臭味；含有多种维生素（维生素A、维生素D、类胡萝卜素等）和微量的脱氢胆固醇、脑苷脂、神经节苷脂等；含有双乙酰等羟基化合物，使其具有独特的奶香味。乳脂中含有亚油酸、亚麻酸等必需脂肪酸，属多不饱和脂肪酸，在维持细胞膜的正常功能及合成某些活性成分等方面具有一些重要功能。它不仅是制作高级面包、饼干、蛋糕很好的材料，还常被用来当作固体油脂的基准。

牛乳中乳脂含量为4%左右，是最主要的乳脂来源。牛乳脂中必需脂肪酸含量较低，但其甘油三酯中有1/4的十二碳以下的脂肪酸，这些脂肪酸的大部分通过胃壁直接进入门静脉并在肝脏中迅速氧化提供能量，这种简捷的方式完全不同于其他类型的食物脂肪在肠道吸收中所经历的微粒途径，对新生幼仔的生长发育是有利的。

2. 牛脂

牛脂通常指从牛肉中提炼的油脂，牛脂中主要的脂肪酸为软脂酸、硬脂酸和油酸，占90%左右，其特性是含奇数碳原子脂肪酸较多。牛脂的熔点比猪油高（35～50℃），在口中的融化性不那么好，可塑性差，稳定性指标AOM值一般只有2～3小时，需要添加抗氧化剂；起酥性不好，但是融和性比较好，常作为加工用高熔点的起酥油和人造奶油的原料。在工业上，牛脂大部分用作肥皂原料。

3. 猪油

猪油因其数量大是最重要的食用动物脂，它通常是指猪的背、腹皮下脂肪、内脏周围的脂肪及猪肉的脂肪部分，经熬制而成的脂肪。

猪油的不饱和脂肪酸占一半以上，多为油酸和亚油酸，饱和脂肪酸多为软脂酸。猪油熔点较低，板油为28～30℃，肾脏部的脂，品质最好，熔点为35～40℃，因此在口中易融化，使人感到清凉爽口。在开发氢化处理硬化油脂技术之前，其由于有较好的起酥性，是比较理想的焙烤糕点用油。然而，猪油凝固时结晶呈颗粒状，且比较粗大，因而融和性稍差，油炸时热稳定性也欠佳。因此，常用氢化反应、交酯反应等处理、分离、混合添加抗氧化剂等新工艺来提高其物理化学性状，从而开发出了一些新产品，如精制猪油、液化猪油和粉末猪油。

4. 鱼油

鱼油常泛指从鱼体或其他海产生物体内提取出来的油脂。包括鱼类和海兽的体油、肝油、内脏油，当然也指鱼肚中的鱼油，主要来自海洋渔业。

鱼油中不饱和脂肪酸的含量达80%以上，且高价不饱和脂肪酸，如EPA和DHA含量高，因此鱼油的稳定性差，易酸败生成鱼腥味和引起变色。鱼油能降低血胆固醇，预防血液凝结，减少冠心病等心血管方面疾病的发生。特别是EPA、DHA等含量较高，是天然的“脑黄金”来源。

（三）微生物油脂

微生物油脂又称单细胞油脂，是由酵母、霉菌、细菌和藻类等微生物在一定条件下利用碳水化合物、碳氢化合物和普通油脂为碳源，在菌体内产生的大量油脂。在适宜的条件下，某些微生物产生并储存的油脂占其生物总量的20%以上，具有这样表型的菌株称为产油微生物。

微生物油脂具有含量高、生产周期短、生产成本低等特点，并且可利用细胞融合、细胞诱变等技术，微生物生产的油脂比动、植物油脂更符合人们对高营养油或某些特定脂肪酸油脂的需求。我国是个油脂缺乏国家，发展微生物油脂具有极大的现实意义，应当作为一项战略性产业进行规划和开发。

二、加工油脂

加工油脂主要是指以植物油或动物油为原料经氢化、交酯反应、分离、混合等工艺操作而得到的具有一定性状的油脂。

（一）人造奶油

天然奶油至少有4 000年历史，而人造奶油只有100多年历史。普法战争时期（19世纪后期），欧洲缺乏奶油，人们急需一种替代品。这时，法国拿破仑三世发出悬赏招募人才，法国化学家Hippolyte Mege Mours把去除硬质的牛脂作为原料，把牛油的软质部分分离出来，加入牛乳，并乳化、冷却，于1869年制造出类似奶油的混合物，这就是第一代人造奶油。随后，人造奶油在经济条件更好的英国、荷兰、丹麦、美国甚至日本迅速发展起来。多年来，人们发现人造奶油可以很好地控制胆固醇，同时可以满足食品工业提出的一些需要。早在1957年，人造奶油产量就已经超过了天然奶油。我国的人造奶油发展较晚，这与整个牛乳产品相关的消费水平不高有直接的关系。

1. 定义

国际标准方案的定义：人造奶油在国外被称为Margarine，是借用希腊语的同一个词，表达来自人造奶油在制作过程中流动的油脂能放出珍珠般的光泽之意。因为奶油的最高含水量及奶油与其他脂肪的混合程度等存在的差异，因此各个国家或机构给出的定义也有所不同。

（1）国际标准定义

人造奶油是可塑性或液体乳化状食品，主要是油包水型（W/O型）乳浊液，原则上是由食用油脂加工而成。这种食用油脂不是或者主要不是从乳中提取的，即乳脂不是主要的成分。

（2）中国专业标准定义

人造奶油是指精制食用油添加水及其他辅料，经过乳化、急冷捏合成具有天然奶油特色的可塑性食品。

（3）日本标准定义

人造奶油是指在食用油脂中添加水等，经乳化后急冷捏合，或不经急冷捏合加工出来的具有可塑性或流动性的油脂制品。

上述几个定义中，油脂含量一般都在80%以上，这是传统的配方要求，但目前的种类和性能要求更为广泛。

2. 种类

按照用途主要分为两类：家庭用（餐用）人造奶油和食品工业用人造奶油。

（1）家庭用人造奶油

主要在饭店或家庭就餐时直接涂抹在面包等食品上，少量用于烹饪。市售多为小包装。目前主要有下列几种：

①硬型餐用人造奶油。即传统的人造奶，熔点与人的体温差不多，塑性范围宽，亚油酸含量为10%左右。

②软型人造奶油。其特点是含有较多的液体植物油，亚油酸含量为30%左右，能够改善低温下的延展性。该类在日本较为流行。

③高亚油酸型人造奶油。其亚油酸含量为50%～63%，与一些植物油中的亚油酸相当。而高亚油酸，需要添加抗氧化剂类物质，如维生素E、丁基羟基茴香脑（BHA）等，以保障亚油酸的稳定性。

④低热量型人造奶油。即降低了人造奶油的能量标准，适应人们的低能量需求。一般要求脂肪含量为39～41%、乳脂含量在1%以下、水分含量为

50%。因为含水量较高，可以添加山梨酸等防腐剂。

⑤流动型人造奶油。是以色拉油为基础油脂，添加了0.75%～5%的硬脂肪等成分乳化而成。其特点是在4～33℃，SFI（固体脂肪指数）保持稳定。

⑥烹饪用人造奶油。主要用于煎、炸、烹调，加热时风味好、不溅油、烟点高。

（2）食品工业用人造奶油

①通用型人造奶油。可以说是万能型，一般四季可用，可塑性和酪化性较好，熔点也较低。这里有加盐或不加盐之分。熔点越低，盐的感觉越明显。

②专用型人造奶油。主要依据加工产品要求进行可塑性和硬化度的调整，包括面包专用型、起层用、油酥点心用的人造奶油。例如油酥点心用的人造奶油，可以用精制牛油42.5%、大豆油42.5%和15%的极度硬化油进行配合。

③逆相型人造奶油。一般的人造奶油是油包水型（W/O）乳状物，逆相型就是水包油型（O/W）乳状物。例如要制造17%的水包80%以上油脂的人造油，可把蔗糖酯融入水中，使其浓度达到6%以上，然后滴入配合油，经过均质机等充分乳化后，流入容器使其冷却固化。

④双重乳化型人造奶油。即为O/W/O型的乳状物。因为O/W型的水相在外，如同牛乳，风味较好，但易于受到微生物侵蚀，因此，可以将起泡性、保形性和保存性好的W/O型人造奶油结合起来。先用高熔点的油脂和水制成O/W型，再将此乳状物和低熔点的油脂制成O/W/O型乳状物。

⑤调和型人造奶油。是把人造奶油同天然奶油调和在一起，使其具有两者的风味，奶油的配合比例一般为25%～50%，用于糕点和乳酪加工，属于高档食品油脂产品。

3. 制造原理与方法

（1）制作原理

人造奶油的基本材料有两个部分：一部分为油溶性材料（基料），溶于脂内；另一部分为水溶性材料（辅料），溶于牛乳内。制作时将两部分材料混合在一起激烈地搅拌，最后通过急速冷却设备结晶包装而成。

（2）原料

普通人造奶油的主要原料配比为：作为基料的油脂（80%）、其他辅料，如水分（14%～17%）、食盐（0%～3%）、乳化剂（0.2%～0.5%）、乳成分、人工色素及香味剂。主料油脂多为植物油及其氢化油脂。

（二）起酥油

起酥油是19世纪末在美国作为猪油的替代品而出现的。美国用丰富的棉籽油与牛油的硬脂部分混合起来，作为猪油的替代品。它具有与猪油相近的良好起酥性。1910年，美国从欧洲引进氢化油技术，通过氢化技术，把植物油和海产动物油脂加工成可塑性脂肪，使得起酥油生产进入新时代。日本起酥油是 1951 年从美国引进急冷机开始的，我国生产起酥油则始于 1980 年。

1. 定义

起酥油是从英文短语转换来的，意思就是指这种油脂加工饼干等产品，可以使得制品酥脆可口，因而把具有这种性质的油脂称为“起酥油”，这种性质称为起酥性。

起酥油不是国际上统一的名词，欧洲一些国家称为配合烹调脂。起酥油是可塑性的固体脂肪，但它与人造奶油的区别是没有水相。目前开发的有流动型的或粉末型的产品，都具有起酥性，所以难以给出一个确定的定义。

日本农林标准（JAS）的定义是：指精炼的动、植物油脂，氢化油或上述油脂的混合物，经急冷、捏合制造的固态油脂或不经过急冷、捏合制造的固态或流动态的油脂产品。目前，我国尚无起酥油标准，借用的仍是日本的定义。起酥油一般不宜直接食用。

2. 分类

起酥油的使用范围很广，其产品随着食品工业的发展和人类需求的不断增加而变化。因此可从许多角度对其进行分类。

（1）按原料种类分类

①植物性起酥油；②动物性起酥油；③动植物混合型起酥油。

（2）按加工方法分类

①全氢化起酥油；②混合型起酥油；③酯交换型起酥油。

（3）按添加剂分类

①非乳化型起酥油，可用于煎炸和喷涂。

②乳化形起酥油，添加有乳化剂，用于加工面包、糕点及焙烤饼干。

3. 起酥油的制造过程

起酥油的制造方法大致如下：

（1）精制

经脱羧、脱胶、脱色等处理，除去油中杂质。

（2）氢化处理

也称硬化，就是在催化剂作用下，将氢原子加到油脂的不饱和脂肪酸双键上，使油脂的多元不饱和脂肪酸变成一元不饱和脂肪酸，或最终变成饱和脂肪酸，由此改变油脂的物理性质的过程。

（3）脱臭

将油脂放入脱臭槽内，在真空下，加热到 205～246℃，并通入蒸汽，将油脂内挥发性成分连同水分一并除去。

（4）冷却

经过以上处理的油，是一种混合物，有的熔点很高，有的很低，如让其慢慢冷却，则会使不同熔点的油脂分离，所以必须经急速冷却处理，即一边急速冷却，一边搅拌，使高熔点与低熔点的油脂掺和均匀，形成小的油脂结晶颗粒，因而具有较大的可塑性范围。经过急速冷却的油脂，一般还向油脂内打入气体（氮气），气泡均匀分布在油脂内，使产品在颜色上更洁白，同时在搅拌时易于打发（打发是在烘焙配料时，把黄油、奶油、鸡蛋等充分搅拌的过程）。

（5）调质

将油脂装箱，然后贮存于 27～30℃室内，时间为 48～72 小时，重新调整油脂的结晶形态，增加油脂的融合价。

（三）其他食用加工油脂

作为食用加工的专用油脂种类很多，以下做简单介绍。

1. 煎炸油

煎炸食品以其独特的风味和口感，在全世界都备受欢迎。在煎炸过程中，油脂和食品本身都会发生系列复杂的化学变化。油脂主要的化学反应包括水解反应、氧化反应和聚合反应，因此，新鲜煎炸油品质要求必须具备如下质量要求：第一是氧化稳定性好。第二是杂质含量低。氧化稳定性主要取决于油脂中多不饱和脂肪酸含量，包括亚油酸和亚麻酸。煎炸油最好经过氢化使得不饱和酸含量减到最低。不饱和酸含量高、油脂中杂质多都会影响食品的品质。

2. 植脂鲜奶油

其英文名字是 no-dairy-cream，意思就是不含乳的鲜奶油，故中文名字为植脂鲜奶油。即以植物油脂为主要原料，糖、玉米糖浆、水和盐等为辅料，添加乳化剂、增稠剂、品质改良剂、蛋白质、香精等，经过乳化、均质和速冻工艺制作的涂抹和裱花的一种特殊奶油产品。使用时将其搅拌成白色膏状物。通常鲜奶油中油脂含量为 25％～35％，水含量为 50％～70％。在生日蛋糕、烘焙食品中广泛应用。

3. 冰激凌用油脂

在一些国家严格意义是只能用乳脂肪，如全脂牛乳、鲜奶油等。而在我国和其他一些国家，使用最多的是植物脂肪的加工产品，如人造奶油、起酥油、氢化棕榈油、椰子油等熔点在 28～32℃的油脂。冰激凌中油脂的添加量以6％～14％为宜。

4. 婴儿配方乳粉用油

人母乳中饱和脂肪酸（SFA）含量远低于牛乳，而不饱和脂肪酸（TUFA）和多不饱和脂肪酸（PUFA）含量又远高于牛乳。因此，配制婴幼儿乳粉就是要减少这种差异。我国婴儿配方乳粉中常用的油脂源主要有：第一是单一品种的一级精炼植物油与牛乳脂肪混合；第二是多种精炼植物油与牛乳脂肪混合；第三是全部用植物油脂。

另外，还有月饼用油脂、速冻食品用油脂和休闲食品用油脂等专用油脂。

第三节　食用油脂的化学组成与性质

一、油脂的化学组成

化学上油脂属于简单脂质，它的分子是由 1 分子甘油和 3 分子脂肪酸结合而成。脂质除了三酸甘油酯外，还包括单酸甘油酯、双酸甘油酯、磷脂、脑甘油酯类、固醇、脂肪酸、油脂醇、油溶性维生素等。通常所说的油脂是甘油与脂肪酸所组成的酯，也称为真脂肪或中性脂肪，而把食用油脂中其他的脂质统称为类脂。

油脂可分解成甘油和脂肪酸，其中脂肪酸比例较大，约占油脂重量的95%，而脂肪酸种类很多，它与甘油可以结合成状态、性质各不相同的许多种油脂。脂肪酸分子中碳原子数越少，不饱和键越多，则熔点越低，越易发生化学作用，如油脂酸败、氧化、氢化作用等。因此，食用油脂是各种脂肪酸甘油酯组成的混合物，且油脂成分还存在同质多晶现象。所以，天然油脂没有确切的熔点和沸点，通常只是一个温度范围。

（一）各类植物油脂的脂肪酸组成

表 6-2 显示各类天然植物油脂的脂肪酸组成。可见看到不同油脂中的脂肪酸种类具有显著的特异性，即脂肪酸的组成、性质及比例关系就是该油脂的显著标签。含有低碳链的、不饱和的脂肪酸越多，则相对的油脂质量则更好。例如核桃油的十八碳二烯酸含量为 59%、十八碳烯酸和十八碳三烯酸分别为18%和 12%，显然较玉米油和菜籽油要优越得多。

其实，食用油脂中的脂肪酸大多是正构、含偶数碳原子的饱和的或不饱和的脂肪酸，常见的有肉豆蔻酸（C14）、软脂酸（C16）、硬脂酸（C18）等饱和酸和棕榈油酸（C16，单烯）、油酸（C18，单烯）、亚油酸（C18，二烯）、亚麻酸（C18，三烯）等不饱和酸。C12 以下的脂肪酸和 C22 以上的脂肪酸相对较为稀少。

某些油脂中含有若干特殊的脂肪酸，如桐油中的桐油酸、菜油中的油菜酸、蓖麻油中的蓖麻酸、椰子油中的橘酸等。油脂根据其饱和程度可分为干性油、半干性油和非干性油。不饱和程度较高，在空气中能氧化固化的称为干性油，如桐油；在空气中不固化的则为非干性油，如花生油；处于两者之间的则为半干性油。

表 6-2 主要植物油脂的脂肪酸组成

单位：%

种类	$C_{8:0}$	$C_{10:0}$	$C_{12:0}$	$C_{14:0}$	$C_{16:0}$	$C_{16:1}$	$C_{18:0}$	$C_{18:1}$	$C_{18:2}$	$C_{18:3}$	$C_{20:0}$	$C_{20:1}$	$C_{22:0}$	$C_{22:1}$	$C_{24:0}$
大豆油					10～12	Tr.	3～5	20～27	53～56	6～10	0～1		Tr.		
棉籽油				0～2	23～28	Tr. ～2	1～3	16～24	51～58	0～1	0～Tr.				
玉米油					10～14	0～1	2～3	24～42	41～61	Tr. ～1	0～Tr.		0～Tr.		
米糠油				0～Tr.	16～21	0～Tr.	1～2	39～46	32～42	Tr. ～2	0～Tr.	0～Tr.	0～Tr.		
G 菜籽油					2～4	0～Tr.	1～2	12～22	12～20	9～14	0～1	6～15	0～Tr.	30～50	
D 菜籽油				0～0.6	3～6	0～Tr.	1～2	50～59	19～30	9～15	0～1	1～7	0～Tr.	0～6	
花生油				0～Tr.	8～13	0～Tr.	1～5	37～62	19～42	0～4	1～1.7	0～1	2～3.5		0～1.9
向日葵油				0～Tr.	6～8	0～Tr.	3～5	14～23	60～75	0～2	0～Tr.	0～Tr.	0～Tr.		
Y 红花油				0～Tr.	6～8	0～Tr.	1～4	9～16	73～82	0～1	0～Tr.	0～Tr.			
M 红花油				Tr.	5	Tr.	2	77	16	Tr.	Tr.				
芝麻油				0～Tr.	7～12	0～Tr.	3～6	36～42	41～50	0～1	0～1	0～Tr.			
橄榄油					8～13	Tr. ～2	1～4	70～81	4～14	Tr. ～1	0～Tr.				
棕榈油			0～1	0～2	37～49	0～Tr.	2～6	37～45	7～12	0～1	0～1				
椰子油	8～10	5～7	41～52	16～20	8～13		2～5	6～10	1～3						
棕榈核油	2～5	2～4	41～50	15～17	8～10		2～4	5～19	2～4						
可可脂					26～30		31～36	39～43	2～2.1						
山茶油					7～9	0～Tr.	2～3	85～86	3～5	Tr.		0～Tr.			
木棉籽油				0～Tr.	15～21	Tr.	2～4	20～27	29～43	Tr. ～2					
芥末油					3～4	0～Tr.	1～2	18～22	21～23	12～15	Tr. ～1	12～14	Tr.	21～23	
葡萄籽油					6～11	Tr.	3～5	14～21	61～76	Tr. ～1					
核桃油					8	Tr.	2	18	59	12		Tr.			
鳄梨油					10.0		3.8	31.8	45.5	5.9	Tr.		Tr.		
茶油					9	Tr.	2	74	13	1		1			
榧油					8	Tr.	3	36	41	Tr.	Tr.	11*			
南瓜油					14	Tr.	6	25	53	1	Tr.	Tr.	Tr.		

注：G 菜籽油表示高芥子酸菜籽油；D 菜籽油表示低芥子酸菜籽油；Y 红花油表示高亚油酸红花油；M 红花油表示高亚麻酸红花油。

* 表示含 $C_{20:2}$ 和 $C_{20:3}$，Tr. 表示痕量。

（二）各类动物油脂的脂肪酸组成

以动物为原料的油脂，其脂肪酸组成不仅与植物油不同，水产动物油与陆地动物油也有明显区别。另外，陆地动物油中，乳脂肪与动物体脂肪也不相同。猪脂、牛脂特别是前者因为有特有的香味和加工性能，是重要的食用油脂，但因为不像植物油那样含有抗氧化的维生素 E 成分，因而稳定性差。鱼油的脂肪酸构成中含有丰富的 EPA、DHA 等高不饱和脂肪酸，其营养功能近年来受到重视，但这些成分含量因鱼而异，海产动物的含量一般高于淡水鱼类，各种鱼的捕获期不同不仅含油量不同，而且脂肪酸构成也不同。几种动物油的脂肪酸组成如表 6-3 所示。

所以，与植物性油脂同样，动物油脂的脂肪酸组成也显现了各类油脂的特异性质量特征。需要说明的是海产鱼类的油脂中长碳链的脂肪酸含量比例很高，但却是以不饱和形式存在，并且脂肪酸的组成十分丰富。

二、油脂的化学性质

油脂的化学性质引起组成和结构的复杂性，表现出很多通性和特性化学属性。包括水解作用、皂化反应、加成反应（即氢化反应）、交酯反应、氧化与酸败等。

（一）水解作用

酯键水解，生成游离脂肪酸和甘油。高温、酸、碱、酶的存在都可加速油脂的水解。酸性水解是一个可逆的过程，工业上常常利用此原理，制取高级脂肪酸和甘油。在人体中，油脂在脂肪酶的作用下，水解生成脂肪酸和甘油，它们在小肠被吸收，作为人体的营养物质。

（二）皂化反应

油脂与氢氧化钠或者氢氧化钾混合得到高级脂肪酸的钠盐或者钾盐和甘油，改善了其水溶性。皂化反应其实是油脂的碱性水解反应。

表 6-3　动物油的脂肪酸组成示例

单位：%

	牛脂	猪板油	猪背油	鸡油	沙丁鱼油	青花鱼油	秋刀鱼油	绿鲟油
$C_{10:0}$	Tr.	Tr.	Tr.					
$C_{12:0}$	0.1～0.2	0.1～0.2	0.1～0.2				Tr.	
$C_{13:0}$	Tr.～0.1							
$C_{14:0}$	3.5～5.3	1.2～1.7	1.1～1.7	1.5	3.7～8.6	2.9～6.3	3.9～8.4	4.9
$C_{14:1}$	Tr.	Tr.	Tr.					0.3
$C_{15:0}$	1.1～1.9				0.5～0.9	0.3～1.0	0.2～0.4	0.1
$C_{15:1}$					0～0.1			
$C_{16:0}$	28.4～33.9	27.3～29.6	30.6～34.3	22	15.0～19.1	9.1～18.7	9.1～10.7	12.5

（续）

	牛脂	猪板油	猪背油	鸡油	沙丁鱼油	青花鱼油	秋刀鱼油	绿鲟油
$C_{16:1}$	2.5～4.4	1.0～3.1	0.9～2.0	10	2.6～7.7	3.5～5.3	4.2～4.9	11.5
$C_{16:2}$					0.7	0.3～0.9		
$C_{17:0}$	0.3～1.0	0.4～0.5	0.4～0.5		0.9～1.6	1.0～3.1	0.6～1.5	1.8
$C_{17:1}$					0.3	0.1～0.7	0.2～0.4	0.8
$C_{18:0}$	14.4～26.6	9.7～14.8	15.2～19.6	5	3.2～4.7	2.8～7.0	1.7～2.4	2.0
$C_{18:1}$	33.8～42.8	39.0～47.6	34.3～41.1	37	7.7～13.9	6.2～20.4	6.1～8.1	25.9
$C_{18:2}$	0.8～2.8	8.6～12.4	6.2～10.5	17	1.2～1.9	1.1～2.3	1.3～1.6	0.5
$C_{18:3}$	0.4～1.0	0.8～2.0	0.8～1.0	3				
$C_{18:4}$						3.3～3.5		
$C_{19:0}$	Tr.～0.5							
$C_{20:0}$		0.1～0.2			0.6～5.4	0.7～0.8	0.9～1.3	0.4
$C_{20:1}$		1.7～2.7			4.7～13.2	3.5～10.8	15.8～21.2	11.0
$C_{20:2}$					0.2	0.2～0.7	0.2～3.6	
$C_{20:4}$					0.9～2.0	1.4～3.3	0.4～1.1	0.8
$C_{20:5}$					7.8～16.3	8.1～10.1	4.8～7.5	8.4～10.2
$C_{22:1}$					2.4～10.2	1.2～10.8	17.5～22.7	8.9
$C_{22:3}$					0.4～0.5	0.3～0.7	0.1～0.4	
$C_{22:4}$					0.5～0.9	1.1～2.3	0.2～0.3	
$C_{22:5}$					1.5～3.2	1.4～3.1	1.2～2.7	
$C_{22:6}$					15.3～34.2	10.6～19.4	7.3～15.4	0.6
$C_{24:1}$					0.7～0.8	0.5～1.8	0.5～2.4	0.4

注：沙丁鱼、青花鱼、秋刀鱼、绿鲟的捕获期分别为 2 月、11 月、11 月、1～2 月。

（三）加成反应

亦称氢化（硬化）反应，油脂中不饱和脂肪酸在催化剂作用下，不饱和键加氢成为饱和键，从而使液态的油变为固态的脂，提高了油脂稳定性，改变了油脂的流变学性能，这种油称为氢化油，这种处理称为硬化处理。起酥油、人造奶油就是经硬化处理制成的。鱼油由于高不饱和脂肪酸含量较多，因此必须经过硬化处理才可作为一般烹调食品用油。与氢相同，不饱和键还可以与卤素发生加成反应，吸收卤素的量反映不饱和双键的多少，通常用碘价或者溴价来测定脂肪酸的不饱和程度。

（四）交酯反应

是油脂、醇类在有催化剂条件下加热，则油内的脂肪酸分子分解重组，接于醇根上（醇或脂肪酸进行置换）形成新的酯的反应。交酯反应中甘油三酯与醇进行的置换反应称“醇解”，与脂肪酸进行的置换反应称“酸解”。乳化剂就是根据这一反应制得的，如单酸甘油酯。交酯反应与氢化反应一样，已广泛用于食品油脂品质改良。如猪油经交酯反应改良其结晶性状，再与各种油脂配合与分提技术，便能获得各种加工性能的新型油脂。

（五）酸败

油脂暴露在空气中会自发进行氧化作用而产生异臭和苦味，这种现象称作酸败。酸败是含油食品变质的最大原因之一，因其自发进行，所以很难做到完全防止。酶、光照、微生物、氧气、高温、金属离子等，都可以加速酸败。水解作用也是促进酸败的主要因素之一，因此煎炸用过的油，保存时间变短。食品油脂的酸败主要有三种类型：①水解酸败；②甲基酮的酮型酸败；③氧化性酸败（双键被氧化成过氧化物，再进一步分解成小分子的醛、酮、脂肪酸）。

影响酸败的因素：①氧的存在；②油脂内不饱和键的存在；③温度；④紫外线照射；⑤金属离子。防止酸败就可以从以上因素着手，如密封、防潮防湿、减少油表面积、氢化处理、低温、避光保存、避免接触金属离子；金属离子中铜的影响最大，是铁的 10 倍，铝的影响小于铁，在选择容器和操作工具时要注意金属离子对酸败的影响；添加抗氧化剂也可防止酸败。一些植物油中含有天然的抗氧化剂，如生育酚、芝麻明、芝麻酚林等。然而，已有研究证明，这些来自植物的抗氧化剂对动物油脂添加比较有效，对植物油的添加基本没有效果。

第四节　食用油脂的物理特性

一、基本物理特性

（一）颜色

大部分油脂的颜色受所含胡萝卜素系列色素影响，带有黄红色，其他还含有绿、蓝和茶色成分。空气、光线、温度都会使油色变浓，尤其加热后油会发红色、变浓。当然，加工方法也是影响色泽的重要因素，如精制的油等较未精制油脂的颜色浅。

（二）比重

所有的油脂都比水轻，相对密度为 0.7～0.9。油脂的比重与脂肪酸构成有关，一般不饱和脂肪酸、低级脂肪酸、羟基酸的含量越大比重越大。

（三）熔点

油脂一般由不同脂肪酸成分组成、成分复杂，熔点不是一个固定温度点。

即它是在一定温度范围内软化熔解。熔点可规定为透明熔点和上升熔点。透明熔点为按规定方法加热时，油脂熔化为完全透明液体时的温度，上升熔点是开始软化流动时的温度。含不饱和脂肪酸多的油脂越多，熔点就越低。

（四）凝固点、脂肪酸的凝固点与雾点

凝固点是指熔化了的油脂冷却凝固时，因产生熔解热使温度上升的最高点或静止温度点。油脂的凝固点比熔点稍低一些。脂肪酸凝固点是指按规定方法使试样皂化分解所得脂肪酸的凝固点，试样中高熔点脂肪酸比例越高，凝固点就越高；相反，不饱和脂肪酸、短链脂肪酸等低熔点脂肪酸越多，则脂肪酸凝固点越低。雾点也称浑浊点，它是指按规定方法试验时，试样开始变得浑浊不透明的温度点。雾点是判断油脂中含有的甘油酯、蜡质、高级醇类、长链烃类等在精制时是否被除去的指标。雾点以下油会失去流动性，因此它也是对要求流动性的油脂的一个特征值。

（五）黏度

黏度表示流体在流动过程中的阻滞力。液体油的黏度随着存放时间增长而增加，而且与温度有关系，温度越低黏度越大，随着温度的升高，黏度的减少比较大。

（六）稠度与固体脂指数

稠度是测量固体脂的硬度的指标。因为固体脂是液体和固体的混合物，所以既有黏性也有硬度。影响稠度的是固体脂指数，即 SFI（solid fat index）。SFI 值就是在固型脂中含有固体油脂的百分比。一般来说，SFI 为 15%～24%的油脂，加工性能较好。

（七）比热容

单位质量的某种物质温度升高（或降低）1℃时所吸收（或放出）的热量，称作这种物质的比热容。油脂的比热容约为水的 1/2，即 1.84～2.15 焦/(克·开）。加热时一般不沸腾，但 360℃左右就会燃烧。

（八）发烟点、引火点、燃烧点

当油加热到 200℃左右，由于产生的热裂解物或不纯物挥发显著可见，开始冒烟，这时的温度称为发烟点；如果继续加热，油表面挥发物浓度大到当接近明火时，开始点燃的温度称为引火点；当温度再升高，在无火点燃，自己燃烧时的温度为燃点。发烟点随油脂不同而不同，不纯物（不皂化物、单酸甘油酯、双酸甘油酯、乳化剂等低分子质量物质）、游离脂肪酸少的油，发烟点较高，反之较低。燃烧点、引火点也有类似倾向。这些指标与煎炸用油的使用性能、损耗率有关，是油脂精制时的重要质量指标。表 6-4 是几种常见食用油脂的发烟点、引火点、燃烧点。

表 6-4　几种食物油脂的发烟点、引火点、燃烧点

单位：℃

油脂名	发烟点	引火点	燃烧点
玉米油（原油）	178	294	346
玉米油（精制）	227	326	359
大豆油（压榨油）	181	296	351
大豆油（萃取原油）	210	317	354
大豆油（精制）	256	326	356
橄榄油	199	321	361
芝麻香油	160	262	—
芝麻色拉油	218	—	—
猪油	190	215	242
奶油	208	—	—

（九）电学性质

1. 电阻

干燥的脂肪酸都是电的不良导体，硬脂酸产品的电阻为 6×10^{10} 欧（100℃）和 2.23×10^{12} 欧（196℃），油酸电阻为 2×10^{11} 欧（100℃）和 8.3×10^{12} 欧（200℃）。

2. 介电常数

油脂的介电常数绝大多数为 3.0～3.2。在油水乳化的产品（奶油）中，其介电常数决定于乳浊液的结构和含水量，因此可利用介电常数来控制产品质量。

二、加工特性

油脂的加工特性除以上基本特性外，还有固体脂在作为焙烤食品原料时要求的特性，包括可塑性、起酥性、融和性、乳化分散性、吸水性、稳定性等。

（一）可塑性和可塑性范围

固体油脂在相当温度范围内有可塑性。所谓的可塑性就是柔软（很小的力就可以使其变形），可保持变形但不流动的性质。可塑性是因为通常油脂不是由一种纯的三酸甘油酯构成，而是由不同脂肪酸构成的多种三酸甘油酯的混合物。因而在固体油脂中可以认为有两相油的存在，即在液状的油中包含了许多固态脂的微结晶。这些固态结晶彼此没有直接联系，互相之间可以滑动，其结果就是油脂的可塑性。使油脂具有可塑性的温度范围必须使混合物中有液态油和固态脂的存在，液相增加，油脂变软，固相增加，油脂变硬。如果固态结晶超过一定界限则油脂变硬、变脆失去可塑性；相反，液相超过一定界限量，油脂流散性增大，开始流动。显然可塑性与温度有关，维持良好可塑性的温度范围称作可塑性范围。面包、糕点制作时都希望油脂与面团一起伸展，要求在操作所在温度范围具有最好的可塑性，也希望最好的可塑性温度范围越广越好。

（二）起酥性

就是用作饼干、酥饼等焙烤食品的材料时，可以使制品酥脆的性能，是评价油脂性能的重要指标。起酥性的作用机理是在面团中阻止面筋的形成，使得食品组织比较松散。起酥性一般与油的稠度（可塑性）有较大关系。稠度适度的起酥油，起酥性就比较好，如果过硬，在面团中会残留一些块状部分，起不到松散组织作用；如果过软或液态，那么会在面团中形成油滴，使成品组织多孔、粗糙。

（三）融合性

融合性就是指在搅拌时油脂包含空气气泡的能力，或搅拌入空气的能力。其衡量尺度称融合价。融合性是油脂在制作蛋糕、软奶油等糕点时非常重要的性质。Bailey 测定法规定：把每 1 克试料拌入空气的立方厘米数的 100 倍称作该试料的融合价。起酥油的融合价比奶油和人造奶油都好。

（四）乳化分散性

指油脂在与含水的材料混合时的分散亲和性质。做蛋糕时油脂的乳化分散性越好，油脂小粒子分布会更均匀，做成的蛋糕也会越大、越软。乳化分散性好的油脂对改善面包、饼干面团的性质，提高产品质量都有一定作用。

（五）吸水性

起酥油、人造奶油在没有乳化剂的情况下也具有一定的吸水能力和持水能力。硬化处理的油还可以增强乳化性。吸水性对制造冰激凌、焙烤点心类有重要意义。

（六）稳定性

就是油脂抗酸败变质的性能。经氢化处理的油脂平均稳定度 AOM 可达 200 小时以上。为了提高起酥油的稳定性，往往添加少量的抗氧化剂。

第五节　油脂化学检测及其部分检测指标

油脂的质量如何，是否新鲜，是否酸败，是否含有有害成分等问题，可以依据油脂的化学性质及有关物理性状等进行检验检测，国家行业主管部门也有很多相应的法律法规和技术规范要求。这里简要说明有关检测的内容和相应的方法与检测指标。

一、酸价

酸价是鉴定油脂纯度、分解程度的重要指标，该指标与油脂中游离脂肪酸的含量有关。酸价指标用可以中和1克油脂中游离脂肪酸所需氢氧化钾的毫克数来表示。一般新鲜的油脂，酸价为0.05～0.07，酸价在1.0以上的油脂已不适于食用。日本等国家规定：起酥油的酸价要在0.8以下，精制猪油应在0.3以下，精制植物油应在0.2以下，色拉油应在0.15以下。我国规定：精制猪油的酸价，特级为1.26以下，甲级为2.25以下，乙级为3.50以下；一级大豆油小于等于1，二级大豆油小于等于4；精制植物油（高级烹调油）0.5以下，色拉油0.3以下。

二、中和价

用中和1克脂肪酸所需氢氧化钾的毫克数来表示。依据脂肪酸的相对分子质量计算其中和价：

$$\text{脂肪酸中和价} = \frac{56\,108}{\text{脂肪酸平均相对分子质量}}$$

该指标与酸价比较数值要大许多，也可以说就是脂肪酸的酸价。

三、碘价

亦称溴价。不饱和脂肪酸的不饱和键可以与卤素发生加成反应，那么吸收卤素的量就可以反映不饱和双键的多少，通常用碘价来测定脂肪酸的不饱和程度，它也是判断干性、不干性油的指标。碘价在数值上为卤化100克脂肪或脂肪酸所吸收碘的克数。不饱和脂肪酸比饱和脂肪酸更容易酸败，油脂的稳定性与饱和脂肪酸的多少有关。因此，常用碘价来判断油脂的稳定性。

四、皂化价

皂化价指按规定方法皂化1克脂肪所需氢氧化钾的毫克数。皂化价与脂肪的相对分子质量或碳链的长短有关。一般油脂的皂化价为190左右，椰子油、棕榈核油等短链脂肪酸多的油脂皂化价达240以上，而菜籽油、蓖麻油、肝油等只有170～180。油脂中如果存在不能皂化的杂质（高级醇、矿物油等），皂化价就低，以此可知所含杂质的多少。因此，皂化价可作为鉴定油脂的一种方法。

五、过氧化物价

以每1 000克脂肪中成为过氧化物的氧的摩尔数（摩尔/千克）来表示。

它是油脂中过氧化物含量的指标，常用来测定油脂的酸败或氧化程度。新鲜的精制油过氧化物价接近于0，经过半年到一年的放置可能增加到10左右，食用油脂的过氧化物价应控制在10以下。

六、羰基价

可用每1 000克试样中含羰酰基的摩尔数或百分比、毫克/克等表示。油脂酸败产生的臭味主要来自生成的醛、酮等的羰基化合物，因此利用羰基价测定可以定量显示油脂的酸败程度。硫代巴比妥酸值（thiobarbituric acid value，TBA）法即是测定羰基价的方法之一。它是利用TBA试剂与脂肪氧化物的衍生物丙二醛生成红色复合物的反应，生成红色复合物量与油脂酸败程度相关。

七、硫氰价

对100克试样按规定方法以硫氰基作用，把作用后被吸收的硫氰基的量换算成碘的克数，以此表示硫氰价。由于硫氰基对不饱和键是部分有选择地结合，因此可与碘价一起判断油脂的脂肪酸组成。

八、乙酰价

为中和1克按一定方法乙酰化了的试样中乙酸所需要的氢氧化钾的毫克数。一般三酸甘油酯不包含羟基，但混入的长链醇、单酸甘油酯、双酸甘油酯、游离甘油、固醇甘油二酯羟基酸等存在羟基，可用乙酰价测定。

九、稳定度测定

这是表示油脂抗氧化性能的指标。其测定原理为将试样油20毫克放入一定的试管中，将试管放入97.8℃水浴槽里，以每秒2.33毫升的速度将清净空气吹入油中，并定时测定过氧化物价。当植物油过氧化物价达到100摩尔/千克时，而对于固型脂达到20摩尔/千克时，所需要的小时数，就是AOM值。表6-5对常见油脂的AOM和碘价进行了比较。

表6-5　油脂的AOM和碘价

油脂	AOM（小时）	碘价（克）	备　注
大豆油	12	131.2	高度稳定液状油是指经过氢化处理的植物油（部分氢化处理）。一般饼干、酥饼要求油脂AOM＝100～150小时
棉籽油	13	109.3	
米糠油	15	107.8	
菜籽油	15	103.5	
玉米油	18	113.2	

（续）

油脂	AOM（小时）	碘价（克）	备 注
棕榈油	45	54.3	高度稳定液状油是指经过氢化处理的植物油（部分氢化处理）。一般饼干、酥饼要求油脂 AOM＝100～150 小时
椰子油	160	8.9	
高度稳定液状油 1	90		
高度稳定液状油 2	450		

资料来源：李里特．食品原料学［M］．2 版．北京：中国农业出版社，2011.

第六节　油脂的营养作用及部分营养物质的生理功能简介

一、油脂的营养作用

（一）油脂的基本营养作用

油脂是人体的三大营养素之一，在日常饮食生活中占据重要的位置。首先，油脂是高热能的提供源（每克油脂产生 36.67 千焦热量）；其次，有大量的人体需要的必需营养成分（必需脂肪酸、磷脂、类脂等），譬如必需脂肪酸只能通过油脂获得；最后，脂肪中往往含有丰富的维生素和其他具有重要生理功能的成分，这些物质可以调节新陈代谢，与人体的健康密切相关。同时，人类的味觉对油脂的香味具有特殊的敏感性。

WHO 推荐合理膳食的脂肪供能比应为 20％～30％。各个国家的居民的条件不同、饮食习惯差异较大，因此，在油脂的摄入量上也有各自的特点。如欧美成年人每日可摄入 100 克；日本人则建议成年（20～79 岁）男子每日摄入 40～71 克、女子则是 34～56 克。发达国家近年来食用的动物油脂与植物油脂建议是 1∶2。当然，目前人们逐渐关注油脂的主要成分组成及其比例关系了。

（二）油脂的膳食与食品加工作用

1. 导热作用

因为油脂沸点高，传播速度快，稳定性相对好，所以是食品加工和烹饪活动中良好的传导介质。无论是采取何种加工工艺，有食用油脂存在，都可以使得原料迅速均匀受热，并实现产品品质及温度的要求。

2. 溶剂作用

油脂是一种良好的有机溶剂，可以溶解一些维生素、香味物质、呈味物质和色素。该作用不仅有利于增强营养，也有利于丰富、改善产品品质，使其外观润泽光亮。

3. 疏水作用

利用油水不互溶的特性，在烹饪时减少食品原料的粘连、粘锅等现象；在面点制作中，防止面团胶粘手；利用水油面团的叠合加热，形成起酥现象；食品的产品涂抹油脂可以减少干燥、起到保鲜作用。

4. 乳化作用

由于油脂中的磷脂类物质，其表面也具有部分亲水性，烹饪时，利用火力和外力使得油脂细小颗粒化，并稳定地悬浮于汤汁中，制成鲜香白润的“奶汤”。

二、部分营养物质的生理功能简介

这里主要介绍普遍存在于天然油脂，且与油脂的代谢有密切关系的部分营养物质的营养价值及相关的原料特性等问题。

（一）胆固醇

胆固醇是环戊烷多氢菲的羟基衍生物，属于类脂化合物，也是一种脂蛋白。包含低密度脂蛋白（LDL）和高密度脂蛋白（HDL）等。

胆固醇具有重要的生理功能并与人们的健康密切相关。胆固醇作为一种新陈代谢的产物，缺乏时生物膜将不能正常发挥作用，经紫外线照射后转化为影响人体钙代谢的维生素 D_3；分解后转化为有重要生理调节机能的类固醇激素；氧化后生成胆汁酸，胆汁酸是乳化剂，能够把肠内的脂质成分乳化，促进脂类消化和吸收。

血液中胆固醇总量为 130～220 毫克/分升（平均 170 毫克/分升），因人的年龄、性别而不同，胆固醇控制正常，则不会发生问题，过多则容易产生动脉硬化、脑栓塞和心肌梗死等病变；过少则引起脑血管脆弱，易发脑出血，引起脑营养不足，导致老年痴呆等。

食物中胆固醇主要来自动物性食品和脂肪，畜肉胆固醇含量高于禽肉，肥肉高于瘦肉，贝壳和软体类高于鱼类，蛋黄、动物内脏含量相对较高。

（二）维生素 E

维生素 E 又名生育酚，能促进性激素分泌，使男子精子活力和数量增加；使女子雌性激素浓度增高，提高生育能力，预防流产。维生素 E 缺乏时会出现睾丸萎缩和上皮细胞变性，孕育异常。对防治男性不育症也有一定帮助。另外，维生素 E 还可以保护 T 淋巴细胞、保护红细胞、抗自由基氧化、抑制血小板聚集从而降低心肌梗死和脑梗死的危险性。还在烧伤、冻伤、毛细血管出血、更年期综合征、美容等方面有很好的疗效。

维生素 E 在食油、水果、蔬菜及粮食中广泛存在。天然维生素 E 有 8 种结构式，即 α、β、γ、δ 生育酚和 α、β、γ、δ 三烯生育酚，α-生育酚是自然界中分布最广泛、含量最丰富、活性最高的维生素 E 形式。天然油脂中以葵花油、棉籽油、米糠油、红花油等含有较高的 α-生育酚。维生素 E 为微黄色和黄色透明的黏稠液体；几乎无臭，遇光色泽变深，对氧敏感，易被氧化，故在体内可以保护其他可被氧化的物质（如不饱和脂肪酸、维生素 A），接触空气或紫外线照射则缓缓氧化变质，是天然的抗氧化剂。

（三）油酸

油酸是十八碳一烯酸，是所有脂肪酸中分布最广泛的一种，如在动物性油脂中含量可达 40%～50%；在橄榄油、花生油、山茶油、米糠油等中含量较高。油酸可以减低血液胆固醇，减少胆固醇在血管壁的沉积，对老年人的心脑血管健康非常有益。因此，油酸也被称为“安全脂肪酸”。

（四）亚油酸

亚油酸是十八碳二烯酸，是一种必需脂肪酸。动物脂肪中的含量一般较低，如牛油为 1.8%，猪油为 6%。但在若干种植物油中含量较高，如花生油、大豆油、菜籽油、向日葵油等中含量较高。

亚油酸是细胞膜的主要组成要素之一；是能量的主要提供者；具有降低血脂、软化血管、降低血压、促进微循环的作用，可预防或减少心血管病的发病率如高血压、高血脂、心绞痛、冠心病、动脉粥样硬化；防止人体血清胆固醇在血管壁的沉积，有“血管清道夫”的美誉。亚油酸摄入不足还会影响到正常的发育，引起皮肤病变。

（五）ω-3 型、ω-6 型脂肪酸

营养学发现，多不饱和脂肪酸对人体普遍较好，但脂肪酸的不饱和键的碳链位置不同，影响到脂肪酸的营养作用。从化学结构上讲，在多不饱和脂肪酸的长链上，有 2～6 个不饱和键，我们把第一个不饱和键位于甲基一端的第 3 个碳原子的脂肪酸，称为 ω-3 型脂肪酸，或者 n-3 系，相应的还有 n-6 系、n-7 系、n-9 系（即 n 编号系统，也称 ω 编号系统）。主要包括 α-亚麻酸（十八碳三烯酸）、花生四烯酸，DHA、EPA。ω-6 型脂肪酸主要是指二价的亚油酸。ω-3 型是人体无法自行合成的脂肪酸，需要通过饮食进行补充。现总结 ω-3 型和 ω-6 型脂肪酸的特点如下。

①都是必须脂肪酸，必须由食物获得。

②ω-3 型脂肪酸可以防止胆固醇增高，防止血液型疾病的发生。

③含量较高的亚油酸可以加重一些病：过敏病、哮喘、高血压、痴呆症、脑出血、老化、关节炎等；相反 ω-3 型脂肪酸、DHA、EPA 可以抑制上述病发生。

④建议应当有适当的脂肪酸比例与组合：ω-3 型脂肪酸/ω-6 型脂肪酸＝1∶（3～5）。

因此，ω-3 型脂肪酸不仅重要，现实中也较为稀有。在部分植物油中含量较多，如紫苏油（65%）、亚麻籽油（30%～58%）、菜籽油（9%～15%）、大

豆油（6%～10%）。但大多是在深海鱼类和其他水产中，鱼油中含有的 DHA、EPA 较高。

（六）γ-亚麻酸

目前国内外生产的 γ-亚麻酸主要来源于月见草。此植物原产于北美，其生理功能源自印第安人的实践发现，我国东北地区也有野生，近年来国内已进行了大面积的人工栽培，γ-亚麻酸亦可利用微生物发酵方法大量生产。γ-亚麻酸是 α-亚麻酸的同分异构体，是 ω-6 型脂肪酸。它是组成人体各组织生物膜的结构材料，也是合成前列腺素的前体。作为人体内必需的不饱和脂肪酸，成年人每日需要量约为 36 毫克/千克。其他作用可列举如下。

1. 降血脂、抗心血管疾病作用

γ-亚麻酸作为前列腺素 E1 的前体可降低总胆固醇，γ-亚麻酸能增大胆固醇的极性和水溶性，使之易被酶解，还可从血液中清除甘油三酯，减少内源性胆固醇的合成，从而减少 β-脂蛋白的生成。

2. 降血糖作用

由 γ-亚麻酸组成的磷脂可以增强细胞膜上磷脂的流动性，增强细胞膜受体对激素（包括胰岛素）的敏感性。由 γ-亚麻酸转化而来的前列腺素等活性物质，可以增强胰岛 B 细胞分泌胰岛素的功能。

3. 抗癌作用

γ-亚麻酸可作为潜在的抗癌药物。对 γ-亚麻酸的研究表明，它具有明显的抗脂质氧化作用，因 γ-亚麻酸在体内首先被氧化，从而减轻了细胞脂质过氧化损害。

（七）反式脂肪酸

脂肪酸是一类羧酸化合物，由碳氢组成的烃类基团连接羧基所构成。当链中碳原子以双键连接时，这个链存在两种形式：顺式和反式。顺式键形成的不饱和脂肪酸在室温下是液态，如植物油。反式键形成的不饱和脂肪酸在室温下是固态。

植物油经过加氢可将顺式不饱和脂肪酸转变成室温下更稳定的固态反式脂肪酸。实践中可以利用这个过程生产人造黄油，也可利用这个过程延长产品货架期和稳定食品风味。一般，不饱和脂肪酸氢化时产生的反式脂肪酸占 8%～70%。自然界也存在反式脂肪酸，当不饱和脂肪酸被反刍动物（如牛）消化时，脂肪酸在动物瘤胃中被细菌部分氢化。牛乳、乳制品、牛肉和羊肉的脂肪中都能发现反式脂肪酸，占 2%～9%。鸡和猪也通过饲料吸收反式脂肪酸，反式脂肪酸因此进入猪肉和家禽产品中。高温长时间处理的植物油也会产生反式脂肪酸。

反式脂肪酸以两种形式影响人们：一种是扰乱人们所吃的食品，另一种是改变人们身体正常代谢途径。可减少 HDL，增加 LDL 的浓度。同时可造成记忆力减退、血栓形成，影响生长发育等。许多国家禁止食用含有反式脂肪酸的食品，WTO、FAO 早在 2003 年版《膳食营养与慢性疾病》中就建议，“反式脂肪酸的最大摄取量不超过总能量的 1%”。目前，关于反式脂肪酸与慢性疾病的关系仍然是研究的重要问题之一。

第七节　油脂的贮藏

由于油脂中大量不饱和脂肪酸受到氧化后，形成许多小分子的醛、酮、酸等，这些物质不仅有奇特难闻的味道，还会影响人体的健康。我们把油脂的氧化变质现象称为油脂的酸败。氧化变质途径有自动氧化、光氧化和酶促氧化等。当然，油脂还有水解反应引起的变质。表 6-6 介绍了油脂在贮藏时变质的原因和应对的方法。

目前油脂的贮藏主要有常规贮藏、抗氧化剂贮藏和气调贮藏等方法。

表 6-6　油脂贮藏中变质的原因、防止措施及检测指标

项目	氧化变质	水解变质
变质因素	空气中的氧气	水分
促进因素	油脂表面积大、光线（阳光、紫外线）、热、金属、干燥	微生物（霉菌、酵母）、热
防止措施	添加抗氧化剂（BHA、维生素 E、香料等）、隔离空气与金属容器	低水分、清洁、卫生
易变质的油脂	植物油（亚麻酸、亚油酸多）、未精炼油、鱼油	椰子油、棕榈油、乳脂
变质后气味	油臭味（回生臭）、酸败臭	肥皂臭
合格检查与标准	POV（过氧化价），其出售时 POV 小于 30	AV（酸价），出售时小于 3

资料来源：李里特．食品原料学［M］．北京：中国农业出版社，2009.

一、常规贮藏

常规贮藏是当前基层油库普遍采用的贮油方法。这种方法是人为地控制日光、空气、水分、杂质及大气温度对油脂的影响，建立并执行有效、可行的管理制度，加强油脂质量检查，即机械地防止外部因素影响的方法，通常包括密闭贮藏和低温贮藏。密闭贮藏中，主要做到油品中水和杂质，酸价入库时控制在国家标准以内，贮藏以密闭为主，装油时尽量装满，减少油脂与空气的接触，延缓油脂的氧化酸败。

低温贮油的方法即为降低贮油温度。温度对油脂的氧化速率有重要的影响，在 0～25℃条件下贮藏时，温度上升会明显加速油脂氧化，氧化速度几乎每上升 10℃就增加 1 倍，而温度降低 10℃，其氧化诱导期延长 1 倍，因此，低温环境下贮藏油脂可有效抑制油脂氧化，确保安全贮油。

二、抗氧化剂贮藏

抗氧化剂贮藏主要是通过添加抗氧化剂，延缓油脂氧化，确保油脂品质。抗氧化剂有天然抗氧化剂和人工合成抗氧化剂两类，常用的天然抗氧化剂有维生素 E、类胡萝卜素、芝麻酚、棉酚、磷脂等，人工合成抗氧化剂有 BHA、2，6-二叔丁基-4-甲基苯酚（BHT）、没食子酸丙酯（PG）及叔丁基对苯二酚（TBHQ）等。

虽然油脂含有天然的抗氧化成分，但由于加工过程都有部分损失。添加抗氧化剂应当注意添加的种类和数量，最好与油脂贮藏灌装工艺结合起来，在保证均匀安全的同时，减少油脂与空气接触的环节。

三、气调贮藏

气调贮藏即人为地改变贮油罐内气体成分，阻止油脂劣变，达到安全贮藏。常用的方法有脱氧剂脱氧贮藏和充氮气贮藏。

思　考　题

1. 我国当前的油脂生产与供给情况如何？
2. 思考我国进口油脂的种类和数量趋势。
3. 简述主要油脂原料的特性和加工利用情况。
4. 试分析油脂的化学结构特点与油脂的重要性质的关系。
5. 简述油脂的营养价值。
6. 说明人造奶油、起酥油等加工油脂的工艺原理和实际应用。
7. 说明油脂贮藏原理和常用的方法。

第七章

食用菌原料

学习重点：

了解自然界食用菌的种类与资源的分布特点；了解我国食用菌生产与供给概况；熟悉食用菌的一般营养价值；掌握常见食用菌的生物学价值与特殊营养价值。

第一节 概 论

一、食用菌的概念

食用菌是特指的一类微生物，即以大型的无毒真菌类的子实体作为人类的食用资源，俗称蘑菇，也常被认为是一种特殊的蔬菜。

中国古代把生长在木质材料（树木或者腐朽木材等）上的食用菌称为“菌”，而把生长于土中的称作“蕈”。因此食用菌也称为“蕈菌”。日文中则用“蕈菌”作为食用菌的代名词。常见的食用菌有香菇、平菇、木耳、银耳、猴头菇、松茸、灵芝等。广义的食用菌，还应当包括酿造工业使用的酵母、曲霉、根霉、毛霉等。

食用菌因其味道鲜美、营养丰富，具有特殊的食用价值和营养价值而独树一帜。据测定，食用菌含有蛋白质、氨基酸、多糖类、脂类、维生素、矿物质元素、核苷酸、三萜类、黄酮等多种成分，其中蛋白质含量丰富，是一般蔬菜和水果的几倍到几十倍；所含氨基酸种类齐全，不仅包含 8 种人体所必需的氨基酸，而且比例也接近人体需要。食用菌中维生素含量也十分丰富，主要包括 B 族维生素、维生素 B_3、生物素、维生素 B_9、维生素 C、维生素 D 和维生素 E 等；还含有铁、钾、钙、锌、镁、硒等多种矿物质元素。

成分的多样性决定了食用菌营养作用的广泛性。现代研究也表明，食用菌在抗肿瘤、抗菌、抗病毒、保护心血管系统、抗氧化、保护肠胃等方面均具有较好的药理作用。因此，食用菌逐渐在人们的饮食和食品加工中占据越来越重要的地位。

二、食用菌的结构与分类

（一）生活史与结构

从食用菌生活史来看，食用菌是由有性孢子萌发开始的，经过菌丝体的发育，形成子实体，由子实体再产生新孢子，从而开始下一个生命周期。所以，食用菌的主要阶段性结构可以分为子实体与菌丝体。以香菇为例，它的生活史详见图 7-1。

第一，担孢子萌发。

第二，产生 4 种不同配型的单核菌丝。

第三，两条可亲和的单核菌丝通过结合进行质配。

第四，产生的每个细胞中有两个细胞核、横隔处有锁状结合的双核菌丝。

第五，在适宜情况下，双核菌丝形成子实体。在菌褶上，双核菌丝的顶端细胞发育成担子，担子排列成子实层。

第六，在成熟的担子中，两个单元核发生融合（核配），出现一个双元核（$2n$）。双元核立即进行减数分裂，此时，双方的遗传物质可以交换、重组。重新形成 4 个单元核（n）。

第七，每个单元核又通过担子小梗进入担孢子，最后在其顶端形成 4 个担孢子。经过萌发，发生一次有丝分裂。新的周期重新开始。

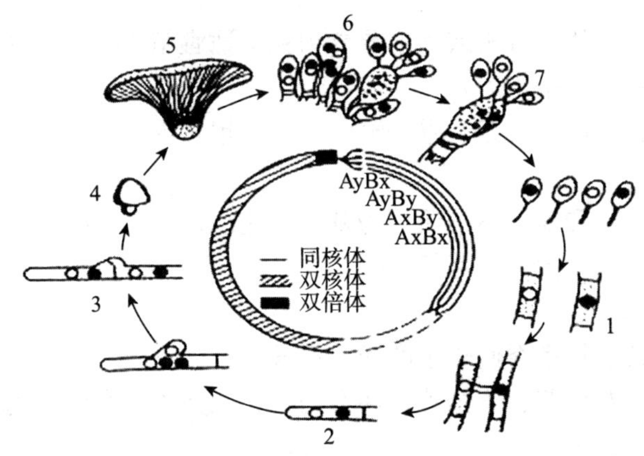

图 7-1　香菇的生活史

1. 担孢子萌发；2. 单核菌丝分化；3. 质配过程；4. 形成双核菌丝；5. 子实体形成；6. 双核融合并进行减数分裂；7. 担小梗形成担孢子

子实体是繁殖器官，不同种类的子实体大小不一、多种多样。子实体的形状有伞状（如草菇）、片状（如平菇）、笔状（如金针菇）、舌状（如灵芝）、耳状（如木耳）、珊瑚状（如银耳、珊瑚状猴头菇）等多种外形，其中以伞状最多。图 7-2 显示伞状食用菌结构。

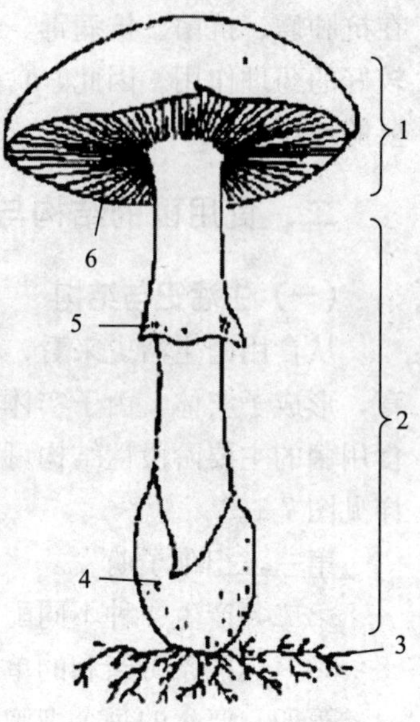

图 7-2　是一般伞菌的结构模式

1. 菌盖；2. 菌柄；3. 菌丝体；4. 菌托；5. 菌环；6. 菌褶

（二）分类

食用菌是高等真菌中可以食用种类的总称，具有肉质或胶质的子实体，一般属于真菌中的子囊菌门和担子菌门，其中大部分是担子菌门。常规划分为门、纲、目、科、属、种等分类单元或分类群。各个等级下还可以设亚级。据不完全统计，属于子囊菌门的有 7 个科，属于担子菌门的有 43 个科。世界上已被描述的真菌达 12 万余种，能形成大型子实体或菌核组织的达 6 000 余种，可供食用的有 2 000余种。我国食用菌资源十分丰富，种类繁多，已达 600 种以上，已记载的达 60 种以上。还有许多野生菌类，有待进一步研究、驯化和推广。

实际生产中，一般依据食用菌赖以生长的物质基础和营养方式进行分类。

1. 木生类

特点：分解利用纤维素或木质素能力强。适宜基质：木材（传统的是用腐烂椴木等，现在多用杂木屑）。

常见种类：平菇、香菇、猴头菇、木耳、银耳等。

2. 土生类

特点：以土壤和地表腐殖质层为基质，这也是腐生菌的基本特点。

常见种类：羊肚菌、竹荪等。

3. 粪生类

特点：生长于牲畜粪便较多的沃土地方。

常见种类：双孢菇、草菇等。注意的是，此类中的有毒食用菌较多，有一定危险，需要谨慎选择。

4. 虫生类

特点：生长繁殖在昆虫体上或与昆虫的活动场地有密切关系的食用菌。

常见种类：冬虫夏草（驯化进展缓慢）。

5. 菌根类

特点：与树木的茎、根等形成外生菌根的食用菌。

常见种类：如牛肝菌、鸡油菌等。

（三）有毒菌类

它是相对可食用菌类而言的，绝大多数的有毒菌类属于担子菌门的伞菌目，仅少数属于其他担子菌或子囊菌。目前已知自然界中有毒的食用菌近1 000余种，中国目前已知的有500余种，其中极毒而可致命的有100种。

但食用菌情况比较复杂，中毒的原因有多种，菌中的毒肽与人体内蛋白质的结合形成毒肽复合体，迅速进入血液危及生命，如新鲜时食用有毒，晒干煮后食用无毒的马鞍菌；子实体无毒，而孢子有毒的鹿花菌；与鸡肉煮制易中毒的墨汁鬼手；食用时同时饮酒导致中毒的长根鬼伞；食用后导致人轻微头晕现象的灰鹅膏菌；食用后中毒出现“小人国”幻觉的华丽牛肝菌；食之中毒导致人腹泻的琥珀乳牛肝菌等。

三、食用菌的生长发育特点

（一）一般可形成较大的子实体

食用菌大部分种类的子实体都较大（1～10 厘米），这是它可供人类食用的主要特点之一。当然，一些个体之间有较大差异。例如，大马勃的子实体直径最大可有 100 厘米以上（图 7-3），个别伞菌可达 0.7 米高；而皮伞菌小的不到 1 厘米（图 7-4）。

图 7-3 野生马勃菌

（直径可达 100 厘米）

图 7-4（雪白）皮伞菌

（菌伞直径可小于 1 厘米）

（二）受温湿度等环境因素影响较大

食用菌的生物学基本特性决定了食用菌在萌发、繁殖、生长的各个环节容易受到外界各类因素的影响，尤其是环境温度和湿度的影响。因此，食用菌有喜低温的金针菇和滑菇，有喜高温的草菇，有喜中低温的香菇、平菇、猴头菇等，还有喜中温的木耳、银耳和竹荪等。在菌丝生长阶段，配料中的水分以足够分解和合成代谢需要为度。在子实体形成阶段，相对湿度控制在 80%～

90%为好，这也是生产管理的重点和难点之处。

（三）生长繁殖速度快

只要环境条件合适，就会无休止生长，繁育速度较快，长到一定阶段即形成子实体。同时又很快进入下一个繁殖周期。例如，“树舌”（东北称为老牛干）每天可形成并释放300亿个孢子。马勃成熟后，则一次就会释放巨量的孢子。根据该特点及时加强日常管理，合理规划生产周期，保障市场供给。

（四）子实体多数寿命较短

鬼伞属食用菌，成熟后几小时即水解自溶，多数子实体形成几天内萎缩死亡，只有少数的种类可长寿。这就需要生产管理中及时采摘并妥善进行加工和贮藏。

四、食用菌的分布与生产情况

食用菌以陆地出产为主，在山区森林中生长的木生菌种类和数量较多，如香菇、木耳、银耳、猴头菇、松口蘑、红菇和牛肝菌等。在田头、路边、草原和草堆上有草生菌，有草菇、口蘑等。南方生长较多的是高温结实性真菌；高山地区、北方寒冷地带生长较多的则是低温结实性真菌。总之，温带、亚热带、热带均能生长。

改革开放初期，我国食用菌的年生产量仅有10万吨，到2011年已达2 571.1万吨，增长了200倍。经过40多年的改革发展，我国食用菌产量占世界总产量的70%以上，食用菌总产量在种植业中仅次于粮食、蔬菜、果品、油料。除了丰富的野生菌资源，我国食用菌和药用菌的栽培种类已达70多种，大宗品种有香菇、平菇、木耳、双孢菇、金针菇、草菇等，一系列的珍稀品种如白灵菇、茶树菇、真姬菇和羊肚菌等也受到市场青睐。近年来，金针菇、杏鲍菇、海鲜菇和双孢菇等工厂化生产品种日渐丰富，灵芝、冬虫夏草、茯苓和天麻等药用菌市场发展较快。食用菌产品的深加工水平也不断提升，目前用于调味料、保健品和药品等的种类近500种。

我国也是栽培利用食用菌较早的国家之一。1 100多年前已有人工栽培木耳的记载。在800多年前香菇的栽培已在浙江西南部开始。草菇则是200多年前首先在闽粤一带开始栽培。至今南方仍然是草菇等的主要生产区。野生菌类的生产主要集中在包括秦岭在内的南方山区及北方的河北、山东、河南和东北的山区。近年来，由于设施农业的推广，尤其是在产业扶贫政策的推动下，全国各地的食用菌人工栽培生产呈现集聚增长的态势。

据中国食用菌协会统计调查，2015年全国食用菌总产量为3 476.27万吨，产值为2 516.38亿元。分品种统计产量，前7位的品种分别是香菇（766.66万吨）、黑木耳（633.69 万吨）、平菇（590.18 万吨）、金针菇（261.35 万吨）、双孢菇（337.96 万吨）、毛木耳（182.58 万吨）和杏鲍菇（136.49 万吨），产量都超过 100 万吨，前 7 位品种的总产量占当年全国食用菌总产量的 83.4%。我国食用菌也逐年增加出口，2011 年出口创汇就达到 24.07 亿美元，2018 年达 33.2 亿美元。但产品出口结构较为单一。洋菇罐头的出口市场分布较为均匀，干香菇的出口市场集中在亚洲地区。荷兰和波兰为我国食用菌的主要出口竞争国。

值得注意的是，在鼓励菇农生产、引入市场机制的同时，还应当科学地加以规划和引导，不要盲目投资，否则会造成菇贱伤农、产业不稳的局面。

第二节　几种常见的食用菌简介

（一）香菇

香菇又称冬菇、香蕈、北菇、厚菇、花菇、香菌等，是担子菌纲伞菌目侧耳科香菇属的一种药食两用真菌。野生香菇分布于中国、朝鲜、日本、菲律宾、印度尼西亚、新西兰、尼泊尔、泰国、马来西亚等国家。我国是世界香菇生产第一大国，香菇栽培起源目前尚难于考证，但距今已有 800 年以上的历史。

1. 形态特征

香菇子实体单生、丛生或群生，子实体中等大至稍大。菌盖直径 5～12 厘米，有时可达 20 厘米，幼时半球形，后呈扁平至稍扁平，表面呈浅褐色、深褐色至深肉桂色，中部往往有深色鳞片，而边缘常有污白色毛状或絮状鳞片（图 7-5）。

菌肉白色，稍厚或厚，细密，具香味。幼时边缘内卷，有白色或黄白色的绒毛，随着生长而消失。菌盖下面有菌幕，后破裂，形成不完整的菌环。老熟后盖缘反卷，开裂。

图 7-5　香菇子实体形态

菌褶白色，密，弯生，不等长。菌柄常偏生，白色，弯曲，长 3～8 厘米，粗 0.5～1.5 厘米，菌环以下有纤毛状鳞片，纤维质，内部实心。菌环易消失，白色。孢子印白色。孢子光滑，无色，呈椭圆形至卵圆形，孢子生殖。

2. 营养价值

鲜香菇含水分 85%～90%，固形物中粗蛋白含量为 19.9%，粗脂肪含量为 4%，可溶性无氮物质含量为 67%，粗纤维含量为 7%，灰分含量为 3%。干香菇食用部分占 72%，每 100 克食用部分中含水 13 克、脂肪 1.8 克、碳水化合物 54 克、粗纤维 7.8 克、灰分 4.9 克、钙 124 毫克、磷 415 毫克、铁 25.3 毫克、维生素 B_1 0.07 毫克、维生素 B_2 1.13 毫克、维生素 B_3 18.9 毫克。

香菇是高蛋白、低脂肪、多糖并含有多种氨基酸和多种维生素的菌类食物。其蛋白质组成不同于其他的粮食作物，主要是白蛋白、谷蛋白和醇溶蛋白，这三种蛋白质的比例为 100∶63∶2。香菇主要营养价值体现在下列几方面：

①提高机体免疫功能：香菇多糖可提高巨噬细胞的吞噬功能，还可促进 T 淋巴细胞的产生，并提高 T 淋巴细胞的杀伤活性。

②延缓衰老：香菇的水提取物对体内的过氧化氢有一定的消除作用。

③防癌抗癌：香菇菌盖部分含有双链结构的核糖核酸，进入人体后，会产生具有抗癌作用的干扰素。

④降血压、降血脂、降胆固醇：香菇中含有嘌呤、胆碱、酪氨酸、氧化酶以及某些核酸物质，能起到降血压、降胆固醇、降血脂的作用，又可预防动脉硬化、肝硬化等疾病。

⑤香菇还对糖尿病、肺结核、传染性肝炎、神经炎等起治疗作用，又可用于消化不良、便秘等。

香菇的香味成分主要是香菇酸分解生成的香菇精。香菇的鲜味成分是一类水溶性物质，包括 5′-鸟苷酸、5′-腺苷酸、5′-尿苷酸等核酸构成成分，含量均在 0.1%左右。香菇中含不饱和脂肪酸甚高，还含有大量的可转变为维生素 D 的麦角甾醇和菌甾醇，对于增强免疫力、预防及治疗感冒有良好效果。经常食用对人体特别是婴儿因缺乏维生素 D 而引起的血磷、血钙代谢障碍进而导致的佝偻病有预防作用，可预防人体各种黏膜及皮肤炎症。香菇中的碳水化合物中以半纤维素居多，主要成分是甘露醇、海藻糖和菌糖、葡萄糖、戊聚糖、甲基戊聚糖等。

在中医上，香菇性寒、味微苦，有利肝益胃的功效。我国古代学者早已发现香菇类食品有增强脑细胞功能的作用。如《神农本草经》中就有“服饵菌类”可以“增智慧”“益智开心”的记载。现代医学认为，香菇的增智作用在于含有丰富的精氨酸和赖氨酸，常吃可健体益智。

（二）黑木耳

黑木耳是担子菌门层菌纲木耳目木耳科木耳属的食用菌，又名木蛾、云耳、黑耳子、木机等。木耳属有15～20种，广泛分布于温带和亚热带，如黑木耳、毛木耳、皱木耳、角质木耳、盾形木耳、毡盖木耳、琥珀木耳等。

我国是世界上木耳栽培的起源地，迄今已有约1 400年的栽培历史。国际上栽培食用菌的国家很多，但栽培木耳的国家却很少。目前，我国木耳栽培主要采用段木栽培和代料栽培两种模式，产量占世界总产量的90%以上。

1. 形态结构

重点介绍黑木耳、毛木耳以及皱耳的形态结构。

（1）黑木耳

子实体黑褐色、半透明，两面光滑，又称细木耳、光木耳。子实体丛生，常覆瓦状叠生，耳状。叶状或近林状，边缘波状，薄，宽2～6厘米，最大黑木耳达12厘米，厚2毫米左右，以侧生的短柄或狭细的基部固着于基质上。初期为柔软的胶质，黏而富有弹性，以后稍带软骨质，干后强烈收缩，变为黑色硬而脆的角质至近革质。背部外面呈弧形，紫褐色至暗青灰色，疏生短绒毛。绒毛基部褐色，向上渐尖，尖端几乎无色，（115～135）微米×（5～6）微米。里面凹陷，平滑或稍有脉状皱纹，黑褐色至褐色。菌肉由有锁状联合的菌丝组成，粗2～3.5微米。子实层生于里面，由担子、担孢子及侧丝组成。担子长60～70微米，粗约6微米，横隔明显。孢子肾形，无色，（9～15）微米×（4～7）微米；分生孢子近球形至卵形，（11～15）微米×（4～7）微米，无色，常生于子实层表面。

（2）毛木耳

与黑木耳同属不同种。子实体黑色，腹面平滑，而背面多毛呈灰色或灰褐色，又称粗木耳。子实体初期杯状，渐变为耳状至叶状，胶质、韧，干后软骨质，大部平滑，基部常有皱褶，直径10～15厘米，干后强烈收缩。不孕面灰褐色至红褐色，有绒毛，（500～600）微米×（4.5～6.5）微米，无色，仅基部带褐色。子实层面紫褐色至近黑色，平滑并稍有皱纹，成熟时上面有白色粉状物即孢子。孢子无色，肾形，（13～18）微米×（5～6）微米。

（3）皱木耳

子实体乳黄色至红褐色，子实层面凹陷，有明显皱褶并形成网格。子实体群生，胶质，干后软骨质。幼时杯状，后期盘状至叶状，（2～7）厘米×（1～4）厘米，厚5～10毫米，边缘平坦或波状。子实层面凹陷，厚85～100微米，有明显的皱褶并形成网格。不孕面乳黄色至红褐色，平滑，疏生无色绒毛；绒毛（35～185）微米×（4.5～9）微米。孢子圆柱形，稍弯曲，无色，光滑，（10～13）微米×（5～5.5）微米。

2. 营养价值

木耳蛋白质的含量是牛奶的6倍，钙、磷、铁纤维素含量也不少，此外，还有甘露聚糖、葡萄糖、木糖等糖类，及卵磷脂、麦角甾醇和维生素C等，木耳具有预防动脉粥样硬化的功效。富含多种维生素和矿物质，铁元素含量极高，每100克干木耳含铁达185毫克，是肉类的100倍。黑木耳是缺铁性贫血患者的极佳食品。黑木耳中的腺嘌呤核苷有显著的抑制血栓形成的作用，因此，还是中老年人的优良保健食品。黑木耳对胆结石、肾结石、膀胱结石、粪石等内源性异物也有比较显著的化解功能。黑木耳还含有多种矿物质，能对各种结石产生强烈的化学反应，剥脱、分化、侵蚀结石，使结石缩小，排出。黑木耳为补品，药力平缓，故只宜用于慢性病或亚健康者的日常保健。此外，黑木耳还有润肠解毒功能，黑木耳较难消化，并有一定的滑肠作用。

（三）金针菇

金针菇又称毛柄金钱菌，也称小火菇、构菌、朴菇、冬菇、朴菰、冻菌、金菇、智力菇等。因其菌柄细长，似金针菜，故称金针菇，属伞菌目白蘑科金针菇属。金针菇也是一种菌藻地衣类，自然界广泛分布。

人工栽培的金针菇，按出菇快慢、迟早分为早生型和晚生型；按发生的温度可分为低温型和偏高温型；按子实体发生的多少，分为细密型（多柄）和粗稀型（少柄）；按色泽分为黄色、白色和浅黄色。

1. 形态结构

金针菇的菌丝体由孢子萌发而成，在人工培养条件下，菌丝通常呈白色绒毛状，有横隔和分枝，很多菌丝聚集在一起便成菌丝体。和其他食用菌不同的是，菌丝长到一定阶段会形成大量的单细胞粉孢子（也称分生孢子），在适宜的条件下可萌发成单核菌、金针菇丝或双核菌丝。有试验发现，金针菇菌丝阶段的粉孢子多少与金针菇的质量有关，粉孢子多的菌株质量都差，菌柄基部颜色较深。金针菇的子实体由菌盖、菌褶、菌柄三部分组成，多数成束生长，肉质、柔软、有弹性。菌盖呈球形或扁半球形，直径1.5～7厘米，幼时球形，逐渐平展，过分成熟时边缘皱折向上翻卷。菌盖表面有胶质薄层，湿时有黏性，黄白色到黄褐色，菌肉白色，中央厚，边缘薄；菌褶白色或象牙色，较稀疏，长短不一，与菌柄离生或弯生；菌柄中央生，中空圆柱状，稍弯曲，长3.5～15厘米，直径0.3～1.5厘米，菌柄基部相连，上部呈肉质（亦有书说菌柄为纤维质、胶质），下部为革质，表面密生黑褐色短绒毛；担孢子生于菌褶子实层上，孢子圆柱形，无色。

2. 营养价值

金针菇富含蛋白质、各类维生素、核苷类和纤维素。金针菇含有8种必需氨基酸，其含量占总氨基酸含量的42.29%～51.17%，其中精氨酸和赖氨酸

图 7-6　金针菇的子实体与栽培

含量较高，分别为 1.024%和 1.231%（以干品计），高于一般食用菌，对儿童智力增长有重要作用，因此有“益智菇”“增智菇”之称。金针菇含铁量是菠菜的 20 倍，又有许多纤维质，可促进新陈代谢。金针菇含有的酸性和中性植物纤维可吸附胆汁酸盐，调节体内胆固醇代谢，降低血浆中胆固醇的含量，还可促进肠胃蠕动，强化消化系统的功能，能预防和治疗肝脏系统及胃肠道溃疡。同时，金针菇还是一种高钾低钠食品，特别适合高血压患者和中老年人食用。

此外，金针菇还含有多种功能性蛋白质，如核糖体失活蛋白、真菌免疫调节蛋白等，以及多糖、抗生素类等生物活性物质，具有抗肿瘤、抗病毒、免疫调节、抗疲劳等作用。

（四）平菇

平菇原是指糙皮侧耳，现常将侧耳属中的一些可以栽培的种或品种泛称为平菇。所以，侧耳、蚝菇、黑牡丹菇、秀珍菇（台湾）等也可称为平菇。平菇是种相当常见的灰色食用菇，目前已知侧耳属下有 31 种，栽培的有 10 多种。

1. 形态结构

平菇属于双因子控制四极性异宗结合的食用菌。平菇的生活史与许多高等担子菌相似，由子实体成熟产生担孢子。担孢子从成熟的子实体菌褶里弹射出来，遇到适宜的环境长出芽管，平菇芽管不断分枝伸长，形成单核菌丝。性别不同的单核菌丝结合（质配）后，形成双核菌丝。双核菌丝在隔膜上有锁状联合，双核菌丝借助于锁状联合不断进行细胞分裂，产生分枝，在环境适宜的条件下，无限地进行生长繁殖。

（1）菌丝体

人工栽培的各个种菌丝体均为白色，在琼脂培养基上洁白、浓密、气生菌丝多寡不等。

白黄侧耳等广温种：生长平展，无“黄梢”。长满斜面后极易形成菌皮，菌皮柔软，富有弹性，很难分割。

糙皮侧耳和美味侧耳：气生菌丝浓密，培养后期在气生菌丝上常出现黄色分泌物，从而出现“黄梢”现象。不形成菌皮。

（2）子实体

侧耳属各个种子实体的共同形态特征：菌褶延生，菌柄侧生。从分类学上鉴别不同种的主要依据有寄主类型、菌盖色泽、发生季节、子实层内的结构和孢子等特征。

糙皮侧耳和美味侧耳：菌盖直径5～21厘米，灰白色、浅灰色、瓦灰色、青灰色、灰色至深灰色，菌盖边缘较圆整。菌柄较短，长1～3厘米，粗1～2厘米，基部常有绒毛。菌盖和菌柄都较柔软。孢子印白色，有的品种略带藕荷色。子实体常丛生甚至叠生。

佛罗里达侧耳：菌盖直径5～23厘米，白色、乳白色至棕褐色。色泽随光线的不同而变化，高温和光照较弱时呈白色或乳白色，低温和光照较强时呈棕褐色。丛生或散生。菌柄稍长而细，常基部较细，中上部变粗，内部较实，孢子印白色。

白黄侧耳及其他广温类品种：子实体3～25厘米，多10厘米以上，白色、浅灰色、青灰色或灰白色，温度越高，色泽越浅。丛生或散生，从不叠生。有的品种菌柄纤维质程度较高。低温下形成的子实体色深组织致密，耐运输。

凤尾菇：子实体大型，8～25厘米，多10厘米以上，菌盖棕褐色，上常有放射状细纹，成熟时边缘呈波状弯曲，菌肉白色，柔软而细嫩，菌盖厚，常可达1.8厘米甚至更多。丛生或散生，或单生。菌柄短粗且柔软，一般长1.5～4.0厘米，粗1～1.8厘米。

2. 营养价值

平菇含丰富的营养物质，干平菇蛋白质含量在20%左右，是鸡蛋的2.6倍，是猪肉的4倍，是菠菜、油菜的15倍。蛋白质中含有18种氨基酸，包括8种必需氨基酸，占氨基酸总量的35%以上。平菇含脂肪3.84%；含碳水化合物65.61%，其中含纤维素6.15%；含灰分4.94%；另外，还含有十分丰富的B族维生素，维生素C含量约为9.3%微克，维生素D含量约为0.12%微克（麦角固醇）；并含有钾、钠、钙、镁、锰、铜、锌、硫等14种微量元素。

研究表明，平菇还含有平菇素（蛋白糖）和酸性多糖体等生理活性物质，对革兰氏阳性菌和革兰氏阴性菌、分歧杆菌等具有较强的抗菌活性；可防治肝炎等疾病，有益身体健康，对防治癌症也有一定的效果，常食平菇对人体具有延年益寿功能。

(五) 杏鲍菇

杏鲍菇属真菌门担子菌亚门伞菌目侧耳科侧耳属。野生条件下的杏鲍菇多生长在伞形科植物刺芹的枯木上，故又名刺芹侧耳。杏鲍菇菌肉肥厚，营养丰富，具有杏仁香味和鲍鱼味，故又称杏仁鲍鱼菇。

杏鲍菇是典型的亚热带草原的野生食用菌，于春末至夏初腐生、兼性寄生于大型伞形科植物如刺芹、阿魏、拉瑟草的根上和四周土中。杏鲍菇是欧洲南部、非洲北部以及中亚地区高山、草原的一种品质优良的大型肉质伞菌。杏鲍菇是新兴的食用菌品种，栽培历史较短。法国、意大利、印度先后进行了杏鲍菇的栽培研究。1993 年我国开始对杏鲍菇进行研究，目前已经实现了工厂化、周年化生产。

1. 形态结构

杏鲍菇的子实体单生或群生。菌盖直径 2～12 厘米，幼时呈弓圆形，成熟时中央浅凹，圆形或扇形，后期呈漏斗状；表面有丝状光泽、平滑、干燥；幼时淡灰墨色，成熟后浅棕色（或淡黄白色），中心周围常有放射状黑褐色细条纹；盖缘幼时内卷，成熟后逐渐平坦。菌肉白色，具杏仁味，无乳汁分泌；菌褶向下延生，密集、略宽、乳白色，边缘及两侧平滑，具小菌褶，孢子印白色；菌柄（4～12）厘米×(0.5～3) 厘米，偏心生至侧生，也有中生，棍棒状至球茎状，光滑、无毛、近白色，中实、肉白色，肉质细纤维状。无菌环或菌幕。孢子近纺锤形，平滑。

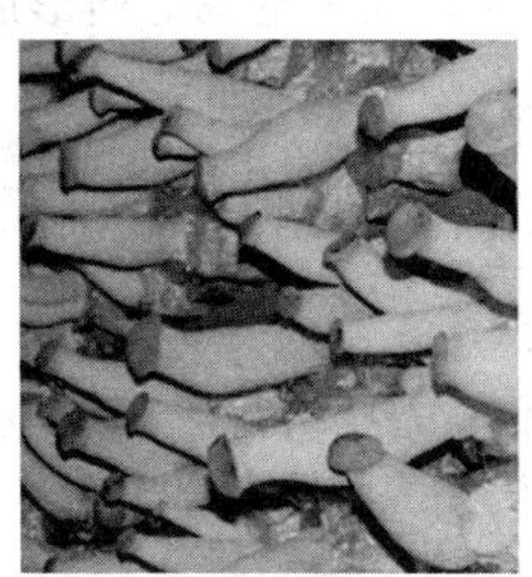
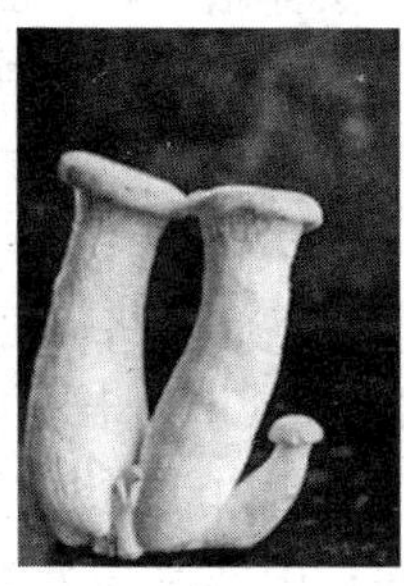
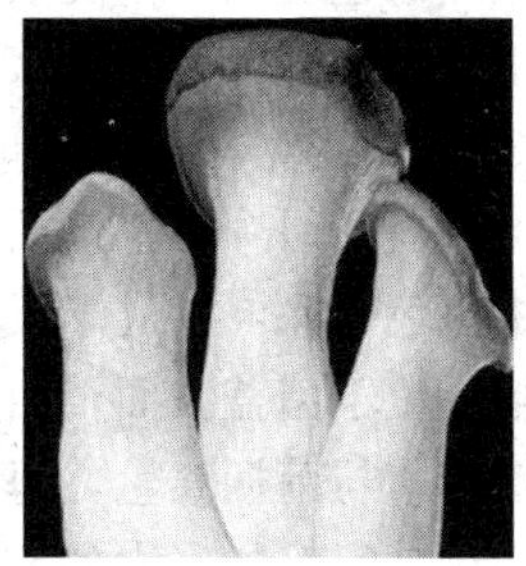

图 7-7　杏鲍菇的子实体形态

2. 营养价值

杏鲍菇是集食用、药用于一体的珍稀食用菌新品种。杏鲍菇菌肉肥厚，质地脆嫩，菌柄组织致密、结实、乳白，可全部食用，且菌柄比菌盖更脆滑、爽口，被称为“平菇王”“干贝菇”，具有杏仁香味及鲍鱼口感。

杏鲍菇的营养十分丰富，其干品含蛋白质 21.44%，脂肪 1.88%，还原糖 2.17%，总糖 36.78%，甘露醇 2.27%，游离氨基酸 2.36%，总碳水化合物 57.35%，水溶性成分 66.9%，灰分 7.83%，水分 11.56%。含 18 种氨基酸和具有提高人体免疫力、防癌、抗癌的多糖。同时，它含有大量的寡糖，是灰树菇的15倍、金针菇的3.5倍、真姬菇的2倍，它与肠胃中的双歧杆菌一起作用，具有很好的促进消化、吸收功能。每100克子实体和菌丝体中的维生素C含量分别为21.4毫克和13.9毫克。

杏鲍菇的药用价值体现在菇体中的多种活性成分，包括活性多糖、抗菌多肽和甾醇类等。Hexiang Wang 和 T. B. Ng 从杏鲍菇子实体中分离出一种抗菌多肽，它抑制尖孢镰刀菌和花生球腔菌菌丝生长。Se-WonKim 和 Hyung-GunKim 等人发现杏鲍菇提取物对骨代谢有影响。杏鲍菇提取物处理可以提高骨细胞中碱性磷酸酶活性和骨钙蛋白 mRNA 的表达。

（六）草菇

草菇又名兰花菇、苞脚菇，是热带和亚热带注明的食用菌。有史料证明，草菇起源于中国，距今已有300多年的历史。20世纪约30年代由华侨传到世界各国，是世界上第三大栽培食用菌。当前，我国草菇产量居世界之首，为出口的主要菌类，产区主要分布于华南地区。

1. 形态结构

子实体由菌盖、菌柄、菌褶、外膜、菌托等构成。幼嫩的子实体有外膜包围，呈小鸭蛋形，以后由于菌柄伸长、菌盖生长，外菌膜破裂，露出菌盖和菌柄。

外膜：又称包被、脚包，顶部灰黑色或灰白色，往下渐淡，基部白色，未成熟子实体被包裹其间，随着子实体增大，外膜遗留在菌柄基部而形成菌托。菌柄：中生，顶部和菌盖相接，基部与菌托相连，圆柱形，直径0.8～1.5厘米，长3～8厘米，充分伸长时可达8厘米以上。菌盖：着生在菌柄之上，张开前钟形，展开后伞形，最后呈碟状，直径5～12厘米，大者达21厘米；鼠灰色，中央色较深，四周渐浅，具有放射状暗色纤毛，有时具有凸起三角形鳞片。菌褶：位于菌盖腹面，由280～450个长短不一的片状菌褶相间地呈辐射状排列形成，与菌柄离生，每片菌褶由3层组织构成，最内层是菌髓，为松软斜生细胞，其间有相当大的胞隙；中间层是子实基层，菌丝细胞密集面膨胀；外层是子实层，由菌丝尖端细胞形成狭长侧丝，或膨大而成棒形担孢子及隔胞。子实体未充分成熟时，菌褶白色，成熟过程中渐渐变为粉红色，最后呈深褐色。

菌丝无色透明，细胞长度平均217微米，宽度平均10微米，被隔膜分隔为多细胞菌丝，不断分枝蔓延，互相交织形成疏松网状菌丝体。细胞壁厚薄不一，含有多个核，无孢脐，贮藏许多养分，呈休眠状态，可抵抗干旱、低温等不良环境，待到适宜条件下，在细胞壁较薄的地方突起，形成芽管，由此产生的菌丝可发育成正常子实体。

图 7-8　从左向右依次为草菇的自然、栽培生长与子实体产品

2. 营养价值

草菇营养丰富，味道鲜美。每 100 克鲜菇含维生素 C 207.7 毫克，糖分 2.6 克，粗蛋白 2.68 克，脂肪 2.24 克，灰分 0.91 克。草菇蛋白质含 18 种氨基酸，其中必需氨基酸占 40.47%～44.47%。此外，磷、钾、钙等多种矿质元素以及维生素 C、维生素 B_1、维生素 B_2 和维生素 PP 等都较为丰富。

草菇还有药用价值，其性寒、味甘，能消食去热，具有促进产妇乳汁分泌、增进身体健康的功能。

（七）银耳

银耳又称白木耳、雪耳、银耳子等，有“菌中之冠”的美称。隶属于担子菌门银耳纲银耳目银耳科银耳属。属于中温好气性真菌，主要分布在亚热带。银耳是一种药用价值极高的药食兼用真菌，性平，味甘淡，无毒，是举世公认的天然保健品。历代医药学家认为，银耳有滋补强身、扶正固本、延年益寿等功效。银耳在我国已经有几百年的栽培史，其产区主要分布在福建古田和四川通江两地。

1. 形态结构

银耳子实体为纯白色至乳白色，一般呈菊花状或鸡冠状，柔软洁白，半透明，富有弹性。由 10 余片薄而多皱褶的扁平形瓣片——耳片丛生而成，最大的可达 30 厘米以上。干后收缩，角质，硬而脆，白色或米黄色。在子实体上下两面均覆盖子实层，由无数担子组成。担子近球形，纵分隔，大小介于（10×9）微米～（13×10）微米之间。担子上生微细孢子，无色，光滑，近球形，大小介于（6×4）微米～（8.5×7）微米之间。银耳菌丝体呈灰白色，极细，有锁状联合，多分枝，起着吸收和运送养分的作用。菌丝体在条件适宜时，形成子实体，子实体是食用部分。

2. 营养价值

银耳作为我国传统的食用菌，历来都是深受广大人民所喜爱的食物。同时具有较高的药用价值。历代医药家认为银耳有“滋阴补肾、润肺止咳、和胃润肠、益气和血、补脑提神、壮体强筋、嫩肤美容、延年益寿”之功效。研究表

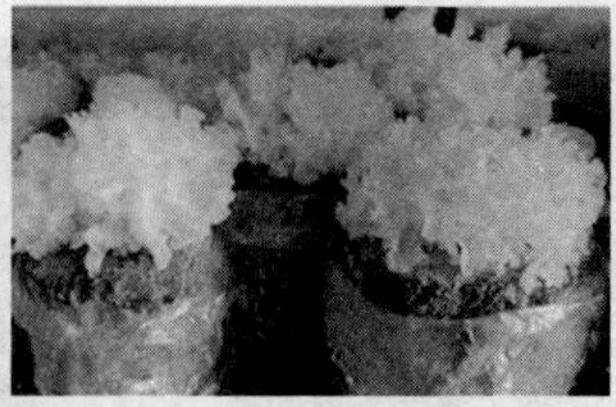

图 7-9　银耳的几种人工栽培方式

明，银耳含有酸性异多糖、中性异多糖、有机铁等化合物，能提高人体免疫力。也有人把银耳称为“穷人的燕窝”，因为银耳和燕窝相比，在颜色、口感、功效方面较为相似，价格却便宜得多。

蛋白质占干银耳重量的 6%～10%，银耳含有 17 种氨基酸，即缬氨酸、脯氨酸、丝氨酸、精氨酸、甘氨酸、赖氨酸、丙氨酸、苏氨酸、亮氨酸、异亮氨酸、酪氨酸、苯丙氨酸、谷氨酸、胱氨酸、天门冬氨酸、甲硫氨酸、组氨酸，其中谷氨酸含量最高，天门冬氨酸次之，人体所需 8 种必需氨基酸中的 7 种，银耳都可以提供，是良好的蛋白质来源。银耳含有大 0.6%～1.28%的脂肪，其中不饱和脂肪酸占总脂肪酸量的 75%左右，其中主要成分是亚油酸。银耳中含有 4.0%～5.44%的无机盐，如硫、磷、钙、铁、镁和钠等。此外，银耳中还含有多种维生素和膳食纤维。

（八）猴头菇

猴头菇又称猴头菌，因子实体的外形酷似小猴子的头而得名。又称为猴蘑、猴头、猴菇、喝巴拉（藏名）、山伏菌（日本）和熊头菇（欧洲）。在分类上猴头菇属于担子菌门无隔担子菌亚纲无褶菌目猴头菌科，是中国传统的名贵菜肴，肉嫩、味香、鲜美可口，为四大名菜（猴头、熊掌、燕窝、鱼翅）之一。猴头菇在自然界中分布很广，主要分布在北温带的阔叶林或针叶、阔叶混交林中，如西欧、北美、日本、俄罗斯等地。在我国，野生猴头菇主要分布在大、小兴安岭。另外，天山、阿尔泰山、秦岭、喜马拉雅山及西南横断山脉的林区也有分布。在湖北、湖南、广西、云南、浙江、福建等地也广泛栽培。我国是世界上栽培猴头菇的主要国家。

1. 形态结构

猴头菇子实体头状，不分枝，白色，干猴头菇子实体色泽白中带黄。直径 5～20 厘米，肉质，内实，基部处狭窄无柄（或有短柄）。人工栽培猴头菇基部常因长于瓶口或塑料袋口内而呈柄状。除基部外，菌伞表面长有毛绒状肉刺，刺下垂，菌刺长 1～5 厘米，针形，粗 1～2 毫米，其长短与生长条件有关。孢子生于菌刺表面，球形，内含油滴，孢子堆白色。

图 7-10　猴头菇野生、人工栽培和干制品

2. 营养价值

作为食用菌中的珍品，猴头菇属于药食两用真菌，尤其是其医药方面的药用价值，受到广大消费者的青睐，具有健脾养胃、安神、抗癌的功效，对体虚乏力、消化不良、失眠、胃与十二指肠溃疡、慢性胃炎、消化道肿瘤等症有特效。

每 100 克猴头菇干品含蛋白质 26.3 克，脂肪 4.2 克，碳水化合物 44.9 克，粗纤维 6.4 克，水分 10.2 克，磷 856 毫克，铁 18 毫克，钙 2 毫克，维生素 $B_1$0.69 毫克，维生素 $B_2$1.89 毫克，胡萝卜素 0.01 毫克，维生素 $B_3$16.2 毫克，热量 323 千卡[①]。它还含有 16 种氨基酸，其中 7 种属于人体必需氨基酸，总量为 11.12 毫克。比较可以看出，猴头菇含有的脂肪、磷、B 族维生素等，较其他人工栽培食用菌都要高。

（九）竹荪

竹荪又名竹笙、竹参，属于鬼笔目鬼笔科竹荪属。目前报道有 10 多个种或变种，常见并可供食用的有 4 种：长裙竹荪、短裙竹荪、棘托竹荪和红托竹荪。竹荪为竹林腐生真菌，以死亡的竹根、竹竿和竹叶等为营养源。野生种多生长于楠竹、平竹、苦竹、慈竹等竹林里，其土质有黑色壤土、紫色土、黄泥土等。形状略似网状干白蛇皮，它有深绿色的菌帽，圆柱状雪白色的菌柄，蛋形粉红色的菌托，在菌柄顶端有一围细致洁白的网状裙从菌盖向下铺开，被人们称为“雪裙仙子”“山珍之花”“真菌之花”“菌中皇后”等。

我国的竹荪长期依赖于天然野生，产量少，价值高。20 世纪 70 年代开始人工驯化栽培。国家质量技术监督检验检疫总局发布 2016 年第 112 号公告，批准长宁竹荪为国家地理标志保护产品，划定长宁县现辖行政区域为保护区域，自即日起实施保护。

1. 形态结构

竹荪子实体原基形式，在索状菌丝尖端扭结形成小菌球，俗称菌蛋，菌蛋

① “卡”为非法定计量单位，1 卡≈4.19 焦耳。——编者注

初期为白色，长有许多小刺，随着菌蛋长大，颜色逐渐转换成咖啡色或暗褐色，菌蛋的直径有 4～10 厘米，中层胶质，内包被坚韧肉质。成熟的竹荪子实体包括菌盖、菌柄、菌托和菌裙 4 个部分。菌盖像一把钟形的小帽，在菌裙和菌柄的顶端，菌盖高 4～5 厘米，直径 4～6 厘米，厚 0.1～0.3 厘米。菌盖表面布满多角形的小孔，小孔内充满了墨绿色的孢子液。菌裙如一把伞撑开在菌盖之下，有很多网孔，网孔多角形。菌裙与菌柄长度相当，菌裙的半边长一些，另一半则短些。菌柄由海绵状组织构成，一般长 15～38 厘米。

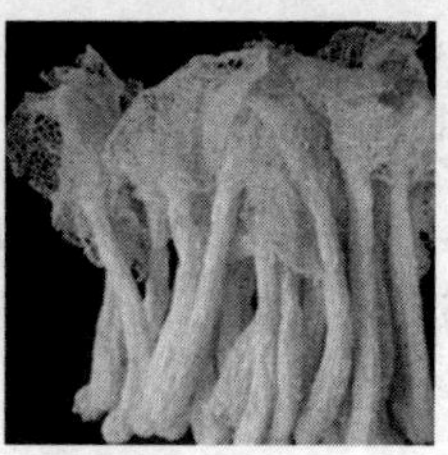

图 7-11　从左向右依次为竹荪的野生、人工栽培与干制品

2. 营养价值

竹荪营养丰富、香味浓郁、滋味鲜美，自古就被列为“草八珍”之一。竹荪营养价值很高。据分析，每 100 克鲜竹荪中含有粗蛋白 20.2%（高于鸡蛋），粗脂肪 2.6%，粗纤维 8.8%，碳水化合物 6.2%，粗灰分 8.21%，还有多种维生素和钙、磷、钾、镁、铁等矿物质。长裙竹荪的蛋白质中氨基酸含量极为丰富，其中谷氨酸含量达 1.76%，是竹荪味道鲜美的主要原因。竹荪的子实体脆嫩爽口、香甜鲜美，别具风味，作为菜肴，冠于诸菌，堪称色、香、味三绝，是宴席上著名的山珍。在菇类饮食文化中的各大菜系中，几乎都有竹荪名菜。湘菜中的“竹荪芙蓉”是我国国宴的一大名菜，1972 年美国总统尼克松和日本首相田中角荣访华时，吃了这道菜后都赞不绝口。此外，如竹荪响螺汤、竹荪扒风燕、竹荪烩鸡片等，都是很有名的佳肴，深受国内外宾客的喜爱。

（十）滑菇

滑菇俗称珍珠菇，日本称纳美菇，商品名滑子菇、滑子蘑。因它的表面附有一层黏液，食用时滑润可口而得名。属于担子菌门层菌纲无隔担子亚纲伞菌目球盖菇科鳞伞属。属于珍稀品种，人工栽培始于日本。1977 年由日本引到我国。滑菇菇体小、出菇多、产量高，适宜在东北气候条件下栽培。

1. 形态结构

滑菇多丛生，菌盖呈半圆形，黄褐色，菌盖直径为 3～8 厘米，上有一层黏液。菌褶较密，直生。菌柄短粗，长 2～8 厘米，近柱形或向下渐粗，纤维质，菌环以上为白色指浅黄色，菌环以下同菌盖颜色，近光滑、黏。内部实心或空心，菌环膜质，生柄上部，黏性易于脱落；孢子锈褐色，宽椭圆形、卵圆形，光滑，浅黄色。滑菇菌丝为绒毛状，初期为白色，随着生长逐渐变为乳黄色。滑菇属于腐生类型，可从分解木材、枯草中获得营养，碳是滑菇的重要养分及能量来源。

图 7-12 滑菇的栽培生长形态（左、中）与干制品（右）

2. 营养及药用价值

滑菇是药食两用菌。据研究，滑菇子实体含有粗蛋白 33.76%，可溶性糖类 38.89%，而且，还含有多种维生素和氨基酸。滑菇味道鲜美，是做汤的好原料。而且附着在滑菇菌伞表面的黏性物质是一种核酸，对保持人体的精力和脑力大有益处，并且还有抑制肿瘤的作用。另外，可以预防葡萄球菌、大肠杆菌、肺炎球菌和结核杆菌的感染。

第三节 食用菌的采收、保鲜与加工

一、采收

采收是食用菌栽培的最后一个关键环节，是保证食用菌质量和加工的前提。因为食用菌的基本特性，采收具有很强的时间性和技术性。

（一）适时采收原则

食用菌的营养成分和价值在不同生长发育期有明显的差异。以猴头菇为例，如果把猴头菇的生长发育期分为前期（空心器）、中期（菌刺形成期）、后期（孢子成熟期）和老熟期（孢子释放期），那么前期和中期营养物质最丰富，每 100 克氨基酸的含量可以分别达到 15.47 克和 16.52 克，而到后期，因为担孢子形成要消耗大量的营养物质，所以，每 100 克猴头菇的氨基酸含量将低于 14.08 克。因此猴头菇的采收时间应当在子实体生理成熟前进行。

（二）采收的商业要求原则

该原则主要依据不同的食用菌种类及其用途而定。例如，鲜用、干制用、制罐头用或者出口专用等，都可能对外形特征有一定要求。部分食用菌的适时采收形态要求见表 7-1。

表 7-1　几种主要食用菌适时采收的形态特征

双孢菇	作加工罐头用的要求菌盖内卷，菌幕未破，菌盖直径 2～4 厘米；作鲜菇或盐渍菇用的可适当大些，菌盖将开而菌幕未破裂
香菇	作保鲜菇用的，要求菌幕白色完好，未破或微破，菌盖边缘内卷呈铜锣边形，直径 3.5 厘米以上，七八成熟；作干制用的以八成熟，菌幕已全部断裂，菌盖边缘内卷呈铜锣边形，菌褶全部伸长，由白色转为淡黄色为宜
平菇	菌盖充分展开，盖缘内卷至开始平展，颜色由深变浅，菇丛重叠呈覆瓦状。
草菇	菇蕾长至最大程度，基部宽，顶端尖，形如鸡蛋，外菌幕（菌托）未破或将破，包裹其中的菌柄尚未伸长，以手触摸菇蕾时，中间没有空隙感
金针菇	菌盖边缘内卷至开始离开菌柄，菌柄长 13～15 厘米，菌盖直径 0.5 厘米以上，呈半球形，每丛 50～150 株，色泽随品系而不同，乳白、淡黄或金黄
猴头菇	子实体圆整，肉质坚实，外观色泽洁白，布满短小菌刺，菌刺长度未超过 0.4 厘米（即菌刺细密期，此时氨基酸含量最高）
巴西蘑菇	菌盖肥壮结实，尚未开伞，表面黄褐色至浅棕色，有纤维状鳞片，内菌幕尚未破裂
杏鲍菇	菌盖张开平整，颜色变浅，边缘尚内卷，孢子尚未弹射。出口鲜菇要求菌盖直径在 4～6 厘米，柄长 10 厘米左右
滑菇	菌盖边缘即将离开菌柄，菌幕未破，颜色鲜艳呈金褐色，表面的黏质物多
真姬菇	菌柄已充分伸长，菌盖呈半球形，尚未开伞。供作盐渍菇的要求盖径 1～3.5 厘米，盖缘不得完全展开
茶树菇	子实体长至八成熟，菌盖尚内卷，孢子还未弹射
大球盖菇	菌盖边缘内卷，菌幕刚破裂，尚未开展和弹射出孢子
银耳	耳片全部舒展，没有小耳蕊，直径 10～15 厘米，颜色鲜白色或微黄色，柔软有弹性
黑木耳	子实体由杯状展成耳状或盘状，耳片充分舒展，耳根收缩，耳片边缘少曲皱，颜色由深褐色转淡，肉质柔软，有白色孢子群沉积在子实层腹面，呈白粉状
毛木耳	耳片充分伸展，颜色由红褐色转淡，背面密生褐色或白色绒毛，隐约可见白色孢子粉
灵芝	菌盖充分展开，释放大量孢子，边缘白色消失，增厚不明显，颜色赤红色（红芝）或黑紫色（紫芝），色泽均匀
灰树花	子实体长至七八成熟，呈不规则椭圆形，边缘稍内卷，并以半折叠形式向上和向四周延伸，表面浅灰色或灰色，菌柄基部没有菌管出现
白灵菇	菌盖呈掌状展开，边缘保持内卷，孢子尚来弹射。菇体重 150～200 克时，商品价格最高

（续）

鸡腿蘑	菌盖仍紧包着菌柄，上有少量鳞片，菌环刚开始松动（松动后生长迅速，随着菌环的脱落就开伞，接着菌褶自溶，流出黑褐色液汁）
秀珍菇	菌盖边缘内卷，尚未开伞，菌盖直径2～4厘米，菌柄伸长至2～6厘米，颜色由深逐渐变浅
长根菇	子实体长至八成熟，菌盖尚未开展，菌褶呈浅咖啡色
杨树菇	子实体长至八成熟，菌幕未破裂，菌盖未展开
鲍鱼菇	菌盖稍内卷，呈灰黑色，盖径3～5厘米，柄长1～2厘米，孢子尚未弹射
榆黄蘑	菌盖充分展开，边缘呈波浪状，有少量孢子弹出
黄伞	菌盖不再生长，尚未开展，菌幕将破裂
竹荪	撒裙结束至最后成型的子实体，即菌裙达到最大的张开度，过迟则菇体开始自溶或斜倒于地面
金福菇	菌盖肥厚紧实，菌幕尚未破裂

资料来源：潘崇环，马立验，韩建明，等．食用菌栽培技术图表解［M］．北京：中国农业出版社，2010.

（三）采收要求

1. 采前停止喷水

如果采前喷水脱水烘干时菌褶会变黑。同时，保鲜时菌褶会变褐，菇体含水量过高，采后容易开伞，加工时也会导致菌盖变皱变粗。所以采前应停止喷水，保持正常的含水量以保证产品质量。

2. 采收轻摘轻放

食用菌子实体一般脆弱、易于折损，采收时要防止机械性损伤，要采用适当的方法和简易包装保护菌盖等的形态完整性。如塑料篮、纱布、碎棉布、小型专用筐等。建议不要用报纸等印刷品，因为湿度大、容易造成化学污染。

3. 采大留小、及时储运

对于带柄的食用菌类如香菇等，要按采大留小的原则，用大拇指和食指捏紧菇柄的基部，先左右旋转，再向上轻拔，注意不要碰伤周围小菇蕾，也不要让菇脚残留在基质内霉烂，影响以后出菇。对胶质食用菌类如银耳、黑木耳、毛木耳以及丛生的平菇、凤尾菇、金针菇等，可用利刀从基部整朵或整丛割下来，注意保持朵形完整。另外，要及时运输到冷库或及时加工，保障商品质量，减少营养流失。

二、保鲜

（一）盐水腌渍保鲜

把新鲜食用菌浸渍在食盐溶液中，在一定时期内不会变质。经脱盐处理后，可进一步加工成罐头等产品。这在盛产食用菌的季节或远离罐头加工厂的产区，不失为一种简易而有效的保鲜方法。

要注意盐水的质量符合食品加工要求，同时，腌渍前的食用菌要进行清洗、整理和分级处理。

（二）低温保鲜

低温保鲜也同样适用于食用菌。但因为食用菌一般湿度太大（85%以上），不适宜直接进行冷藏或冻藏。因此，第一步要进行降低湿度处理，一般采用的降湿方法有晾晒降湿、热风吹干和除湿机降湿等。一般用作小包装的含水量掌握在80%～90%，用作大包装的含水量掌握在70%～80%。

新鲜食用菌预冷、冷藏是保持产品鲜度和品质的重要技术环节。预冷、冷藏是将鲜菇置于一定条件下预冷或暂时冷藏，可以降低食用菌的呼吸速率，减少营养物质的消耗；抑制酶的活性，防止酶促褐变的发生；延缓各种生理活动的进行，使经低温预冷、冷藏的食用菌，在低温运输中有较适宜的温度和含水量，可以用较少的冷却能量和保冷措施达到更好的保鲜效果。当然，对冷藏、冷冻的食用菌进行适当包装，尤其在密封包装的容器内，能降低氧的浓度，提高二氧化碳浓度，形成小环境，有利于保持食用菌的鲜度和品质。同时还可使商品美观大方，便于在货架上摆放，提高商品的竞争力。

（三）干制

以香菇干制为例。

目前人工干制的方式，大多是利用加热的空气作为一种介质，并与食用菌密切接触，促使食用菌表面水分汽化和内部水分扩散，并把水蒸气及时排出，使食用菌的含水量逐渐降至12%～13%，符合贮藏要求的含水量标准。

食用菌的干燥过程，根据食用菌表面水分汽化和内部水分扩散的速度，可分恒速干燥和减速干燥两个阶段，恒速干燥是从干制初期到菌盖表面出现皱褶的干燥前期，其间食用菌表面水分汽化和内部水分扩散是同步进行的，且随时间的增长呈比例地干燥，此阶段大约汽化掉食用菌总含水量的60%。在此之后，食用菌内部水分呈胶黏状，扩散速度已跟不上表面水分汽化速度，即进入减速干燥阶段。这时，如介质温度过高或增大排汽量，就会导致食用菌表面革质化，俗称表面“结花”。因此，香菇的干制应采用较低的温度和慢速升温的烘干工艺，以保证干制品有良好的色泽和外形。

新鲜食用菌采后放置时间过长或受到机械损伤，极易褐变。即使是制成干品后，贮藏过久，包装不严密，食用菌内的多酚类物质（底物）以及酚氧化酶仍存在活性的情况下，也会逐渐发生色泽的变化，即由浅色变成褐色或黑色。色泽是决定食用菌鲜品或干制品商品质量的一个重要指标，褐变之后，不仅使食用菌的外观色泽失去了原来的新鲜感，而且也使内在的营养成分和独特的风味发生变化，降低其商品价值。

食用菌独特的香味是因为含有一些香味物质，主要是香菇油和香菇精。香味物质的形成，是在缓慢烘干过程中，由形成香菇精的前香菇精酸，在酶的作用下转变成香菇精。所以香菇的干制，必须控制在适宜的温度、湿度条件下，才能促进香味物质的形成，从而提高其商品价值。

三、其他加工

（一）罐头制品

利用罐头加工技术，可以使食用菌长期储存和运输。目前常用的有马口铁罐、玻璃瓶以及塑封袋等材料。国内的食用菌罐头有整菇、菇片、碎菇等几种产品形式。食用菌罐头的一般工艺包括选料—清洗—护色—杀青—冷却—修正—分级装罐—注液—密封—杀菌—冷却等几个环节。多以盐水或清水罐制为主。

（二）速冻制品

速冻是将处理干净的食用菌子实体，置于超低温环境下，使其迅速通过冰晶形成期，然后在低温环境下得以长期储存的加工方法。速冻的一般工艺流程：原料选择—护色—漂洗脱硫—漂烫—修整—排盘冻结—挂冰衣—包装冷藏。

思　考　题

1. 简述食用菌的分类地位。
2. 举例说明食用菌的生活史。
3. 食用菌的一般生长发育特点有哪些？
4. 简要说明香菇、平菇、草菇的栽培特点与营养价值。
5. 食用菌采收应该注意什么问题？
6. 食用菌一般的加工保鲜技术有哪些？请举例说明。

第八章

香辛料与调味料

学习重点：

熟悉食品用香辛料与调味料的基本概念，熟悉两种原料的基本种类和特点；了解常见香辛料的资源特点与实际使用价值；了解调味料的生产工艺以及常见种类的应用情况。

第一节　香 辛 料

一、概论

（一）香辛料的定义

香辛料是指以植物的种子、果实、根、叶、花蕾、树皮等为原料，添加到食品中，使其具有刺激性香味和辣味的一类调味料。其外形是植物的原形，或是其干燥物，也可以制成粉末状。香辛料除了赋予食品香气外，也给予辛辣味、颜色，或者兼有上述作用。

美国香辛料协会认为，凡是主要用来做食品调味用的植物均可称为香辛料，其来源是植物的全草、种子、果实、花、叶、皮和根茎等。香辛料可以改善食品风味并增加进食者的食欲，在一定程度上，香辛料还能掩蔽食品的异味和不良风味。香辛料广泛用于烹饪食品和食品工业中，主要起调香、调味及调色等作用，是食品工业、餐饮业中不可缺少的添加物。根据其特性或功能的不同，香辛料可分为香味料、辛味料、苦味料、着色料、药用料等。

（二）香辛料的历史与发展

从埃及金字塔墙壁上的象形文字记载的遗迹上，可推断出人类利用香辛料的历史在没有文字记载以前就已经开始。《圣经》中也有香辛料应用的记载。欧洲自古以来十分重视香辛料，这是因为欧洲人主要以肉食为主，使用香辛料可消除肉类的腥膻味。我国是世界上最早使用香辛料的国家之一，花椒的利用可追溯到公元前 11～10 世纪，花椒的栽培也有 1 500 年的历史；公元前 551～497 年，孔子的著作中就记载过姜的利用；《神农本草经》中也把桂皮当作一种保健药加以介绍（目前仍有多种药源性香辛料在使用）。我国土生土长的香辛料有八角茴香和花椒。另外，中国菜以茴香、花椒、肉桂末、芥末粉、姜、丁香、辣椒等作为香辛料，赋予了中国菜特有的风味。

香辛料在古代贸易中曾占有重要地位，成为主要的贸易项目之一。当然，目前世界上仍有少数国家的贸易主要依赖于一些特殊的香辛料。南宋赵汝括著的《诸番志》中，丁香、胡椒与珍珠、玛瑙并驾齐驱列为国际贸易商品。古代丝绸之路呈现了我国古代香料贸易之路。马可波罗在他所著的《东方见闻录》中记载了我国胡椒进口和使用的盛况，据说仅杭州一年的胡椒消费量就达到 1 500吨。

香辛料生产国多为热带或亚热带国家，主要包括中国、印度、马来西亚、印度尼西亚、泰国、越南、巴西等国家，进口和消费国多为美国、加拿大、德国、法国、英国、日本等国家。目前，世界上已经形成几个主要的香辛料产区。南亚和东南亚主产黑胡椒、白胡椒；斯里兰卡主产肉桂；中国产肉桂、八角、茴香、小豆蔻；印度、巴基斯坦生产辣椒和姜黄；非洲坦桑尼亚、马达加斯加生产丁香；牙买加生产姜、众香子。如今，美国已经成为最大的香辛料进口国，主要进口的有黑胡椒、肉桂、茴香、辣椒、肉豆蔻、罗勒和众香子等。欧洲国家主要需要黑胡椒、辣椒、肉豆蔻和姜等；日本主要需要荠菜籽、胡椒、姜、葱和辣椒等。随着人们生活水平提高和社会化食品生产规模的扩大，为了加强食品安全管理，应结合生产、加工、流通和销售各供应链环节的特点，构建香辛料质量安全追溯系统，实现对香辛料质量安全的全程控制与管理，使香辛料产业的市场发展空间更为广阔。

二、香辛料的功能

随着人们生活水平的提高、保健意识的增强及饮食风味的多样化，在食品中加糖增甜、加油增香的高热量产品，以及加盐提味或延长保质期的产品，已不能满足社会的需要。但产品降糖、油、盐时，存在风味不足、保质期短等显著问题。而香辛料具有良好的增香提味作用，它不仅能满足食品低热量、延长保质期的要求，而且能满足人们口味多样化的要求。香辛料的基本功效、调味作用等可总结如下几方面。

（一）香辛料的抗氧化防腐作用

香辛料具有抗氧化防腐作用，香辛料的抗氧化成分主要是其中的精油（挥发油）和酚类物质。迷迭香含精油 0.5%～2.0%、姜含精油 0.4%～3.0%、芫荽含精油约1%、胡椒含精油1%～3%、肉豆蔻含精油3.0%～9.0%，精油中的醇、酮等物质，以及鼠尾草酚、百里酚、丁子香酚、姜烯酚等酚类物质，都表现出较强的抗氧化防腐作用。

而对肉类具有良好抗氧化性的香辛料有丁香、迷迭香、鼠尾草、胡椒、肉桂、姜、蒜等。

（二）香辛料的抑菌作用

香辛料中的精油表现出对霉菌、酵母菌和细菌有杀死和抑制的作用。如肉桂中的桂醛、丁香中的丁子香酚、鼠尾草中的桉树脑、蒜和洋葱中的蒜素、芥末中的芥子苷、辣椒中的辣椒素等都具有很强的杀菌性能，对革兰氏阳性菌与革兰氏阴性菌均有抑制和杀灭作用；芫荽抽提物对沙门氏菌、大肠杆菌等具有抗菌性；姜精油对伤寒杆菌和霍乱弧菌等有杀菌作用。

食品腌制中使用香辛料可以延长保质期。

（三）香辛料的食疗与医疗作用

研究表明，辣椒素、胡椒碱和姜油酮等可增加血液循环，具有产热、发汗、祛风和防止肥胖的作用；姜油具有解痉挛作用；胡椒中的二氢辣椒素可使肌肉松弛；花椒具有健胃、消炎、利尿、杀菌和解毒作用；肉桂醛、食用菌类具有健胃、降血压、解热的作用；蒜富含维生素C、硒等，特别是蒜素有良好的药疗作用，蒜对肠胃、心血管系统、皮肤等有良好的保健作用，有抗高血压、动脉粥样硬化、抗血小板凝集等作用，且有预防肿瘤的作用。美国国立癌症研究所经多年研究，提出了预防癌症食物金字塔（都是植物性食物），蒜被列为塔尖上的食物，且姜黄、甘草、鼠尾草、姜、洋葱、芹菜、迷迭香、百里香、青椒、蛇蒿、胡葱等香辛料也列入其中。

（四）香辛料的赋香调味作用

香辛料有遮蔽腥味作用。因为肉和鱼有生腥臭，特别是动物内脏其腥臭味更大。香辛料中的成分可以和臭味成分结合起到除臭作用，但更重要的是它本身的香味可遮蔽肉类食品中的不良风味，多种味道复合形成特殊风味，如咖喱粉可使食品呈特殊的复合味感。不同香辛料遮蔽腥味效果也不一样，同一香辛料对不同原料的效果也不一样。如对牛肉遮蔽腥味效果好的依次是蒜、洋葱、丁香、芫荽等；对猪肉腥味遮蔽效果好的依次为鼠尾草、肉豆蔻、蒜等；对羊肉腥味遮蔽效果好的依次为鼠尾草、百里香、丁香、芫荽等；对鱼类腥味遮蔽效果好的依次为胡椒、蒜、姜、肉豆蔻等。多种香辛料混合使用，其遮蔽效果有相加或相乘的作用，如鼠尾草与丁香、百里香与丁香等香辛料遮蔽效果有相加的作用；也有配合使用效果减弱的情况，如鼠尾草与百里香、大蒜与芹菜等香辛料，所以在使用时必须加以注意。如炖仔鸡放食盐、料酒和葱、姜，做出的鸡肉味道就足够鲜美了。如果再放入花椒、大料、茴香之类，反而把鸡肉的特有鲜香味掩盖了。

香辛料具有赋香调味作用。赋香的效果主要来自精油中的芳香成分，一种香辛料的芳香成分，大多是由几十种甚至几百种化合物组成的复杂混合物。各种香辛料中香气较突出的成分有蒎烯、芳樟醇、生姜醇、桂醛、丁香酚等几十种，还含有几十种独特的呈味成分，如辣椒素胡椒碱等。牛羊肉多用肉豆蔻、胡椒、丁香、姜、蒜、洋葱、芫荽等调香；猪肉多用肉豆蔻、鼠尾草、葱、月桂、丁香、八角茴香、蒜等调香；鱼肉多用姜、蒜、胡椒、肉豆蔻、芫荽等调香。作为辅料在添加时应注意适量、助味、够味即可。

（五）香辛料的着色作用

香辛料具有呈色效果，搭配得当有利于食品的色、香、味的叠加效应。如姜黄、芥末可以赋予食品黄色；红辣椒、藏红花等可以赋予食品红色；黑胡椒可以赋予汤料黑色；八角大料、花椒可以赋予食品褐色；白胡椒可以赋予食品白色等。

三、香辛料的分类方法

香辛料品种繁多，经国际标准化组织确认的香辛料有70多种，按国家、地区、气候、宗教、习惯等不同，又可细分为350余种。香辛料的分类有多种方法，可从不同角度对其进行分类。

（一）按香辛料在食品中发挥的作用分类

人们日常主要关注的是这些香辛料在食品加工中所起的作用，一般可以分为：

①产生热感和辛辣感的香辛料，如辣椒、姜和各类番椒、胡椒等。

②产生芳香感的香辛料，如月桂、肉桂、丁香、众香子等。

③具有辛辣作用的香辛料，如蒜、韭菜、葱、洋葱、辣根等。

④具有香草味的香辛料，如茴香、罗勒、葛缕子、迷迭香、鼠尾草、百里香等。

（二）按香辛料的芳香特征、植物学特点进行分类

①具有辛辣味的，如辣椒、姜、胡椒等。

②具有芳香味的，如肉豆蔻（果仁和假种皮）、小豆蔻、葫芦巴等。

③属于伞形科的香辛料，如茴芹、葛缕子、芹菜、小茴香等。

④含丁香酚的香辛料，如丁香、众香子等。

⑤芳香树皮类的香辛料，如中国桂皮、斯里兰卡肉桂等。

（三）按植物的利用部位分类

香辛料植物中含有香辛气味的部分，多集中在该植物的特定部位或器官。

因此，可以根据植物可利用部位进行分类，如表 8-1 所示。

表 8-1　香辛料按被利用的植物部位分类

利用部位	香辛料名称
果实	辣椒、胡椒、八角茴香、茴芹、莳萝、葛缕子、茴香等
叶及茎	薄荷、留兰香、月桂、百里香、迷迭香等
种子	白芥菜、小豆蔻、莳萝等
树皮	肉桂等
鳞茎	洋葱、蒜等
地下茎	姜、姜黄等
花蕾	丁香、芸香科植物等
假种皮	肉豆蔻

（四）按植物学归属进行分类

依据植物分类学原则，现有的香辛料都属于被子植物门，其下还可分双子叶纲和单子叶纲。

隶属于双子叶纲的植物如下。

唇形科：薄荷、甜罗勒、百里香、鼠尾草、紫苏。

茄科：辣椒。

十字花科：芥菜、辣根、山菜。

菊科：菊花。

胡椒科：胡椒。

豆科：葫芦巴。

肉豆蔻科：肉豆蔻。

樟科：肉桂、月桂。

木兰科：八角茴香。

芸香科：花椒。

桃金娘科：番樱桃、药用丁香。

伞形科：茴香、莳萝、茴香、芫荽。

隶属于单子叶纲的植物如下。

百合科：葱、蒜、洋葱。

鸢尾科：番红花。

姜科：姜、姜黄、豆蔻、砂仁。

兰科：香荚兰。

四、香辛料的加工与利用

香辛料的具体使用，依据不同人的爱好进行选择。可以直接用，也可以通过粉碎等加工后使用，也可以进行粉碎混合使用，还可以对原料的有效成分提取后使用。

（一）完整型香辛料

这是最原始、最传统的使用方式。香辛料原形保持完好，不经任何加工而直接与食物一起烹饪的香辛料，食物能直接吸收其滋味而达到调味目的。该使用方法的缺点就是香气成分释放缓慢，或不能完全释放，另外，也难于使香味均匀分布到食品中。该方法多在家庭或传统的食品加工中应用，如家庭煮制、腌制食品，传统作坊的秘制料包等。

（二）粉碎型香辛料

经干燥及粉碎的天然香辛料即粉碎香辛料，也是一种比较传统的使用形式。主要用于家庭、餐馆的烹调，也用于餐桌上的调味，如辣椒粉、胡椒粉、咖喱粉、五香粉及十三香等。可以单独用，也可以混合使用。粉碎香辛料的优点在于香气释放速度快，味道纯正。但其缺点主要在于部分影响口感或视觉。

完整型香辛料和粉碎型香辛料使用方便，价格低廉，在食品中应用广泛。但在使用过程中微生物和杂质容易混入，香辛料质量不易保证，特别要防止霉变发生。

（三）香辛料提取物

为适应食品加工质量稳定等方面的要求，在食品工业中，常采用蒸馏、萃取、压榨、吸附等工艺，除去多余的不需要成分，将香辛料的有效成分提取出来而得到的一类香辛料。目前，香辛料提取物加工已成为香辛料工业的发展趋势。

由于提取、加工方法的不同，香辛料提取物主要有以下产品类型。

1. 液体香辛料

采用适当溶剂（如甘油、食用油、丙二醇或异丙醇）将精油和精油树脂进行简单的混合及一定程度地稀释后可得到液体香辛料，可解决精油和精油树脂不易黏附在食品上的缺点。

2. 精油

借助蒸馏及冷压榨等方法将香辛料经纯化、浓缩后可得到精油。香辛料精油不含纤维素、酶、单宁等杂质，不影响食品的颜色。缺点是因挥发性物质被除去而使香气损失，同时，因原料中的抗氧化物质被去除而使精油较容易被氧化。

3. 精油树脂

利用一些常见的挥发性溶剂（如乙醇、石油醚、丙酮或二氧甲烷等）可以从粉碎的香辛料中提取得到黏稠的精油树脂。其主要成分由精油、可溶性树脂及挥发性成分组成。该类产品香气与精油相比更接近于天然香辛料，缺点是黏稠度较大，溶解性差，在产品中分散不均等。

4. 乳化香辛料

乳化香辛料也称为香辛料乳液。由于精油和精油树脂本身有溶解性差、分散不匀、应用不便等缺点，采用可食用的溶剂，如丙二醇、异丙醇、甘油等作稀释剂进行稀释，并添加吐温一类乳化剂进行乳化，制成乳状液，容易控制添加量。

5. 吸附型香辛料

吸附型香辛料是使精油或精油树脂吸附在食盐、葡萄糖、糊精等赋形剂上的一种香辛料。由于香气成分暴露在表面，其逸散性好，价格也较便宜。但香气易挥发损失，产品易氧化变质，贮存和使用时须加以注意。

6. 被膜粉末型香辛料

将精油或精油树脂用阿拉伯树脂等乳化剂进行乳化并以糊精等为载体，喷雾干燥成粉末状。由于香辛味成分被胶层包覆，不易被氧化，香味不易挥发，抑臭和矫臭效果良好，产品质量稳定，在食品加工中被广泛应用。

7. 微胶囊型香辛料

为防止精油香气的挥发损失和使精油树脂更加稳定，将它们与环糊精、树胶、明胶等均匀混合、乳化，并经喷雾干燥制成微胶囊型香辛料。该类产品的成本较高，常制成 10 倍浓缩产品。

五、常用香辛料简介

（一）辣椒

辣椒又名番椒、辣茄、辣虎、海椒、鸡嘴椒。它是茄科植物辣椒的果实，一年生草本植物，单叶互生，叶卵圆形，无缺裂。花单生或成花簇，白色或淡紫色。浆果未熟时呈绿色，成熟后呈红色或橙黄色。干燥的成熟果实带有宿萼及果柄，果皮带革质，干缩而薄，外皮鲜红色或红棕色，有光泽。原产于南美洲热带，明代传入我国。目前我国各地均有栽培，品种繁多，尤以西南、西北、中南及山西、山东、河北等省区栽培面积大。我国已成为世界上辣椒生产大国和出口大国，产量居世界第一。按辣味的有无，可分为辣椒和甜椒两类。辣椒的辣味主要是辣椒素和挥发油的作用。辣味成分主要包括：辣椒素、降二氢辣椒素、高二氢辣椒素、高辣椒素、壬酸香兰基酰胺、癸酸香兰基酰胺。辣椒果挥发油含量为 0.1%～2.6%，主要成分是 2-甲氧基-3-异丁基吡嗪。鲜果可作蔬菜或磨成辣椒酱，老熟果经干燥，即成干辣椒，磨粉可制成辣椒粉或辣椒油，它们均为调味料。辣椒能促进食欲，增加唾液分泌及淀粉酶活性，也能促进血液循环，增强机体抗病能力，还具有抗氧化、抗菌、杀虫和着色作用。辣椒在食品加工中是常用的调味佳品。

（二）花椒

花椒又名大椒、蜀椒、巴椒、川椒、秦椒，为芸香科植物花椒的果皮。花椒为灌木或小乔木，有刺；奇数羽状复叶，卵形至卵状椭圆形。夏季开花，花小，单性，雌雄异株，果实红色至紫红色。野生或栽培，我国大部分地区有分布，主产区为河北、山西、陕西、甘肃、河南等地。成熟果实，晒干除杂，取用果皮，以鲜红、光艳、皮细、均匀、无杂质者为佳品，也可干燥后磨粉制成花椒粉。花椒果实含挥发油，油中含有异茴香醚及牛儿醇，具有特殊的强烈芳香气味。果实精油含量一般为4%～7%，其主要成分为花椒油素、柠檬烯、枯茗醇、花椒烯、水芹烯、香叶醇、香茅醇以及植物甾醇和不饱和有机酸等。生花椒味麻辣，炒熟后香味才溢出，可单作调味佐料，亦能与其他原料配制成调味料，如五香粉、花椒盐、葱椒盐等。可在加工咸肉时加入花椒，解除肉的腥膻味，并增添特殊香气，且有杀虫作用，在鱼类加工中也用以解除鱼腥味。花椒有除风邪、驱寒湿的功能，故也可作药用。花椒根是传统的中药，具有温中止痛、降血压、抗菌等药效。

（三）胡椒

胡椒有黑胡椒与白胡椒之分，前者又名黑川，后者又名白川，为胡椒科植物胡椒的果实，多年生藤本，节处略膨大；叶互生，卵状椭圆形。夏季开花，无花被，穗状花序。浆果球形，直径3～4毫米，红黄色。未成熟果实干后果皮皱缩而呈黑褐色，称黑胡椒。黑胡椒气味芬芳，有刺激性，味辛辣，以粒大饱满、色黑皮皱、气味强烈者为佳。成熟果实浸泡后脱皮干燥，表面呈灰白色，称白胡椒。白胡椒以粒大形圆、坚实、色白、气味强烈者为佳。胡椒原产于印度、马来西亚、印度尼西亚、泰国、越南等亚洲热带地区，我国广东、广西、云南、台湾均有栽培。

胡椒的主要成分是胡椒碱，也含有一定量的胡椒新碱、挥发油、粗蛋白、淀粉及可溶性氮等，胡椒碱是辣味的主要成分。胡椒在食品工业中被广泛使用，有粉末状、碎粒状和整粒状三种使用形态，不同形态依据各地的饮食习惯而定。作为调味料，胡椒粉是主要的食用形式。胡椒味辛辣，具有调味、健胃、增加食欲等作用，并有除腥臭、防腐、抗炎和抗氧化作用，在医药上用作健胃剂、利尿剂，可治疗消化不良、积食、风湿病等。胡椒是目前世界上消费量最大的一种香辛料。

（四）八角茴香

八角茴香又名大茴香、八角香、大料，为木兰科植物八角茴香的果实。八角茴香为常绿小乔木，单叶互生，花单生于叶腋，花被多片，红色，初夏开花。果实为8或9个木质蓇葖，轮生呈星芒状，红棕色，有浓烈香气。所用形态有整八角、八角粉和八角精油等。八角茴香原产于广西西南部，为我国南部亚热带地区的特产，主要分布于广西、广东、云南、贵州等地，福建南部和台湾有少量栽培。秋冬果实采摘后，微火烘烤或用开水浸泡片刻，待果实转红后，晒干。也可磨成粉末，还可用蒸馏法提取茴香油。八角茴香的品质以个大、均匀、色泽棕红、鲜艳有光泽、香气浓郁、果实饱满者为佳。其枝、叶、果实经蒸馏可得挥发性茴香油。八角茴香的主要成分是茴香脑，果油中茴香脑含量较叶油高。茴香油中的其他成分有黄樟油素、茴香醛、茴香酮、茴香酸、甲基胡椒酚、蒎烯、水芹烯、柠檬烯等。八角茴香是家庭烹调常用的调味料，有减少肉腥臭味，增加香味，增进食欲的作用。八角茴香也是配制五香粉的原料之一。另外，据《中药大辞典》记载，八角茴香用作中药，有温中散寒、理气止痛、抗菌、促进肠胃蠕动等功效。

（五）茴香

茴香又名小茴香、角茴香、刺梦、香丝菜等。茴香为伞形科植物茴香的果实，其气味香辛、温和，带有樟脑般气味，微甜，略有苦味。可以干燥的整粒、干籽粉碎物、精油和精油树脂的形态用作香辛料。茴香为多年生草本，茎直立，有浅纵沟纹，小枝开展，叶互生，有叶柄，叶羽状分裂，裂片呈线状至丝状。夏季开花，花小，呈黄色，复伞形花序。果期10个月，双悬果椭圆形，黄绿色，果棱尖锐。原产于地中海地区，我国各地栽培普遍，主产于山西、甘肃、辽宁等地。果实成熟后，全株收割晒干，脱粒除杂，以颗粒饱满、色绿、味甜者为佳果。果实含挥发油3%～6%，主要成分为茴香脑（50%～60%）及茴香酮（18%～20%）。茴香常用于烹调肉类，有除腥臭、去异味的作用，也是制五香粉的主要原料之一，为调味佳品。另外，茴香在面包、糕点、汤类、腌渍食品和水产品加工中应用广泛。茴香油在食品中，不但有调味增香的作用，还有良好的防腐作用。

（六）丁香

丁香又名公丁香、丁子香，为木樨科植物丁香的花蕾。常绿乔木，叶对生，花冠白色，略带淡紫色，聚伞花序。果实长倒卵形至长椭圆形，成熟果实称母丁香。丁香主产于印度、马来西亚、印度尼西亚、斯里兰卡和非洲接近赤道地区。我国广东、广西、海南、云南等地也有栽培。含苞欲放的花蕾，采摘晒干至呈紫褐色，脆、干而不皱缩。中医学以干燥花蕾入药，称为公丁香。丁香花蕾除含有14%～21%的精油外，还含有树脂、蛋白质、单宁、纤维素、戊聚糖和矿物质等成分。蒸馏所得挥发油即丁香油，也可以加工为丁香粉。丁香油是常用的产品形式，主要含有丁香油酚、乙酰丁香油酚。香味特殊而温和，是受欢迎的调味料。在食品工业中主要用于肉类、甜食、糕饼、腌渍食品、蜜饯、饮料的调味。丁香油为香料工业的重要原料，用以调配香水、花露水香精。丁香也具有药用价值，主治脾胃虚寒，具有温中止痛、和胃暖肾、降逆止呕、抗菌、驱虫、抗诱变、镇痛、抗血栓、抗凝血和抗缺氧等功效。

（七）肉豆蔻

肉豆蔻又名肉果、玉果，为肉豆蔻科植物肉豆蔻的种仁或假种皮。常绿乔木，叶互生，长椭圆形，聚伞花序，花小，单性，黄白色。果实近球形，带红色或黄色，裂为两瓣，露出深红色假种皮（外皮与种仁之间的种皮），内有坚硬种皮和仁。原产于印度尼西亚的马鲁古群岛，主产地是格林纳达和印度尼西亚。我国海南、广东、广西、云南、福建等地的热带和南亚热带地区有少量引种。成熟种子去皮取其种仁，干燥后即为香辛调味料，假种皮经干燥后为肉豆蔻皮，也可以作为香辛料，肉豆蔻亦可以加工成粉。种仁含5%～15%的挥发油，假种皮含挥发油4%～15%，油中主要含α-蒎烯和α-莰烯，共约80%。肉豆蔻是热带地区著名的食用香料和药用植物，也是家庭中常用的调味香辛料，可用于肉制品（如腊肠、香肠）中除腥增香，也可用于糕点、沙司、蛋乳饮料以及配制咖喱粉。肉豆蔻精油中含有4%左右的有毒物质——肉豆蔻醚，如食用过多，会使人麻痹、昏睡，有损健康。肉豆蔻味辛、性温，对胃肠平滑肌具有一定的影响，对中枢系统具有一定的抑制作用，还具有一定的抗肿瘤、抗炎作用。

（八）肉桂

肉桂又名桂皮，为樟科植物肉桂的树皮。常绿乔木，叶对生或互生，革质，长椭圆形，花小，白色，圆锥花序。果实球形，紫红色。树皮色灰褐，有强烈芳香。一般取树皮作香辛料，幼树生长10年后即可剥取，将外皮朝地，日晒1～2天后卷成筒状，阴干即成，也可环状切割取皮。桂皮可加工成粉末状或提取肉桂油，其叶和枝条采集晒干后可蒸油。挥发油含量和理化性质，随产地、部位、季节和树龄而不同。皮中挥发油含量为1%～2%，主要成分为肉桂醛（桂皮醛）。肉桂皮经干燥后两侧内卷，质地坚硬，折时脆断发响，皮面青灰中透棕色，皮内棕色。气味浓香，略甜。作为香辛料以西贡肉桂香味为最好，斯里兰卡肉桂、中国肉桂与印度尼西亚肉桂次之。肉桂在中国的五香粉、印度的咖喱粉等复合调味料加工中都是必备的原料。肉桂粉使用方便，添加在各种甜点中会使其味道更为香甜醇厚。肉桂主要用于烹调中增香、增味，如烧鱼、制五香肉、煮茶叶蛋等，还可用于咖啡、红茶、泡菜、糕点、糖果等调香。据《中药大辞典》记载，肉桂味辛、甘，性大热，具有温脾和胃、祛风散寒、活血利脉、镇痛的作用，对痢疾杆菌有抑制作用，是医药工业的重要原料。

（九）月桂

月桂又名桂叶、香桂叶、天竺叶。樟科植物月桂为常绿乔木，小枝绿色，叶互生，长椭圆形，边缘波形，顶端尖锐，薄革质，两面无毛，具羽状脉。早春开花，花小，呈黄色，簇生，雌雄异株。果实椭球形，熟时暗紫色，原产于地中海一带，我国的浙江、江苏、福建、台湾等省有少量栽培。月桂叶一年四季均可以采收，干燥后可作为香辛料，也可以将干叶加工成粉末状，广泛用于肉制汤类、烧烤、腌渍品加工等。此外，枝、叶和果实可提芳香油。月桂油主要成分有丁香酚、芳樟醇、桉叶油素、月桂烯、水芹烯、柠檬烯、蒎烯等。月桂叶在食品工业和烹调行业中多用于增香矫味，因含有柠檬烯等成分，也有杀菌防腐的功效。叶油和果油可用于生产食品香精。

（十）薄荷

薄荷又名薄荷菜、苏薄荷、南薄荷、土薄荷、鱼香草、升阳菜。用作香辛料的是唇形科植物薄荷的全草或叶。多年生草本，茎方形，叶对生，卵形或长圆形，有腺点，沿脉密生微柔毛。秋季开唇形花，紫色、淡红色或白色，轮生于叶腋成轮伞花序，球形。原产于我国，分布在华东、华南、华中及西南各地，全国各地有栽培。薄荷的加工方法：取茎叶晒干，切成小段后干燥包藏备用，也可以经蒸馏制成薄荷原油。薄荷原油经冷冻、结晶、分离、精制等过程，得到无色透明晶体状的薄荷脑（也称薄荷醇），提取部分薄荷脑后所余薄荷油称为薄荷素油。薄荷原油中主要成分为薄荷脑（占70%～80%），其次为薄荷酮，尚含乙酸薄荷酯等多种成分。薄荷制品具有特殊的芳香味，并有辛辣味与清凉感。在饮料、糕点、绿豆粥、糖果等食品中加入薄荷，可使其具有凉爽清香的效果。新鲜整薄荷叶可用于水果拼盘和饮料增色，粉碎的鲜薄荷常用于威士忌、白兰地、汽水、果冻、冰果子露等加工过程中，也可以加入自制的醋或酱油等调味料。薄荷精油用于口香糖、糖果、冰激凌、牙膏和烟草等。据《中药大辞典》中记载，薄荷味辛、性凉，以茎叶入药，有发汗、散风热、止痒、清头目、利咽喉、解痉和促透等功效。

（十一）姜

姜又名生姜、白姜，为姜科植物姜的根状茎。多年生草本，高40～100厘米，根茎肉质，呈灰白色或黄白色，不规则块状，具有芳香味和辛辣味。穗状花序卵形至椭圆形，花冠黄绿色，裂片稍为紫色，有黄白色斑点。在温带通常不开花，花期7～8月，果期12月至次年1月。姜原产于印度尼西亚及印度等亚洲热带地区，我国的河南、陕西、湖北、湖南、安徽、江苏、福建、广东等中部和南部地区普遍有栽培。姜的辛辣成分是姜辣素，此外还含有二氢姜酚、六氢姜黄素、γ-氨基丁酸、天门冬氨酸、谷氨酸等。姜味辛，性微温，可以鲜用，也可以制成粉末使用。多作日常调味料和腌渍酱菜，也作为各种调味料（五香粉、咖喱粉）、调味酱的原料。按成熟度划分，姜分为老姜和嫩姜。老姜质地老并且有渣，味较辣，常用作调味料。嫩姜又称子姜、芽姜，质地脆嫩而无渣，辣味较轻，多用于菜肴配料，或作腌酱原料。姜可以直接腌渍、糖渍或制成姜汁、姜酒及姜油等。在烹调中，对鱼肉有显著的解腥味作用。姜还有发汗解表、止呕、解毒等功效，可供药用。

（十二）桂花

桂花又名木樨花、丹桂花，是木樨科植物木樨的花。常绿灌木或小乔木，高 1.5～8 米，树皮灰褐色，单叶对生，椭圆形，全缘或上半部疏生细锯齿，革质。秋季开花，花簇生于叶腋，呈黄色或黄白色，芳香浓郁；花萼四裂；花冠四裂，花冠筒长 1～1.5 毫米；雄蕊两枚，花丝极短，着生于花冠筒近顶部。核果椭圆形，熟时紫黑色。原产于我国，久经栽培，变种很多，常见的有金桂、银桂、丹桂和四季桂，是珍贵的观赏芳香植物。桂花于 9～10 月开花时采取，阴干后密闭贮藏，以防止香气流失或受潮发霉。也可作食品调味料，用盐、糖腌渍后可长期保存。桂花含有的芳香成分主要是红癸酸内酯、α-紫罗兰酮、β-紫罗兰酮、甲基己烷、辛烷、芳樟醇氧化物、庚酸乙酯等。桂花香气清、浓兼具，香中带甜，幽远四溢。桂花被广泛用于食品工业中，桂花糖、桂花糕和桂花馅元宵等食品即以桂花为调香原料制成。还可以加工成桂花浸膏、桂花酒、桂花茶等。桂花籽可榨油，出油率 11.9%，可供食用。据《中药大辞典》记载，桂花味辛、性温，具有温中散寒、暖胃止痛、化痰散瘀、治痰饮喘咳等作用。

（十三）砂仁

砂仁又名宿砂仁、缩砂密、阳春砂仁。砂仁为姜科植物砂仁种子的种仁，多年生草木，高 1～2 米，根状茎圆柱形，匍匐于地表。茎直立，无分枝，圆柱形。叶两列，披针形或长圆状披针形，叶舌长 2～3 毫米。穗状花序，花茎自根状茎发出，花有管状苞片，花白色。蒴果长圆形，紫红色。种子多角形，黑褐色，芳香。花期一般在 3～6 月，果期一般在 6～9 月。国外主产于越南、缅甸、泰国和印度尼西亚。我国主要栽培或野生于广东、广西、云南、福建的亚热带及南亚热带地区。果实收获后火焙或日晒干燥，剥去果皮，取种子仁晒干，即为砂仁。以个大、坚实、仁饱满、气味浓郁者为佳品。砂仁有特殊香气和浓烈辛辣味，可作为食品香辛料，用于熏烤肉的调味料，有去异味、增加香味的作用。还可用作酿酒、腌渍蔬菜及糕点的调味料。从砂仁叶中可提取芳香油，其挥发成分与果实差异很大。砂仁果实约含 3%的挥发油，其主要成分为龙脑、右旋樟脑、乙酸龙脑酯、芳香醇等。砂仁性温、味辛，有行气、温脾健胃、安胎、止呕等功能，是重要的中药原料。

（十四）紫苏

紫苏又名赤苏、白苏、鸡冠紫苏、回苏、回回苏等，是唇形科一年生草本植物。茎方形，紫色或紫绿色，直立，高达 30～100 厘米。叶对生，叶片皱，卵形或圆卵形，两面或背面带紫色。夏季开花，花红色或淡红色。原产于我国，野生或栽培，分布遍及全国。具有特异芳香，香气主要成分是紫苏醛。紫苏嫩叶可作为蔬菜食用，取叶晒干或进一步粉碎可用作香辛调味料。紫苏叶是食用生鱼片、生虾等的必备品，起解毒和调味作用。紫苏籽可取油，全草含挥发油 0.5%，内含紫苏醛约 55%，左旋柠檬烯 20%～30%，少量 α-蒎烯。在紫苏挥发油中，含有一种紫苏醛的衍生物（反式肟），称为紫苏糖，其甜味约为蔗糖的 2 000 倍，可用作烟草、口香糖的甜味剂。紫苏的根、茎、叶、花、果均可入药，紫苏性温、味辛，具有发表散寒、理气宽中的功能，并能解鱼蟹毒，其老茎能顺气安胎。

（十五）葱

百合科植物葱的全草或地上茎，主要有大葱与分葱。大葱植株常簇生，分蘖力弱，叶圆筒形，先端尖，中空，表面有粉状蜡质，叶鞘层层包裹成为葱白。花茎几乎与叶等长，花多而密，丛生成球状，花被片白色，近卵形。分葱又名小葱，植株比较矮小，叶色浓绿，分蘖力甚强，鳞茎膨大不明显，不开花结籽，用分株法繁殖，须根丛生，白色。葱原产于西伯利亚，我国各地栽培广泛。葱的鳞茎、叶均可食用，是我国重要的蔬菜与调味料。葱叶煎剂在体外具有抑制志贺代痢疾杆菌、滴虫等作用。

（十六）蒜

蒜又称胡蒜，为百合科植物蒜的鳞茎，多年生草本，具有强烈蒜臭气味。叶片一般为 10～16 个，扁平，基生，披针形，绿色，肉质，叶面有少量白色蜡粉。花茎直立，自茎盘中央抽出花茎（即蒜薹）。顶端生有伞形花序，密生珠芽，即气生鳞茎，俗称"天蒜"。地下鳞茎（蒜头）多为扁圆形或扁球形，外包灰白色或淡紫色膜质外皮，内有肉质蒜瓣，由茎盘上每个叶腋中的腋芽膨大而成。蒜品种很多，按鳞茎皮色分为紫皮蒜及白皮蒜两类，前者作蒜苗及蒜薹栽培用，后者作蒜头栽培用。按蒜瓣大小又分为大瓣种及小瓣种。蒜原产于西亚，汉代张骞出使西域时引入我国，较耐寒，幼苗期和蒜头生长期喜湿润。一般用蒜瓣繁殖，也可用气生鳞茎繁殖。蒜头、蒜薹及蒜苗都是重要的调味料和酱菜加工原料。蒜除直接食用和作为香辛料外，也可加工成蒜油和蒜素，作为食品添加剂，能起到调味、增香、刺激食欲、帮助消化的作用。蒜含挥发油 0.1%～0.25%，具有辣味和特殊的臭味，主要是含硫化合物（约 130 种）所致。蒜精油的有效成分包括蒜素、蒜新素及多种烯丙基硫醚化合物，它们是蒜食疗的主要物质基础。蒜性温、味辛，可解腥膻、增进食欲、促进血液循环，在烹饪中具有很重要的作用，被广泛用于汤料、卤汁、调料佐料等。此外，蒜还有散寒化湿、杀虫解毒等功效，可供药用。鳞茎含有挥发性的蒜素，具有抗菌、抗滴虫作用，并有调节血脂、抗突变等保健功效。同时，蒜也是一种抗诱变剂，能使处于癌变情况下的细胞正常分解、阻断亚硝胺的合成、减少亚硝胺前体物的生成，具有一定的抗癌作用。

（十七）芫荽

芫荽又名香菜、胡荽、香菜子、松须菜，伞形科一年生或二年生草本植物，有特殊香味，呈香部位为芫荽的种子和叶。其基根生叶，1～2 回羽状复叶，小叶卵形；茎生叶 2～3 回羽状复叶，小叶狭条形，全缘。4～5 月开花，花白色或淡紫色，复伞形花序，无种苞，小苞片线（条）形。6～7 月为果熟期，果为双悬果，圆球形，表面淡黄棕色至黄棕色，较粗糙。成熟果实坚硬，气芳香，味微辣。芫荽原产于地中海沿岸，我国各地均有栽培，以华北最多。芫荽是最古老的芳香调味料蔬菜，全株和种子均可食用。茎叶可作调味芳香蔬菜或冷盘佐配菜，可作食用香料，有粒状或粉末状，可提取精油。粒状芫荽籽一般用作腌制香料，而粉末状芫荽多用于糖果、肉类加工、焙烤食品、汤类罐头等，也是配制咖喱粉等调味料的原料之一。种子成熟度不同，其精油含量、质量和成分也不同。未成熟种子，主要含癸醛，呈较强臭味。成熟种子主要含芳樟醇，气味芳香。芫荽精油可用于软饮料、糖果、点心、口香糖和冰激凌等的调香，芫荽果实还有疏风散寒、发表、开胃等功效。据《中药大辞典》记载，芫荽味辛，性温，归肺、胃经，具有发表透疹、理气消食等作用。

（十八）姜黄

姜黄又名郁金、片姜黄、片子姜黄、宝鼎香、黄姜，为姜科植物姜黄的根状茎。姜黄为多年生草本，叶互生，长圆形。穗状花序，密集成圆柱状，花黄色。全株高 1～1.5 米，根茎发达，地下有块茎和纺锤状的肉质块根。姜黄在冬至前后采收，主产于我国四川、福建、广东、江西等地。姜黄主要含有挥发油、色素和脂肪油，其质量主要由色素和挥发油及其含量决定。姜黄油中主要含有姜黄酮、姜烯、对伞花烃、桉叶油素、姜黄醇、水芹烯等。姜黄中含有丰富的黄色素，是天然黄色素——姜黄素良好的提取原料。姜黄在烹饪中主要用于肉类、蛋类、贝壳类水产、马铃薯、咖喱饭、沙拉、泡菜、芥菜、布丁、汤料、酱菜等食品中。姜黄的根、茎可入药。据《中药大辞典》记载，其性温，味苦辛，有行气、活血、祛风疗痹、破瘀、通经、止痛的功能，具有抗炎、降血脂、保肝、利胆、抗肿瘤等众多功效。

（十九）芥末

芥末是芥菜的成熟种子碾磨成的一种辣味调料。植物芥菜又名大芥。原产于我国，各地均有栽培。十字花科一年生或二年生草本，开小黄花，茎生叶有叶柄，不包围花茎，此为芥菜与青菜的主要区别。分叶用芥菜、茎用芥菜和根用芥菜。成熟的种子细长，呈黄色，称芥子。芥子有白芥子、黑芥子之分。黑芥子直径 1～1.5 毫米，种皮外面为红棕色，内面黄色，用放大镜观察时可见外面有粗糙的网状小窝及白色鳞片附着，此系表皮黏液质干燥所致。白芥子又名胡芥、蜀芥、西洋芥子，淡黄色，圆形，直径 1～3 毫米，外面附着类白色物质。芥菜可直接作蔬菜食用，腌后有特殊鲜味和香味。芥子干燥后可直接使用，但多加工成粉末，称为芥末。芥末也可制成糊状，作为香辛调味料，也可榨油。

芥子中含黑芥子苷（黑芥子硫苷酸钾）、白芥子苷（白芥子硫苷酸钾），在芥子硫苷酶的作用下，这些苷类可水解生成烯丙基异硫氰酸（有强烈的刺激性香味和辛辣味的芥子油主成分）、对羟基苯甲基异硫氰酸、酸性硫酸芥子碱等，使辛辣味增强。芥菜的组织较粗硬，有辣味，干燥的芥子无臭，放置后辛辣味增强，若加水细研制成芥末，能发出辛烈气味，贮存温度升高时，辛辣味下降。芥末辛温，温胃，利气散寒，消肿通络，还可缓解呃逆，刺激胃膜，豁痰利窍，对关节炎、痈肿、耳聋有疗效。

（二十）九里香

九里香的花、叶、果中均含有香精油，其获得以提制为主。主要用于食品香精和化妆品香精的生产中。其叶除蒸制香精油外，也可直接用作调味香料，是食品和香料工业中的重要原料。九里香叶小且秀丽，叶色浓绿，四季常青，一年开两次花，大多为纯白色，其芳香浓郁远溢，故有九里香之称；果实熟时呈朱红色，是庭园及环境绿化、美化或作绿篱的优良树种，也可作盆栽花卉，供观赏用。九里香清香温和，香气特殊。主要成分有石竹烯、红没药烯、丁香酚和香叶醇等。九里香主要用于咖喱粉、酸辣酱等食品生产；叶子油脂用于肥皂等日化工业。九里香全株均可供药用，性温，药味辛、苦，有行气止痛、止血散瘀的功效。

第二节　调 味 料

一、概论

（一）调味料的概念与发展历史

在中国人饮食的色、香、味中，已经透露了中国人对食品除营养以外的品质属性追求。所以，俗话讲“民以食为天”，其后还有“食以味为先”的诉求。

如果给调味料一个定义，就是以调和食品风味、使之更迎合人们的嗜好，促进食欲的一类物质的总称。可以说没有调味料，各类食品就会索然无味。要烹调或加工风味良好的食品，离不开调味料的合理选择与使用。

从本质上讲，所有调味料都是通过其所含成分对人体感官的刺激而发挥其作用。某些调味料主要含有呈味物质，它们溶解于水或唾液后与舌头表面的味蕾接触，刺激味蕾中的味觉神经，并通过味觉神经将信息传至大脑，从而产生味觉。也有一些调味料，它们具有较强的挥发性，经鼻腔刺激人的嗅觉神经，然后将信息传至中枢神经，最终传至大脑而感到香气或其他气味。我国调味料经过几千年的发展，形成了不少传统调料名品，如山西陈醋、镇江香醋、王致和腐乳、四川榨菜、绍兴料酒、扬州酱菜、北京六必居辣酱、广州阳江豆豉、徐州万通酱油等。

当今，调味料已经发展成为食品行业的一个重要的独立领域。调味料的生产和经营出现了空前的繁荣和兴旺。新型的调味料及其市场销量也在不断增长。据中国产业信息网（2019）等媒体报道，我国 2016 年调味料销售额约为 3 132.15 亿元，2017 年到达 3 322.1 亿元。消费的主要产品为酱油、醋、味精、鸡精、蚝油等。从 2016 年全球调味料销售数据看，美国人均销售额达 75.6 美元，是我国人均的 7 倍；而日本、韩国的人均销售额分别达到了 141.5 美元、25.3 美元，分别是我国大陆地区的 13 倍、2 倍，全球人均调味料销售额是我国的 1.4 倍。

据分析，我国调味料人均消费额较低的主要原因：①庞大的人口基数摊薄了市场规模；②与发达国家相比，我国调味料产品单价仍处于较低水平；③下游需求（餐饮等）不足。未来随着消费量的稳定增长和消费升级，调味料应积极改进生产工艺、增加生产品种、提高产品质量，并使其逐步向营养、卫生、方便、适口和多样化方面发展。

（二）调味料的分类

①按味道分类：有甜味料、咸味料、酸味料、鲜味料、辣味料等。

②按性质分类：有天然调味料及化学调味料。而天然调味料又可依其生产方法的不同，分为抽提型、发酵型、分解型、混合型等。

③按用途分类：有复合调味料、方便食品调味料、火锅调味料、西式调味料、快餐调味料等。

二、天然调味料

（一）概念

以天然动植物等为主要原料，通过物理、化学或生物（酶）加工等方法制造的调味料称为天然调味料。天然调味料以保持和利用天然原料中固有风味成分为特征，其呈味、呈香成分复杂，能赋予食物良好的风味。当然，从食品卫生角度看，其安全性较好，缺点是价格较合成调味料高，质量也不如合成调味料稳定。

天然调味料的原料来源广泛，动物性原料有鱼虾贝类、畜肉类；植物性原料有蔬菜、菌菇类、海藻类等。

（二）类别与意义

1. 抽提型

用萃取方法，将溶剂加入混合物中，使其中的一种或几种组分溶出，从而使混合物得到完全或部分分离的过程。在食品工业中，被处理的混合物一般为固体，因此常称为浸出或浸取，它是常用的重要单元操作之一。利用萃取的方法从天然动植物原料中将呈味成分提取出来作为调味料。该方法应用一个较古老的例子便是我国的鲜汤制作，鲜汤是烹调菜肴时不可缺少的鲜味调料，也称高汤或高汁。

在食品工业中，抽提型调味料的制造，一般采用如下的工艺流程：

天然原料 ⟶ 破碎 ⟶ 加水 ⟶ 抽提 ⟶ 精制 ⟶ 干燥 ⟶ 成品

（1）动物类抽提型调味料

在欧美，以牛肉、禽肉的精粹为主流，而日本则以各种鱼类、贝类、虾蟹类为原料。为降低成本，一般很少用新鲜鱼贝类为生产原料，大多利用水产品加工时的蒸煮液、煮熟液为原料，经回收浓缩制成调味料。我国的蚝油、蛏油等属于这类产品。利用加工的蒸煮液、煮汁为原料时，需除去杂质和油脂，必要时还需去除臭味成分、着色物质、盐分等，再经减压浓缩、喷雾干燥等工艺过程，制成液状、膏状、粉末状或颗粒状产品。

（2）植物类抽提型调味料

植物原料主要有蔬菜、海藻、食用菌等。蔬菜中应用较广的原料有葱类、花椰菜、白菜、萝卜等。藻类中的海带，食用菌中的香菇也是常用原料。我国的食用菌浸膏是植物抽提型调味料的一例。食用菌不仅味道鲜美，且营养丰富，是一种资源丰富、颇受消费者欢迎的食用菌。食用菌浸膏是以新鲜食用菌为原料，采用适当的浸提工艺，使其中的鲜味成分及营养成分大部分被溶出，制成高浓度的浸膏，是一种高级鲜味调料。它具有新鲜蘑菇同样鲜美的风味，可为菜肴调味、增鲜，也可用作拌面、饺子的上等佐料。以蔬菜为原料的抽提型调味料近年来在日本发展较快，在食品加工领域中得到越来越广泛的应用。

2. 分解型

分解型调味料是将动植物等天然原料通过水解工艺制得的天然调味料。按分解方式不同，又可分为酸水解型、酶水解型与自消化型。下面介绍几种分解型产品。

(1) 水解蛋白

水解蛋白是以动植物蛋白为原料，通过酶水解或酸水解法，得到水解动物蛋白（HAP）及水解植物蛋白（HVP），然后通过电渗析或离子交换树脂脱盐，以活性炭等吸附剂脱臭、脱色加以精制得到臭少、色泽浅的氨基酸制品。这种液状的制品，具有浓厚的鲜味，可作为食品加工的调味料。如进一步通过喷雾干燥法、滚动干燥法等可制成粉末状天然调味料。

例如，用脱脂蛋白、小麦面筋、谷蛋白粉等为原料，制成的植物水解蛋白。它是各种氨基酸和肽类的混合物，因而呈现复杂、综合的风味。该类产品的特点：有强的呈味力，能增强食品鲜味；含有人体不可缺少的必需氨基酸，能增加食品的营养成分；并能抑制食品中的不良风味。在酿造酱油中添加水解植物蛋白制得的酱油，称为配制酱油。与一般酿造酱油相比，具有鲜味较强的特点。

又如，以鱼、肉下脚料、鱼粉等为原料制作的动物水解蛋白。其产品富含各种水溶性维生素和氨基酸，风味独特，呈浅黄色或黄色的膏状或粉末状。粉末状制品具有强吸湿性。膏状产品成分一般为总氮的8%～9%，脂肪1%以下，水分28%～32%，食盐14%～16%。

(2) 鱼露

鱼露又名鱼酱油、水产酱油。传统鱼露的生产常采用酶水解法。以小杂鱼或鱼贝加工废弃物为原料，加入较高盐分以抑制腐败菌的繁殖，利用鱼体自身含有的各种酶类，经长期（半年至1年）酶解，制成含多种氨基酸的液态鲜味调味料，也可外加酶促进水解的进行。经充分水解的鱼露浆状物经抽滤除杂后，得到原汁鱼露。

鱼露含有多种氨基酸，其中谷氨酸、甘氨酸、丙氨酸等呈味成分含量很高。也可采用酸水解工艺生产鱼露，即利用盐酸或硫酸，在常压或加压下进行水解，然后经纯碱中和、过滤、精制而成。这类产品常称为化学鱼酱油。

质量良好的鱼露，呈橙红色或橙黄色，清澄透明，味鲜美，无苦、涩等异味。鱼露味极鲜美，富含营养，且经久耐藏，是优良的调味料。

(3) 酵母抽提物

酵母抽提物是酵母自溶后的水溶性抽提物，具有浓厚的特殊香味，是天然调味料的一种，可作为一种用途广泛的基础调味料，其原料是面包酵母和啤酒酵母。

酵母提取物的呈味成分不如水解蛋白那样单一，除含游离氨基酸（大量谷氨酸）外，还含有多肽及核酸等呈味成分，构成了酵母抽提物的独特鲜味，具有良好的调味效果。酵母抽提物风味独特，具有增鲜、增香、使食品风味柔和醇厚、掩盖异味等多种功能，且营养丰富、食用安全，已广泛用于食品加工的不同领域。

3. 酿造型（发酵型）

在食品工业中，酿造型调味料的制造，一般采用如下工艺流程：

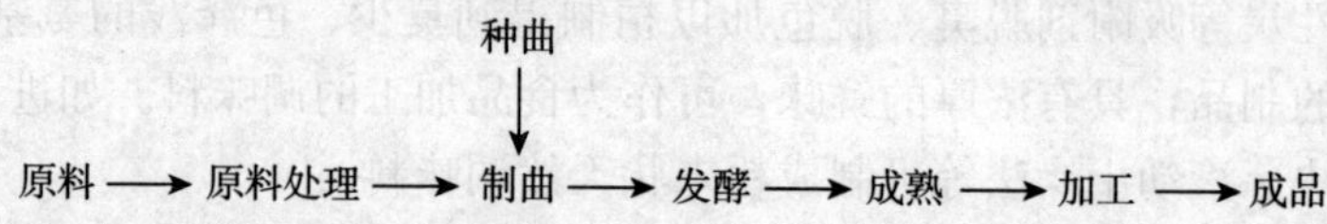

（1）酿造酱油

酱油是一种用途广泛、十分重要的调味料。以植物或动物蛋白及碳水化合物（主要是淀粉）为主要原料，经过霉菌、酵母等微生物的作用，使之分解、发酵、成熟。酱油是一种能赋予食品适当色、香、味，营养丰富、滋味鲜美的天然调味料，被广泛用于家庭烹饪与食品加工中。以酱油为基础原料，还可加工成一系列酱油加工制品，如花式酱油、酱油粉、固体酱油、低盐酱油等。一般将利用微生物发酵方法制成的酱油称为酿造酱油。其基本工艺流程如下：

按种曲和发酵条件不同，酿造酱油工艺可分为天然晒露发酵法、无盐固态发酵法、低盐固态发酵法。

（2）食醋

食醋也是一种历史悠久、用途广泛、重要的酿造调味料。制醋方法因发酵条件不同而有多种酿醋工艺。我国常用的制醋工艺可大致分为固态发酵法与液态发酵法两大类。固态发酵法是指醋酸发酵时物料呈固态的一种酿醋工艺。一般以粮食为主要原料，拌入较多的疏松辅料（米糠、麸皮、稻壳等），以大曲、麸曲为发酵剂，经糖化、酒精发酵、醋酸发酵而生成食醋。此法制得的食醋香气浓郁，口味醇厚，色泽良好，是我国食醋的传统生产方法。液态发酵法是指醋酸发酵时物料呈液态的一种酿醋工艺，即酒醪或淡酒液接入醋酸菌后，以深层通气或表面静止发酵法酿醋。液态发酵法制醋在我国具有悠久的历史，如江浙玫瑰米醋、福建红曲醋、丹东白酒醋、广东果醋等都是以液态发酵法生产的食醋。

食醋是一种含有醋酸的酸性调味料，用于食品的烹调，能增添风味、去除腥味，并有防腐作用。食用食醋，能帮助消化、增进食欲。食醋也有防治某些疾病及保健的作用，中药处方中也有以醋作为药用的。因此，食醋不仅具有调味与提供营养的作用，还具有调节人体生理活动，治病保健的功能。

（3）酱类

酱类包括面酱、大豆酱、蚕豆酱、豆瓣酱及其加工制品，均以某些粮食和油料作物为主要原料，先制曲，然后经发酵、成熟而制成。酱是我国传统发酵调味料，早在周朝时期已开始进行酱的制作。酱类制品营养丰富，易于消化吸收，是一种深受喜爱的大众化调味料。因原料不同而有多个类型。

①大豆酱是以大豆为主要原料制作的一种酱类，也称黄豆酱或豆酱，我国北方地区称为大酱。它是利用以米曲霉为主的微生物酿造而成。发酵方法与酱油生产一样，有晒酱、保温速酿、固态无盐发酵及固态低盐发酵等工艺。优质的大豆酱色泽浓厚，呈红褐色并带有光泽、味浓醇、后味强、咸淡适口、味鲜，具有酱香和醋香，厚薄适中，无霉花，无杂质。

②蚕豆酱是以蚕豆为主要原料的一种酱类，有时也称为豆酱。因蚕豆的产区范围较广，数量也多，是一种极为适宜的代用原料。蚕豆的制曲和发酵方法与大豆基本相同，但蚕豆有一层不宜食用的种皮，需要在酿制豆酱前除去，一般都采用机械法去皮。优质的蚕豆酱为红褐色并有光泽，具有蚕豆固有香气，在酱中可见碎蚕豆瓣。品尝时咸淡适中，有鲜味，并可感知碎豆瓣的存在，且细腻无渣。

③面酱也称甜酱或甜面酱，是用小麦粉为主要原料酿制的酱类，由于其味咸中带甜而得名。它是利用曲霉类微生物分泌的淀粉酶和蛋白酶将原料中的淀粉和蛋白质分解为糊精、麦芽糖、葡萄糖和各种氨基酸，成为一种风味特殊的酱类。优质的面酱为黄褐色或红褐色，色泽鲜艳有光泽，呈现面酱特有的酱香和酯香，无其他不良气味。

④味噌是一种以大豆和谷物为原料酿制的酱类。味噌起源于日本，故也称日本豆面酱。味噌的前身实际就是我国古老的传统发酵食品——豆豉。我国在公元前 2 世纪已有生产，西汉初年已很普遍，在唐代经朝鲜传入日本，当时在日本被称为“高丽酱”。之后逐渐在日本民间推广普及，并随各地原料来源、气候风土以及饮食习惯不同而变迁，演变成多种各具特色的味噌，其种类多达数百种。虽种类繁多，但制作工艺基本相同，即经过浸泡、蒸煮、破碎、接种、发酵、成熟等工序。味噌营养价值高，蛋白含量高达 20%以上，且由于经过长期酿造，大豆蛋白变得更易被人体消化吸收。味噌不但营养丰富，且所含热量较低，被誉为健康食品，深受人们欢迎。

（4）豆豉

豆豉是大豆经微生物作用后制得的一种发酵食品，起源可追溯到汉代以前，北魏时其生产工艺已日臻成熟并发展了多个品种，成为餐桌上重要的调味料，深受人们喜爱，素有“南方人不可一日无豉，北方人不可一日无酱”之说。唐朝时期，豆豉酿造技术传入日本、朝鲜、印度尼西亚等东亚及东南亚国家，并在当地发展成为具有地区特色的传统食品，如日本纳豆、印度尼西亚天培等。

我国豆豉品种繁多，不同地区产品往往采用不同的生产工艺，根据发酵微生物的不同，豆豉可分为三种类型，即曲霉型豆豉（如湖南浏阳豆豉和广东阳江豆豉）、毛霉型豆豉（如四川永川豆豉和潼川豆豉）和细菌型豆豉（如山东八宝豆豉），其中曲霉型豆豉分布最广。

豆豉自古药食同用，其药用价值在我国很多古籍中均有记载。如陶弘景的《名医别录》中记载豆豉可以治伤寒头痛、寒热、瘴气、烦躁及虚劳等，李时珍的《本草纲目》中称豆豉能开胃增食、消食化滞、除烦平喘及祛风散寒等。即使现在，仍有一些中药制剂中含有豆豉成分。这说明豆豉中不仅含有风味成分，还含有药用成分，且后者逐渐为现代科学研究所证实。研究人员已发现我国豆豉提取物具有α-葡萄糖苷酶抑制活性，体内实验进一步表明，其具有降血糖和降血脂作用。其他已被证实的生理功能还包括纤溶活性、抗氧化活性、乙酰胆碱酯酶抑制活性、血管紧张素转换酶抑制活性等，是一种良好的调味与保健食材。

（5）料酒

料酒又名烹调酒，是烹调菜肴专用的酒类调味料。料酒功能是去腥解腻，增香提味，在我国已有上千年的应用历史。日本、美国、欧洲的某些国家也有使用料酒的习惯。从理论上讲，啤酒、白酒、黄酒、葡萄酒、威士忌等酒类都可用作料酒，但人们经过长期使用、品尝后发现，不同的料酒所烹饪出来的菜肴风味相距甚远。经过反复实验，人们发现以黄酒烹饪为最佳。福建、山东、浙江等地都有生产黄酒。我国的绍兴黄酒、香雪、四酝春、状元红、福建沉缸酒等均为料酒中的名品。

黄酒是用糯米或小米酿造而成的，其成分主要有酒精、糖分、糊精、有机酸类、氨基酸、酯类、醛类、杂醇油及浸出物等。其酒精含量在15%以下，而酯类含量高，富含氨基酸，所以香味浓郁，味道醇厚，在烹制菜肴中使用广泛。烹调过程中，酒精帮助溶解菜肴内的有机物质，与食物中的羧酸反应产生芳香且有挥发性的酯类化合物，烹调完毕后，大部分酒精受热挥发，而不留在菜肴内。料酒内的少量挥发性成分与菜肴原料作用，产生新的香味并减少腥膻味和油腻的口感。料酒的次要作用是部分替代烹调用水，增加成品的滋味。但烹调菜肴时不要放太多，以免料酒味太重而影响菜肴本身的滋味。

4. 调味油

调味油是以油脂为基料的油类天然调味料。调味油的主要调味物质——香辛料，其呈味成分绝大部分是脂溶性的，因此它们能很好地分散于油脂中，成为色浅透明的产品。调味油兼有传热和调味的作用，营养丰富，风味独特，且食用方便。调味油以油脂为呈味成分的载体，脂溶性风味成分易于保留，在烹调中增香、增味效果较好。它不仅是烹饪调味佳品，且在食品加工中应用广泛。

我国风味调味油的发展很快，但多数是单一的调味油，如姜油、蒜油、花椒油、茴香油等。这些呈味较单一的调味油，可视作基础调味油，将它们进一步进行复配，可制成风味独特，符合某种食品加工特殊要求的复合调味油。此外，也可以经适当配制的多种香辛料与植物油为原料，直接采用热油浸提法制取调味油。

三、化学调味料

所谓化学调味料是指化学组成明确，采用发酵、化学合成或者抽提并提纯方法获得的鲜味成分。例如谷氨酸钠、鸟苷酸、琥珀酸等。在化学调味料中，有的可以单独使用，如谷氨酸钠，更多的是几种化学调味料以一定比例混合作为复合调味料使用，利用味的相乘作用，使呈味作用明显增加。例如用呈味核苷酸 1 份与 9 份谷氨酸钠混合时，鲜味最为强烈。

化学调味料的制取有多种途径。以谷氨酸钠为例，可以小麦谷蛋白或脱脂大豆为原料，用盐酸水解的方法以及甜菜糖的废液用酸或碱处理的方法制取，还可以采取更常用的微生物发酵法。发酵法生产效率高，适合于大量生产。肌苷酸过去也是从鱼等天然原料中提取，目前由于微生物或酶解技术的发展，也能进行工业规模化的生产。因为化学调味料的制取工艺复杂且专业，此不赘述。

四、复合调味料

（一）复合调味料简介

传统的油、盐、酱、醋在烹饪调味中各具有不同的特点与作用，它们被称为基础调味料，其呈味作用相对比较单一。而所谓复合调味料是将基础调味料按合适的比例，配以多种其他辅料，经一定的加工工艺制成。

复合调味料这个名词虽然较新颖，但其中一些调味料，如五香粉、辣椒汁、蚝油、紫菜汤料、咖喱牛肉汤料、花式辣酱等都是我们早已熟知的复合调味料。在家庭厨房、酒店餐饮、方便食品等方面已广泛使用。

（二）复合调味料的品种

复合调味料的品种繁多，按其原料性质可以分为下列几种。

1. 动物性原料

畜肉类：以畜肉类为主要原料的复合调味料，有各类牛肉复合汤料、猪肉复合汤料等。

禽蛋类：此类产品有鸡肉复合汤料、鸡汤、味精、蛋黄酱等。

水产类：水产类一般为鱼虾贝类，也包括藻类，它们是复合调味料的重要原料。此类产品有虾味复合汤料、扇贝裙复合调味料、紫菜酱、海带复合调味料、鲣精复合调味料等。

2. 植物性原料

粮油类：包括粮食及油料作物的种子及其加工制品，例如大米、面粉、玉米粉、大豆、植物油、食醋、黄酒等。产品如香糟复合调味料、复合烹调酒、各类复合调味醋等。

蔬菜类：主要有葱、蒜、姜、辣椒等。产品有复合蒜粉调味料、复合姜汁调味料、复合辣椒粉等。

香辛料类：包括各种植物香辛料，如花椒、茴香、胡椒、桂皮等。产品有各类复合香辛调味料。

食用菌类：包括香菇、双孢菇、金针菇等。产品有香菇片复合调味料、香菇大蒜复合调味酱等。

尽管复合调味料可分成动物性原料与植物性原料两大类，但有些复合调味料却有很强的专用性或具有普遍的通用性。例如方便面汤料、豆腐专用调料、火锅调料、烧烤专用调料等以动物性原料为主，而复合增鲜味精、辣酱油等以植物性原料为主。

思 考 题

1. 香辛料的定义是什么？分类方法有哪些？
2. 说明花椒、丁香、姜、蒜、肉豆蔻的原料特性。
3. 举例说明天然调味料和化学调味料的区别。
4. 举例说明什么是复合调味料。
5. 说明我国在香辛料和调味料方面的应用和产业发展前景。

第九章

嗜好食品

学习重点：

掌握嗜好食品的概念；熟悉嗜好食品的种类；了解一般嗜好食品的营养价值、食品资源意义以及生产供给情况。

所谓嗜好食品是指能够提供一些营养物质或具有某些特殊色、香、味、形等食品特点，并满足其他感官、生理及心理需求的食品。它有别于一般日常食品或原料的必需性，而是人们依据自己的爱好或某种生理需求、心理兴趣选择。这些食品或资源虽不是必需品，但却经常见到，并为人们的生活提供了更为丰富的内容。广义的嗜好食品有茶、咖啡、可可、蜂蜜、酒类、功能食品、益生菌等。本章主要介绍茶、咖啡、可可和饮料酒。

第一节　茶

一、茶的历史与发展

茶是取自茶树的特定叶子（种类、工艺要求不同，茶树叶的采集与利用不同），经过一定工艺加工而成。一般而言，茶是指晚春到初夏采摘茶树的嫩芽、嫩叶制成，且经过热水冲饮的嗜好饮料的总称。

茶树是山茶科的落叶灌木或小乔木。树叶薄革质，椭圆状、披针形至倒卵状披针形，长 5～10 厘米，宽 2～4 厘米；叶深绿色，急尖或钝，有短锯齿，叶柄长 3～7 毫米。树龄可达一二百年，但经济年龄一般为 40～50 年。我国西南部是茶树的起源中心，世界上有 60 个国家引种了茶树。

中国是世界上最早发现茶树和利用茶树的国家。我国茶的栽培和制作历史悠久，据考证，有文字记载的茶事已有 2 000 多年的历史，秦汉时代《尔雅》中就有“槚”字，槚就是苦荼，荼即今之茶。唐代陆羽的《茶经》称得上是茶事百科全书，也是当时茶业和烹饮技术的总结。其实，在《茶经》诞生之前，早已有关于茶事的记载了。关于“神农尝百草，日遇七十二毒，得茶而解之”的传说，不仅符合我国先民的生产生活实践，也具有一定科学道理。人工最早种植茶叶的遗迹在今天浙江余姚的田螺山遗址被发现，据此可以推断我国最早栽种利用茶树应该距今有 6 000 多年。

中华灿烂悠久的历史，也造就了各具特色的茶文化，也出现了大批世界名茶，如杭州龙井、安溪铁观音、武夷大红袍、洞庭碧螺春、黄山毛峰、武夷岩茶、庐山云雾、云南普洱等著名品牌。据中国产业信息网报道，全世界 2017 年的茶叶产量约为 557 万吨，其中中国干毛茶叶产量预计达 258 万吨；预计到 2020 年世界茶叶产量将超 600 万吨，中国、印度两国的茶叶产量位居世界前位。

二、茶的种类

根据我国基本茶类的发酵程度可将茶分为绿茶、白茶、黄茶、青茶（乌龙茶)、红茶和黑茶六大类。用火或蒸汽直接加热，使茶叶中的氧化酶失去活性，不发酵的茶为绿茶；弱发酵的茶有白茶、黄茶；半发酵茶为青茶（乌龙茶等)；茶叶中的氧化酶完全作用的发酵茶为红茶；用霉菌进行后发酵的茶则称为黑茶(普洱茶等)。

上述的基本茶，还可以经过再加工，可加工成为花茶、紧压茶、萃取茶、香味茶、保健茶和茶饮料等几类。

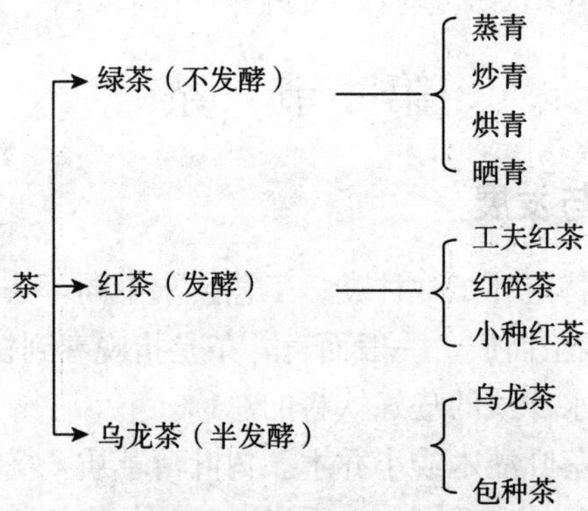

图 9-1　中国茶叶的基本分类

三、主要茶类简介

（一）绿茶

绿茶是非发酵茶的总称。绿茶是把采摘来的鲜叶先经高温杀青，杀灭了各种氧化酶，保持茶叶的绿色，然后经揉捻、干燥而制成。以其在清明节前或谷雨节前采摘而又分为“明前茶”或“雨前茶”。

成品绿茶外形灰绿色、乌丝状或青翠碧绿，汤色及叶底呈绿色，故名绿茶。绿茶品质要求其黄烷醇不氧化或少氧化。优质绿茶的条索圆紧、匀直、毫心显露、色泽绿润、香气清爽。汤绿色、清澈，滋味醇厚甘浓，富有收敛性。绿茶依其杀青和干燥方式不同可分为蒸青、炒青、烘青和晒青四种类型。以蒸汽杀青制成的绿茶称蒸青绿茶，如湖北恩施玉露、江苏宜兴的阳羡茶等。最终干燥用锅炒干的是炒青绿茶，如西湖龙井、安化松针、信阳毛尖，南京雨花茶等。用烘笼烘干的称烘青绿茶，如黄山毛尖、华顶云雾、永川秀芽等。日光晒干的则为晒青绿茶，如青砖、康砖、沱茶等。

中国是绿茶产量最多的国家，产区范围包括河南、贵州、江西、安徽、浙江、江苏、四川、陕西（陕南）、湖南、湖北、广西、福建等省份。

（二）红茶

红茶鼻祖在福建省武夷山，因武夷茶色黑，故被英国人称为“Black tea”。红茶是全发酵茶。其加工过程中茶叶不经过高温杀青，而是经过萎凋、揉捻、发酵、干燥而制成。在发酵过程中，茶叶中的黄烷醇充分氧化，产生适度的香味和汤色。成品红茶颜色乌黑或红褐，汤色及叶底均呈红色或红汤红叶，故名红茶。

红茶可分为小种红茶、工夫红茶和红碎茶三种类型。小种红茶是福建省特有的一种红茶，其制造方法特殊，烘干时采用松柴烧熏，因此茶叶有松烟香味。工夫红茶以其做工精细而得名，是我国传统茶类，在国内外负有盛名。红碎茶是加工时经切碎而成的红茶。红碎茶要求规格清楚，颗粒重实。红茶原料多为热带强烈日照下生长的大叶茶品种，以印度的阿萨姆产地有名，因此国外称阿萨姆茶。除中国和印度外，东非、印尼、斯里兰卡也有类似的红碎茶生产。

中国红茶品种主要有产于安徽祁门、至德及江西浮梁等地的祁红；产于云南佛海、顺宁等地的滇红；产于安徽六安、霍山等地的霍红等著名品牌。

（三）乌龙茶

乌龙茶是典型的半发酵茶，是介于绿茶和红茶之间的一类茶。乌龙茶叶中的黄烷醇轻度或局部氧化。鲜叶经过萎凋、排青，使叶片部分发酵，然后再经杀青、揉捻和干燥。成品茶兼有红茶之甘醇和绿茶之清香。乌龙茶的特点是条索紧结卷曲，色泽黑褐油润、香气清高、滋味醇厚爽口，汤色清澈橙黄，叶片中间呈绿色，叶缘呈红色，素有绿叶红镶边之美称，这是由于摇青时叶缘被摇碰、破损、红变所致。

乌龙茶为中国特有的茶类，主要产于福建、广东、台湾三个省。四川、湖南等省也有少量生产。全国乌龙茶最大产地当属福建安溪，安溪也于 1995 年被农业部命名为“中国乌龙茶（名茶）之乡”，著名品牌就是安溪铁观音。

四、茶叶主要成分及功能

因为茶的种类繁多、工艺复杂，各类茶叶成品的主要成分会有一定差异，且其营养和功能性作用也会有不同特点。但作为茶叶其基本成分及其功效还是有共通性的。

（一）茶叶中的主要成分

据分析，茶叶（鲜叶）中含有500多种化学成分，其中有机物为干物质总量的93%～96%。茶叶中的生物碱对茶叶滋味有决定意义，具有提神作用。茶叶中的无机物含量为4%～7%，矿物质多达27种，对茶叶的品质和人体营养保健具有重要影响。

1. 单宁

茶叶中的单宁又称茶多酚，主要是儿茶酚，包括L-表儿茶酚、3-没食子酰儿茶酚和黄连木儿茶酚等。单宁具有收敛作用和涩味，使茶产生涩味和苦味。茶叶中的单宁含量平均为12%。

2. 咖啡因

咖啡因也称咖啡碱、茶碱、茶素。咖啡因能刺激大脑中枢神经，具有兴奋消倦的作用，此外还具有利尿和强心作用。咖啡因是苦味成分来源，茶叶中咖啡因含量一般为2.0%～4.0%。

3. 蛋白质和氨基酸

茶叶中的蛋白质含量在20%以上，其中溶于水的蛋白质仅有3%～5%，茶叶中的氨基酸含量为1%～5%，可使茶风味鲜爽甘甜。

4. 维生素

茶叶特别是绿茶中富含多种维生素，每100克茶叶中维生素C含量一般为100～250毫克，B族维生素含量一般为8～15毫克，胡萝卜素含量一般为7～20毫克。

5. 矿物质

茶叶中的矿物质多达27种，每100克中含量在200毫克以上的有磷、硫、钾等元素，含量在50～200毫克的有镁、锰、氟、铝、钙、钠等元素，含量在0.5～50毫克的有铁、硅、锌、硼、镍、铜、砷等元素，含量在0.5毫克以下的有硒元素等。

6. 芳香成分

茶叶香气取决于芳香油的含量和组成。鲜叶中的芳香油以醇和醛为主。目前茶鲜叶中已鉴定的芳香成分有100多种，绿茶50多种，红茶320多种，乌龙茶120多种。

（二）茶叶的功能性作用

茶叶中含有丰富的化合物，这些化合物除对茶叶色、香、味有重大作用外，还具有多种功能性作用，可以总结为下列几方面。

1. 消炎杀菌作用

茶叶中的儿茶素类化合物，对金黄色葡萄球菌、链球菌、伤寒杆菌等多种病菌都具有抑制作用；黄烷醇类能间接地对发炎因子组胺产生拮抗作用，从而达到消炎的目的；茶多酚能凝结细菌蛋白质而致细菌死亡。

2. 明目作用

茶叶中含有较丰富的维生素 C，对预防白内障有一定作用；还有维生素 A 原——胡萝卜素，可参与视黄醛的形成，增强视网膜的辨色能力。

3. 兴奋作用

茶叶中的咖啡因和黄烷醇类化合物，能引起高级神经中枢的兴奋；儿茶酚胺能促进循环系统兴奋。

4. 降血压作用

茶叶中含的咖啡因和儿茶素类能使血管壁松弛，扩大血管管径、弹性和渗透能力，具有降压作用。

5. 降血脂作用

茶叶中丰富的维生素 C 能通过使胆固醇转移至肝脏，达到降血脂目的。

6. 降血糖作用

茶叶中降血糖的主要成分是葡萄糖、阿拉伯糖、核糖的复合糖、儿茶素类、二苯胺，它们能促进胰岛素的大量分泌，减少血糖的来源；另外维生素 C、维生素 B_1 还有促进糖代谢的作用。茶叶中的氨基酸有利于蛋白质的合成。

7. 防龋、防口臭作用

茶叶中的氟和茶多酚类化合物可杀死齿缝中的乳酸菌以及其他龋齿细菌；茶多酚还能抑制龋齿连锁球菌；茶叶中还含有芳香物和棕榈酸，可消除口腔中的腥臭味和吸收异味，从而起到防口臭的作用。

8. 利尿作用

茶叶通过其所含的可可碱、咖啡因和芳香油的综合作用，促进尿液从肾脏中滤出。

9. 抗疲劳作用

茶叶通过利尿作用，使体内的乳酸得以排除，可消除肌肉的疲劳。

10. 止痢作用

茶叶中含的儿茶素类对肠道中的病原菌有明显的抑制作用。

11. 醒酒作用

茶叶中的维生素 C 能协助肝脏中酒精水解酶发挥作用，将酒精水解为水和二氧化碳；咖啡因具有利尿作用，能使酒精迅速排出体外，并抑制肾脏对酒精的再吸收；浓茶还可刺激被酒精麻痹的大脑神经系统，扩张血管，降低血压，促进血液循环；茶中所含的茶多酚能与乙醇化合，降低血液中的酒精浓度。

12. 抗衰老作用

茶叶中的儿茶素类有抗氧化的作用；此外也有降血压、降血脂等作用，有利于长寿。

13. 抗辐射作用

茶叶中的多酚类有吸收放射性锶并阻止其扩散的作用，还能增加放疗的白细胞数。

14. 抗癌作用

茶叶中含的茶多酚类和儿茶素类物质，可抑制和阻断亚硝胺的形成，抑制有些能活化原致癌物的酶系，还能消除自由基。抗癌效果最好的是绿茶，其次为乌龙茶、红茶。

第二节　咖　　啡

一、概述

咖啡属茜草科咖啡属多年生常绿灌木或小乔木。咖啡果实属核果（有的称浆果），多数有两粒种子。果实宽1.3～1.5厘米，厚1.2～1.4厘米，长1.4～1.6厘米。果实构造可分为外果皮、中果皮、内果皮和种子。外果皮为一薄层革质，未成熟时呈淡绿色至绿色，成熟时呈红色至紫红色；中果皮是一层夹杂有纤维的浆状物；内果皮又称种壳，由5～6层石细胞组成，组织坚韧。种子的形状为椭圆形或卵形，呈凸平状，平面具纵线沟。种子包括种皮、胚乳和胚。种皮由单胚珠的珠被发育而成。胚乳是由厚壁的多角细胞形成，外层为硬质胚乳，在种子发芽时，与子叶一起形成一个种帽突出于地面。内层为软质胚乳。咖啡的胚很小，位于种子的底部。咖啡作为世界第三大饮料，以其独特的风味受到广泛青睐。

咖啡树是一种热带经济作物。目前世界咖啡生产区是拉丁美洲，其次是非洲和亚洲，我国咖啡栽培区在云南、广西、广东、海南和台湾。目前，我国云南的咖啡种植面积占全国咖啡种植面积的99%，但我国咖啡产品品质及其品牌影响力还需要不断提高。

二、商品咖啡豆的加工方法

咖啡豆就是指咖啡树果实里面的果仁。商品咖啡豆的加工方法有干法加工和湿法加工两种。因湿法加工所获得的豆品质好、价值高，目前是主要的加工方式。

1. 干法加工

即将采收的鲜果直接放在晒场上晒至果实在摇动时有响声为干，需时15～20天。如不需出售，便可放入仓库保存用脱壳机或石磨脱去果皮和种壳，筛去杂质，即成商品豆。此法加工的豆晒干时间较长，受天气影响大，豆的品质较差。

2. 湿法加工

其工艺流程：鲜果⟶清洗⟶脱皮机脱皮⟶发酵池发酵脱胶⟶洗去黏胶质⟶干燥（晒干或烘干）⟶商品豆。

常见产品类型除了原始的咖啡豆外，还有咖啡冲粉如速溶咖啡以及其他咖啡饮料等。

三、咖啡的主要成分及作用

咖啡中含有4%～8%的咖啡单宁酸，与咖啡的着色有关；含有1%的葫芦巴碱，与咖啡的苦味有关；含有1%～2%的咖啡因，与咖啡的提神作用有关，可作麻醉剂、兴奋剂、利尿剂和强心剂；含有的鞣质与咖啡的涩味有关。咖啡焙炒后，香味浓郁。焙炒后咖啡香味中，含有甲酸、醋酸、丙酸、糠醛、酚类以及酯类等化合物。另外，咖啡中还含有8%～9%的脂肪，12%～14%的蛋白质。

1. 咖啡的主要成分

据分析，每100克咖啡豆中含水分2.2克、蛋白质12.6克、脂肪16克、糖类46.7克、纤维素9克、灰分4.2克、咖啡因1.3克、单宁8克、维生素B_2 0.12克、钙120毫克、磷170毫克、铁42毫克、钠3毫克、维生素B_3 3.5毫克。

2. 咖啡的功能性作用

咖啡因是其特征性成分，具有特别强烈的苦味，能刺激中枢神经系统、心脏和呼吸系统。适量的咖啡因亦可减轻肌肉疲劳，促进消化液分泌。

咖啡中的茶多酚没有茶突出。但饮用时应当注意：不空腹饮用，不与茶同饮，不过量饮用。

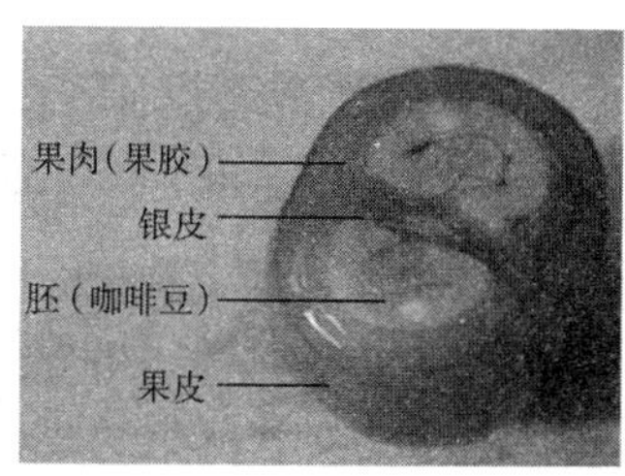

图9-2 从左向右依次为咖啡树、咖啡果和咖啡豆

第三节 可 可

一、概述

可可属梧桐科常绿乔木。可可的种子俗称可可豆，呈椭圆形，种皮内有 2 片皱缩的子叶，子叶中间夹有胚（图 9-3）。可可豆可以被做成各种制品（粉、脂等），主要用于巧克力制品。

可可树为多年生乔木，一般树高 7～10 米，一棵树年产 20～30 个可可果。可可果实是荚果，也有称为不开裂的核果，其组织色泽和形态都因种类不同而异，但大体上是蒂端大，先端小，形似短形苦瓜。果皮分为外果皮、中果皮和内果皮。外果皮有纵沟，果面有的光滑，有的呈瘿瘤状。成熟果实的色泽有橙黄色、浅红色、黄色等，外果皮坚硬多肉，中果皮较薄，内果皮柔软且薄。果实中有排列成五列的种子，种子数一般为 20～40 粒，有的有 50 多粒。

可可原产于亚马孙河流域上游的热带雨林地区，是湿热地区的典型品种。世界上已有 60 多个国家或地区种植可可，主要生产区在非洲和拉丁美洲。我国可可主要分布在海南、台湾等省。

图 9-3 从左向右依次为可可树、可可果、可可仁（粉）

二、可可豆的初加工

可可果采收后，首先要加工出可可豆。可可豆的初加工包括发酵、洗涤、干燥、分级和贮存等几个环节。

1. 发酵

种子从果实中取出后即进行发酵。发酵可使种子外附着的果肉易于洗除，并增加种子香味和改善子叶的色泽。发酵完全的可可豆大部分果肉都已消失，种皮与子叶容易分离，子叶也容易破裂，子叶颜色变淡，苦味减少。可可豆的发酵方式一般采用堆积法，发酵周期要视可可豆的品种而异，一般皮薄的发酵期为 2～3 天，皮厚的为 5～6 天。

2. 洗涤

发酵后，将种子置于洗涤机或水槽中洗除果肉。

3. 干燥

可可豆一般含水量达36.6%，为防止变质，经发酵的可可豆要及时干燥。可可豆干燥可直接置于日光下晒干或放在干燥室内烘干。干燥温度45～70℃，干燥到可可豆的含水量为6%左右，可以手指擦掉种皮为度。

4. 分级

可可豆干燥后用筛选机将杂物除去，并按大小进行分级包装。

5. 贮存

贮存温度应低于16℃，并保持通风干燥。

三、可可豆的主要化学成分

就加工好的可可豆（干燥后）分析，其主要成分是脂肪和蛋白质，分别占48.41%和10.73%；其他成分为：淀粉5.33%，果胶1.95%，纤维素10.78%，葡萄糖1%，单宁5.97%，可可碱和咖啡因均为1.66%，矿物质3.67%，酒石酸1.16%，醋酸0.9%，可可红色素2.30%，另外，还有6.09%的水分。

这里可见，高脂肪含量可提供高热量，可可碱、咖啡因是兴奋作用、利尿作用的来源，它们具有扩张血管，促进人体血液循环的作用。当然，单宁、可可红色素也是可可苦涩味、色泽的主要来源。

四、可可制品

可可豆主要用于生产巧克力制品，也被利用制造其他糖果、饮料、焙烤食品。一般首先将可可豆加工成可可液块、可可脂和可可粉等基本成品。这些成品可以再用于其他制品。

1. 可可液块

可可液块又称可可料或苦料，是可可豆经过焙炒去壳分离出来的碎仁，研磨后形成的酱状物，它在温热状态具有流体的特性，冷却后凝固成块，故称为液块。可可液块呈棕褐色，香气浓郁并有苦涩味。

2. 可可脂

从可可液块中提取出的一类植物硬脂，液态时呈现琥珀色，固态时呈淡黄色，是多种甘油三酯的混合物。

3. 可可粉

可可粉是可可豆直接加工处理所得的可可制品，也可将可可液块经压榨除去部分可可脂，再经筛分得到。可可粉按其含脂肪量分成高脂（22%～24%）、中脂（10%～12%）和低脂（5%～7%）三种。可可粉也可按其加工方法不同分为天然粉（pH 5.4～5.7）和碱化粉（pH 6.8～7.2）。碱化粉是将压榨脱除可可脂后的残渣经碱化处理弄碎而制成的可可粉。碱化可可粉多用于饮料生产。

五、可可饮料

据史料记载，1 300 多年前，约克坦玛雅印第安人用焙炒过的可可豆做了一种饮料叫“chocolate”即巧克力。早期的巧克力是一种油腻的饮料，因为炒过的可可豆中含 50%以上的油脂，人们就开始把面粉和其他淀粉物质加到饮料中来降低其油腻度。

现在，可可仍然是可乐饮料生产的主要原料之一，此外，可可粉还能和牛乳、豆乳、咖啡等复合调配制成饮料，主要利用可可粉的色、香、味，如可可乳饮料、可可豆奶等。

可可乳饮料是指以乳或乳制品、白砂糖、可可、香精为主要原料调配制作成的饮料。

第四节　饮 料 酒

一、概念与种类

（一）定义

饮料酒是指酒精度在 0.5%以上的酒精饮料，包括各种发酵酒、蒸馏酒及配制酒（酒精度低于 0.5%的无醇啤酒也属于饮料酒）。依据《饮料酒分类》（GB/T 17204—2008）国家标准的定义，本节就有关国内常见饮料酒做一些简要介绍。

（二）种类

1. 啤酒类

啤酒是以麦芽和水巍峨主要原料，加啤酒花（包括啤酒花制品）经酵母发酵酿成含有二氧化碳、起泡低酒精度的发酵酒（包括无醇啤酒）。

（1）熟啤酒、生啤酒与鲜啤酒

这三类常见啤酒是依据啤酒生产中杀菌、灭菌的方法和水平进行分类。经过巴氏灭菌和瞬时高温灭菌的是熟啤酒；不经过上述灭菌方法，而是经过其他物理方法除菌且达到一定生物稳定性的是生啤酒；也不经过上述灭菌处理，成品中允许含有一定量活酵母菌且达到一定生物稳定性的就是鲜啤酒。该三类啤酒是日常生活中最常见、消费最为普遍的啤酒。

（2）黑色啤酒

简称黑啤，是按照啤酒色度进行分类，其中色度等于或大于 41EBC 单位的啤酒。目前在大中城市有一定消费量，尚不是主流品种。

（3）干啤酒

简称干啤，就是在生产中改变一些辅料或工艺而制成的，具有一定风味的啤酒，其发酵度不低于72%，口味干爽，很受年轻人喜爱。

（4）冰啤酒

冰啤是经过冰晶化工艺处理，浊度小于或等于0.4EBC的啤酒。它并不是我们日常生活的冰镇啤酒。

2. 葡萄酒

葡萄酒是以鲜葡萄或葡萄汁为原料，经过全部或部分发酵酿制，含有一定酒精度的发酵酒。葡萄酒具有悠久的历史，

（1）干葡萄酒

干葡萄酒就是含糖（葡萄糖计算）低于或等于4.0克/升，或者总糖与总酸（酒石酸计算）的差值小于等于2.0克/升，而含糖量高于9.0克/升的葡萄酒。就是我们俗称不含糖的“干红”葡萄酒。该酒味道清淡，很受部分消费者喜欢，有一定的市场销量。

（2）甜葡萄酒

甜葡萄酒就是含糖量在45.0克/升以上的葡萄酒。该酒在中国葡萄酒推广方面做出了重要贡献，适合大众口味，销量也较大。

（3）葡萄汽酒

葡萄汽酒就是酒中的二氧化碳是部分或全部由人工添加的，具有同起泡葡萄酒类似物理特性的葡萄酒。目前该酒的消费较少，适合庆典或年轻人消费。

3. 果酒

果酒是指以新鲜水果或果汁为原料，经全部或部分发酵酿造而成的发酵酒。这里要除去葡萄酒。一般也是以水果原料的名字命名，两种以上水果的取主要水果名字命名。近几年市场上出现的较多，按照工艺、水果种类等进行分类，如苹果酒、山楂酒、平静果酒、起泡果酒、特殊果酒等。

4. 黄酒

黄酒是以稻米、黍米为原料，加曲、酵母等糖化发酵剂酿制而成的发酵酒，是具有中国特色、历史悠久的酒类之一。黄酒一般酒精含量为14%～20%，属于低酒精度酿造酒。在南方多用大米为原料，故又多称为“米酒”。因为原料组成、发酵工艺、风味要求、含糖量多少等有许多分类方法，此不赘述。

5. 白酒

白酒是以粮谷为原料，用大曲、小曲、麸曲及酵母等糖化发酵剂发酵，经过蒸煮、糖化、发酵、蒸馏而成的酒类，一般无色，故称为白酒。白酒的历史悠久，种类繁多，依据原料、工艺、曲种、酒精浓度、香型等进行分类。以下介绍以香型分类的白酒。

（1）浓香型白酒

以粮谷为原料，经过传统固态发酵、蒸馏、陈酿、勾兑而成，不添加食用

酒精或非白酒发酵产生的呈香物质，具有以己酸乙酯为主体复合香的白酒。以四川泸州老窖特曲和五粮液为代表，也称泸香型。酒度可达60度。风格特点为：醇香浓郁、入口甘美、落喉净爽。评酒家认为可概况为“香、醇、浓、绵、净”五个字。

（2）清香型白酒

以粮谷为原料，经过传统固态发酵、蒸馏、陈酿、勾兑而成，不添加食用酒精或非白酒发酵产生的呈香物质，具有以乙酸乙酯为主体复合香的白酒。以山西杏花村汾酒为代表，也称汾香型，酒度可达65度。风格特点：清香纯正、口感柔和、协调、绵甜爽净，饮后有余香。

（3）米香型白酒

以大米为原料，经过传统半固体发酵、蒸馏、陈酿、勾兑而成，不添加食用酒精或非白酒发酵产生的呈香物质，具有以乳酸乙酯、β-苯乙醇为主体复合香的白酒。以广西桂林三花酒为代表，也称蜜香型，酒度可达55度。风格特点为：米香纯正、入口绵甜、清冽干爽。

（4）凤香型白酒

以粮谷为原料，经过传统固态发酵、蒸馏、酒海陈酿、勾兑而成，不添加食用酒精或非白酒发酵产生的呈香物质，具有以乙酸乙酯和己酸乙酯为主体复合香的白酒。以陕西西凤酒为代表，酒度可达65度。

（5）豆豉型白酒

以大米为原料，经过蒸煮，用大酒饼作为主要糖化剂，采用边糖化边发酵的工艺，釜式蒸馏、陈肉酝浸勾兑而成，不添加食用酒精或非白酒发酵产生的呈香物质，具有豉香特点的白酒。

（6）芝麻香型白酒

以高粱、小米（麸皮）为原料，经过传统固态发酵、蒸馏、陈酿、勾兑而成，不添加食用酒精或非白酒发酵产生的呈香物质，具有芝麻香型风格的白酒。

（7）特香型白酒

以大米为主要原料，经过传统固态发酵、蒸馏、陈酿、勾兑而成，不添加食用酒精或非白酒发酵产生的呈香物质，具有特香型风格的白酒。

（8）浓酱兼香型白酒

以粮谷为原料，经过传统固态发酵、蒸馏、陈酿、勾兑而成，不添加食用酒精或非白酒发酵产生的呈香物质，具有浓香兼酱香独特风格的白酒。以新郎酒、白云边酒、口子窖酒等为代表。浓酱香兼顾，风格独特。

（9）老白干香型白酒

以粮谷为原料，经过传统固态发酵、蒸馏、陈酿、勾兑而成，不添加食用酒精或非白酒发酵产生的呈香物质，具有以乳酸乙酯、乙酸乙酯为主体复合香的白酒。该香型2004年选入白酒香型系列，以衡水老白干为代表，酒度可达62度。其风格特点：香气清雅、自然协调、绵柔醇调、回味悠长。

（10）酱香型白酒

以粮谷为原料，经过传统固态发酵、蒸馏、陈酿、勾兑而成，不添加食用酒精或非白酒发酵产生的呈香物质，具有其特征风格的白酒。酱香型白酒以茅台酒为代表，亦称茅香型，其他如郎酒、国台酒、领军酒、贵酒、望驿台酒等数十种也是酱香型。酱香型白酒属大曲酒类，酒度可达54度。风格特点：以酱香为主，略有焦香（但不能出头），香味细腻，入口柔绵醇厚，回味悠长，空杯留香持久不散。

还有其他香型的白酒。

6. 白兰地

白兰地是以鲜果或果汁为原料，经发酵、蒸馏、陈酿而成的蒸馏酒。因为原料广泛，调制时可添加多种水果，所以种类也较多。白兰地来自域外，常见的有葡萄白兰地、调配白兰地等。

其他蒸馏酒还有：威士忌、伏特加、朗姆酒、奶酒等。大多是来自域外。

7. 调制酒

调制酒是利用发酵酒、蒸馏酒、食用酒精为酒基，加入可食用或药食两用的辅料或食品添加剂或再加工制成的，已改变了原酒基风格的饮料酒。这类酒的种类复杂，酒基不同，标准不一，风格各异。

二、酒曲简介

酒曲就是发酵环节利用的各类微生物（曲霉），是中国酒特有的糖化发酵剂，是酿酒的真正动力。生产中主要的曲种有下列几类。

（一）大曲

大曲以小麦、大麦和豌豆等为原料，经粉碎、人工踩制或制曲机压成块状的曲坯，自然接种，在一定的温度、湿度下焙制而成。一般曲块较大，故名“大曲”。

主要微生物：霉菌（根霉、毛霉、念珠霉等）、酵母菌、细菌（乳酸菌、醋酸菌、芽孢杆菌等）。市售大曲酒，就是一种用大曲作糖化发酵剂酿制的白酒。

（二）小曲

小曲也称酒药、白药、酒饼。它是以米粉、米糠或观音土（一种白色黏土）为原料，添加少量中草药或辣蓼草，接种曲母，人工控制培养温度制成的。因曲成品呈颗粒状，故称小曲。

小曲是黄酒和白酒的糖化发酵剂。主要微生物有根霉、毛霉和酵母菌等。

（三）红曲

红曲是以大米为原料，经接种曲母培养而成的。主要有红曲霉和酵母菌等微生物，故红曲既有糖化能力又有酒化能力。红曲主要应用于黄酒酿造。

（四）麦曲

麦曲以小麦为原料，轧碎加水成型，经培养而成。它是一种许多微生物共生在一起的曲，曲中主要有米曲霉、根霉、毛霉以及少量酵母菌和细菌。麦曲主要是起糖化作用和产香作用，主要是黄酒工业的糖化发酵剂。

（五）麸曲

麸曲以麸皮作培养基，接种纯种的糖化霉菌，如黄曲霉、黑曲霉，经人工控制温度培养而成。它主要是起糖化作用。应用于白酒的生产，也称麸曲法白酒。

思　考　题

1. 简述茶叶的历史，说明我国茶叶可以分为哪几类。
2. 简要说明茶叶的主要成分与功能。
3. 饮用咖啡应注意什么问题？
4. 分析可可的应用范围。
5. 什么是饮料酒？谈谈果酒的市场前景。
6. 中国传统酒曲有哪些？各类酒曲的应用范围如何？

第十章 秦岭山区野生（植物）食物资源简介

学习重点：

了解秦岭主要食物资源的基本种类、数量分布和开发利用的意义；熟悉主要资源的生物属性、营养特点；了解部分植物资源的加工用途。

第一节 野生植物资源的开发意义

在我国发布的食品工业“十二五”发展规划中，明确指出食品行业要以满足人民群众不断增长的食品消费和营养健康需求为目标，要构建质量安全、绿色生态、供给充足的中国特色现代食品工业，实现持续健康发展。“十二五”时期正是食品行业调结构、转方式的重要时期，新资源食品必将凭借着其出色的创新性和功能性，在食品行业的发展中发挥越来越重要的作用。

我国地域辽阔，自然条件适宜，共有高等植物 27 000 多种，人工栽培的近 2 000 余种。我国野生植物食物资源极为丰富，并以种类繁多，分布广泛，产量较大，营养丰富等著称。

广义上的秦岭，西起昆仑，中经陇南、陕南，东至大别山以及蚌埠附近的张八岭。从水系上说，秦岭是长江和黄河流域的分水岭。从气候上说，秦岭是南北气候的分界线。狭义的秦岭山区跨越陕西商洛、安康、汉中等地区，一直延伸至河南省，自然资源比较丰富。素有“南北植物荟萃、南北生物物种库”之美誉。特色产品繁多，如核桃、柿子、板栗、木耳等。核桃、板栗、柿子产量居陕西省之首，核桃产量占全国产量的 1/6；它还是全国有名的“天然药库”。中草药种类 1 119 种，列入国家“中草药资源调查表”的达 286 种。

随着人们生活水平的提高，健康意识不断增强。人们在日常饮食条件得到保障的情况下，不仅追求饮食的科学、营养、全面，而且更加关注食品的安全性和保健作用。因此，探讨秦岭山区丰富的野生植物食物资源，了解各类资源的生物属性和应用特性，并且开发利用好这些资源具有深远的经济意义和战略意义。

一、可以丰富和推广药膳新资源

在我国传统认识中，药食同源已经深入人心。我国地大物博，植物资源十分丰富，各种食品、药膳源远流长。最早记载见于《内经》。药膳药借食力，食助药威，功利效用独具一格。营养丰富的野生植物食物可以加工制成各种高级营养疗效饮品或其他食品，如加工成营养液、果汁、饼干、果糕、罐头、果酱、果蜜、果脯、果泥及罐头等制品，还可以通过腌制、炒制、干制等工艺制作更多丰富的食品。有企业把沙棘、草莓、猕猴桃、刺梅和黄刺玫做成“五宝”饮品。有的国家还将野生果品加工成特种作业人员的保健品。

研究表明，野生果实一般都比同类人工培育的果实含有较高的营养成分。其根本原因就是这些野生果所生长的地理环境，包括地貌、土壤、气候、水质等与其生物学特征相协调，即对于当地自然环境具有更好的适应性。同时，野生果实的生长期较长，各类营养物质的含量自然就会高许多。

有些野生植物资源（包括果实、根、茎、叶等）具有抗病、防癌作用。所以也受到世界多数国家的喜爱和开发。日本利用中医理论，积极开发野生蔬菜、水果等植物资源，生产出不同的保健产品。例如，TABLET 株式会社，专门进行健康功能食品（健康食品、营养功能食品、特定保健用食品等）生产。据报道，有 6 成的日本成年人在吃保健品（又称营养辅助食品）。

探索这些资源特性，结合我们丰富的食品加工技术，制作更多适应人们不同营养需求的食品或药膳是大有可为的。

二、可以带来较大的经济效益

野生植物资源用途大、价值高。通过人工栽培繁殖，大力开发和利用，其经济效益十分可观。例如，当前每千克沙棘粉售价 90 元，而沙棘油每千克在 250 元以上。在国际市场上每千克精制沙棘油约为 240 美元，供不应求。近年来，五味子在国际市场上尤其是东南亚各国深受客商青睐，市场销售前景日益突出。由于野生资源逐年减少，上市量不断下降，2013 年其商品市场供求出现较大缺口，统货价格上升至 120～130 元/千克，与 2005 年同比涨幅达 180%。陕西柞水有一企业利用人工栽培五味子系列加工生产了许多新的保健产品，很有市场。商洛市 2013 年魔芋总产量达 16.25 万吨、总产值 7.97 亿元、纯收入 4.23 亿元，分别较 2011 年增加 8.51 万吨、4.16 亿元和 2.63 亿元，农民人均增收近 1 700 元。

在当前农业产业调整、脱贫致富的大背景下，广泛进行野生资源的人工栽培和推广，具有十分广阔的前景。

三、可以产生较大的生态效益

野生植物资源不仅是营养品、食疗品和药品的原料，而且生态效益好，作用大。许多野生植物种类具有较好的水土保持、土壤改良、防风固沙、美化环境的功能。特别是对绿化荒山、改善生态、发展果园，做嫁接砧木等市场而言，这些野生植物常常都是非常优良的树种选择。例如，保持水土的先锋树种，如沙棘、黄刺玫、山杏、毛桃等。由于适应性强、耐瘠薄、根系发达、萌蘖性强、枝叶茂盛，护坡固岸、保持水土能力特强。在改良土壤的同时，能美化环境，绿化荒山。大部分野生植物的花色鲜艳，五颜六色，果实累累，树形美观，每到春、秋季则分外壮观美丽，可供观赏，还可以改善生态环境、保护野生动物。另外，野生植物生长力强，耐修剪，能很好地改善区域生态环境。一些野生果树还是嫁接培育栽培果树的砧木资源。如杜梨树可作嫁接梨树的砧木，海棠和山荆子可作嫁接苹果的砧木，山杏可作嫁接大梅杏的砧木，野生山楂是嫁接山楂的好砧木，等等。

另外，绝大多数野生植物，都富含特殊营养成分，是食疗资源宝库。在为人们提供营养食疗品、保健品、医药品的同时，也是主要的工业原料和遗传种质资源。这些都需要我们深入研究、保护、开发和利用。

第二节　野生植物资源简介

一、野果资源

我国野果资源丰富，种类繁多。可主要分为浆果、核果、梨果、坚果、聚合果五类。以下重点内容包括不同种类资源的地理分布、生物学特征、营养特点、医学价值以及开发利用情况。

（一）浆果资源

浆果是指构成果实的心皮类似核果，外果皮较薄，中果皮肉质，内果皮也常为肉质的一类果实。其种子1至多数，如山葡萄等。这种果实容易破损，采摘时要防压防碰。

1. 中华猕猴桃

（1）地理分布

中华猕猴桃又名洋桃、藤梨，属猕猴桃科。全国年产1.3兆吨以上，主要分布在秦岭、伏牛山、巴山、巫山、武陵山、雪峰山、娄山、南岭、大别山、幕阜山、九岭山、罗霄山、峭山、熊耳山、桐柏山、武当山、邛崃山、大凉山、乌蒙山、万洋山、大瑶山、云开山、雁荡山、天目山、崂山、五指山、阿里山等山区，太行山南部也有零星分布。陕西的普遍分布在海拔 700～1 500 米的秦巴山区，每年约产 170 吨。

（2）形态特征

为落叶藤本，新梢及叶柄有茸毛或长毛，老枝无毛。叶大，纸质或半革质，古扇形、矩圆形、倒阔卵形或倒卵形，先端凹陷，平截或急尖，基部宽楔形至心形，边缘具刺毛状锯齿；叶背有星状毛。花开时白色，后变黄色。果实大，单果重 30～100 克，呈柱状、椭圆形、球形等，微褐色，有毛；果肉黄色或绿色，汁多，味酸甜，微香。花期 5 月下旬至 6 月上旬，果实 9 月下旬至 10 下旬成熟。本种有软毛、硬毛、刺毛、长毛等变种或变型。

（3）营养价值

果实含糖量 8%～14%，主要是葡萄糖和果糖；总酸 1.8%，主要是柠檬酸、苹果酸、酒石酸等；含蛋白质 1.6%，可分解成亮氨酸、酪氨酸等 12 种氨基酸；并含有单宁及钙、磷、钾、铁等矿质营养和多种维生素，尤其是维生素 C 的含量远远超过了柑橘、苹果、梨。种子含油量 35.6%，可榨油，也可食用。花芳香且美观，含有蜜腺，既是蜜源，又可供观赏，还可提取香精。叶子含淀粉 11.8%、蛋白质 8.2%和大量的维生素 C。根、茎、叶、花、果实和种子都有利用价值，可谓“浑身是宝”。

（4）食品加工

营养价值高，果实味酸甜，既可鲜食，又可加工高级保健营养果汁、果蜜、果酒、果酱、糖水罐头、果脯、果干、果冻、果精等，也可制成精品水果、糕点等食品，或制成汽水、冰棍、冰激凌等消暑食品。

（5）医疗作用

唐朝的《本草拾遗》一书中载有：“猕猴桃味咸温无毒，可供药用。主治骨节风、瘫痪不随、长年白发……”另外，对高血压、肝炎和大面积烧伤的治疗均有良好效果，也有抑制消化系统癌症（如食管癌、胃癌、直肠癌、贲门癌等）的作用，根可作药用，有清热利水、消炎、散瘀、止血等作用。

2. 狗枣猕猴桃

（1）地理分布

狗枣猕猴桃又名狗枣子，属于猕猴桃科植物。本种是其科分布最北的品种，多分布在寒温带及温带山区，喜生于丛林中。主产于陕西、四川、云南、江西、湖北、河南、东北等地。黑龙江省的山区最多，陕西省主要分布在秦巴山地，深山沟坡野生较多。

（2）形态特征

狗枣猕猴桃老枝无毛，新梢略有柔毛，髓淡褐色、片状。叶膜质卵圆形或圆形，长 5～13 厘米，宽 3～8 厘米，先端锐尖，基部心形，稍有圆形，叶面无毛；叶片中部以上常有黄白色或紫红色斑。花白色，有时粉红色，萼片 3～5 片，连同花柄略有短柔毛或光滑；花瓣 5 个。果实较小，重 2 克左右，矩形或球形，无毛、无斑点，绿色或黄色。花期为 5～6 月，果实8～9 月成熟，果实较小，耐寒。

（3）营养成分与加工

每百克鲜果含蛋白质 2.52 克，脂肪 0.52 克，糖类 12.6 克，有机酸 1.95 克，维生素 C 532～930 毫克。鲜果镁、磷、钙、铁含量较高，是名副其实的碱性食品。是最适合加工的品种，可加工成糖水罐头、果脯、蜜饯、果汁、果露和酿酒，还可制作成糖果、糕点、强化食品等。

（4）药用价值

果实具有调节人体血液 pH 的作用，增加血液的鲜红程度，增加其输送氧气、营养物质的功能。本种是猕猴桃中含维生素 C 最高的品种之一，它用于缓解维生素 C 缺乏症比人工合成维生素 C 效果好。

猕猴桃的野生种类还有京梨猕猴桃（在陕南各地区都有分布）、葛枣猕猴桃（东北、西北、四川、云南等都有分布）、软枣猕猴桃（东北、西北和长江流域等均有分布）。这些猕猴桃也具有很好的开发价值。

图 10-1　野生中华猕猴桃（左）与狗枣猕猴桃（右）

3. 枸杞

枸杞又名宁夏枸杞、中宁枸杞、茨（宁夏）、红果（甘肃），属茄科植物。它适应性强，分布广，用途大，收益早，在我国不仅野生普遍，而且栽培历史悠久，特别是宁夏枸杞，生产经验丰富，品质优良。枸杞嫩叶可作蔬菜，也是驰名中外的名贵药材和滋补饮食品。

（1）地理分布

在我国的西北、华北各省区均有野生分布和栽培，以宁夏回族自治区的中宁地区栽培较为普遍，历史较长。近年来，各地大有发展栽培，在陕北的黄土丘陵和风沙地区已有栽培，陕南秦巴浅山丘陵地区有零星野生枸杞。

（2）形态特征

枸杞为落叶灌木，一般高1.5～2.0米，根茎粗6～15厘米，树皮幼时灰白，光滑，老皮深褐色。树形开张，分枝角度大。小枝繁密，弧垂、斜伸或直立，无或具针刺。叶为披针形或长椭圆状披针形，全缘，簇生或互生，长3～12厘米，宽0.5～3厘米，先端尖，基部楔形而延伸成5～15毫米长的叶柄。花腋生，一般2～8朵一簇，花冠紫红色，漏斗状，先端5裂，薄而舌形。浆果圆形或长圆形，果长0.5～3厘米，直径0.5～1.2厘米，红色或黄棕色，味甜。

（3）营养成分

据化验含总糖22%～52%、蛋白质13%～21%、脂肪8%～14%、甜菜碱0.091 2%等。每百克果实还含有维生素A约3.96毫克、维生素B_1约10.23毫克、维生素B_2约0.33毫克、维生素C约3毫克、维生素B_3约1.7毫克及β-谷甾醇、亚油酸等。含钙150毫克、磷6.7毫克、铁3毫克，灰分1.7毫克。

（4）药用价值

枸杞性味微苦、甘、平，无毒。药理实验研究证明，枸杞为滋养强壮药，有明目、降血糖、降血压的作用。其根、嫩苗及叶有清血解热、利尿和肺结核潮热的作用。枸杞果实具有滋肝补肾、生精益气、治虚安神、祛风明目的功效，对治疗慢性肝炎、中心性视网膜炎以及糖尿病和肺结核等，都有一定的疗效。

（5）加工利用

枸杞的花期长，开花多，花冠紫蓝色，为优良的庭园绿化树种；耐盐碱，耐干旱，是盐碱地和沙地的造林树种。果实味甜可食，可加工保健饮料和食品，果、叶、根、皮均可供药用。制成的枸杞药酒和枸杞膏等补剂，深受人们喜爱。

4. 山葡萄

（1）地理分布

山葡萄又名野葡萄，其中包括毛葡萄（五角叶葡萄）、腺葡萄（秋葡萄）、复叶葡萄（皮氏葡萄）等多种野生葡萄。我国黑龙江、吉林、辽宁、河北、山东、江苏、江西、安徽、湖北、河南、陕西、四川、山西等省份均有，分布非常普遍，适应性强。多生长在山坡或山沟两旁的乔木、灌木丛边缘，东北地区出产相当多。陕西在泰岭南北坡和巴山山区分布很普遍。

（2）形态特征

山葡萄为强大藤本。小枝稍有棱角，幼时红色并被茸毛，之后脱落。叶片宽卵形，长12～25厘米，基部心形，叶柄长约6厘米。圆锥花序长9～15厘米，花雌雄异株（极少两性花）。果球形，直径约 8 毫米，紫黑色，有 2～4 粒种子。4 月中旬开花，8～9 月果熟，10 月落叶，见图 10-2。

（3）营养成分

山葡萄是营养非常丰富的野生浆果，每百克鲜品含蛋白质 0.2 克，总糖 7～9 克，最高达 14 克，总酸 2～3 克，单宁 0.5～0.12 克，钙 4 毫克，磷 15 毫克，铁 0.6 毫克，胡萝卜素 0.04 毫克，维生素 B_1 0.04 毫克，维生素 B_2 0.01 毫克，维生素 B_3 0.1 毫克，维生素 C 0.4 毫克，还含有维生素 D、维生素 E 等。

（4）药用价值

山葡萄的果实、根、藤均具有药用价值。果实具有补气血、强筋骨、除风湿、利尿功效，可治疗气血虚弱、肺虚咳嗽、心悸盗汗、风湿痹痛、淋病、浮肿等症。根及藤祛风利水，治风痹筋骨痛，并有镇静、止呕、止痛作用。

（5）加工利用

山葡萄营养价值很高，果实成熟时呈紫色，味甜美味，不仅是山区所产的珍品野生水果，而且是酿酒和加工保健饮料的高级原料，一般每 1～2 千克果实，可出酒 1 千克以上。由于果实具有独特芳香、色素浓的特点，酿制的山葡萄酒为宝石红色，清澈透明，芳香持久，口感醇和，风味独特。陕西的商州、镇安、丹凤等地生产的山葡萄酒有营养强壮作用，含有较高量的维生素 C、维生素 A 及 B 族维生素，是贫血病患者的补养佳剂，对肺病也有一定医疗保健效果。

图 10-2　山葡萄生长期（左）与成熟期（右）

5. 北五味子

（1）地理分布

北五味子又称五味子、药五味子、辽五味子、玄及、会及、面藤，属木兰科或北五味子科。同科植物有华中五味子（南五味子），也可入药，与北五味子植物外形相近。李时珍指出，药用五味子，以北五味子为佳。北五味子常生长于海拔 1 000 米左右的混交林或灌木丛中，多攀缘在其它植物上。产于朝鲜、日本及我国辽宁、吉林、河北、山西、湖北、陕西、甘肃等省份。在陕西主要在秦岭北坡及陕北灌木丛南缘。陕西、甘肃两省还有南五味子，药农常采收作为北五味子的代用品，药效稍逊。

（2）形态特征

北五味子为落叶攀缘藤本，长达 8 米。小枝灰褐色或褐色，梢具棱。单叶互生，宽椭圆形或倒卵形，长 4～11 厘米，先端突尖或短锐尖，基部楔形，边缘有疏而具腺尖浅齿，表面无毛，背面幼时脉上常有短柔毛，侧脉通常 5 条；叶柄长 1～4 厘米，无托叶。花雌雄异株，单性，腋生，单一生长或簇生，纺锤形，呈乳白色或粉红色，开后下垂；萼片与花瓣无区别，在外面的较小，呈长圆形或长椭圆形，有芳香；雄花具雄蕊 5 枚，花丝很短，基部连合；雄花心皮多数，呈密集覆瓦状，排列于花托上，花后花托逐渐伸长而呈穗状。果为 1 细瘦果穗，上有多数疏生、不开裂、肉质、具 1 粒种子的心皮，成熟后猩红色，长 4～10 厘米；种子近肾形，长 4～5 毫米，富含油质。6～7 月开花，8～9 月果成熟。

（3）营养成分

北五味子果实中含有大量有机酸，如柠檬酸、苹果酸和酒石酸等，含有维生素 C、脂肪油、挥发油、树胶质、碳水化合物及铁、锰、硒、磷、钙等矿物质。种子含脂肪、挥发油，还含叶绿素、甾醇、维生素 C、维生素 E、树脂、鞣质及少量糖类。

（4）药用价值

北五味子药用价值很高，果实性味甘、酸、温，无毒，根、茎、叶、种子均可药用。药理作用有刺激呼吸中枢及其兴奋中枢神经系统的反应激能，调节心脏血管系统病态生理机能及改善血液循环，改善人的智力活动，提高工作效率。并有强心作用，促进新陈代谢，增强机体对非特异性刺激的防御能力。种子的医疗功用：补虚劳、强阴益精、治肺虚喘咳。根皮能行气活血、强筋壮骨、散瘀止痛。

（5）加工利用

《神农本草经》记载："五味子主治益气、咳逆上气、劳伤羸瘦，补不足、强阴、益男子精"。现在医药上用为滋养、强壮、收敛剂，除止汗外，还能止遗精、镇咳。适用于自汗、咳嗽、气喘、遗精等症。近几年来，人工栽培越来越多，用五味子制保健饮品也有开发。

6. 沙棘

（1）地理分布

沙棘又名酸刺、醋柳、黑刺、戚阿艾（维吾尔族名称）、酸不溜、酸刺、圪针、酸刺椏、黄酸刺等，为落叶灌木或小乔木，广布欧亚大陆，有的国家已作为高级营养果树栽培。我国野生沙棘分布广泛，山西、内蒙古、河北、陕西、甘肃、河南、辽宁、北京、宁夏、青海、西藏、四川、新疆、云南等 20 个省（自治区、直辖市）都有分布。沙棘多生长于河漫滩、河谷阶地、洪积扇、丘陵河谷及丘间低地。垂直分布可达 5 000 米的高寒地带（如四姑娘山地区），在海拔 4 000 米的青海也有生长良好的沙棘丛林（图 10-3）。

（2）形态特征

沙棘是胡颓科沙棘属植物。落叶直立灌木或小乔木，具刺，幼枝密被鳞片或星状茸毛，老枝灰黑色，果芽较小，褐色或锈色。单叶互生、对生或三叶轮生，线形或线状披针形，两端钝，两面具鳞片或星状柔毛，成熟后通常上面无毛，无侧脉或不明显，叶柄极短，长 1～2 毫米。单性花，雌雄异株，雌株花序轴发育成小枝或棘刺，雄株花序轴花后脱落；雄花先开放，生于早落苞片腋内，无花梗，花萼 2 裂，雄蕊 4 枚，2 枚与花萼裂片互生，2 枚与花萼裂片对生，花丝短；雌花单生叶于腋，具短梗，花萼囊状，顶端 2 齿裂，子房上位。

图 10-3　野生沙棘树及其浆果

（3）营养成分

沙棘富有 130 多种活性物质，其中许多是宝贵的营养成分，沙棘各部都含有不同的营养成分。例如，果实含有可溶性糖 5.44%～12.5%，以果糖和葡萄糖为主；黄酮类物质含量为干重的 0.05%～0.20%；含有维生素 B_1、维生素 B_2、维生素 B_{12}、维生素 E、维生素 B_9 及较多的脂溶性维生素，胡萝卜素含量也很高；有机酸含量占 3%～4%，包括苹果酸、酒石酸、柠檬酸等；另外，还含有多种氨基酸与微量元素。又如，沙棘的种子含有 8%～13%的油脂、30%的蛋白质，以及 18 种氨基酸，还含有 β-胡萝卜素、玉米黄素、谷甾醇等。

（4）药用价值

沙棘药用最早源于我国藏医，具有广泛的药用价值，可入心、肺、脾、胃四经，医药上具有补肺、散瘀血、防暑降温、提神醒脑、增进食欲等功能。我国古代人民就把沙棘作为止咳、生津、清热、健胃、提神的一种良药。沙棘制成各种片、膏、散、丸等药剂可预防和治疗铝、磷、苯等职业中毒疾病，具有增强抵抗传染病能力和缓解维生素C缺乏症的作用。沙棘浆果汁液能治疗皮下出血、风湿症、皮肤病，还能防治晕车、晕船、晕飞机的呕吐症状。苏联宇航员在1981年从太空向地面报告：饮用沙棘制剂极大地减轻了他们对失重的反应。我国运动员服用沙棘制剂后，肺活量增加4.2%，心率下降4.36%，一致反映良好。沙棘油是名贵的药用油脂，可以治愈外伤和炎症，可治疗沙眼、角膜炎等眼科疾病，还对胃溃疡有促进愈合的能力等。

(5) 加工利用

沙棘果实营养丰富，可以加工制成各种高级饮料和食品，如沙棘饼干、沙棘糕、沙棘罐头、沙棘果糖、沙棘果酱、沙棘果蜜、沙棘果脯、沙棘果泥等食品。还可以加工成沙棘酒、沙棘精、沙棘果汁、沙棘果露、沙棘汽水、沙冰激凌等高级食品，炎夏饮用，消食、生津、止渴、防暑。沙棘果汁发酵酿成的酒，透明、浓香、甜酸、清凉可口，酒精浓度可达14.27%。

(二) 核果资源

核果为单心皮雌蕊或合生的多皮雌蕊发育而成，外果皮较薄，中果皮肉质，有丰富的维管束分布，内果皮坚硬，如桃、李、杏、樱桃、酸枣等。

1. 山杏

(1) 地理分布

山杏又名西伯利亚杏、东北杏、野杏，为蔷薇科杏属植物。河北、山东、江苏、辽宁、吉林、黑龙江、河南、湖南、陕西、山西、甘肃、内蒙古等省份的山区荒坡上有野生，常与其他落叶灌木混生，在平原、谷地的农区均有人工栽培。陕北的灌木丛和陕南秦巴山区均有野生，关中也有栽培嫁接。

(2) 形态特征

山杏为落叶乔木，高5～10米，枝条开展，小枝通常无毛，呈灰褐色或淡红褐色，叶片呈卵形至近圆形，长3～10厘米，宽2.4～7厘米，先端长渐尖，基部呈圆形或近心形，叶缘有细锯齿，两面无毛或背面叶脉微具短毛，叶柄长2～3厘米；花单生，近无柄，直径1.5～2厘米；花萼圆筒形，微被短柔毛，常呈红色；花瓣呈白色或淡红色，呈近圆形至倒卵形；雄蕊短或长于花瓣，子房被短柔毛；果实近球形，直径为1.5～2.5厘米，两侧扁平，外被短柔毛，黄色常具红晕；果肉薄而干燥，味酸涩，成熟时沿腹缝裂开；核容易与果肉分开，皮呈黄褐色，近球形，腹棱明显而尖锐，背棱为喙状凸出。3月中下旬开花，4月中下旬展叶，6～7月果实成熟。

(3) 营养成分

山杏的营养价值较高，分析显示，每百克鲜山杏含0.9克蛋白质，0.08

克脂肪，10 克糖类，1.6 克有机酸，32 克维生素 C，8.06 毫克维生素 A，0.06 毫克维生素 B_1，0.14 毫克维生素 B_2，2.7 克维生素 B_3。未成熟的山杏富含有机酸、绿原酸类物质、焦性茶酚类物质、黄酮类物质和鞣质。嫁接的山杏，是加工果脯、蜜饯、果酱、果糕等的好原料，干制成粉，可加工成营养丰富的保健食品和清凉饮料。

（4）利用价值

山杏具有较高的药用价值。果实含挥发油；其性味酸甘而温，有润肺定喘、生津止渴的功能，可治疗热毒等症。杏仁是著名的中药，为止咳化痰药，有苦杏仁、甜杏仁两种。甜杏仁含有苦杏仁苷、脂肪油、糖分、蛋白质、树脂、扁豆苷、杏仁油，可作茶点果品供食用，亦可入药。苦杏仁有毒，不可生食，入药多为煎剂。如食用，可煮熟用水浸泡去毒。苦杏仁含苦杏仁苷，经酶水解，产生氢氰酸、苯甲醛及葡萄糖；另外尚含有酶、蛋白质和各种游离氨基酸及脂肪。入药主治咳逆上气、外感咳嗽、哮喘、肠燥便秘等症。杏仁油除食用外，在工业上可用作润滑油、钟表油、高级涂料和化妆品原料。此外，杏叶、杏花、杏树皮、杏枝等均可入药。

2. 山樱桃

（1）地理分布

山樱桃又名荆桃、朱桃、含桃，属蔷薇科植物。在山区分布普遍，多分布在黑龙江、陕西、辽宁、河北、江苏、江西、贵州、四川、云南、甘肃等省份。在陕西的秦岭、巴山地区均有分布，特别是商洛、安康地区最多。

（2）形态特征

山樱桃为落叶灌木或小乔木，高 2～6 米。树皮灰棕色，有明显的皮孔；幼枝无毛或被白色短毛。叶互生，叶柄长 5～8 毫米，被短毛；托叶 2 枚，通常 2～4 裂，叶片广卵圆形，先端渐尖，基部圆形，边缘有大小不等的重锯齿。花先开，叶后展开，2～6 朵簇生或成总状花序；花梗基部有具腺齿的小苞片，总苞早落，萼筒钟状，无毛，萼片卵圆形，先端急尖，花瓣白色至粉色；花柱无毛。果实卵圆形或球形，红色，直径约 1 厘米。

（3）营养成分

山樱桃果实中含有的蛋白质、糖类、磷、铁、胡萝卜素及维生素 C 等，均比苹果略高。种子含苦杏仁苷，水解产生氢氰酸。树皮中含有芫花素、樱花素和一种甾体化合物。

（4）药用价值

山樱桃的果实、枝、叶、根均可入药。果实可治疗疹发不出、冻疮和烫火伤；用果汁涂面、涂手脚，可预防冻疮；枝可治疗寒病、胃气疼等；叶有温胃、健脾、止血、解毒功效，可用于治疗胃寒、食积、腹泻、吐血、疮毒等症；根有调气活血功效，可治疗妇女气血不和、肝经火旺、手心潮浇等症。

（5）加工利用

山樱桃是落叶果树中最早熟的山果品种，可以调解水果淡季市场。除生食外，适宜加工，制作果酱、果酒、果汁、蜜饯以及糖水罐头等。花朵美丽，也是很好的观赏树种。

3. 酸枣

（1）地理分布

酸枣又名棘、山枣、樲，属鼠李科枣属植物。辽宁、内蒙古、河北、山西、陕西、甘肃、河南、湖北、山东、安徽、江苏、四川等省份皆有野生，少有栽培。陕西省南北均有分布，而以甘泉、富县一带产量较大。多生长在低坡、沟岸、路旁、陡崖、地埂及荒坡等地。耐干旱，根可入地很深觅取地下水。常集成小片，并能构成较单纯群落。酸枣是嫁接大枣的好砧木，陕西省西安市长安区在秦岭北坡用酸枣嫁接大枣效果很好。

（2）形态特征

酸枣多为落叶灌木，稀小乔木，通常高1～2米。树皮灰褐色，有纵裂，枝红褐色，无毛、弯曲；幼枝绿色。羽状叶的叶轴脱落，着生于刺针腋间；托叶变为针刺，长短各1对，长的直伸，长达3厘米，短的向下弯曲，呈钩状。叶互生，长椭圆状卵形或狭卵状披针形，稀为卵形，长1.5～5厘米，先端钝，基部圆形不对称，缘具钝锯齿，3出脉，光滑；叶柄长1～5毫米。花序聚伞形，腋生，有2～3朵花。花黄绿色，两性，直径4～5毫米；花萼5裂；花瓣5枚，宽匙形，与雄蕊对生，略短于萼，雄蕊5枚，着生于花盘缘部，较花瓣略长或等长；花盘几乎全缘；子房不与花盘结合，花柱2裂。核果暗红色，长圆形至圆形，长7～15毫米，味酸，核卵圆形，先端钝或尖，花期5～6月，果熟期9月。

（3）营养成分

酸枣所含营养成分丰富，含蛋白质、糖类、有机酸、黏液质及维生素B_2、维生素C、维生素P及黄酮类化合物，其中有机酸含量和种类都比大枣多。酸枣嫩叶中含蛋白质12%～16%，脂肪1.5%～3.5%，碳水化合物62%～70%，每百克含维生素C 380～650毫克，还含有钙、磷、铁等矿物质，以及三萜烯酸、绿原酸、黄酮类化合物等丰富的药用成分。

（4）药用价值

树皮、根、果、核仁均可药用。酸枣仁含脂肪油、枣酸、挥发油、黏液质、维生素C，胶枣仁的性味苦、微甘，无毒。《名医别录》载：“酸枣仁治烦心不得眠，脐上下痛，血转久泄，虚汗烦渴，补中益肝气，坚筋骨，助阴气，能令人肥健”。现在医药上用于镇静剂生产，有收敛、安神、催眠、除心烦等作用。专治神经衰弱、失眠、心悸、亢进、盗汗、心烦易怒等症，并为健胃药。核壳可制活性炭。常食酸枣制品能滋养补身，酸枣仁还能安神镇静。据药理试验，小鼠灌服枣树皮醇提物有明显祛痰作用，镇咳作用不明显；但如腹腔注射，则有镇咳作用。

（5）加工利用

酸枣除了直接药用外，其叶含蜡醇、原阿片碱和小檗碱等，嫩叶可制茶叶。酸枣性味酸、平，无毒。可制枣糕、酿酒及制果露等，也可制作脑力劳动者的保健饮料。

4. 山茱萸

（1）地理分布

山茱萸又名蜀酸枣、肉枣、石枣、枣皮、鸡足、药枣、山萸肉。为山茱萸科山茱萸属植物。多生长于山谷地及谷坡。产于浙江、安徽、山东、河南、甘肃、陕西等省，朝鲜和日本也有分布。陕西省秦岭南坡的城固、洋县等地和商洛地区有分布。

（2）形态特征

山茱萸为落叶乔木或灌木，高达4～10米，树皮片状剥落，淡褐色。枝无毛，带粉绿色。单叶对生，卵形、狭卵形或狭椭圆形，长4～11厘米，先端锐尖，基部圆形，全缘，表面疏生贴伏毛，背面毛较密，其脉腋具黄褐色簇毛，侧脉6～7对；叶柄长6～15毫米。花序密集呈伞形，具20～30朵花；总花梗很短；总苞片有4枚，黄绿色，长6～8毫米，椭圆形。花黄色，先于叶开放，直径为4～5毫米，花梗呈伞状，长约10毫米，花萼4裂；花瓣4片，镊合状；雄蕊4枚，子房下位，2室，花柱单生线形。核果猩红色，长圆形，长约1.5厘米。花期为3～4月，果熟期为9～10月（图10-4）。

图10-4 山茱萸树与成熟果实

（3）营养价值

果实含山茱萸苷、没食子酸、草果酸、酒石酸、熊果酸、皂苷、鞣质、维生素 A、维生素 C 等成分，果肉内含有 16 种氨基酸。种子的脂肪油中有棕榈酸、油酸及亚油酸等。

（4）药用功能

山茱萸性味酸、微温。《名医别录》载："山茱萸主治下气出汗，强阴益精，安五脏，通九窍，止小便利，久服明目强力长年"。《药性本草》载："山茱萸能补肾气，兴阳道，坚阴茎，添精髓，止老人尿不节"。现在医药用为收敛性滋补、强壮、补血剂。适用于贫血、神经衰弱、心脏衰弱、大汗出、喘息少气、脉弱无力、遗精、早泄、小便频数、阳痿、月经过多等症。对志贺氏痢疾杆菌、金黄色葡萄球菌有抑制作用。

（5）加工利用

果实熟时可直接食用，另可加工成保健性饮料。

5. 山毛桃

（1）地理分布

山毛桃又名野桃、花桃、山桃，属蔷薇科植物。多生长于石灰岩的山谷与山坡，耐寒、抗旱。主要产于内蒙古、河北、河南、山西、陕西、甘肃、四川、云南等省份。陕西秦岭、洛河流域的梁山、桥山分布尤其普遍。本品适应性强，可作为嫁接砧木，日本、美国及欧洲国家亦引种使用。

（2）形态特征

山毛桃为落叶乔木或灌木，高可达 10 米，树皮暗紫色，平滑而有光泽；枝直立，细瘦，一年生者绿色，无毛；老枝褐色，外面被有灰白色胶质。叶互生，卵状披针形，长 6～12 厘米，宽 1.5～2.5 厘米，先端长尖，基部楔形，边缘有细锯齿，两面皆绿色，有光泽，平滑无毛；叶柄长 1.5～2 厘米；近叶基部无或有 2 个赤褐色腺体。花单生于极短的花梗上，粉红色至白色，长 2～2.5 厘米，直径 2.5～2.8 厘米，基部附着花芽的鳞片，具卵圆裂片，无毛；花冠无毛，花瓣倒卵圆形；雄蕊多数，花药卵圆形。果实球形，黄绿色，直径 2.5～3 厘米，外面密生细毛，顶端常宿存细线形的花柱；果肉与核分离，核多点纹。开花期 3 月；果期为 8～9 月。开花较早，常栽培作观赏树。

（3）营养价值

山毛桃营养价值很高，桃仁含油量为 54.37%，含水量为 5.55%，皂化值为 196.04，酸值为 0.66，碘值为 93.3；还含有苦杏仁苷、苦杏仁酶、B 族维生素，挥发油等。桃叶含糖苷、柚皮素、奎宁酸等。桃花含山柰酚（山柰酚-3）、香豆精等。

（4）药用功能

桃仁、桃花、桃叶、桃树胶均可作药用。桃果性味酸、甘、微温。桃仁苦、甘、平。碧桃干（未成熟的桃干果）止虚汗、盗汗。桃仁祛瘀血、润肠、镇咳。桃花导泻逐水。桃叶为杀虫药。桃胶是制药工业上的乳化剂和黏合剂。用桃仁 10 克，决明子 12 克，水煎服可治高血压、头痛、便秘。桃树叶捣烂，加黄酒少许炖热，敷于患处可治淋巴腺炎。

（5）加工利用

果实可食，并可制桃干、果脯、桃酒等营养饮食。桃仁煮熟可做油茶饮食，也可煮熟盐腌后食，但不可生食（因生桃仁有毒）。

6. 木半夏

（1）地理分布

木半夏叶冬凋夏绿，春实夏熟，故称木半夏，属胡颓子科落叶灌木。分布于河北、山东、浙江、安徽、江西、福建、河南、江苏、陕西、湖北、四川、贵州等省份。陕西的木半夏主要产于秦岭、巴山山区。有野生，也有栽培。

（2）形态特征

为落叶直立灌木，高 2～3 米，通常无刺，稀老枝上具刺，幼枝细弱伸长，密被锈色或深褐色鳞片，少具淡黄褐色鳞片，老枝粗壮，圆柱形，鳞片脱落，深褐色或黑色，有光泽。叶膜质或纸质，椭圆形或卵形至倒卵形、阔椭圆形，长 3～7 厘米，宽 1.2～4 厘米，顶端钝尖或骤渐尖，基部钝，全缘，上面幼时具白色鳞片或鳞毛，成熟后脱落；叶柄锈色，长 4～6 毫米。花白色，被银白色和散生少数褐色鳞片，常单生新枝基部叶腋；花梗纤细，长 4～8 毫米。果实椭圆形，长 12～14 毫米，密被锈色鳞片，成熟时红色，果梗在花后伸长，长 15～40 毫米。花期 5 月，果期为 6～7 月（图 10-5）。

（3）营养价值

木半夏果实含果胶、有机酸、脂肪油、糖类。花含挥发油。果营养丰富，可食，食品工业上可作果酒和饴糖等，是制作老年人保健饮料的佳品。

（4）医用功能

果、根、茎、叶均可入药，可治疗跌打损伤、痢疾、哮喘；果实性味甘、平，无毒，其具有收敛、消肿、平喘、止泻的功能。

图 10-5 木半夏树（左）、结果（中）与成熟果实（右）

（三）梨果资源

梨果的肉质部分，大部由杯状花托形成，极少的一部分是由心皮形成的，如杜梨、山楂、山枇杷等。

1. 木瓜

（1）地理分布

木瓜又名海棠梨，属蔷薇科植物。主要分布在山东、陕西、安徽、江苏、浙江、江西、湖北、广东、广西等省（自治区）的山坡丘陵地。在陕西主要生长在秦岭、巴山的山坡地带，亦有栽培。

（2）形态特征

木瓜为灌木或小乔木，高 5～10 米；枝无刺，小枝幼时有柔毛，不久即脱落，紫红色或紫褐色。叶椭圆状卵形或椭圆状矩圆形，稀倒卵形，长 5～8 厘米，宽 3.5～5.5 厘米，边缘带刺芒状尖锐锯齿，齿尖有腺，幼时有茸毛；叶柄长5～10 毫米，微生柔毛，有腺体。花单生于叶腋，花梗短粗，长 6～10 毫米，无毛，春末开花，花淡粉色或深红色，直径 2.5～3 厘米；萼筒钟状，外面无毛；雄蕊多数；花柱 3～5 个，基部合生，有柔毛。梨果长椭圆形，长 5～10 厘米，暗黄色，皮黄而红，蒂间有鼻似乳突，木质，芳香，5 室，每室种子多数，果梗短（图 10-6）。

图 10-6　木瓜树花（左）、与果实（右）

（3）营养成分

木瓜果实含皂苷、苹果酸、酒石酸、柠檬酸、黄酮类、鞣质等。种子含氢氰酸。每百克木瓜所含热量 39 大卡。木瓜含有胡萝卜素和丰富的维生素 C，它们有很强的抗氧化能力，帮助机体修复受损组织，消除有毒物质，增强人体免疫力。

（4）药用价值

干果入药，宣州产者称宣木瓜，药用更佳。木瓜性味酸甘、温，无毒。其功用为主治湿痹、脚气、霍乱吐泻、转筋。有清暑解毒、利尿、舒肝止痛之功，适用于风湿筋骨痛、关节酸痛、跌打、扭挫伤、痉挛，以及肺病咳嗽、痰多等。木瓜所含的蛋白分解酵素，可以补偿胰和肠道消化食物的物质分泌不足，补充胃液的不足，有助于分解蛋白质和淀粉。木瓜果实中的有效成分能提高吞噬细胞的功效。

（5）加工利用

果实甘酸而香，性脆，可蜜渍，或去种子捣泥蜜煎作糕食，也可水煮加添加剂制成保健饮料。以木瓜为原料，现已成功开发上市的产品主要有木瓜果汁饮料、木瓜蜜饯、木瓜果酒、木瓜果醋、木瓜果粉等。现正研究开发从木瓜中提取超氧化物歧化酶（SOD）抗衰老制剂、木瓜复合抗氧化精华素（保健食品）、现代木瓜单味中药浓缩颗粒、低温真空干制木瓜饮片、木瓜蜜汁泡腾片。

2. 杜梨

（1）地理分布

杜梨又名唐梨，属蔷薇科植物。多生长在海拔 50～1 800 米的平原或山坡阳处。主要分布在辽宁南部、河北、山西、河南、陕西、甘肃、安徽、江苏、江西、湖北等省，在陕西主要产于秦岭、巴山及陕北灌木丛地带。杜梨抗干旱，耐寒，通常做各种栽培梨的砧木，结果期早，寿命很长（图 10-7）。

图 10-7　杜梨树、花与成果

（2）形态特征

杜梨为落叶乔木，可高达 10 米，枝常有刺，小枝紫褐色，幼枝、幼叶两面、叶柄、总花梗、花梗和萼筒外面皆生灰白色茸毛。叶片菱状卵形或长卵形，长 4～8 厘米，宽 2.5～3.5 厘米，基部宽楔形，少近圆形，边缘有尖锐锯齿，老叶仅下面微有茸毛或近无毛，叶柄长 2～3 厘米。伞形总状花序，有花 10～15 朵；花梗长 2～2.5 厘米；花白色，直径 1.5～2 厘米；萼裂片三角状卵形，花瓣卵形，离生。梨果近球形，直径 0.5～1 厘米，2～3 室，褐色，有淡褐色斑点，萼裂片脱落。

（3）营养价值

果实含有机酸（以柠檬酸、苹果酸为主）、糖类、维生素 C、B 族维生素、黄酮类等。叶含熊果酚苷和鞣质。未成熟的果实味发涩，熟后经霜打，可食，味酸甜。因含适量丹宁，故可以用来酿造酒、醋和饮料。

(4) 药用价值

杜梨果实入药，具有润肠通便、消肿止痛、敛肺涩肠及止咳止痢之效；杜梨根、叶入药可润肺止咳、清热解毒，主要用于治疗干燥咳嗽、急性眼结膜炎等症。《本草纲目》载“烧食止滑痢”。《玉楸药解》载“味酸，性涩微寒、收肠敛肺，止泻除呕”。杜梨可用来治疗皮肤溃疡，杜梨叶片中根皮苷的含量较高，其降解物根皮酚能够有效抑制真菌等微生物的活动。

3. 山楂

(1) 地理分布

山楂品种繁多，如棠球子、阿尔泰山楂、华中山楂、湖北山楂、山里红、南山楂、北山楂、红果、海红、毛山楂、野山楂等。药用以野山楂为佳，营养丰富。山楂属于蔷薇科植物。主要产于我国黑龙江、吉林、辽宁、内蒙古、河北、陕西、河南、山东、甘肃、四川、云南等地，毛山楂主要分布在东北三省。在陕西主要分布于南部山地和北部，黄龙山、桥山、关山就有很多，神木、府谷产的海红质量很好。山里红和毛山楂都喜生于山坡、林缘和灌木丛中。

(2) 形态特征

山楂为落叶乔木，高达 6 米；小枝紫褐色，无毛或近无毛，有刺，有的无刺。在东北、华北、江苏产的最多，生长在海拔 100～1 500 米的山坡林边或灌丛中，可栽培作绿篱，作嫁接山里红或苹果的砧木。同属野山楂系落叶灌木，常有红刺，刺长 5～8 毫米；小枝幼时有柔毛，后脱落。叶片宽倒卵形至倒卵状矩圆形，长 2～6 厘米，宽 1～4.5 厘米，基部楔形，边缘有尖锐重锯齿，顶端常有 3 裂片，少数 5～7 浅裂片，下面初有疏柔毛，后脱落；叶柄有翅，长 4～15 毫米。伞房花序，总花梗和花梗均有柔毛，花白色，直径 1～1.2 厘米，红色或黄色，小核 4～5 粒，内面两侧平滑，易辨认。在长江流域和河南、广东、广西、云南、福建等地的山谷或山地灌丛中野生的山楂较多。

(3) 营养价值

野山楂果实酸甜适口，含有丰富的维生素 C、鞣质、果胶、皂苷、果糖、蛋白质、脂肪、色素及多种有机酸等营养物质。维生素的含量，仅次于红枣和猕猴桃；胡萝卜素的含量仅次于杏，居水果第二位；维生素 B_2、钙、铁等物质均居水果之首。每百克鲜果含蛋白质 0.7 克、脂肪 0.2 克、糖类 22 克，含维生素 C 90 毫克，相当于苹果的 17 倍；含胡萝卜素近 1 毫克，相当于苹果的 10 倍。另外，含钙 85 毫克，铁 2.1 毫克。

（4）药用功能

据李时珍《本草纲目》记载："山楂具有散瘀、消积、化痰、解毒、提神、止血、清胃、醒脑、增进食欲等功效"。我国中医学上常以山楂为药，主治饮食积滞、别胸腹痞、疝气、血瘀闭经等症。近代对山楂药理的研究，发现它对心血管系统疾病有明显疗效。且花、果实均可以入药。

山楂微温、甘、性味酸，无毒，入胃后能增强酶的作用，促进肉类消化，又有收敛作用。并有降血压、强心、扩张血管以及降低胆固醇的作用，故适用于动脉硬化性高血压，又能收缩子宫，治产后瘀血腹痛。

（5）加工利用

山楂果营养丰富，适于加工多种制品。一类是以山楂提取汁液制作的山楂汁、山楂晶、山楂冻、山楂软糖、山楂酒及其他饮料；二类是用山楂果泥制作的山楂酱、山楂糕、山楂片、果丹皮等；三类是以整果制作的山楂罐头、山楂蜜饯、山楂果脯、糖葫芦等；四类是山楂干制品，如山楂果干；五类是参与其他食品配制，如木糖醇山楂片、山明粉、山河粉等。由于山楂丰富的果酸和色素成分，使得食品色泽鲜艳、老少皆宜。

4. 枇杷

（1）地理分布

枇杷又名芦橘、金丸、芦枝，属蔷薇科植物。枇杷原产于中国东南部，因叶子形状似乐器琵琶而名，其花可入药。在湖北、四川、贵州、广东、广西、云南、福建、台湾等各地广为栽培，四川、湖北有野生分布。陕西仅巴山山区和汉中盆地有栽培。近几年，各地有引种的，还可以作为景观植物。

枇杷属阳性树种，喜温暖、湿润，一般生长于海拔 1 000 米以下山坡和沟壑中，种子繁殖最易。

（2）形态特征

枇杷为常绿乔木，高达 10 米，小枝粗壮，被锈色茸毛。叶互生，革质坚硬，近无柄，狭倒卵形或宽倒披针形，长 10～25 厘米，先端短尖或渐尖，基部楔形，缘有疏锯齿，表面深绿色，无毛，背面密被锈色茸毛，侧脉 12～15 对；托叶大而硬，披针状三角形，渐尖。花序圆锥状，顶生，分枝粗壮，密被锈色茸毛，直径 7～14 厘米。花白色，芳香，直径约 1 厘米，密集；萼筒与子房合生，裂片 5 枚，先端尖，密被茸毛，宿存；花鳞 5 片，倒卵圆形，内面近基部有毛；雄蕊约 20 枚，较花瓣短；子房下位，25 室，各含胚珠 2 粒，基部合生。梨果梨形或球形，黄色，有细毛，直径 2～3 厘米；种子褐色，有光泽，近球形，直径 1～1.5 厘米。花期 10～11 月，次年 5 月果实成熟（图 10-8）。

（3）营养成分

枇杷叶含有皂素和维生素 B_1；种仁含有脂肪油、苦仁苷及氢氰酸等；果

图 10-8 从左向右依次为枇杷树和花、枇杷果、枇杷粥

肉含糖类、酒石酸、草果酸、柠檬酸钠、鞣质、胡萝卜素及维生素 A、B 族维生素、维生素 C；花含挥发油、脂聚糖等。

（4）药用价值

枇杷药用价值很大，叶、花、果实、种仁、木白皮均可入药。枇杷叶的性味清香、微苦、平，无毒。李时珍在《本草纲目》中记载："枇杷乃和胃降气，清热解暑之佳品良药。"现在医疗上用于清凉镇咳药、祛痰剂生产，适用于慢性支气管炎、久咳不止、痰多不利、呃逆、干呕等症。夏季多用作防汗疹的浴汤料，用其洗涤脓疮溃疡亦有效。枇杷花、叶均可入药，枇杷叶具清肺和胃、降气化痰的功用，为治疗肺气咳嗽的要药。

（5）加工利用

每年的 3～4 月是枇杷盛产的季节，成熟的枇杷果十分甘甜，营养价值也很高，所含的苦杏仁苷还是防癌的营养素，由此枇杷果也有了"果之冠"的美称，历史上常被作为贡品。果实性味甘、酸、平，无毒。果实酸甜，可生食；果实具清凉、生津、解渴的功能，是酿酒和加工老年保健饮料的佳品。种子可榨油，含油量极高。可生食、熬膏或煎汤。

5. 火棘

（1）地理分布

火棘又名火把果、救兵粮、救军粮，为蔷薇科植物。分布于陕西、江苏、浙江、福建、湖北、湖南、广西、四川、云南、贵州等地。在陕西主要分布在陕南秦巴山地，尤其是汉中、安康两地区的山坡分布普遍，其次是商洛的南半部亦有分布。生于海拔 500～2 800 米的山地灌木丛中或河沟。同属的全缘火棘分布在陕西、湖北、湖南、贵州、广东、广西，生于海拔 500～1 700 米的山坡或灌丛中；细圆齿火棘分布在陕西、江苏、湖北、湖南、广东、广西、贵州、四川、云南；印度、不丹、尼泊尔也有，生于海拔 75～2 400 米的山坡丛林或草地中。

（2）形态特征

火棘为常绿灌木，高约 3 米；侧枝短，先端呈刺状；小枝暗褐色，幼时有锈色短柔毛，老时无毛。叶片倒卵形或倒卵状矩圆形，中部以上最宽，长1.5～6厘米，宽0.5～2厘米，先端圆钝或微凹，有时有短尖头，基部楔形，下延，边缘有圆钝锯齿，齿尖向内弯，近基部全缘，两面无毛，叶柄短，无毛或幼时有疏柔毛。复伞房花序，总花梗和花梗近无毛，花白色，直径约1厘米，萼筒钟状，无毛，裂片三角卵形，花瓣圆形，梨果近圆形，直径约5毫米，萼片宿存。火棘枝叶繁茂，果实鲜红，经久不落，可供动、植物园作绿化用，也是我国南方保持水土的优良树种（图10-9）。

图10-9　火棘果树（左、中）与成果（右）

（3）营养成分

果实含糖、淀粉、维生素等。根含有皂苷酚类及有机酸等。根皮含鞣质。火棘的果实营养价值高，含多种营养成分，含量高于苹果，除维生素C外，其他成分接近猕猴桃，蛋白质和淀粉含量高是其特点。火棘果味酸甜，可鲜食。也可以制作饮料、酿酒，或者磨粉制作果丹皮或其他食品添加物质。

（4）药用价值

火棘味甘、酸，性平，具有消积止痢、活血止血的功效，主治消化不良、肠炎、痢疾、小儿疳积、崩漏、白带、产后腹肿。根有清热凉血功能，可治虚痨、骨蒸潮热、肝炎、跌打损伤、筋骨疼痛、腰痛、便血、白带等症。叶可清热解毒，外敷可治疮疡肿毒。

（四）坚果资源

坚果系指果实由二心皮或多心皮所形成，内含1粒种子，果实坚硬。如茅栗、榛子等。

1. 榛子

（1）地理分布

榛子又名平榛、榛栗、山反栗（湖北），属于桦木科榛属。主要产于我国东北、华北；以及日本、朝鲜等地。陕西秦岭、巴山及黄龙山区都有分布。同科同属的华榛，又名山白果，产于我国中部及西南部，如湖北、四川、甘肃和云南等省，陕西秦岭亦有分布；毛榛又名小横树、胡榛子、角榛、火榛、东北榛等，产于我国内蒙古、甘肃、四川等省份。榛子在陕西分布普遍，多生长在山坡或山沟，海拔高度可达 1 500 米。藏刺榛又名刺榛，产于湖北、四川和甘肃等省，陕西秦岭分布也很普遍，大多生长在海拔 2 000 米的山坡上，喜湿润的土壤；虎榛子又名棱榆，产于我国辽宁，分布很普遍。

（2）形态特征

榛子为落叶灌木或小乔木，株高 1～7 米，树皮灰褐色，有光泽，小枝和叶柄有腺毛；叶片圆形至倒卵形，长 5～10 厘米，先端渐尖，基部心形或圆形，边缘有不规则的锯齿和裂片，上面有毛，下面叶脉上具短柔毛；叶柄长 1～2 厘米，被短柔毛，花雌雄同株，雄花序两三个生于前年枝上，长 4～7 厘米，为圆柱形；苞黄褐色，有细毛；雄蕊 8 枚，花药黄色，椭圆形，2 室，纵裂；雌花无柄，着于雄花序下方或枝顶；雄蕊的花柱线形，外露，子房平滑无毛。果实 2～4 个为一簇，总苞叶状，钟形，缘有规则裂片。在天然繁殖的条件下，坚果的变异性很大。坚果的形状有球形、扁球形、肾形、椭圆形、卵圆形等，直径 7～15 毫米，黄褐色。开花期 3～4 月，果熟期 10 月。

（3）营养价值

我国利用榛子已有五六千年的历史，但至今仍处于野生状态。榛子是北方山区值得重视的木本营养油料资源之一。坚果内的种仁营养丰富，风味清香，每百克种仁含蛋白质 16.2～18 克，脂肪 50～77 克，糖类 16～17 克。还含有多种维生素和微量元素，有益于人体健康。尤其所含脂肪，多由不饱和脂肪酸组成，其多不饱和脂肪酸和饱和脂肪酸的比例（P/S 值）值很高，是健身益寿的佳品，榛果是加工制造营养食疗品的好原料。榛子的总苞和叶中含单宁 6%～15%，是提取单宁的好原料。

（4）医用功能

榛子果味甘，性平，无毒，益气力，补脾胃，具有开胃、调中、明目的功效，可医治体弱和肠胃不适等症。如脾虚泄泻，可用榛子仁，炒焦黄，研细末，每次 1 匙，每日 2 次，空腹以红枣汤调服。

2. 茅栗

（1）地理分布

茅栗又名锥栗、野栗子，属于壳斗科（即山毛榉科）植物，分布于河南、山西、陕西等黄河流域各省和长江流域及以南各省区。在陕西主要产于镇安、商州、柞水、商南、丹凤、洛南、山阳、洋县、西乡、安康、旬阳、南郑等地，普遍分布于秦岭、巴山、桥山栎林山地。

（2）形态特征

茅栗为落叶小乔木，高 6～15 米，幼枝有灰色茸毛，无顶茅。叶成 2 列，长椭圆形或倒卵状长椭圆形，齿端尖锐或短芒状，上面无毛，下面有鳞片状腺毛，侧脉 12～17 对，直达齿端。雄花序穗状，直立，腋生，雌花常生于雄花序基部。4～5月开花。壳斗近球状，苞片针刺形，坚果常3个，球形，褐色，直径1～1.5厘米。

（3）营养成分

茅栗是经济价值较高的干果，也是木本粮食。栗子味甜，营养含量高，含淀粉62%～70.1%，蛋白质5.7%～10.7%，脂肪2%～7.4%，还含糖类，维生素B_1、维生素B_2。壳斗外果皮、树皮及叶含鞣质。

（4）药用价值

花、果实、壳斗、树叶、树皮、根皮都可作药用。果实生食、炒熟和烹调做菜、磨粉作点心均宜，是高级营养食疗品之一，具有益气厚肠胃、健脾补肝、健胃强身的功效，生用嚼食治腰脚无力。壳斗、树皮有收敛作用；鲜叶外用，适于皮肤炎症。古有诗云："老去日添腰脚病，山翁服栗旧传方"。但此物一次不宜多吃，否则不利消化。

3. 山核桃

（1）地理分布

山核桃又名山胡桃，核桃楸，属于胡桃科植物。核桃品种较多，其中山核桃系我国原产，主要分布于陕西、山西、河北、甘肃、青海、宁夏、山东、内蒙古、黑龙江、吉林、辽宁、河南、四川、贵州等省区。多生于针阔叶混交林或杂木林中，在土层深厚、肥沃湿润、排水良好的平缓山坡或山谷中生长尤为旺盛。山核桃在陕西，主要产于南部秦巴山区和北部灌木丛区，尤其是商洛山区和桥山、黄龙丘陵山地最普遍。

（2）形态特征

山核桃为高大乔木，株高可达十几米。树冠广圆形，幼枝具腺毛，小叶片9～25片；叶长卵形至长圆形。先端急尖，边缘有细密锯齿，叶长7～18厘米，上面有稀疏柔毛或近无毛，下面被腺柔毛，在中脉和叶轴处极密。雄花序长约10厘米，雌花序具有5～10朵花，果序有4～5个果实；果近球形或卵形，先端尖，长4.5～5.5厘米；核卵形，有8个显著棱脊和不规则皱纹，长4～4.5厘米。5月开花，9月果熟。

（3）营养成分

每百克山核桃仁含蛋白质10～12克，脂肪80克，糖类5～8克，钙119毫克，磷3.62毫克，铁3.5毫克，胡萝卜素170毫克，维生素$B_2$110毫克。还含有锌、锰、铬等微量元素，以及含核桃叶醌、鞣质等。叶含挥发油、树胶、鞣质、没食子酸、缩合没食子酸、氢化核桃叶醌，核壳含五碳糖。

（4）医用价值

自古以来山核桃被医学家和民间视为滋补强壮药物，是健身益寿的珍品。山核桃是很好的木本油料植物。其仁内含油率80%；脂肪油绝大多数系由亚油酸甘油酯组成。对补气养血，预防和治疗动脉硬化，健身益寿非常有益；山核桃富含磷脂；克核桃仁就可提供165～170卡的热量。山核桃仁内含的微量元素及维生素 B_3、维生素A、维生素 B_1、维生素 B_2 等。山核桃的果仁、果皮、树叶均可作药用。山核桃味甘，性温，可补气养血、润燥化痰、补肾固精、润肠通便。山核桃油为滋补强壮品；山核桃仁及叶可治疗皮肤病；果仁可治肾虚咳嗽、腰痛脚弱、阳痿遗精、小便频数等；山核桃叶水提物有抗菌、抗炎的作用；果肉皮煎剂可作洗发剂和治疗疥癣病。

（五）聚心皮果

由一朵具有多数离生的单雌蕊的花所形成，每雌蕊形成一小果，集生于一个花托上，叫作聚心皮果（或聚合果）。根据单果的种类可将其分为聚合瘦果（如草莓等），聚合核果（如悬钩子等），聚合坚果（如莲等）和聚合膏葖果（如八角、芍药等）。

1. 悬钩子

（1）地理分布

悬钩子又名槭叶莓、牛迭肚、树莓等，属于蔷薇科植物。多生长在坟地、路旁、沟溪、山坡及灌木丛。主要分布在安徽、山东、江苏、浙江、广西、吉林、黑龙江、内蒙古、河北。在陕南山区和陕北的桥山、黄龙山等生长很普遍。

（2）形态特征

落叶直立灌木，高2～3米；枝具刺，有棱，褐红色，幼时被短柔毛；叶掌状，3～5裂，基部为心形或戟形，长5～12厘米，在花枝上常3裂，裂片卵形至卵状披针形，先端急尖或圆钝，边缘具有不整齐粗锯齿，下面叶脉被短柔毛；叶柄长2～5厘米，有皮刺；花5朵，簇生，直径约2厘米，萼片卵形，花瓣白色，椭圆形，聚合果红色。

（3）营养成分

悬钩子是我国很普遍的野果之一，营养丰富，色泽鲜红，气味芳香浓郁，是色、香、味俱佳的果品。每百克鲜果含蛋白质1.1克，脂肪0.37克，有机酸0.436克，还含有铁、磷、钙等矿物质和多种维生素，其中维生素C达32.16毫克。除生食外，可加工果汁、果酒、果酱、果糕和保健饮料。

（4）药用价值

果、根、茎均可入药。其果实性味平、酸，无毒，具有醒酒、清热止渴、祛痰止咳、解毒固精的功效。根味苦，可治疗吐血、痔血、带下、泻润、遗精、腰痛和疟疾。

2. 野草莓

（1）地理分布

野草莓属于蔷薇科植物。生于山坡、草地和林地，我国南北各地都有分布。陕西秦巴山区的低山丘陵、河谷地、沟渠两侧、路旁、地边都有大量野生草莓，陕北和关中渠路地边都有，也有人工栽培。

（2）形态特征

草莓是多年生草本植物，高5～30厘米，茎具开展柔毛，上部较密，下部有时脱落，倒卵圆形或菱状卵圆形，长1～5厘米，宽0.8～3.5厘米，边缘有缺刻状锯齿；叶正面散生疏柔毛，背面密生柔毛，沿叶脉较密，叶柄被有开展柔毛。花序聚伞状，有花2～5朵，花梗长0.5～1.5厘米，被有开展柔毛；萼片卵圆状披针形，副萼片线状披针形，偶有2裂；花瓣白色，几乎圆形，基部具短爪。聚合果半圆形，成熟后紫红色。花期5～7月，果期7～9月。

（3）营养价值

草莓柔嫩多汁，酸甜适口，香气宜人，是一种很好的生食水果。每百克鲜品含蛋白质1克，脂肪0.6克，糖类10克，有机酸0.6克，维生素C 30～41克，胡萝卜素0.05毫克，维生素 B_1 0.1毫克，维生素 B_2 0.1毫克，维生素 B_3 1.5毫克。此外，还含有丰富的铁和磷等矿物质。果色鲜红，味酸甜，清凉止渴，适宜加工，可制成品质优良的果酱、果酒、果汁、罐头等保健饮食品，有很高的经济价值，是大有发展前途的品种。

（4）医疗价值

野草莓能清暑解热、生津止渴、利尿止泻。如小便频数、遗精遗尿症，可用野草莓干品10～20克，覆盆子（即大麦莓或西国草）干品10克，韭菜籽（炒）5克，芡实10克，水煎加糖，一日2～3次分服。

3. 茅莓

（1）地理分布

茅莓又名红梅消（江苏）、天青地白草，属蔷薇科植物。分布遍及我国各地，多野生在丘陵或山坡，在陕西主要分布于陕南山地及陕北灌木丛。越南、朝鲜和日本也有。

（2）形态特征

茅莓为小灌木，高约1米；枝呈拱形弯曲，有短柔毛及倒生皮刺。单数羽状复叶，小叶3枚，有时5枚，顶端小叶菱状圆形至宽倒卵形，侧生小叶较小，宽倒卵形至楔状圆形，长2～5厘米，宽1.5～5厘米，先端圆钝，基部宽楔形或近圆形，边缘浅裂并具不整齐细锯齿，上面疏生柔毛，下面密生白色茸毛；叶柄长5～12厘米，小叶柄和叶轴有柔毛及小皮刺；托叶条形。伞房花序有花3～10朵；总花梗和花梗密生茸毛，花粉红色或紫红色，直径6～9毫米。聚合果球形，红色，直径1.5～2厘米。

（3）营养价值

茅莓营养价值高，果实含糖类以及维生素C等。根含鞣质、黄酮类、糖类等。果可生食、酿酒、制果酱及加工清凉保健饮料。根可提烤胶；入药，有清热解毒、活血消肿、祛风收敛之效。

4. 刺梨

（1）地理分布

刺梨也称单瓣缫丝花，因每年盛花期正值煮茧缫丝时节而得名，属蔷薇科植物，也称刺石榴、野石榴、送春归。主要分布于我国贵州、广东、云南、四川、湖北、湖南、江西、江苏、陕西等省。贵州野生资源最为丰富。陕西的南郑、勉县、略阳、留坝、汉中、洋县、石泉等地区较多，野生于海拔400～1 000米的河滩、沟边、路旁、田坎、坡脚及灌丛中，适应性强，不畏寒冷、干旱，对土壤要求不严，在pH为4.5～8的土壤上生长良好。野生产量和人工栽培产量可观。栽培寿命较长。

（2）形态特征

刺梨为落叶或半常绿灌木，高2～3米，茎直立或斜生，小枝光滑，绿色，老枝灰色或灰褐色，树皮片状剥落，叶基具成对细刺。奇数羽状复叶，小叶7～13枚，多数为11枚，椭圆形至长圆状椭圆形，长1～2厘米，先端钝，边缘具细锐锯齿，两面无毛，革质叶背中脉和叶轴具稀疏细刺；托叶线状披针形，大部分与叶柄合生。花单生，有时2～3朵簇生，长2～3厘米，具细刺；花托杯状，外面密生针刺；花萼5枚，三角状卵形；长1～1.4厘米，边缘羽状分裂或全缘，先端尾尖，先端凹，花径5～6厘米；花瓣5枚，浅红色，每朵花开放约36小时；雄蕊多数，花柱离生。花期5～6月，蔷薇果，扁球形，果实9～10月成熟，11月中落果。平均单果重10.9克，果肉重8.6克。

（3）营养价值

刺梨果实含有极丰富的维生素，每百克鲜果的可食部分含维生素C 2 056毫克，比无核蜜橘高40倍，比猕猴桃还要高十倍以上，最高达3 641毫克，最低为841毫克，堪称“维生素C之王”。含维生素D 2 800毫克，维生素P 6 000毫克。

（4）加工利用

鲜果可加工成果汁、果酱、蜜饯和多种保健食品，也可熬糖和酿酒，可制成消食片。叶泡茶能清热解毒、滋补身体。

5. 黄刺玫

（1）地理分布

黄刺玫又名黄蔷薇、野玫瑰、野蔷薇、刺玫蔷薇，为蔷薇科植物。在我国分布极广，多生于石山区及黄土丘陵沟壑、山间坡地，在贺兰山、吕梁山及洛河流域、东北兴安岭等梢林中皆有。在山西、陕西、甘肃、河北、新疆、山东、黑龙江、吉林、内蒙古等省份出产较多，仅新疆北部集中分布的面积就达百万亩以上。在陕西的乔山、黄龙山、关山、六盘山等黄土丘陵地区生长得相当多，在陕南山区和陕北风沙地区也有分布。

（2）形态特征

黄刺玫为落叶灌木，丛生，高 0.8～2 米。根木质，粗长，暗褐色，枝暗紫色，无毛，小枝及叶柄基部有成对的皮刺，刺稍弯曲或直；单数羽状复叶互生；小叶长圆形或阔披针形，长 1～3.5 厘米，先端尖或稍钝，基部圆形或楔形，边缘具细锯齿，正面深绿色，无毛，背面灰白色，有粒状腺点及短柔毛，叶柄有腺体，托叶宿存；花单生或 2～3 朵，深红色或绛紫色，直径约 4 厘米；果实球形，卵球形或饼形，直径 1～1.5 厘米，红色或橙黄色。花期 4～5 月，果期 8～9 月。

（3）营养价值

黄刺玫果实含有极为丰富的营养成分，据测定，每百克鲜果含维生素 C 1 000～2 000 毫克，最高可达 2 800 毫克，远远超过猕猴桃的维生素 C 含量，比柑橘的维生素 C 含量要高 60 倍以上，是提取天然维生素 C 的主要原料之一。此外，还含有维生素 K、维生素 P、维生素 E、胡萝卜素、黄酮苷类成分，葡萄糖、果糖等多种糖类，以及柠檬酸、苹果酸、奎宁酸等多种有机酸和十多种氨基酸、矿质元素以及色素等，人体必需的营养和药用成分非常丰富。

（4）药用价值

果、根、茎都可以入药。据《食物本草》记载：其性味甘辛而温，具有理气解郁、活血散瘀、解暑热、解渴、止血等功能。可治疗肝胃气病。树根能止血通络，治关节炎、小便失禁、月经失调等症。

（5）加工利用

以野生黄刺玫果为主要原料加工制成的果酱、果汁、果酒，营养丰富，风味独特，醇美香甜，是一种富含天然维生素的营养保健食品。实验证明，黄刺玫果经低温烘干或阴干处理，其维生素 C 不易损失，可以保证制成品久放而不影响营养价值，这一发现，为运输、加工、贮藏其果实提供了有利条件。黄刺玫的鲜花含黄花苷和挥发油（玫瑰油）0.03%，香气浓郁，是食品的调味佳品。鲜叶中维生素 C 含量较高，可以作为提取维生素 C 的原料。

6. 拐枣

（1）地理分布

拐枣又名鸡爪树、甜半夜、枳椇、万字果，为鼠李科植物。主要分布于我国华北、华东、华南、西北、西南各省区；朝鲜、日本也有。在陕西主要分布在秦岭、巴山和关山，以汉中、安康地区的山坡分布较多，多生长在阳光充足的沟边、路边或山谷、山坡中。

（2）形态特征

拐枣为乔木，高可达 10 米，幼枝红褐色，无毛或幼时有微毛。叶互生，卵形或卵圆形，长 8～16 厘米，宽 6～11 厘米，先端渐尖，基部圆形或心形，边缘有粗锯齿；三出脉，上面无毛，下面沿脉和脉腋有细毛，叶柄红褐色。复聚伞花序腋生或顶生；花淡黄绿色。果梗肥厚扭曲，肉质，红褐色；果实近球形，无毛，直径 6～20 毫米，灰褐色；种子扁圆形，暗褐色，有光泽。

（3）营养价值

果实营养丰富，含有糖、有机酸和维生素，有清凉利尿作用，是加工清凉保健饮料的佳品。肥大的果梗含糖量高，可生食和酿酒。树皮、木汁及叶均可供药用。木材坚硬，可供建筑用和制精细家具。

二、几种特色植物资源及其开发加工

（一）魔芋

1. 地理分布

魔芋又称蒟蒻、蒻头、鬼芋、花梗莲、虎掌，是天南星科魔芋属多年生草本植物。原产地是印度和斯里兰卡，主要分布于东南亚、非洲等地；中国、日本、缅甸、越南、印度尼西亚等国有分布。我国南方各省分布较多，陕西人多称魔芋或麻芋子。历史记载，我国早在 2 000 年前就栽培魔芋，相传四川峨眉山的道士，用魔芋块茎淀粉生产的雪魔芋豆腐，色棕黄，其形酷似多孔海绵，味道鲜美，饶有风味。据《本草纲目》记载，2 000 多年前祖先就用魔芋来治病。

2. 形态特征

魔芋可以分为白魔芋与花魔芋，为多年生草本植物的块茎。魔芋地下块茎为扁球形，块茎较大（一般直径 8～15 厘米），叶柄粗壮，圆柱形，淡绿色，有暗紫色斑，掌状复叶，里面是白色的。株高 40～70 厘米，地下有球茎，羽状复叶，叶柄粗长似茎，开花紫红色，有异臭味。全世界有 260 多个品种，我国已知的有 30 多种。

3. 营养价值

魔芋含淀粉 35%，还含有多种维生素和钾、磷、硒等矿物质元素，魔芋含有丰富的葡甘露聚糖，在成熟的鲜魔芋中含量占到 50%以上。葡甘露聚糖可在食物四周形成一种保护层，从而防止消化酶与食物发生作用，进而起到减缓消化与吸收的速度。在水中可吸水膨胀（80～100 倍），可以抑制食欲，产生饱腹感，使进食量下降。可以延缓、阻止胆固醇、单糖等营养物质的吸收，也使脂肪及酸在体内的合成减少。有润肠、通便的功能，可以增加排便量，因此具有清肠道的作用。其蛋白质含量（5%～14%）比薯类高。另外，铁、钙、

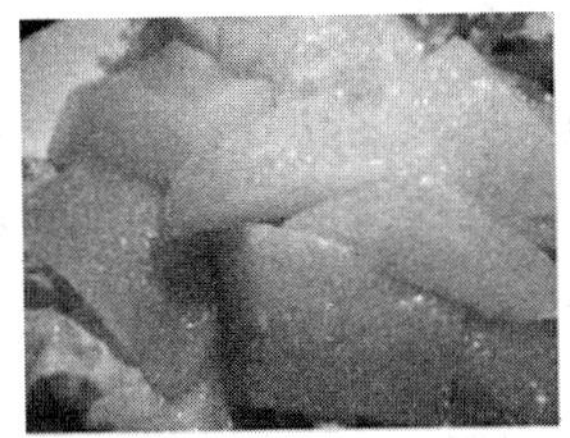

图 10-10　魔芋植株（左）、根（右上）和魔芋凉粉（右下）

磷、维生素 A 和 B 族维生素的含量也较高。

4. 加工利用

目前大量生产的是魔芋粉。例如，2014 年陕西安康全市魔芋种植面积已达 21.3 万亩，产量 26 万吨，分别占全国种植面积的 12.4%，全国产量的 14.8%，居陕西省首位。魔芋馒头、魔芋粉条、魔芋块等都是目前最常见的产品。另外，还可以提取魔芋中的葡甘露聚糖制作“膜制品”，提取总黄酮等医药原料。

（二）桔梗

1. 地理分布

桔梗别名包袱花、铃铛花、僧帽花，是多年生草本植物。全国桔梗种植较广，东北和华北地区称北桔梗；华东地区的称南桔梗。秦岭山区也是重要产区之一。

2. 形态特征

茎高 20～120 厘米，通常无毛，偶密被短毛，不分枝，极少上部分枝。叶全部轮生，部分轮生至全部互生，无柄或有极短的柄，叶片卵形，卵状椭圆形至披针形，长 2～7 厘米，宽 0.5～3.5 厘米，基部宽楔形至圆钝，急尖，上面无毛而绿色，下面常无毛而有白粉，有时脉上有短毛或瘤突状毛，顶端边缘具细锯齿。花单朵顶生或数朵集成假总状花序，或有花序分枝而集成圆锥花序；花萼钟状 5 裂片，被白粉，裂片三角形，或狭三角形，有时齿状；花冠大，长 1.5～4.0 厘米，蓝色、紫色或白色。蒴果球状或球状倒圆锥形，或倒卵状，长 1～2.5 厘米，直径约 1 厘米。花期为 7～9 月。桔梗喜阳光、凉爽气候，耐寒。一般是 2 月、8 月采集其根。二年生的桔梗总皂苷含量较高。

3. 营养成分

桔梗除含有桔梗皂苷外，还含有人体需要的 8 种氨基酸，每百克桔梗含有蛋白质 3.5 克，脂肪 1.2 克，碳水化合物 18.2 克，钙 260 毫克，磷 40 毫克，铁 13 克。另含有维生素 C 10 毫克，维生素 B_1 0.45 毫克，维生素 0.45 毫克。

4. 药用价值

桔梗味苦、辛、性平，有小毒，归肺、胃经。具有祛痰、利咽、宣肺、排脓、利气血、养气之功效。桔梗皂苷可以刺激口腔、咽部黏膜，诱导支气管分泌活动增强，促使痰液稀释、排除；粗皂苷还具有镇痛、解热作用，同时可以降低血糖和胆固醇；水溶性提取物可增强巨噬细胞的吞噬能力，增强中性白细胞的杀菌力，提高溶菌酶活性。

5. 加工利用

在我国东北，以及朝鲜、韩国、日本等国常把桔梗作腌渍菜或凉拌菜。另外，还可以制作桔梗鲜菜丝、低糖桔梗脯、桔梗保健饮料、桔梗晶、桔梗面条等产品。

（三）橡子

1. 地理分布

壳斗科栎属栎树植物的种子为橡子，俗称浆栎果。全世界共有栎树 300 多种，我国有 60 种左右。橡子形似蚕茧，故又称栗茧。《新唐书·杜甫传》中记载："客秦州，负薪采橡栗以自给。"唐张籍有诗云："岁暮锄犁倚空室，呼儿登山收橡实。"我国的橡子资源丰富，有分布在大兴安岭、小兴安岭和长白山的辽东栎、蒙古栎，有分布在秦岭、大巴山、大别山的栓皮栎、麻栎，以及分布在南岭、五岭等地的壳斗科类植物。

2. 栽培要求

栎树能适应广泛的气候和土壤条件，所以在热带、温带、寒带都有分布。栎树生长迅速，抗干旱，少虫害，无须专人管理，荒山野岭，沙丘薄地，均可栽种。所结果实易保存，加工用途广泛，经济价值高。橡子成熟时间，从北向南在每年的 8～10 月。橡子外表硬壳，棕红色，果的内仁形似花生仁，含有丰富的淀粉。

3. 营养特点

橡子仁含淀粉 50.6%～58.7%、蛋白质 11.7%～15.8%、脂肪 2.1%～2.6%、灰分 1.3%～2.2%、单宁 10.2%～14.1%，橡壳含有大量的色素和单宁等成分。药王孙思邈说："橡子既不属果类，又不属谷类，但却最益人，凡服食者还不能断谷的，吃此物最佳。无气则给予气，无味则给予味，消食止痢，使人健无比”。

4. 加工利用

第一是提取橡子淀粉。目前在秦岭山区普遍应用的产品就是橡子粉做的凉粉。第二是用橡子粉为主要原料制作橡子醋、酱等调味料，甚至用于酿酒。第三就是用作饲料。

思　考　题

1. 简述野生植物资源开发的意义。
2. 请设计几项山葡萄的开发利用产品。
3. 请分析用野刺梨、野刺玫制作饮料可能用到的工艺。
4. 从野生植物资源的食品开发实践出发，如何理解“药食同源”的理念?
5. 探讨桔梗的营养价值。

参 考 文 献

Delllino C V J，2000. 冷藏和冻藏工程技术［M］. 张慜，郇延军，陶谦，译 . 北京：中国轻工业出版社 .

常毓兵，2017. 天然食用植物香料的特点和烹调应用研究［J］. 食品界（7）：53-54.

陈海华，董海洲，2002. 大麦的营养价值及在食品业中的利用［J］. 西部粮油科技，27（2）：34-36.

陈家华，1996. 中国的酒［M］. 北京：人民出版社 .

戴起伟，钮福祥，孙健，等，2016. 中国甘薯加工产业发展现状与趋势分析［J］. 农业展望（4）：39-43.

丁存振，肖海峰，2017. 中国肉类产量变量特征及因素贡献分解研究［J］. 世界农业（6）：142-149.

顾瑞霞，2000. 乳与乳制品生理功能特性［M］. 北京：中国轻工业出版社 .

贺元川，陈仕江，张德利，等，2013. 银耳育种研究进展综述［J］. 食药用菌（3）：154-155.

贺运春，2010. 真菌学［M］. 北京：中国林业出版社 .

蒋爱民，赵丽芹，2007. 食品原料学［M］. 南京：东南大学出版社 .

蒋爱民，南庆贤，2008. 畜产食品工艺学［M］. 2 版 . 北京：中国农业出版社 .

蒋和体，今泉勝己，佐藤匡央，2006. 大豆脂肪氧化酶酶活性变化研究［J］. 中国粮油学报，21（3）：133-135.

黎勇，王晓东，高敏，2014. 我国银耳的研究历史及现状［J］. 北方园艺（16）：188-191.

李炳坦，赵书广，郭传甲，2004. 养殖生产技术手册［M］. 北京：中国农业出版社 .

李大良，2010. 资源与环境约束下我国渔业发展战略研究［D］. 青岛：中国海洋大学 .

李里特，2018. 食品原料学［M］. 北京：中国农业出版社 .

李丽丹，2018. 中国海洋渔业转型评价与时空演化分析［D］. 大连：辽宁师范大学 .

李拴曹，2014 . 商洛市魔芋产业发展综述［J］. 安徽农学通报（21）：9.

李新华，董海洲，2016. 粮油加工学［M］. 3 版 . 北京：中国农业大学出版社 .

李勇，2003. 调味料加工技术［M］. 北京：化学工业出版社 .

辽宁省家畜家禽品种图谱编辑委员会，1986. 辽宁省家畜家禽品种图谱［M］. 沈阳：辽宁科学技术出版社 .

刘升平，诸叶平，鄂越，等，2016. 香辛料质量安全追溯系统研究与构建［J］. 农业网络信息（1）：44-49.

刘书成，2011. 水产食品加工学［M］. 郑州：郑州大学出版社 .

刘元法，2017. 食品专用油脂［M］. 北京：中国轻工业出版社 .

隆志方，王迪轩，彭勋，等，2018. 蔬菜质量需达到的食品安全国家或行业标准综述［J］. 农药市场信息，625（16）：7-10.

陆启玉，2009. 粮油食品加工工艺学［M］. 北京：中国轻工业出版社.

罗贵伦，1995. 草菇的营养价值［J］. 食品与发酵科技（3）：49-53.

罗联忠，谢宝贵，2004. 草菇不同发育时期子实体菌柄细胞形态变化研究［J］. 华中农业大学学报（1）：61-63.

吕作舟，2006. 食用菌栽培学［M］. 北京：高等教育出版社.

马剑凤，程金花，汪洁，等，2012. 内外甘薯产业发展概况［J］. 江苏农业科学，40（12）：1-5.

马克·B·陶格，2015. 世界历史上的农业［M］. 刘健，李军，译. 北京：商务印书馆.

马滕茂，2019. 常见食用菌药理作用研究进展［J］. 中国果菜，39（2）：39-43.

美中健康产品协会，2017. 人们还是没有摄入足量的 Omega-3［J］. 食品安全导刊（31）：58.

孟祥萍，2010. 食品原料学［M］. 北京：北京师范大学出版社.

牟影影，2018. 我省奶山羊产业多项指标居全国第一［N］. 陕西工人报，2018-12-27.

潘崇环，马立验，韩建明，等，2010. 食用菌栽培技术图表解［M］. 北京：中国农业出版社.

彭增起，2007. 肉制品配方原理与技术［M］. 北京：化学工业出版社.

饶景萍，2009. 园艺产品贮运学［M］. 北京：科学出版社.

石彦国，2018. 食品原料学［M］. 北京：科学出版社.

田后谋，1991. 营养野果资源开发实用技术［M］. 西安：陕西人民出版社.

王成章，陈强，罗建军，等，2013. 中国油橄榄发展历程与产业展望［J］. 生物质化学工程 47（2）：41-46.

王浩，2014. 我国食用菌出口竞争力及其影响因素研究［D］. 哈尔滨：东北林业大学.

王恒生，刁治民，陈克龙，等，2014. 杏鲍菇的研究进展及开发应用［J］. 青海草业，23（2）：26-30.

王金凤，陈金霞，2013. 草菇生长条件及其栽培技术［J］. 安徽农学通报（22）：61.

王敏珍，2016. 商洛市魔芋产业现状、存在问题及发展对策［J］. 农业科技通讯（3）：24-27.

武和平，周占琴，陈小强，等，2007. 布尔山羊的繁殖特性观察［J］. 西北农业学报，16（3）：47-50.

夏松养，2008. 水产食品加工学［M］. 北京：化学工业出版社.

徐幸莲，彭增起，邓尚贵，2006. 食品原料学［M］. 北京：中国计量出版社.

许国兴，2012. 滑子菇的栽培技术［J］. 现代农业（3）：21.

杨铭铎，龙志芳，李健，2006. 香菇风味成分的研究［J］. 食品科学，27（5）：23-26.

杨月欣，王光亚，潘兴昌，2009. 中国食物成分表［M］. 2 版. 北京：北京大学出版社.

姚自奇，兰进，2004. 杏鲍菇研究进展［J］. 食用菌学报，11（1）：52-58.

余威震，罗小锋，张俊飚，等，2018. 基于总量与结构视角分析我国食用菌产业发展的区域差异［J］．食药用菌，26（6）：38-44．
余增亮，王纪，袁成凌，等，2012．微生物油脂花生四烯酸产生菌离子束诱变和发酵调控［J］．科学通报，57（11）：83-90．
原积友，2004．肉牛高效养殖技术［M］．北京：中国农业大学出版社．
昝林森，2012．中华牛文化［M］．北京：中国农业出版社．
张嘉峻，单淑晴，许莎莎，等，2017．反式脂肪酸（TFA）与慢性代谢性疾病关系的研究进展［J］．卫生软科学，31（2）：31-34．
张茜，李超，崔珏，等，2018．香菇及香菇柄的研究进展［J］．农产品加工（21）：53-56．
张胜友，2010．新法栽培猴头菇［M］．武汉：华中科技大学出版社．
张亚坤，2017．银耳全粉的理化性质及加工特性研究［D］．合肥：合肥工业大学．
章超桦，薛长湖，2014．水产食品学［M］．2版．北京：中国农业出版社．
赵晋府，2010．食品技术原理［M］．北京：中国轻工业出版社．
赵君华，2015．脱毒马铃薯种薯繁育及其高产栽培技术［J］．农业科技通讯（10）：147-149．
郑琪，邬智高，2017．黑木耳近年来的研究应用进展［J］．轻工科技（11）：16-19．
郑秋甫，2011．Omega-3 多不饱和脂肪酸的研究进展［J］．中华保健医学杂志，13（5）：57-60．
中国肉类食品综合研究中心，1988．肉类科学辞典［M］．北京：中国商业出版社．
周光宏，2008．肉品加工学［M］．北京：中国农业出版社．
周会明，2017．食用菌栽培技术［M］．北京：中国农业大学出版社．
邹何，夏雪，王粟萍，等，2019．杏鲍菇相关研究进展及其产业开发现状［J］．食品工业，40（2）：83-90．

图书在版编目（CIP）数据

食品原料学（简明教程）/ 王忙生主编 .—北京：中国农业出版社，2019.10

ISBN 978-7-109-25962-1

Ⅰ. ①食… Ⅱ. ①王… Ⅲ. ①食品－原料 Ⅳ. ①TS202.1

中国版本图书馆 CIP 数据核字（2019）第 214145 号

食品原料学（简明教程）

SHIPIN YUANLIAOXUE（JIANMING JIAOCHENG）

中国农业出版社出版

地址：北京市朝阳区麦子店街 18 号楼

邮编：100125

责任编辑：边　疆　孙鸣凤

版式设计：杨　婧　　责任校对：刘丽香

印刷：北京中兴印刷有限公司

版次：2019 年 10 月第 1 版

印次：2019 年 10 月北京第 1 次印刷

发行：新华书店北京发行所

开本：700mm×1000mm　1/16

印张：21

字数：400 千字

定价：68.00 元
